应用型本科高校"十四五"规划数学精品教材

高等数学
——基于Python实现

◎主　编　康顺光　贾　佳
◎副主编　张艳波　牛　旭　王春利　吴　勇

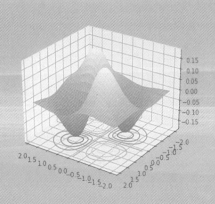

华中科技大学出版社
http://press.hust.edu.cn
中国·武汉

内 容 简 介

全书内容包括函数与极限、一元微分学、一元积分学、微分方程、多元微分学、多元积分学、无穷级数等知识,书中融入了基于 Python 实现的数学实验以及数学历史和数学文化教育等内容。

本书结构严谨,逻辑性强,解释清晰,例题丰富,习题数量、难易程度适中,可作为高等院校"高等数学"课程的教材,亦可作为理工、经管等各专业的学生和相关领域技术人员的参考书。

图书在版编目(CIP)数据

高等数学:基于 Python 实现/康顺光,贾佳主编.—武汉:华中科技大学出版社,2022.7(2024.7重印)
ISBN 978-7-5680-8447-5

Ⅰ.①高… Ⅱ.①康… ②贾… Ⅲ.①高等数学-高等学校-教材 Ⅳ.①O13

中国版本图书馆 CIP 数据核字(2022)第 121090 号

高等数学——基于 Python 实现
Gaodeng Shuxue——Jiyu Python Shixian

康顺光 贾 佳 **主编**

策划编辑:陈培斌
责任编辑:余 涛
封面设计:原色设计
责任监印:周治超
出版发行:华中科技大学出版社(中国·武汉)   电话:(027)81321913
       武汉市东湖新技术开发区华工科技园   邮编:430223
录 排:武汉市洪山区佳年华文印部
印 刷:武汉开心印印刷有限公司
开 本:787mm×1092mm 1/16
印 张:21.25 插页:1
字 数:544 千字
版 次:2024 年 7 月第 1 版第 3 次印刷
定 价:59.80 元

前　言

　　"高等数学"课程是高等学校的一门重要基础理论课,它对提高学生的科学文化素质,为学生学习后续课程,从事科学研究工作,以及进一步获得现代科学知识奠定必要的数学基础。

　　本书内容翔实,通俗易懂,编写时力求在有限的时间里,向学生传授尽可能多的有用的数学知识,使学生对数学的基本特点、方法、思想、历史及其在社会与文化中的应用与地位有大致的认识,获得合理的、适应未来发展需要的知识结构,为他们将来对数学的进一步了解与实际应用打下坚实的基础。本书主要适用于一般普通院校开设"高等数学"课程的本、专科专业,也可作为自学教材使用。

　　本书主要具有以下几个特点:

　　(1) 遵循教师的教学规律,在保证知识体系完整的前提下,书中融入了适当的数学历史和数学文化,以加强学生的综合素质培养。

　　(2) 便于学生自主复习和归纳总结,重点突出,注重解释。

　　(3) 根据循序渐进的学习原则,对各章节的基本概念、基本理论、基本方法,做了深入浅出的介绍,并配备了不同难度的例题及总复习题,适合不同层次的学生学习和提高。

　　(4) 基于 Python 语言编写了与教材同步配套的数学实验内容。相对于其他数学实验语言,本书采用的 Python 是一门更易学、更严谨的程序设计语言,免费开源,它能让用户编写出更易读、易维护的代码。

　　(5) 附录中编写了数学基本公式及希腊字母读音表,习题部分还附有参考答案二维码,以帮助学生进行自主学习。

　　本书由康顺光、贾佳担任主编,张艳波、牛旭、王春利和吴勇为副主编。全书共 10 章,第 1 章由贾佳、莫丽娜编写;第 2 章由赵颖编写;第 3 章由张艳波、颜嵩林编写;第 4 章由牛旭、戴伟编写;第 5 章由王春利、屈国荣编写;第 6 章由莫铄、孙杰华编写;第 7 章由吴勇、林航编写;第 8 章由康顺光、贾佳编写;第 9 章由康顺光、吴勇编写;第 10 章由牛旭编写。实验及附录由康顺光、贾佳编写;数学历史和数学文化由盘寒梅编写。康顺光审阅了全稿,贾佳、王春利对全稿进行排版校对。在本书编写过程中参阅了国内外一些优秀教材,从中吸取了先进的经验。本书得到桂林旅游学院专业建设资金资助和华中科技大学出版社的支持和帮助,在此一并表示感谢!

　　限于编者的水平,书中不当之处在所难免,恳请同仁和读者批评、指正,以便今后使本书不断完善和提高。

编　者

2022 年 3 月 22 日

目　　录

第1章 函 数

初等数学主要研究常量及其运算,高等数学主要研究变量及变量之间的依赖关系,这种变量之间的依赖关系就是函数关系. 函数是高等数学中最重要的基本概念之一和研究对象.

函数,最早由中国清朝数学家李善兰翻译,出于其著作《代数学》. 他说这样翻译的原因是"凡此变数中彼变数者,则此为彼之函数",也即函数指一个量随着另一个量的变化而变化,或者说一个量中包含另一个量. 本章将在复习中学教材中有关函数内容的基础上分析初等函数的结构.

1.1 实数的绝对值与集合

1.1.1 实数的绝对值

实数的绝对值是数学里经常用到的概念.下面介绍实数绝对值的定义及一些性质.

实数 x 的绝对值,记为 $|x|$,它是一个非负实数,即

$$y=|x|=\begin{cases} x, & x\geqslant 0, \\ -x, & x<0. \end{cases}$$

例如,$|9.18|=9.18$,$|-10.01|=10.01$,$|0|=0$. $|x|$ 的几何意义为数轴上点 x 到原点的距离.

实数的绝对值有如下性质:

(1) 对于任意的 $x\in\mathbf{R}$,有 $|x|\geqslant 0$. 当且仅当 $x=0$ 时,才有 $|x|=0$.

(2) 对于任意的 $x\in\mathbf{R}$,有 $|-x|=|x|$.

(3) 对于任意的 $x\in\mathbf{R}$,有 $|x|=\sqrt{x^2}$.

(4) 对于任意的 $x\in\mathbf{R}$,有 $-|x|\leqslant x\leqslant|x|$.

(5) 设 $a>0$,则 $|x|<a$ 的充分必要条件是 $-a<x<a$.

(6) 设 $a\geqslant 0$,则 $|x|\leqslant a$ 的充分必要条件是 $-a\leqslant x\leqslant a$.

(7) 设 $a\geqslant 0$,则 $|x|>a$ 的充分必要条件是 $x<-a$ 或者 $x>a$.

(8) 设 $a\geqslant 0$,则 $|x|\geqslant a$ 的充分必要条件是 $x\leqslant -a$ 或者 $x\geqslant a$.

它们的几何解释是很直观的. 如性质(5),在数轴上 $|x|<a$ 表示所有与原点距离小于 a 的点 x 构成的点集,$-a<x<a$ 表示所有位于点 $-a$ 与点 a 之间点 x 构成的点集,它们表示同一个点集.性质(6)~(8)可做类似的解释.

由性质(5)可以推得不等式 $|x-A|<a$ 与 $A-a<x<A+a$ 是等价的,其中 A 为实数,a 为正实数.

关于实数四则运算的绝对值,有以下的结论:

对于任意的 $x,y\in\mathbf{R}$,恒有

(1) $|x+y|\leqslant|x|+|y|$ (三角不等式).

(2) $|x-y| \geqslant ||x|-|y|| \geqslant |x|-|y|$.

(3) $|xy| = |x||y|$.

(4) $\left|\dfrac{x}{y}\right| = \dfrac{|x|}{|y|} (y \neq 0)$.

下面仅就结论(1)进行证明.

证　由性质(4),有 $-|x| \leqslant x \leqslant |x|$ 及 $-|y| \leqslant y \leqslant |y|$,从而有

$$-(|x|+|y|) \leqslant x+y \leqslant |x|+|y|.$$

根据性质(6),由于 $|x+y| \geqslant 0$(相当于性质(6)中 $a \geqslant 0$),得

$$|x+y| \leqslant |x|+|y|.$$

1.1.2　区间

区间是高等数学中常用的实数集合,包括四种有限区间和五种无限区间,它们的名称、记号和定义如下:

闭区间　　　$[a,b] = \{x \mid a \leqslant x \leqslant b\}$.

开区间　　　$(a,b) = \{x \mid a < x < b\}$.

半开区间　　$(a,b] = \{x \mid a < x \leqslant b\}$,　　$[a,b) = \{x \mid a \leqslant x < b\}$.

无限区间　　$(a,+\infty) = \{x \mid a < x\}$,　　$[a,+\infty) = \{x \mid a \leqslant x\}$,

　　　　　　$(-\infty,b) = \{x \mid x < b\}$,　　$(-\infty,b] = \{x \mid x \leqslant b\}$,

　　　　　　$(-\infty,+\infty) = \{x \mid x \in \mathbf{R}\}$.

其中,a,b 为确定的实数,分别称为区间的左端点和右端点. 闭区间 $[a,b]$、半开区间 $(a,b]$ 及 $[a,b)$、开区间 (a,b) 为有限区间. 有限区间左、右端点之间的距离 $b-a$ 称为区间长度. $+\infty$ 与 $-\infty$ 分别读作"正无穷大"与"负无穷大",它们不表示任何数,仅仅是记号.

区间在数轴上的表示如图 1.1 所示.

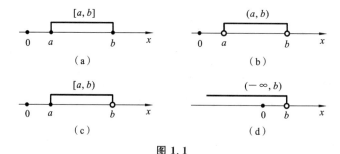

图 1.1

1.1.3　邻域

邻域也是在高等数学中经常用到的实数集合形式.

定义 1.1　设 δ 是任一正数,则称实数集

$$\{x \mid |x-a| < \delta\}$$

为点 a 的 δ 邻域,记作 $U(a,\delta)$,a 称为**邻域的中心**,δ 称为**邻域的半径**,由邻域的定义知

$$U(a,\delta) = \{x \mid |x-a| < \delta\} = (a-\delta, a+\delta).$$

$U(a,\delta)$ 也可以表示分别以 $a-\delta$、$a+\delta$ 为左、右端点的开区间,区间长度为 2δ,如图 1.2 (a)所示.

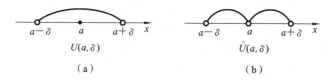

图 1.2

在 $U(a,\delta)$ 中去掉中心点 a 得到的实数集

$$\{x \mid 0<|x-a|<\delta\}$$

称为点 a 的去心 δ 邻域,记作 $\overset{\circ}{U}(a,\delta)$. 显然,去心邻域 $\overset{\circ}{U}(a,\delta)$ 是两个开区间 $(a-\delta,a)$ 和 $(a,a+\delta)$ 的并,即 $\overset{\circ}{U}(a,\delta)=(a-\delta,a)\bigcup(a,a+\delta)$,如图 1.2(b) 所示.

例 1.1 求满足不等式 $|4x+8|<\varepsilon$,且以 -2 为中心的邻域的半径.

解 由已知,得

$$|4x+8|=4|x+2|=4|x-(-2)|<\varepsilon,$$

所以,满足 $|4x+8|<\varepsilon$ 且以 -2 为中心的邻域为

$$|x-(-2)|<\frac{\varepsilon}{4}.$$

所以,以 -2 为中心的邻域的半径是 $\frac{\varepsilon}{4}$.

习 题 1.1

习题 1.1 答案

1. 解下列不等式:

(1) $7x-3\leqslant 9x-3$;　　　　(2) $5x-3>6x-4$;

(3) $-1<3x+2<8$;　　　　(4) $-3<5x-9<11$;

(5) $\dfrac{x-1}{x+2}\leqslant 0$;　　　　(6) $\dfrac{2x-3}{x-2}>0$.

2. 解下列绝对值不等式:

(1) $|x-4|\leqslant 1$;　　　　(2) $|2x+5|<10$;

(3) $|3x-2|\geqslant 1$;　　　　(4) $|5x-7|<3$;

(5) $\left|\dfrac{1}{x}-2\right|>4$;　　　　(6) $\left|\dfrac{3}{x}+2\right|\leqslant 1$.

3. 分别用绝对值不等式及区间表示 -2 的 δ 邻域.

4. 求满足不等式 $|3x-15|<0.1$ 且以 5 为中心的邻域.

5. 求满足不等式 $|4x+8|<\varepsilon$ 且以 -2 为中心的邻域的半径.

1.2 函数及其性质

1.2.1 变量与常量

常量与变量是数学中反映事物量的一对范畴. 在事物的特定运动过程中,某量若保持不

变,则称之为常量;反之,则称之为变量. 例如,一列从天津直达北京的高铁在行驶过程中,列车的速度、列车距北京的距离及列车中的燃油重量都是变量,而列车中的旅客数和车厢节数是常量. 在列车抵达北京站、旅客下车的过程中,列车的速度、列车距北京站的距离是常量,而列车上的旅客数则是变量. 可见常量与变量都是对某一过程而言的.

本书中变量通常用 $x,y,z,\cdots$ 表示,常量通常用 $a,b,c,\cdots$ 表示. 为了讨论问题的方便,常量可以看成是特殊的变量.

1.2.2　函数的概念

定义 1.2　设 D 是一个给定的非空数集,若存在一个对应法则 f 使得对于每一个 $x\in D$,总有唯一确定的 y 与之对应,则称 y 是 x 的**函数**,记作
$$y=f(x).$$
称 D 为该函数的**定义域**,相应的 y 值的全体所组成的集合称为函数的**值域**,记为
$$W=\{y\,|\,y=f(x),x\in D\},$$
x 称为**自变量**,y 称为**因变量**.

注　(1) 当自变量 x 取数值 $x_0\in \mathbf{R}$ 时,与 x_0 对应的因变量的值 y 称为函数 $y=f(x)$ 在点 x_0 处的**函数值**,记为 $f(x_0)$,或 $y|_{x=x_0}$.

(2) 在函数 $y=f(x)$ 中记号 f 表示自变量 x 与因变量 y 的对应法则,也可以改用其他字母,如 F、φ 等. 如果两个函数的定义域相同,并且对应法则也相同(从而值域也相同),那么它们就应该用同一个记号来表示.

(3) 从定义可以看出,函数的值域被函数的定义域和对应法则完全确定,所以确定一个函数有两个要素:定义域和对应法则. 在实际问题中,函数的定义域是由实际意义决定的. 我们约定:函数的定义域就是使函数表达式有意义的自变量的一切数值所组成的数集. 例如,$y=\sqrt{1-x^2}$ 的定义域是 $[-1,1]$,函数 $y=\dfrac{1}{\sqrt{1-x^2}}$ 的定义域是 $(-1,1)$.

例 1.2　函数 $y=\dfrac{x+3}{x+2}$ 的定义域.

解　当分母 $x+2\neq 0$ 时,此函数式都有意义.因此,函数的定义域为 $x\neq -2$ 的全体实数,用区间表示为:$(-\infty,-2)\cup(-2,+\infty)$.

例 1.3　求函数 $y=\sqrt{16-x^2}+\ln\sin x$ 的定义域.

解　要使函数 y 有意义,必须使
$$\begin{cases}16-x^2\geqslant 0,\\ \sin x>0\end{cases}$$
成立,即
$$\begin{cases}-4\leqslant x\leqslant 4,\\ 2n\pi<x<(2n+1)\pi,\end{cases}\qquad n=0,\pm 1,\pm 2,\cdots.$$
这两个不等式的公共解为
$$-4\leqslant x<-\pi \text{ 与 } 0<x<\pi.$$
所以函数的定义域为 $[-4,-\pi)\cup(0,\pi)$.

例 1.4　下列函数 $f(x)$ 与 $g(x)$ 是否为同一个函数?

(1) $f(x)=x-1$ 与 $g(x)=\dfrac{x^2-1}{x+1}$；

(2) $f(x)=\sqrt[3]{x^3+x^5}$ 与 $g(x)=x\sqrt[3]{1+x^2}$.

解 (1) 当 $x\neq-1$ 时，函数值 $f(x)=g(x)$，但是 $f(x)$ 的定义域为 $(-\infty,+\infty)$，而 $g(x)$ 在点 $x=-1$ 无定义，其定义域为 $(-\infty,-1)\bigcup(-1,+\infty)$. 由于 $f(x)$ 与 $g(x)$ 的定义域不同，所以它们不是同一个函数.

(2) 易知 $f(x)$ 与 $g(x)$ 的定义域均为 $(-\infty,+\infty)$，并且对应法则相同，所以它们是同一个函数.

如果自变量在定义域内任取一个值时，对应的函数值只有一个，这种函数称为单值函数，否则称为多值函数. 例如，$y=2x$ 是单值函数；由方程 $x^2+y^2=1$ 可确定 $y=\pm\sqrt{1-x^2}$，任取 $x\in(-1,1)$，y 就有两个值与其对应，因此这里的 y 是 x 多值函数，但是可以把它分成两个单值函数（或称单值分支）$y=\sqrt{1-x^2}$ 和 $y=-\sqrt{1-x^2}$.

以后凡没有特别说明，本书讨论的函数都是指单值函数.

设函数 $y=f(x)$ 的定义域为 X. 在平面直角坐标系 xOy 中，对于任意的 $x\in X$，通过函数 $y=f(x)$ 都可确定一个点 $M(x,y)$，当 x 取遍定义域 X 中的所有值时，点 $M(x,y)$ 描出的图形称为函数 $y=f(x)$ 的图形. 一个函数的图形通常是一条曲线，如图 1.3 所示. 因此，又称函数 $y=f(x)$ 的图形为曲线 $y=f(x)$.

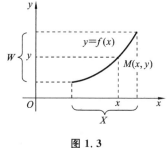

图 1.3

1.2.3 函数的表示法

在函数的定义中，并没有规定用什么方法来表示函数. 为了能很好地研究函数关系，就应该采用适当的方法把它表示出来. 函数的表示法通常有三种：表格法、图示法和公式法.

1. 表格法

表格法就是把自变量 x 与因变量 y 的一些对应值用表格列出，这样函数关系就用表格表示出来. 例如，大家熟悉的对数表、开方表和三角函数表等都是用表格法来表示函数的.

表格法表示函数的优点是使用方便，可以直接得到函数值；缺点是数据不全，不能查出函数的任意值，当表很大时，变量变化的全面情况不易从表上看清楚，不便于进行运算和分析.

2. 图示法

函数 $y=f(x)$ 的图形（见图 1.3）直观地表达了自变量 x 与因变量 y 之间的关系. 图示法的主要优点是直观性强，函数的主要特性在图上一目了然. 例如，因变量的增减情况及因变量增减的快慢都可以通过曲线的升、降及陡、缓表示出来.

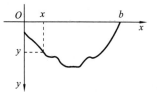

图 1.4

例 1.5 某河道的一个断面如图 1.4 所示，在断面 xOy 上，离岸边距离为 x 处的深度为 y. x,y 之间的函数关系由图 1.4 表示，函数的定义域为 $[0,b]$.

图示法的缺点是不便于做理论上的分析、推导和运算.

3. 公式法

用数学公式表示自变量和因变量之间的对应关系，是函数的公式表示法. 如例 1.2、例 1.3 都是用公式法表示函数. 用公式法表示函数的优点是简明准确,便于理论分析;缺点是不够直观,并且有些实际问题中遇到的函数关系,很难甚至不能用公式法表示.

函数的三种表示法各有优点和缺点,针对不同的问题可以采用不同的表示法,有时为了把函数关系表达清楚,往往同时使用两种以上的表示法. 本书一般采用公式法表示函数,为了直观,经常辅之以图示法(即画出函数的图形).

用公式法表示函数,通常用一个公式就可以,如 $y=\sin x, s=\frac{1}{2}gt^2$ 等. 但有一些函数,当自变量在不同的范围内取值时,对应法则不能用同一个公式表示,而要用两个或两个以上的公式表示,这类函数称为**分段函数**. 下面给出几个常见的分段函数.

例 1.6 狄利克雷(Dirichlet)函数

$$y=D(x)=\begin{cases} 1, & x \text{ 为有理数}, \\ 0, & x \text{ 为无理数}. \end{cases}$$

其定义域为 $D=(-\infty,+\infty)$,值域为 $W=\{0,1\}$. 此函数无法作出图像.

例 1.7 取整函数 $y=[x],x\in\mathbf{R},[x]$ 表示不超过 x 的最大整数,如图 1.5 所示,记作

$$y=[x]=n, \quad \text{当 } n\in[n,n+1),n\in\mathbf{Z}.$$

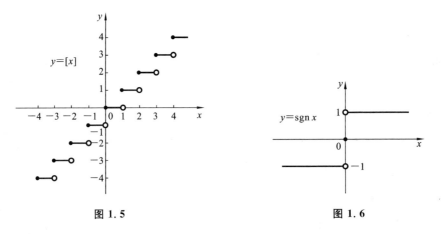

图 1.5   图 1.6

例 1.8 符号函数

$$y=\text{sgn}x=\begin{cases} 1, & x>0, \\ 0, & x=0, \\ -1, & x<0, \end{cases}$$

其定义域为 $D=(-\infty,+\infty)$,值域为 $W=\{-1,0,1\}$,如图 1.6 所示. 易知

$$\forall x\in\mathbf{R}, \quad x=|x|\,\text{sgn}x.$$

例 1.9 旅客携带行李乘飞机旅行时,行李的质量不超过 20 千克时不收费用;若超过 20 千克,每超过 1 千克收运费 a 元. 建立运费 y 与行李质量 x 的函数关系.

解 当 $0\leqslant x\leqslant 20$ 时,费用 $y=0$;而当 $x>20$ 时,只有超过的部分 $x-20$ 按每千克收运费 a 元,此时 $y=a(x-20)$. 于是函数 y 可以写成:

$$y=\begin{cases} 0, & 0\leqslant x\leqslant 20, \\ a(x-20), & x>20. \end{cases}$$

这样便建立了行李质量 x 与行李运费之间的函数关系.

分段函数是公式法表达函数的一种方式. 在理论分析和实际应用方面都是很有用的. 需要注意的是,分段函数是用几个公式合起来表示一个函数,而不是表示几个函数.

1.2.4 函数的几种特性

1. 有界性

设函数 $y=f(x)$ 的定义域为 D,数集 $X \subset D$,如果存在正数 M,使得对于任意的 $x \in X$,都有不等式

$$|f(x)| \leqslant M$$

成立,则称 $f(x)$ 在 X 上有界. 如果这样的 M 不存在,就称 $f(x)$ 在 X 上无界.

如果 M 为 $f(x)$ 的一个界,易知比 M 大的任何一个正数都是 $f(x)$ 的界.

如果 $f(x)$ 在 X 上无界,那么对于任意一个给定正数 M,X 中总有相应的点 x_M,使

$$|f(x_M)| > M.$$

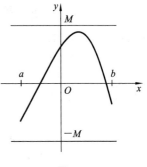

图 1.7

当函数 $y=f(x)$ 在 $[a,b]$ 上有界时,函数 $y=f(x)$ 的图形恰好位于直线 $y=M$ 和 $y=-M$ 之间,如图 1.7 所示.

例如,函数 $f(x)=\sin x$ 在 $(-\infty,+\infty)$ 内是有界的,这是因为对于任意的 $x \in (-\infty,+\infty)$,都有

$$|\sin x| \leqslant 1$$

成立,这里 $M=1$. 函数 $y=\sin x$ 的图形位于直线 $y=1$ 和 $y=-1$ 之间.

函数的有界性,不仅仅要注意函数的特点,还要注意自变量的变化范围 X. 例如,函数 $f(x)=\dfrac{1}{x}$ 在区间 $(1,2)$ 内是有界的. 事实上,若取 $M=1$,则对任何 $x \in (1,2)$ 都有

$$|f(x)| = \left|\frac{1}{x}\right| \leqslant 1$$

成立,而 $f(x)=\dfrac{1}{x}$ 在区间 $(0,1)$ 内是无界的.

2. 单调性

对于函数 $y=x^3$,当自变量 x 增大时,函数值也随之增大;反之,对于函数 $y=-x$,当自变量 x 增大时,函数值却随之减少. 具有这种特性的函数称为**单调函数**. 函数的单调性可用数学语言描述如下:

设函数 $y=f(x)$ 在区间 I 上有定义(即 I 是函数 $y=f(x)$ 的定义域或者是定义域的一部分),如果对于任意的 $x_1,x_2 \in I$,当 $x_1 < x_2$ 时,均有

$$f(x_1) < f(x_2) (或 f(x_1) > f(x_2)),$$

则称函数 $y=f(x)$ 在区间 I 上**单调增加**(或**单调减少**).单调增加和单调减少的函数统称为单调函数.

单调增加的函数的图形是沿 x 轴正向上升的(见图 1.8);单调减少的函数的图形是沿 x 轴正向下降的(见图 1.9).

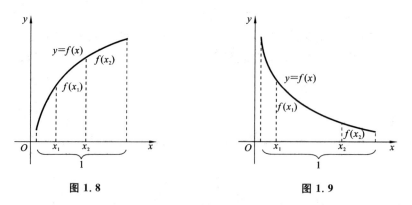

图 1.8　　　　　　　　　　　　　图 1.9

单调性是关于函数在所讨论区间上的一个概念,绝不能离开区间谈函数的单调性.

例如,函数 $f(x)=x^3$ 在 $(-\infty,+\infty)$ 上是单调增加的,如图 1.10 所示;函数 $f(x)=x^2$ 在 $(-\infty,0)$ 上是单调减少的,在 $(0,+\infty)$ 上是单调增加的,而在 $(-\infty,+\infty)$ 内则不是单调函数,如图 1.11 所示.

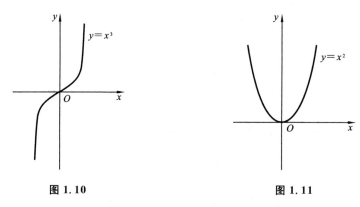

图 1.10　　　　　　　　　　　　图 1.11

3. 奇偶性

设函数 $y=f(x)$ 的定义域 D 是关于原点对称的,当 $x\in D$ 时,有 $-x\in D$. 如果 $\forall x\in D$,均有

$$f(x)=f(-x),$$

则称 $f(x)$ 为**偶函数**.

如果对于任意的 $x\in D$,均有

$$f(-x)=-f(x),$$

则称 $f(x)$ 为**奇函数**.

偶函数的图形是关于 y 轴对称的,奇函数的图形是关于原点对称的.

例 1.10　讨论下列函数的奇偶性:

(1) $f(x)=\dfrac{1}{2}(e^x+e^{-x})$;　(2) $f(x)=x^3$;　(3) $f(x)=\sin x+\cos x$.

解　(1) 因为 $f(-x)=\dfrac{1}{2}(e^{-x}+e^x)=f(x)$,所以 $f(x)$ 是偶函数.

(2) 因为 $f(-x)=(-x)^3=-x^3=-f(x)$,所以 $f(x)$ 是奇函数.

(3) 因为 $f(-x)=\sin(-x)+\cos(-x)=-\sin x+\cos x$,易知 $f(-x)\neq f(x)$ 且 $f(-x)$

$\neq -f(x)$，所以 $f(x)=\sin x+\cos x$ 既不是偶函数也不是奇函数.

在常见的函数中，$\sin x$ 是奇函数，$\cos x$ 是偶函数. 当 n 为偶数时，函数 $y=x^{n}$ 是偶函数；当 n 为奇数时，函数 $y=x^{n}$ 是奇函数.

4. 周期性

设函数 $y=f(x)$，如果存在正常数 T，使得对于定义域内的任何 x 均有 $x+T$ 也在定义域内，且

$$f(x+T)=f(x)$$

成立，则称函数 $y=f(x)$ 为周期函数，称 T 为 $f(x)$ 的周期.

显然，若 T 是周期函数 $f(x)$ 的周期，则 kT 也是 $f(x)$ 的周期 $(k=1,2,\cdots)$，通常我们说的周期函数的周期是指最小正周期.

例如，函数 $y=\sin x$ 及 $y=\cos x$ 都是以 2π 为周期的周期函数；函数 $y=\tan x$ 及 $y=\cot x$ 都是以 π 为周期的周期函数.

周期函数的图形呈周期状，即在其定义域上任意两个长度相同的区间上，只要它们的两端点之间的距离是 kT（k 为整数），则在这两个区间上函数的图形有相同的形状.

例 1.11　求函数 $f(t)=A\sin(\omega t+\varphi)$ 的周期，其中 A,ω,φ 为常数.

解　设所求的周期为 T，由于

$$f(t+T)=A\sin[\omega(t+T)+\varphi]=A\sin[(\omega t+\varphi)+\omega T],$$

要使

$$f(t+T)=f(t),$$

即　　　　　　　　$$A\sin[(\omega t+\varphi)+\omega T]=A\sin(\omega t+\varphi)$$

成立，并注意到 $\sin t$ 的周期为 2π，只需

$$\omega T=2n\pi,\quad n=0,1,2,\cdots,$$

使上式成立的最小正数为 $T=\dfrac{2\pi}{\omega}$（取 $n=1$），所有函数 $f(t)=A\sin(\omega t+\varphi)$ 的周期是 $T=\dfrac{2\pi}{\omega}$.

习　题　1.2

1. 求下列函数的定义域：

(1) $y=\sqrt{2x+3}$；

(2) $y=\dfrac{1}{4t+1}$；

习题 1.2 答案

(3) $y=\dfrac{4-x^{2}}{x^{2}-x-6}$；

(4) $y=\sqrt{2x+1}+\dfrac{1}{\sqrt{1-x}}$；

(5) $y=\sqrt{6-5x-x^{2}}+\dfrac{1}{\ln(2-x)}$.

2. 设 $\varphi(x)=\begin{cases}|\sin x|,&|x|<\dfrac{\pi}{3},\\[2mm]0,&|x|\geqslant\dfrac{\pi}{3},\end{cases}$　求 $\varphi\left(\dfrac{\pi}{6}\right)$、$\varphi\left(-\dfrac{\pi}{4}\right)$、$\varphi(2)$.

3. 判断下列函数的奇偶性：

(1) $f(x)=\sin x+\cos x$；

(2) $y=\dfrac{1}{2}(\mathrm{e}^{x}+\mathrm{e}^{-x})$；

(3) $y = \dfrac{1}{2}(e^x - e^{-x})$.

4. 火车站收取行李费的规定如下：当行李质量不超过 50 kg 时，按基本运费计算，如从上海到某地以 0.15 元/kg 计算基本运费，当超过 50 kg 时，超重部分按 0.25 元/kg 收费. 试求上海到该地的行李费 y(元)与行李质量 x(kg)之间的函数关系.

5. 某产品共有 1500 吨，每吨定价 150 元，一次销售不超过 100 吨时，按原价出售；若一次销售量超过 100 吨，但不超过 500 吨时，超出部分按 9 折出售；如果一次销售量超过 500 吨，超过 500 吨的部分按 8 折出售. 试将该产品一次出售的收入 y 表示成一次销售量的函数.

1.3　初　等　函　数

1.3.1　反函数

设函数 $y = f(x)$ 的定义域为 D，值域为 W，因为 W 是由函数值组成的数集，所以对每一个 $y_0 \in D$ 使得 x_0 与之对应，即 $f(x_0) = y_0$ 成立，这样的 x_0 可能不止一个，如图 1.12 所示.

一般地，对于任意的 $y \in W$，至少存在一个 $x \in D$，使得 x 与 y 相对应，且满足 $f(x) = y$.

按照函数的定义，如果把 y 看成是自变量，把 x 看成是因变量，便得到一个新的函数. 称这个新的函数为函数 $y = f(x)$ 的反函数，记作 $x = \varphi(y)$. 其定义域为 W，值域为 D. 相对于反函数来说，称函数 $y = f(x)$ 为直接函数.

由图 1.12 可见，即使 $y = f(x)$ 是单值函数，也不能保证其反函数 $x = \varphi(y)$ 是单值函数. 例如，$y = x^2$ 或 $y = \sin x$，它们都是单值函数，但它们的反函数都不是单值函数. 如果函数 $y = f(x)$ 不但是单值的而且是单调的，则其反函数 $x = \varphi(y)$ 也一定是单值并且是单调的.

设函数 $y = f(x)$ 的反函数为

$$x = \varphi(y), \tag{1}$$

则其在直角坐标系 xOy 上的图形与 $y = f(x)$ 的图形是一致的. 习惯上，常用 x 表示自变量，y 表示函数，所以我们可以将反函数(1)改写成

$$y = \varphi(x), \tag{2}$$

并且也称式(2)为 $y = f(x)$ 的反函数，由于改变了自变量与因变量的记号，因而式(2)在直角坐标系 xOy 上的图形与 $y = f(x)$ 的图形是关于直线 $y = x$ 对称的(见图 1.13)

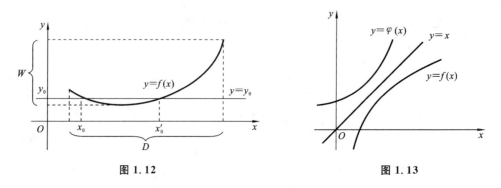

图 1.12　　　　　　　　　　　　　　　　　　　图 1.13

反函数的两种情形以后都会遇到，我们可以从前后文中知道究竟指的是哪一种情况.

例 1.12 设函数 $y=2x-3$,求它的反函数,并画出图形.

解 从函数 $y=2x-3$ 中直接解出 x 得

$$x=\frac{1}{2}(y+3).$$

这是所求的反函数,交换变量记号,得 $y=2x-3$ 的反函数为

$$y=\frac{1}{2}(x+3).$$

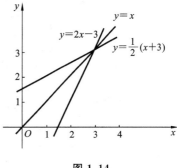

图 1.14

直接函数 $y=2x-3$ 与其反函数 $y=\frac{1}{2}(x+3)$ 的图形关于直线 $y=x$ 对称,如图 1.14 所示.

1.3.2 基本初等函数

基本初等函数是最常见、最基本的一类函数.基本初等函数包括:常量函数、幂函数、指数函数、对数函数、三角函数和反三角函数.这些函数在中学已经学过了.下面给出这些函数的简单性质和图形.

1. 常量函数 $y=C(C$ 为常数)

常量函数的定义域为 $(-\infty,+\infty)$,这是最简单的一类函数,无论 x 取何值,y 都取常数 C,如图 1.15 所示.

2. 幂函数 $y=x^u(u$ 是常数)

幂函数的定义域随 μ 的不同而不同.但无论 μ 取何值,它在 $(0,+\infty)$ 内都有定义,而且图形都经过点 $(1,1)$,如图 1.16 所示.

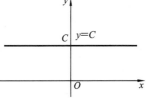

图 1.15

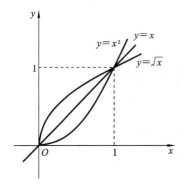 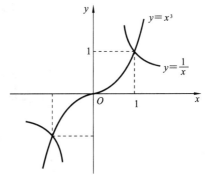

图 1.16

3. 指数函数 $y=a^x(a>0,a\neq1,a$ 是常数)

指数函数的定义域为 $(-\infty,+\infty)$.当 $a>1$ 时,它单调增加;当 $0<a<1$ 时,它单调减少.对于任何的 a,a^x 的值域都是 $(0,+\infty)$,函数的图形都过 $(0,1)$ 点,如图 1.17 所示.

4. 对数函数 $y=\log_a x(a>0,a\neq1,a$ 是常数)

对数函数 $\log_a x$ 是指数函数 a^x 的反函数,它的定义域为 $(0,+\infty)$.当 $a>1$ 时,它单调增

加;当 $0<a<1$ 时,它单调减少.对于任何限定的 a,$y=\log_a x$ 的值域都是 $(-\infty,+\infty)$,函数的图形都过 $(1,0)$ 点,如图 1.18 所示.

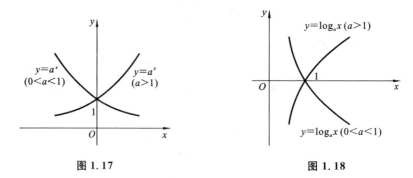

图 1.17 　　　　　　　　　　　　　　图 1.18

在高等数学中常用到以 e 为底的指数函数 e^x 和以 e 为底的对数函数 $\log_e x$(记作 $\ln x$),$\ln x$ 称为**自然对数**.这里 $e=2.7182818\cdots$,是一个无理数.

5. 三角函数

常用的三角函数有:

正弦函数 $y=\sin x$;余弦函数 $y=\cos x$;

正切函数 $y=\tan x$;余切函数 $y=\cot x$.

$y=\sin x$ 与 $y=\cos x$ 的定义域为 $(-\infty,+\infty)$,它们都是以 2π 为周期的周期函数,都是有界函数,如图 1.19、图 1.20 所示.

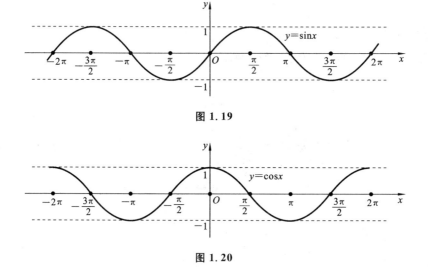

图 1.19

图 1.20

$y=\tan x$ 的定义域为除去 $x=n\pi+\dfrac{\pi}{2}$($n=0,\pm1,\pm2,\cdots$)以外的全体实数,如图 1.21 所示.$y=\cot x$ 的定义域为除去 $x=n\pi$($n=0,\pm1,\pm2,\cdots$)以外的全体实数,如图 1.22 所示.$\tan x$ 与 $\cot x$ 都是以 π 为周期的周期函数,并且在其定义域内是无界函数.$\sin x$、$\tan x$ 及 $\cot x$ 是奇函数,$\cos x$ 是偶函数.

三角函数还包括正割函数 $y=\sec x$,余割函数 $y=\csc x$,其中 $\sec x=\dfrac{1}{\cos x}$,$\csc x=\dfrac{1}{\sin x}$.它

们都是以 2π 为周期的周期函数,并且在开区间 $\left(0,\dfrac{\pi}{2}\right)$ 内都是无界函数.

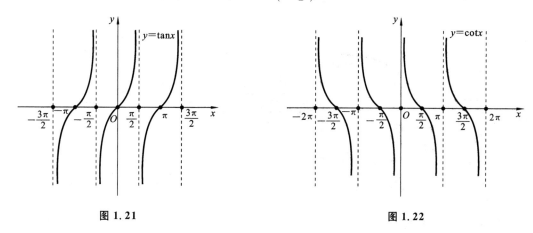

图 1.21 　　　　　　　　　　图 1.22

6. 反三角函数

三角函数 $y=\sin x$,$y=\cos x$,$y=\tan x$ 和 $y=\cot x$ 的反函数都是多值函数,我们按下列区间取其一个单值分支,称为主值分支,分别记作

$y=\arcsin x$,$y\in\left[-\dfrac{\pi}{2},\dfrac{\pi}{2}\right]$,定义域为 $[-1,1]$,

$y=\arccos x$,$y\in[0,\pi]$,定义域为 $[-1,1]$,

$y=\arctan x$,$y\in\left(-\dfrac{\pi}{2},\dfrac{\pi}{2}\right)$,定义域为 $(-\infty,+\infty)$,

$y=\text{arccot}\,x$,$y\in(0,\pi)$,定义域为 $(-\infty,+\infty)$.

分别称它们为反正弦函数、反余弦函数、反正切函数、反余切函数. 其图形分别如图 1.23~1.26 所示.

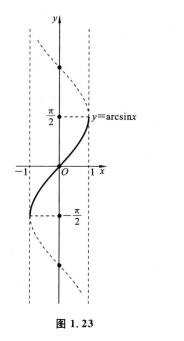 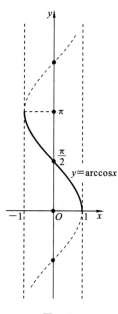

图 1.23 　　　　　　　　　　图 1.24

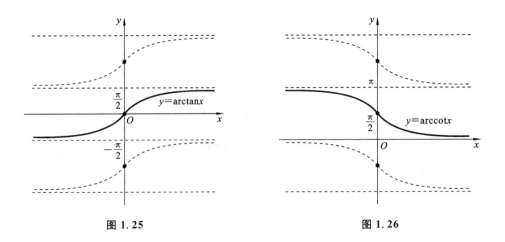

图 1.25　　　　　　　　　　　　　图 1.26

1.3.3　复合函数

定义 1.3　设 y 是 u 的函数,$y=f(u)$,$u\in U$,而 u 是 x 的函数,$u=\varphi(x)$,$x\in D$,并且 $\varphi(x)$ 的值域属于 $f(u)$ 的定义域,即 $\varphi(x)\subset U$,$x\in D$,则 y 通过 u 的联系也是 x 的函数,称此函数是由 $y=f(u)$ 及 $u=\varphi(x)$ 复合而成的**复合函数**,记作

$$y=f[\varphi(x)],$$

并称 x 为自变量,u 为中间变量.

注　当里层函数的值域不属于外层函数的定义域时,只要两者有公共部分,这时可以限制里层函数的定义域,使其对应的值域属于外层函数定义域,就可以构成复合函数了.

例如,函数 $y=\sin x^2$ 可以看成是由 $y=\sin u$(定义域为 $(-\infty,+\infty)$)与 $u=x^2$(定义域为 $(-\infty,+\infty)$,值域为 $[0,+\infty)$)复合而成,该函数(自变量是 x)的定义域是 $(-\infty,+\infty)$.

再如,函数 $y=\sqrt{1-x}$ 可以看成是由 $y=\sqrt{u}$(定义域为 $[0,+\infty)$)及 $u=1-x$(定义域为 $(-\infty,+\infty)$,值域为 $(-\infty,+\infty)$)复合而成.其定义域为 $(-\infty,1]$,是 $u=1-x$ 的定义域 $(-\infty,+\infty)$ 的一部分.因为只有 $x\in(-\infty,1]$ 时函数 $u=1-x$ 的值才落入 $y=\sqrt{u}$ 的定义域 $[0,+\infty)$ 中.

值得注意的是,不是任何两个函数都可以组成一个复合函数.例如,$y=\arcsin u$ 及 $u=2+x^2$ 就不能组成复合函数.原因是 $u=2+x^2$ 的值域 $[2,+\infty)$ 和 $y=\arcsin u$ 的定义域 $[-1,1]$ 无公共部分.对于 $u=2+x^2$ 的定义域 $(-\infty,+\infty)$ 中任何 x 值,形式上的复合函数 $y=\arcsin(2+x^2)$ 均无意义.

复合函数也可以由两个以上的函数复合而成.例如,函数 $y=\cos^2\dfrac{x}{2}$ 是由 $y=u^2$,$u=\cos v$

及 $v=\dfrac{x}{2}$ 复合而成,其中 u 和 v 都是中间变量.

例 1.13　分析函数 $y=\cos 2^{x-1}$ 是由哪几个函数复合而成.

解　函数 $y=\cos 2^{x-1}$ 是由 $y=\cos u$,$u=2^v$ 和 $v=x-1$ 复合而成,并易知其定义域为 $(-\infty,+\infty)$.

例 1.14　求由函数 $y=\sqrt{u}$,$u=3x-1$ 组成的复合函数并求其定义域.

解 由于 $y=\sqrt{u}$ 的定义域为 $[0,+\infty)$ 与 $u=3x-1$ 的值域 $(-\infty,+\infty)$ 有公共部分,所以由它们可以组成复合函数

$$y=\sqrt{3x-1}.$$

由于 $y=\sqrt{u}$ 必须 $u\geqslant0$,从而 $3x-1\geqslant0$,故复合函数的定义域是 $\left[\dfrac{1}{3},+\infty\right)$.

例 1.15 设 $f(x)=\dfrac{1}{1-x}$,求 $f[f(x)]$,$f[f[f(x)]]$.

解
$$f[f(x)]=\frac{1}{1-f(x)}=\frac{1}{1-\dfrac{1}{1-x}}=1-\frac{1}{x},\quad x\neq1,0.$$

$$f[f[f(x)]]=\frac{1}{1-f[f(x)]}=\frac{1}{1-\left(1-\dfrac{1}{x}\right)}=x,\quad x\neq1,0.$$

1.3.4 初等函数

定义 1.4 由基本初等函数经过有限次四则运算和经过有限次复合运算所构成,并可用一个式子表示的函数,称为**初等函数**.

初等函数是我们经常大量研究的函数,不是初等函数的函数称为非初等函数.

初等函数都可以用一个公式表示.

例如,$y=ax^2+bx+c$,$y=\dfrac{3x+2}{4x-6}$,$y=\sqrt{\dfrac{\ln(x^2+1)+\cos^2 x}{\sqrt{x-1}+\sqrt[5]{x}}}$ 等都是初等函数,而 $y=\mathrm{sgn}x$,

以及 $y=\begin{cases}2x,\text{当 }x<0,\\ \mathrm{e}^x,\text{当 }x\geqslant0\end{cases}$ 等都是非初等函数.

习 题 1.3

习题 1.3 答案

1. 求下列函数的定义域:

(1) $y=\sqrt{3x+2}$;

(2) $y=\dfrac{1}{4-x^2}$;

(3) $y=\sin\sqrt{x}$;

(4) $y=\tan(x-1)$;

(5) $y=\arcsin(x-1)$;

(6) $y=\sqrt{3-x}+\arctan\dfrac{1}{x}$.

2. 对于下列每组函数写出 $f[g(x)]$ 的表达式:

(1) $f(x)=\sin x$,$g(x)=x^2-1$;

(2) $f(x)=\sqrt[3]{1+2x}$,$g(x)=\mathrm{e}^x$.

3. 写出下列函数的复合过程:

(1) $y=\cos 3x$;

(2) $y=(x^2+x)^{10}$;

(3) $y=\sqrt{1+x^2}$;

(4) $y=\mathrm{e}^{2x+1}$.

1.4　函数的参数方程

1.4.1　直角坐标系下的参数方程

在平面解析几何中,到原点的距离等于 a 的点的轨迹是圆,如图 1.27 所示.轨迹中动点 P 的位置是由 OP 与 x 轴正向的夹角 t 确定的,易知点 P 的坐标 (x,y) 是 t 的函数,即 x,y 满足

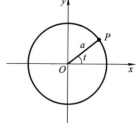

$$\begin{cases} x=a\cos t, \\ y=a\sin t, \end{cases} 0\leqslant t<2\pi,$$

其中 t 为参数,确定了 y 与 x 之间的函数关系,上式中消去参数 t,可得圆的方程

$$x^2+y^2=a^2.$$

图 1.27

一般地,在平面直角坐标系中,如果曲线 C 上任意一点的坐标 (x,y) 都是某个变量 t 的函数

$$\begin{cases} x=\varphi(t), \\ y=\psi(t), \end{cases} t\in D,$$

并且对于每一个 $t\in D$ 由上述方程组所确定的点 $P(x,y)$ 都在这条曲线 C 上,则方程组称为这条曲线 C 的**参数表示**或**参数方程**.变量 t 称为**参数**.

参数方程是以参变量为中介来表示曲线上点的坐标的方程.在实际应用中,有些曲线用参数方程表示更方便.下面给出几种平面曲线的参数方程.

1. 抛物线

$y=x^2$ 的右半支的参数方程可以表示为

$$\begin{cases} x=\sqrt{t}, \\ y=t, \end{cases} t\geqslant 0,$$

也可以表示为

$$\begin{cases} x=t, \\ y=t^2, \end{cases} t\geqslant 0.$$

由此可见,在相同的坐标系下,由于参数选取的不同,同一条曲线可以有不同的参数方程.

2. 星形线(内摆线)

$$\begin{cases} x=a\cos^3 t, \\ y=a\sin^3 t, \end{cases} t\in[0,2\pi]（图形见实验图 3.7）.$$

3. 摆线(旋轮线)

$$\begin{cases} x=a(t-\sin t), \\ y=a(1-\cos t), \end{cases} t\in(-\infty,+\infty)（图形见实验图 3.8）.$$

1.4.2　极坐标系下的参数方程

在平面上取一定点 O,称为极点,以 O 为起点作射线 Ox,称为极轴,选定一个单位长度以

及计算角度的正方向(通常取逆时针方向为正方向),这样就建立了一个极坐标系.

设点 P 是平面内任意一点,用 ρ 表示线段 OP 的长度,θ 表示射线 Ox 到 OP 的角度,那么 ρ 称为点 P 的**极径**,θ 称为点 P 的**极角**,有序数对 (ρ,θ) 称为点的**极坐标**(见图 1.28).

一般情况下,ρ 的值为正值.当点 P 的极径取负值时,则表示点 $P(\rho,\theta)$ 与点 $P'(|\rho|,\theta)$ 关于极点对称.如果限制:

$$\rho>0,\quad 0\leqslant\theta<2\pi\quad\text{或}\quad -\pi<\theta\leqslant\pi,$$

则除极点外,平面上的点与有序数对 (ρ,θ) 之间一一对应.

如果取极点与直角坐标系原点重合,极轴 Ox 与 x 轴的正半轴重合(见图 1.29),则极坐标系与直角坐标系的关系是

$$\begin{cases} x=\rho\cos\theta, \\ y=\rho\sin\theta, \end{cases}\quad\text{或}\quad\begin{cases} \rho=\sqrt{x^2+y^2}, \\ \tan\theta=\dfrac{y}{x}\,(x\neq0). \end{cases}$$

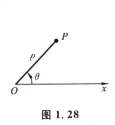

图 1.28　　　　　　　　　　图 1.29

例 1.16　将心形线(见实验的图 3.9)的极坐标方程

$$\rho=\pi(1-\sin\theta)$$

化为直角坐标的形式.

解　将极坐标方程两边同乘以 ρ,得

$$\rho^2=\pi\rho-\pi\rho\sin\theta.$$

将 $y=\rho\sin\theta$,$\rho^2=x^2+y^2$ 代入上式,得心形线的直角坐标式

$$x^2+y^2-\pi\sqrt{x^2+y^2}+\pi y=0.$$

习　题　1.4

习题 1.4 答案

1. 写出下列圆的极坐标方程:

(1) $x^2+y^2=1$;　　　　　　　　(2) $(x-1)^2+y^2=1$;

(3) $x^2+(y-2)^2=9$;　　　　　　(4) $(x-1)^2+(y+2)^2=4$.

2. 化下列极坐标方程为直角坐标方程:

(1) $\rho=\dfrac{1}{1+\cos\theta}$;　　　　　　　(2) $\rho=2+\cos\theta$.

实验一　Python 语言入门

实 验 目 的

1. 掌握实验环境的搭建.
2. 掌握 Jupyter Notebook 的使用方法.
3. 掌握基本的 Python 语法.

实 验 内 容

一、安装 Anaconda

Anaconda 是 Python 发行版,内置了各种用于数值计算的外部软件包,可以轻松地创建和调整 Python 编码的环境,为使用 Python 进行数学实验大大降低了使用门槛.

第 1 步:下载 Anaconda

Anaconda 的主页:https://www.anaconda.com/

Anaconda 可用于 Windows、macOS 和 Linux 操作系统.进入 Anaconda 网站,单击"Get Started"按钮,单击"Download Anaconda installers"进入 Anaconda 下载页面,在本页面的"Anaconda Individual Edition"对话框,如实验图 1.1 所示,单击"Download"按钮进行下载,Anaconda 安装程序将根据操作系统类型和 64 位/32 位之间的差异自动确定环境.

注意要结合自己的系统下载,建议自己也确认目前的软件环境是否合适. 在 Windows 上下载 exe 文件,在 macOS 上下载 pkg 文件,在 Linux 上下载 Shell 脚本.

实验图 1.1　下载 Anaconda 对话框

第 2 步:安装 Anaconda

如果使用的是 Windows 或 macOS 系统,双击下载的安装程序文件,然后按照安装程序的说明进行安装. 可以将所有设置保留为默认设置(即省略该过程). 如果是 Linux 系统,请启动终端,切换到相应的目录,然后执行 Shell 脚本. 以下是 64 位 Ubuntu 的安装过程.

[终端]

$ bash./Anaconda3-(日期)-Linux-x8664.sh

以上命令将启动交互式安装程序,请按照说明进行安装. 安装后,请确保导出以下路径,以防万一(路径备份).

[终端]

$ export PATH=/home/用户名/anaconda3/bin:$PATH

安装就完成了. 同时安装 Python 相关文件,以及名为 Anaconda Navigator 的桌面应用程序.

第 3 步:启动 Anaconda Navigator

现在,启动 Anaconda Navigator. 对于 Windows,从"开始"菜单中选择 Anaconda3→Anaconda Navigator 命令. 对于 macOS,从 Application 文件夹启动 Anaconda-Navigator.app.

对于 Linux,则可以使用以下命令从终端启动 Anaconda Navigator.

［终端］

$\$$ anaconda－navigator

启动之后,Anaconda Navigator 界面如实验图 1.2 所示.

实验图 1.2　Anaconda Navigator 界面

Jupyter Notebook 可以在此界面中启动,为本实验的主要平台.

第 4 步:安装 NumPy 和 matplotlib

为了执行本书中描述的代码,需要安装名为 NumPy 和 matplotlib 的软件包. 首先,检查是否安装了这些软件包. Anaconda 可能已经默认安装了这些软件包.

在 Anaconda Navigator 的首界面中单击 Environments,如实验图 1.3 所示.

在 Environments 界面的中央顶部有一个下拉菜单,在这里选择 Not installed(参照实验图 1.4 中 a),注意不要选择 Installed. 然后在右侧的搜索框中输入 numpy 进行搜索(参照实验图 1.4 中 b). 如果没有安装 NumPy,则搜索结果将显示 numpy(参照实验图 1.4 中 c).

如果已成功安装 NumPy,则搜索结果不会显示 numpy.

如果搜索结果显示 numPy,即表示未安装 NumPy,请按实验图 1.4 的 c 所示选中 numpy 左边的复选框,然后单击右下角的 Apply 按钮,如实验图 1.4 的 d 所示. 新窗口将显示出来,一旦这个窗口中的 Apply 按钮状态可以单击,即可单击该按钮安装 NumPy.

对于 matplotlib,同样输入 matplotlib 进行搜索. 如果 matplotlib 出现在搜索结果中,则可参照之前操作进行安装.

二、Jupyter Notebook 的使用方法

Anaconda 中包含一个可在名为 Jupyter Notebook 的浏览器上运行的 Python 执行环境.

实验图 1.3　Environments 界面

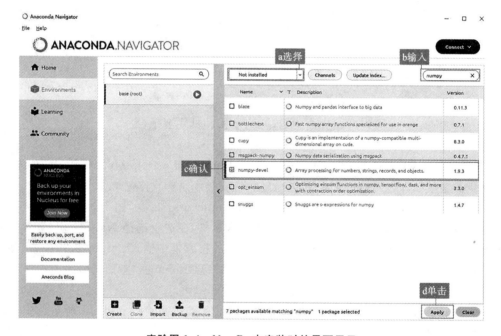

实验图 1.4　NumPy 未安装时的界面显示

Jupyter Notebook 可将 Python 的代码及其执行结果用语句和数学表达式保存到一个笔记本文件中. 另外,执行结果支持以图形形式展示.

本实验部分中使用的 Python 样本代码就是以 Jupyter Notebook 的格式保存的.

第 1 步:启动 Jupyter Notebook

在 Anaconda Navigator 的顶部屏幕上,有一个 Jupyter Notebook 的"Launch"按钮,如实

验图 1.5 所示. 如果按钮为 Install,则表明尚未安装 Jupyter Notebook,请单击此按钮进行安装.

单击"Launch"按钮将自动启动 Web 浏览器,如实验图 1.6 所示.

此屏幕称为"Jupyter Notebook 的控制面板". 可以在此屏幕上移动和创建文件夹以及创建笔记本文件. 启动时,将显示环境中主文件目录的内容.

第 2 步:运行 Jupyter Notebook

由于 Jupyter Notebook 在浏览器上运行,因此操作方法不取决于环境. 现在,运行一个简单的 Python 程序来熟悉 Jupyter Notebook. 首先创建一个笔记本. 转到要创建笔记本的文件夹,然后从控制面板右上方的 New 菜单中选择 Python3(见实验图 1.7 中 a、b).

实验图 1.5 Jupyter Notebook **启动界面**

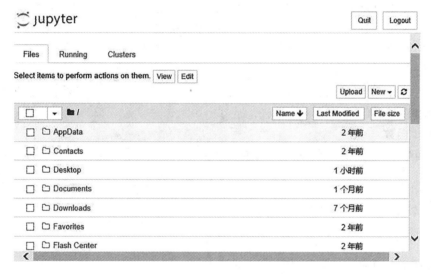

实验图 1.6 Jupyter Notebook **的控制面板**

这时创建一个新的笔记本,并将其显示在浏览器的新选项卡上(见实验图 1.8). 此笔记本是一个扩展名为"ipynb"的文件.

菜单、工具栏等位于笔记本文件屏幕的顶部,可以对笔记本文件执行各种操作. 创建笔记本文件后,会发现笔记本文件被默认命名为 Untitled,可以通过单击该名称或从菜单中选择 File→Rename 来重命名该文件. 可以将其更改为喜欢的名称,如 my_notebook.

Python 代码位于笔记本文件中称为单元格的位置. 单元格是屏幕上显示的空白矩形.

第 3 步:在代码和标记之间切换

单元格类型包括代码和标记. 默认情况下,单元格类型为 Code,但如果单元格类型不是 Code,则可以使用菜单

实验图 1.7 创建一个新的
笔记本文件

实验图 1.8　新的笔记本文件

中的 Cell→Cell Type→Code 将单元格模式更改为 Code.

在 Code 单元格中,可以编写和执行 Python 代码. 也可以通过菜单中的 Cell→Cell Type→Markdown 将单元格类型更改为 Markdown. 在 Markdown 单元格中,可以用 Markdown 格式编写句子,也可以用 LaTeX 格式编写公式,这个不是数学实验所需要的内容,不做具体介绍,读者想要详细了解这方面内容可以自己查阅相关资料.

第 4 步:编程初试

1. 输出

在 Python 语言中,实现数据输出的方式有两种:一是使用 print 函数;二是直接使用变量名查看变量的原始值.

1) print 函数

print 函数:打印输出数据,其语法结构如下:

```
print(< expr> )
```

如果要输出多个表达式,其语法结构如下:

```
print(< expr 1> ,< expr 2> , ...,< expr n> )
```

下面,尝试在单元格中编写以下 Python 代码.

```
in    print("Hello World!")
```

编写代码后,按 Shift+Enter 组合键(如果是 macOS 系统,则按 Shift+Return 组合键). 单元格下面会显示如下结果:

```
Out   Hello World!
```

可以在 Jupyter Notebook 上执行第一个 Python 代码. 请注意,当单元格位于底部时,按 Shift+Enter 组合键会自动将新单元格添加到原单元格下面,然后选定下方的单元格. 而按 Ctrl+Enter 组合键,即使单元格位于底部,也不会向下添加新的单元格. 但在这种情况下,同一单元格仍处于选定状态.

```
in    print("Hello ", "World!")
```

在语句 print("Hello","World!")中,逗号连接两个字符串,输出时,字母“o”和“W”中间有空格.

| Out | Hello World! |

2) 直接使用变量名查看变量的原始值

在交互开发环境中,可以直接使用变量名查看变量的原始值,以达到输出的目的.

在单元格中,可以先给变量赋值,再输出,代码及结果如下:

| in | a= "Hello World!"
a |

| Out | 'Hello World! ' |

或者直接输出,代码及结果如下:

| in | "Hello World!" |

| Out | 'Hello World! ' |

```
a= input("Enter your first name:")
b= input("Enter your last name:")
print(a,b)
```

2. 输入

在 Python 中,可通过 input 函数从键盘输入数据,其语法结构如下:

```
input(< prompt> )
```

input 函数的形参 prompt 是一个字符串,用于提示用户输入数据. input 函数的返回值是字符串.

在单元格中使用 input 函数,代码如下:

| in | a= input("Enter your name:")
print(a) |

第 1 行语句使用 input 函数输入数据. 用户输入数据后,input 函数将数据赋值给变量 a 保存. 第 2 行调用 print 函数打印 a 变量的值.

按 Shift＋Enter 组合键,程序运行,将"Enter your name:"作为输入提示符,如实验图 1.9 所示. 用键盘输入"Bai",按回车键,结果如实验图 1.10 所示.

```
In [*]:  a=input("Enter your name:")
         print(a)

Enter your name: [                              ]
```

实验图 1.9　输入提示符

使用字符串连接的方式,可以实现依次打印,student.py 文件代码修改如下:

| in | a= input("Enter your first name:")
b= input("Enter your last name:")
print(a,b) |

按 Shift＋Enter 组合键,程序运行后,打印"Enter your first name:"作为输入提示符,用

```
In [1]: a=input("Enter your name:")
        print(a)

Enter your name:Bai
Bai
```

实验图 1.10 输入"Bai"运行结果

键盘输入"Bai",按回车键;接着打印"Enter your last name:"作为输入提示符,用键盘输入"Li",按回车键,结果如实验图 1.11 所示.

```
In [1]: a=input("Enter your first name:")
        b=input("Enter your last name:")
        print(a,b)

Enter your first name:Bai
Enter your last name:Li
Bai Li
```

实验图 1.11 连接输入方式运行结果

第 5 步:保存和退出笔记本文件

笔记本文件通常被设置为自动保存,但也可以通过菜单中的 File→ Save and Checkpoint 手动保存. 当关闭显示笔记本文件的浏览器选项卡时,笔记本文件不会退出. 如果要退出笔记本文件,请从菜单中选择 File→ Close and Halt,这时才能关闭笔记本文件并自动关闭选项卡.

如果在未完成上述步骤的情况下关闭了选项卡,可以在 Running 选项卡(见实验图 1.12 中 a)单击 Shutdown 关闭笔记本文件(见实验图 1.12 中 b).

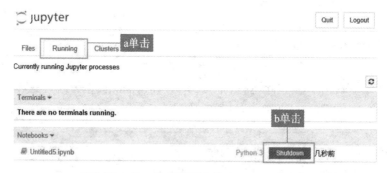

实验图 1.12 控制面板上的 Running 选项卡

想要再次打开已完成的笔记本文件时,在控制面板上单击该笔记本文件即可.

实验二 Python 语言中的变量与函数

实 验 目 的

1. 熟练掌握变量的定义方法.
2. 了解基本的运算符和函数表达式.

实 验 内 容

一、Python 标识符和关键字

Python 标识符就是程序员定义的变量名和函数名.

1. Python 标识符的命名规则

(1) 必须是不含空格的单个词；

(2) 区分大小写；

(3) 必须以字母或下划线开头,之后可以是任意字母、数字或下划线,变量名中不允许使用标点符号.

2. Python 关键字

Python 关键字就是在 Python 内部已经使用的标识符,具有特殊的功能和含义,Python 不允许定义和关键字有相同名字的标识符. Python 常见关键字如实验表 2.1 所示.

实验表 2.1 Python 常见关键字

关键字	含 义	关键字	含 义
and	用于表达式运算,逻辑与操作	as	类型转换
or	用于表达式运算,逻辑或操作	in	判断变量是否在序列中
not	用于表达式运算,逻辑非操作	is	判断变量是否为某个类型
if	条件语句,与 else,elif 结合使用	assert	判断变量或条件表达式的值是否为真
elif	条件语句,与 if,else 结合使用	import	用于导入模块,与 from 结合使用
else	条件语句,与 if,elif 结合使用	from	用于导入模块,与 import 结合使用
for	for 循环语句	def	定义函数或方法
while	while 循环语句	class	定义类
continue	继续执行下一次循环	lambda	定义匿名变量
break	中断循环语句的执行	globe	定义全局变量
try	用于异常语句,与 except,finally 结合使用	nonlocal	声明局部变量
except	用于异常语句,与 try,finally 结合使用	del	删除变量或序列的值
finally	用于异常语句,与 try,except 结合使用	print	打印语句
raise	异常抛出操作	return	用于从函数返回计算结果
with	简化 Python 语句	yield	用于从函数依次返回值
exec	执行储存在字符串或文件中的 Python 语句	pass	空的类、方法、函数的占位符
Ture	布尔属性值,真	False	布尔属性值,假

二、变量赋值

在编程语言中,"值"这个词并不仅仅指数值,文字或字符串等非数值的量在作为变量代入时也可以被称为"值". Python 语句由表达式(值)和变量组成,变量赋值通常有以下几种

形式.

1. 单个变量赋值

变量＝表达式.

其中,"＝"为赋值符号,将右边表达式的值赋给左边变量,其与数学中的"＝"作用相似但不同,在数学中"＝"表示等号右边和左边相等.

【示例 2.1】 在给变量 abcd 赋一个整数值 1234 时(即将一个整数值 1234 代入变量 abcd),可以写为如下形式.

in	abcd= 1234

变量名称也可以使用数字或下划线. 如示例 2.2 中,分别将整数、小数和字符串代入变量. 字符串是将文字用""括起来的内容. 在 Python 中进行文字的书写时,多作为字符串代入变量。

【示例 2.2】 各种各样的变量.

in	a= 123 # 给变量 a 赋值一个整数 123
	b_123= 123.456 # 给变量 b_123 赋值一个小数 123.456
	hello_world= "Hello world!" # 给变量 hello_world 赋值字符串"Hello World!"

♯后面写的文字作为注释使用,它们是不能被程序识别的,所以想在代码中添加注释的时候请自由使用♯符号.

在变量名称中,必须将大小写字母作为不同字符处理.例如,abcd 和 ABCD 会被 Python 识别为不同的变量.

2. 同步赋值

变量 1,变量 2,…,变量 n＝表达式 1,表达式 2,…,表达式 n.

【示例 2.3】 将 1949 赋值给变量 x,将 10.01 赋值给变量 y.

解 在单元格中按如下操作:

in	x= 1949,y= 10.01
	x,y

Out	(1949,10.01)

三、Python 基本运算符

1. 算术运算符

Python 算术运算符如实验表 2.2 所示.

实验表 2.2 Python 中算术运算符

运 算 类 型	数学表达式	Python 运算符	Python 表达式
加法运算	$a+b$	＋	a＋b
减法运算	$a-b$	－	a－b
乘法运算	$a×b$	*	a * b
除法运算	$a÷b$	/	a/b
幂运算	a^b	* *	a * * b

算术运算按照从左到右的顺序进行. 幂运算具有最高优先级,乘法和除法具有相同的次优先级,加法和减法具有相同的最低优先级,括号可用来改变优先次序.

2. 比较运算符

Python 中比较运算符如实验表 2.3 所示.

实验表 2.3　Python 中比较运算符

运 算 类 型	Python 运算符	运 算 类 型	Python 运算符
大于	>	小于	<
大于或等于	>=	小于或等于	<=
等于	==	不等于	!=

3. 逻辑运算符

Python 中逻辑运算符如实验表 2.4 所示.

实验表 2.4　Python 中逻辑运算符

逻 辑 关 系	与	或	非
Python 运算符	&	|	~

四、标准库、扩展库对象的导入与使用

Python 所有内置对象不需要做任何的导入操作就可以直接使用,但标准库对象必须先导入才能使用,扩展库则需要正确安装之后,才能导入和使用其中的对象. 在编写代码时,一般先导入标准库对象,再导入扩展库对象. 建议在程序中只导入确实需要使用的标准库和扩展库对象,确定用不到的没有必要导入,这样可以适当提高代码加载和运行速度,并能减小打包后的可执行文件的大小. 下面介绍导入对象的三种方式.

1. import 模块名[as 别名]

使用"import 模块名[as 别名]"的方式将模块导入以后,使用其中的对象时,需要在对象之前加上模块名作为前缀,也就是必须以"模块名. 对象名"的形式进行访问. 如果模块名字很长,可以为导入的模块设置一个别名,然后使用"别名. 对象名"的方式来使用其中的对象. 如示例 2.4 中的方法 1 和方法 2.

2. from 模块名 import 对象名[as 别名]

使用"from 模块名 import 对象名[as 别名]"的方式仅导入明确指定的对象,使用对象时不需要使用模块名作为前缀,可以减少程序员需要输入的代码量. 这种方式可以适当提高代码运行速度,打包时可以减小文件的大小. 如示例 2.4 中的方法 3.

3. from 模块名 import *

使用"from 模块名 import *"的方式可以一次导入模块中的所有对象,也可以直接使用模块中的所有对象而不需要使用模块名作为前缀,但一般并不推荐这样使用. 如示例 1.4 中的方法 4.

五、Python 函数

1. Python 库函数

Python 有丰富的标准库,其中 math 标准库提供了常用数学函数,如实验表 2.5 所示.

实验表 2.5　math 标准库中常用数学函数

函数名	数学表达式	Python 命令	函数名	数学表达式	Python 命令
三角函数	$\sin x$	sin(x)	反三角函数	$\arcsin x$	asin(x)
	$\cos x$	cos(x)		$\arccos x$	acos(x)
	$\tan x$	tan(x)		$\arctan x$	atan(x)
幂函数	x^a	x ** a	对数函数	$\ln x$	log(x)
	$\sqrt{x}$	sqrt(x)		$\lg x$	log10(x)
指数函数	a^x	a ** x 或 pow(a,x)		$\log_a x$	loga(x)
	e^x	exp(x)	绝对值函数	$\lvert x \rvert$	fabs(x)

【示例 2.4】　调用 math 标准库，计算 $\sin\left(\dfrac{\pi}{2}\right)$.

解　**方法 1**　在单元格中按如下操作：

| in | ```
import math          # 导入 math 标准库
math.sin(math.pi/2)  # 调用 math 标准库中的 sin() 函数和 pi 值
``` |
|---|---|
| Out | 1.0 |

【注】　在导入库后，库函数的调用方式为：库名. 函数名(参数).

Python 库还有不同的导入方法，而库函数的调用也略有不同. 以完成示例 1.4 的任务为例做说明.

方法 2　在单元格中按如下操作：

| in | ```
import math as m  # 导入 math 标准库，简记为 m
m.sin(m.pi/2)     # 调用 math 标准库中的 sin() 函数和 pi 值
``` |
|---|---|
| Out | 1.0 |

```
Out  1.0
```

【注】　库函数的引用与方法 1 类似.

方法 3　在单元格中按如下操作：

| in | ```
from math import sin, pi  # 导入 math 标准库中的 sin() 函数和 pi 值
sin(pi/2)                 # 调用 math 标准库中的 sin() 函数和 pi 值
``` |
|---|---|
| Out | 1.0 |

方法 4　在单元格中按如下操作：

| in | ```
from math import *  # 导入 math 标准库中的所有函数和值
sin(pi/2)           # 调用 math 标准库中的 sin() 函数和 pi 值
``` |
|---|---|
| Out | 1.0 |

【注】　在方法 3 和方法 4 中，库函数的引用不需要库名，但仅适用于程序只导入一个库的情况.

2. Python 自定义函数

Python 允许用户利用关键字 def 自定义函数,格式如下:

```
def 函数名(参数):
    函数主体
```

自定义函数主体部分的语句与 def 行存在缩进关系,def 后连续的缩进语句都是这个函数的一部分.

def 所定义的函数在程序中需要通过函数名调用才能够被执行.

【示例 2.5】　自定义一个函数,返回用户输入实数的绝对值.

解　在单元格中按如下操作:

```
in
from math import fabs
def main():  # 自定义函数 main().下面三行是函数 main 的主体
  a= input("Enter a number:") # input 函数将用户输入的字符串赋值给变量 a
  print(fabs(float(a))) # 函数 float 将变量 a 转化为小数类型
main()# 通过函数名 main 调用函数
```

程序运行后,产生"Enter a number:"作为输入提示符. 可以从键盘输入"−8.1",回车. 命令窗口显示运行结果:

```
8.1
```

实验三　利用 Python 绘制一元函数图形

实 验 目 的

1. 学习用软件包绘制一元函数的图形.
2. 通过图形认识函数,观察函数的特性,建立数形结合的思想.

实 验 内 容

一、matplotlib 的导入

matplotlib 与 NumPy 一样,也是 Python 的外部模块,用于绘制图表、显示图形和创建简单动画. 为了绘制图表,需要导入名为 pyplot 的 matplotlib 模块. pyplot 支持图形绘制. 由于数据使用 NumPy 数组,因此还需要导入 NumPy. 为了在 Jupyter Notebook 中显示 matplotlib 的图表,可能需要在代码开头加入%matplotlib inline 语句.

【示例 3.1】　导入各种模块.

```
in
% matplotlib inline
import numpy as np
import matplotlib. pyplot as plt
```

之后的代码可能会省略%matplotlib inline 语句. 在某些情况下如果没有此语句,图表可能无法显示. 因此,如果运行时图表无法显示,请将此段代码添加到代码头部.

二、绘制初等函数的图形

【示例 3.2】   用 plot 函数绘制 $\sin x$ 在 $x \in [-2\pi, 2\pi]$ 的图形,判断其奇偶性.

解   在单元格中按如下操作:

```
in    import matplotlib.pyplot as plt
      from numpy import *
      x= arange(- 2 * pi,2 * pi,0.01)    # 利用 numpy 库中的 arange()函数定义[-2π,2π]之间
                                         # 公差为 0.01 的数组
      y= sin(x)                          #  y 也可输入=[sin(xx)for xx in x]
      plt.figure()                       # 在绘图窗口开始绘图
      plt.plot(x,y)
      plt.show()
```

运行程序,输入图形如实验图 3.1 所示.

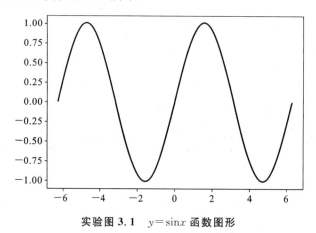

实验图 3.1 $y = \sin x$ **函数图形**

若要同时绘制函数 $y = \sin x$ 和 $y = \cos x$ 的图形,可在上边示例的基础上增加绘制 $y = \cos x$ 图形的语句. 代码如下:

```
in    import matplotlib.pyplot as plt
      from numpy import *
      x=arange(-2* pi,2* pi,0.01)
      y1= sin(x)
      y2=cos(x)
      plt.figure()
      plt.plot(x,y1,color='r',linestyle='-',label='sin(x)')    # 可以控制颜色和线型
      plt.plot(x,y2,color='b',linestyle='-.',label='cos(x)')   # plt. plot(x, y1,
                                                               #  x,y2)可以输出
                                                               # 两条曲线

      plt.legend()    # 显示图例
      plt.show()
```

运行程序,输出图形如实验图 3.2 所示.

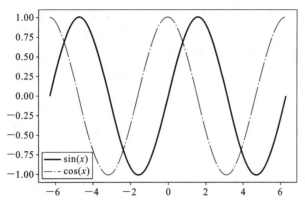

实验图 3.2　$y=\sin x$ 与 $y=\cos x$ 函数图形

【**示例 3.3**】　画出 $y=\sin\left(\dfrac{1}{x}\right)$ 的图形.

解　在单元格中按如下操作:

```
in    from sympy import Symbol,plot,sin,pi
      x=Symbol('x')    #定义符号变量
      y=sin(1/x)
      plot(y,(x,-1,1))
```

运行程序,结果如实验图 3.3 所示.

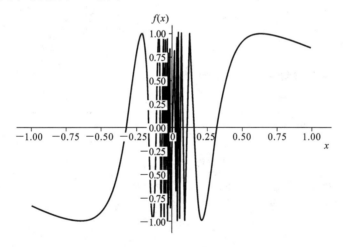

实验图 3.3　$y=\sin\left(\dfrac{1}{x}\right)$ 的图形

【**示例 3.4**】　画出 $y=x^{\frac{1}{3}}$ 的图形.

解　在单元格中按如下操作:

```
in    from sympy import Symbol,plot
      x=Symbol('x')
      y=x**(1/3)
      plot(y,(x,-2,2))
```

运行程序,结果如实验图·3.4 所示.

用命令 plot(y,(x,-2,2))画出的图形只有 x>0 的那部分,主要是由于 Python 计算负数开奇次方时,只给出负数表达式,因此 Python 画不出 x<0 部分的图形. 为此用以下命令,将 x>0 的部分和 x<0 部分的图形拼接,图形如实验图 3.5 所示.

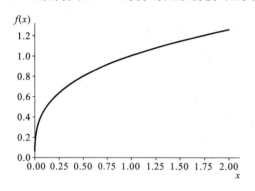

实验图 3.4　函数 $y = x^{\frac{1}{3}}$(当 $x>0$ 时)的图形　　　　实验图 3.5　函数 $y = x^{\frac{1}{3}}$ 的图形

| in | ```
from sympy import Symbol,plot
x=Symbol('x')
y1=-(-x)**(1/3)
y2=x**(1/3)
plot((y1,(x,-2,0)),(y2,(x,0,2)))
``` |
|---|---|

运行上述程序,结果如实验图 3.5 所示.

三、绘制隐函数的图像

【示例 3.5】　画出隐函数 $x^2 + y^2 = 1$ 的图形.

解　在单元格中按如下操作:

| in | ```
from sympy import *
x,y=symbols('x y')
pt(Eq(x**2+y**2,1),(x,-1.2,1.2),(y,-1.2,1.2),xlabel='$ x$ ',ylabel='$ y$ ')
``` |
|---|---|

运行程序,结果如实验图 3.6 所示.

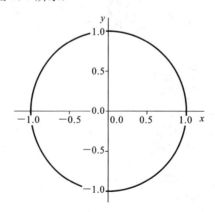

实验图 3.6　隐函数单位元的图形

或者使用匿名函数(lambda 函数)设计如下程序:

```
from sympy import *
x,y=symbols('x y')
ezplot=lambda expr:pt(expr)
ezplot(x**2+y**2-1)
```

四、绘制参数方程的图形

【示例 3.6】 画出星形线、摆线的图形,其参数方程分别为

$$(1)\begin{cases}x=2\cos^3 t,\\y=2\sin^3 t,\end{cases}t\in[0,2\pi],\quad(2)\begin{cases}x=2(t-\sin t),\\y=2(1-\cos t),\end{cases}t\in[0,4\pi].$$

解 (1) 在单元格中按如下操作:

```
import matplotlib.pyplot as plt
import numpy as np
import math
from matplotlib import animation
def xin():
    t=np.linspace(0, math.pi*2, 1000)
    x=2*(np.cos(t))**3
    y=2*(np.sin(t))**3
    plt.plot(x,y)
    plt.xlabel('x')
    plt.ylabel('y')
    plt.ylim(-2, 2)
    plt.xlim(-2,2)
    plt.legend()
    plt.show()
xin()
```

运行上述程序,输出星形线的图形如实验图 3.7 所示.

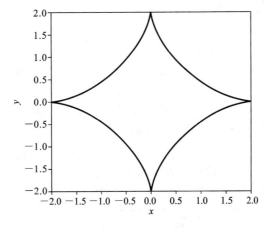

实验图 3.7 星形线的图形

（2）在单元格中按如下操作：

```
in
import matplotlib.pyplot as plt
import numpy as np
import math
from matplotlib import animation
defbai():
    t=np.linspace(0, math.pi* 4, 1000)
    x=2* t- 2* np.sin(t)
    y=2- 2* np.cos(t)
    plt.plot(x,y)
    plt.xlabel('x')
    plt.ylabel('y')
    plt.ylim(0, 5)
    plt.xlim(0,25)
    plt.legend()
    plt.show()
bai()
```

运行上述程序,输出摆线的图形如实验图 3.8 所示.

五、极坐标方程图形的绘制

【**示例 3.7**】　画出心形线 $\rho = \pi(1 - \sin\theta)$ 的图形.

极坐标方程的图形可以在极坐标系下绘制,也可以在直角坐标系下绘制,下面在两个坐标系下分别进行绘图.

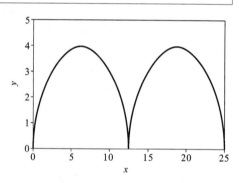

实验图 3.8　摆线的图形

（1）在极坐标下绘制心形线图.

解　在单元格中按如下操作：

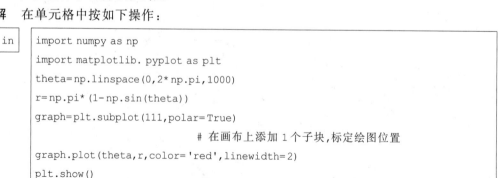

```
in
import numpy as np
import matplotlib. pyplot as plt
theta=np.linspace(0,2* np.pi,1000)
r=np.pi* (1-np.sin(theta))
graph=plt.subplot(111,polar=True)
                    # 在画布上添加 1 个子块,标定绘图位置
graph.plot(theta,r,color='red',linewidth=2)
plt.show()
```

运行上述程序,输出心形线在极坐标系下的图形,如实验图 3.9 所示.

（2）在直角坐标下绘制心形线图.

直角坐标下绘制极坐标方程 $\rho = \rho(\theta)$ 的图形,先采用下面极坐标与平面直角坐标系的关系式

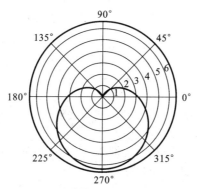

实验图 3.9　极坐标下心形线的图形

$$\begin{cases} x = \rho(\theta)\cos\theta, \\ y = \rho(\theta)\sin\theta. \end{cases}$$

方法 1 将极坐标函数化为参数函数

$$\begin{cases} x = \pi(1-\sin\theta)\cos\theta, \\ y = \pi(1-\sin\theta)\sin\theta, \end{cases} \quad 0 \leqslant \theta \leqslant 2\pi.$$

在单元格中按如下操作：

```
import matplotlib.pyplot as plt
import numpy as np
import math
theta=np.linspace(0,2*math.pi,1000)
x=math.pi*np.cos(theta)-math.pi/2*np.sin(2*theta)
y=math.pi*np.sin(theta)-math.pi*(np.sin(theta))**2
plt.plot(x,y,color='red',linewidth=2)
plt.plot(-x,y,color='red',linewidth=2)
plt.title("heart")
plt.ylim(-8,2)
plt.xlim(-5,5)
plt.show()
```

运行上述程序,输出心形线在直角坐标系下的图形,如实验图 3.10(a)所示.

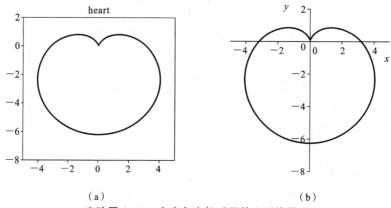

（a）　　　　　　　　　　　（b）

实验图 3.10　在直角坐标系下的心形线图形

方法 2：由第 1.4 节例 1.16 可知，上述心形线可以化为

$$x^2+y^2-\pi\sqrt{x^2+y^2}+\pi y=0.$$

在单元格中按如下操作：

```
in    from pylab import rc
      from sympy import plot_implicit as pt,Eq
      from sympy.abc import x,y
      z=Eq(x**2+y**2-pi*sqrt(x**2+y**2)+pi*y,0)
      pt(z,(x,-5,5),(y,-8,2),xlabel='$ x$ ',ylabel='$ y$ ')
```

运行上述程序，输出心形线在直角坐标系下的图形，如实验图 3.10(b)所示.

【示例 3.8】　画出三叶玫瑰线 $r=2\cos(3\theta)$ 的图形.

(1) 在极坐标下绘制三叶玫瑰线图。

解　在单元格中按如下操作：

```
in    import numpy as np
      import matplotlib.pyplot as plt
      theta=np.linspace(0,2*np.pi,1000)
      r=2*np.cos(3*theta)
      graph= plt.subplot(111,polar=True)
                              # 在画布上添加 1 个子块,标定绘图位置
      graph.plot(theta,r,color= 'red',linewidth=2)
      plt.show()
```

运行上述程序，输出三叶玫瑰线在极坐标系下的图形，如实验图 3.11 所示.

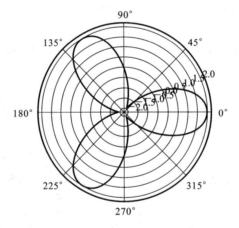

实验图 3.11　在极坐标系下三叶玫瑰线的图形

(2) 在直角坐标下绘制三叶玫瑰线图。

```
in    在单元格中应该如何编写程序呢?
      ……
      自己试一下,验证实验图 3.12.
```

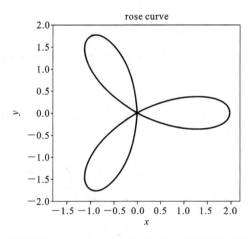

实验图 3.12 在直角坐标下三叶玫瑰线的图形

六、分段函数图形的绘制

【示例 3.9】 画出 $f(x)=\begin{cases}x+1,x<1,\\1+\dfrac{1}{x},x\geqslant1\end{cases}$ 的图形.

解 在单元格中按如下操作:

```
import matplotlib.pyplot as plt
import numpy as np
x=np.linspace(-10,10,1000)   # 设置区间
interval0=[1 if (i<1) else 0 for i in x]
interval1=[1 if (i>=1) else 0 for i in x]
y= (x+1) * interval0+ (1+1/x) * interval1   # 列函数式
plt.plot(x,y)
plt.show()
```

运行上述程序,输出该分段函数的图形,如实验图 3.13 所示.

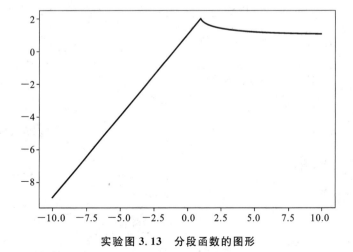

实验图 3.13 分段函数的图形

实 验 作 业

1. 画出所有基本初等函数的图形，并观察其特性，即单调性、周期性、对称性、变化趋势等.

2. 绘制下列函数的图形：

(1) $y=1+\ln(x+2)$；

(2) $\begin{cases} x=4\cos t, \\ y=3\sin t; \end{cases}$

(3) $y=\begin{cases} x^2, x\geqslant 1, \\ 1+x, x<1; \end{cases}$

(4) $(x-1)^2+(y-2)^3-4=0$.

3. 绘制 $r=\sin t\cos t$ 的极坐标图形，并添加标题.

4. 分别用直接作图和拼接作图法，画出函数 $f(x)=\dfrac{2x^2}{x^2-1}$ 的图形.

5. 绘制函数 $y=\left(1+\dfrac{1}{x}\right)^{x+1}$（$x\in[1,100]$）的图形，观察当 x 无限增大时 y 的变化趋势.

6. 函数 $y=x\cos x$ 在 $(-\infty,+\infty)$ 是否有界？当 x 无限增大时，这个函数是否是无穷大？为什么？绘制函数的图形来验证你的结论.

复 习 题 一

复习题一答案

一、填空题

1. 设 $f(x)=\dfrac{\ln(x^2+2x-3)}{\sqrt{x^2-4}}$，则 $f(x)$ 的定义域是_____.

2. 设 $f(x)=\dfrac{1}{1+x}$，则 $f\left[f\left(\dfrac{1}{x}\right)\right]=$_____.

3. 可以将复合函数 $y=\arcsin 2^x$ 分解成_____.

4. $y=3^x+1$ 的反函数是_____.

二、选择题

1. 函数 $y=\sin\dfrac{x}{2}+\cos 3x$ 的周期为（   ）.

A. π B. 4π C. $\dfrac{2}{3}\pi$ D. 6π

2. 下列函数对中为同一个函数的是（   ）.

A. $y_1=x,y_2=\dfrac{x^2}{x}$

B. $y_1=x,y_2=\sqrt{x^2}$

C. $y_1=x,y_2=(\sqrt{x})^2$

D. $y_1=|x|,y_2=\sqrt{x^2}$

3. 在下列函数中，奇函数是（   ）.

A. $y=x+\cos x$

B. $y=\dfrac{e^x+e^{-x}}{2}$

C. $y=x\cos x$

D. $y=x^2\ln(1+x)$

4. 在区间 $(0,+\infty)$ 上严格单调增加的函数是（   ）.

A. $y=\sin x$　　　B. $y=\tan x$　　　C. $y=x^{2}$　　　　　D. $y=\dfrac{1}{x}$

三、证明题

设 $F(x)=\mathrm{e}^{x}$,证明:

(1) $F(x)\cdot F(y)=F(x+y)$;　　　　　(2) $\dfrac{F(x)}{F(y)}=F(x-y)$.

【拓展阅读】

微积分发展简史

　　微积分思想的萌芽可以追溯到古希腊时代. 公元前 5 世纪,德谟克利特创立原子论,把物体看成由大量的不可分割的微小部分(称为原子)叠合而成,从而求得物体体积. 公元前 4 世纪,欧多克索斯建立了确定面积和体积的新方法——穷竭法,从中可以清楚地看出无穷小分析的原理. 阿基米得成功地把穷竭法、原子论思想和杠杆原理结合起来,求出抛物线弓形面积和回转锥线体的体积,他的种种方法都孕育了近代积分学的思想.

　　17 世纪早期,航海业、工场手工业的发展促进了天文学和力学的发展,同时也向数学提出新的研究课题,即要求提供新的数学工具,用以描述事物在运动和联系的动态过程中量的规律性和数量关系. 不少数学家在微积分学的问题上做了大量的工作,但只停留在某些具体问题的细节之中,他们缺乏对这门科学的普遍性和一般性的认识. 例如,勒内·笛卡尔于 1637 年发表了《更好地指导推理和寻求科学真理的方法论》一书,他在此书的附录"几何学"中,第一次引进变量和坐标的思想. 当时,他把变量称为未知的和未定的量,变量的引进以及它成为数学的研究对象,加速了变量数学的主要部分即微积分的产生. 笛卡尔的"几何学"也因此被看作是变量数学产生的重要标志之一.

　　自 17 世纪中叶微积分建立以后,分析学各个分支像雨后春笋般迅速发展起来,其内容的丰富、应用的广泛使人应接不暇. 它的高速发展,使人们无暇顾及它的理论基础的严密性,因而也遭到了种种非难. 到 19 世纪初,许多迫切的问题得到了基本解决. 大批数学家又转向了微积分基础的研究工作. 以极限理论为基础的微积分体系的建立是 19 世纪数学中最重要的成就之一.

　　微积分中,这种缺乏牢固的理论基础和任意使用发散级数的状况,被当时一些数学家认为是数学的耻辱. 这些问题,虽然经过了整整一个半世纪的修正和改进,仍未得到完满的解决. 但是人们已经从正反两方面积累了丰富的材料,为解决这些问题准备了条件. 从 19 世纪 20 年代起,经过许多数学家的努力,到 19 世纪末,微积分的理论基础基本形成. 在这方面做出突出贡献的主要有数学家波尔查诺、柯西、魏尔斯特拉斯等,微积分学的最终创立要归功于英国数学家牛顿和德国数学家莱布尼兹.

第 2 章　极限与连续

极限是深入研究变量(函数)变化规律的一个基本概念,是微积分中的重要思想方法. 这个概念贯穿着整个高等数学,高等数学中很多重要的概念和方法都是建立在极限概念的基础上的. 从方法论角度看,极限方法是高等数学区别于初等数学的显著标志,并且在数学的其他领域中也起着重要的作用.连续性是函数的重要性质之一,连续函数是微积分所讨论函数的主要类型,无论在理论上还是在应用中都占有重要地位.

本章主要讨论极限概念及其性质,并用极限方法研究函数的连续性及连续函数的性质.

2.1　极限的概念

2.1.1　实例

极限的思想是由求某些实际问题的精确值而产生的. 这就不能不谈到我国古代数学家刘徽. 他在研究圆的面积时,用内接正多边形来逼近圆的面积——割圆术,即所谓"割之弥细,所失弥小,割之又割,以至于不可割,则与圆合体而无所失矣",就是最早的极限方法在几何学上的应用,被认为是古代中国乃至世界最早比较精确利用极限思想的先驱. 下面就来讨论这个问题.

引例　设给定半径为 R 的圆,求该圆的面积.

分析　由于已知正多边形的面积,所以考虑先作内接正六边形,把它的面积记为 A_1,再作内接正十二边形,其面积记为 A_2(见图 2.1),再作内接正二十四边形,其面积记为 A_3,继续作下去,每次内接正多边形边数加倍,一般地把内接正 $6 \times 2^{n-1}$ 边形的面积记为 $A_n(n=1,2,\cdots)$. 这样,就得到一系列内接正多边形的面积:

$$A_1, A_2, A_3, \cdots A_n, \cdots$$

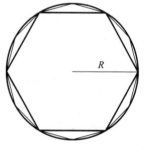

图 2.1

它们构成一列有次序的数. 当 n 越大时,内接正多边形的面积与圆的面积差别就越小,从而以 A_n 作为圆面积的近似值也越精确.

方法思考　无论 n 取得如何大,只要 n 一经取定,A_n 终究只是 n 边形的面积,而不是圆的面积. 因此,进一步设想当 n 无限增大(记为 $n \to \infty$,读做 n 趋于无穷大),即内接正多边形的边数无限增加,则在这个过程中,A_n 也无限接近于某一确定的数值,这个确定的数值就是圆的面积. 这个数值在数学上就称为上面这列有次序的数(即数列) $A_1, A_2, A_3, \cdots A_n, \cdots$,当 $n \to \infty$ 时的极限.

2.1.2　数列的极限

定义 2.1　以正整数 n 为自变量的函数 $x_n = f(n)$,把函数值依自变量由 $1,2,3,\cdots$ 依次增大的顺序排列起来:

$$x_1 \quad x_2 \quad x_3 \quad \cdots \quad x_n \quad \cdots$$

这样的一列数称为**数列**,记作$\{x_n\}$. 数列中的每一个数称为数列的项,x_n 称为数列的**一般项**或**通项**.

在几何上,数列$\{x_n\}$可以看作数轴上的一个动点,它依次取数轴上的 $x_1, x_2, x_3, \cdots, x_n$, $\cdots$,如图 2.2 所示.

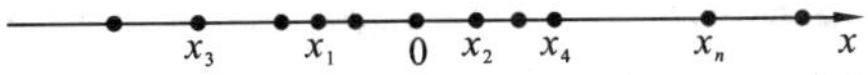

图 2.2

例如:$2, \dfrac{3}{2}, \dfrac{4}{3}, \dfrac{5}{4}, \cdots, \dfrac{n+1}{n}, \cdots$,通项为$\dfrac{n+1}{n}$; $\hfill (1)$

$-1, \dfrac{1}{2}, -\dfrac{1}{3}, \dfrac{1}{4}, \cdots, (-1)^n \dfrac{1}{n}, \cdots$,通项为$(-1)^n \dfrac{1}{n}$; $\hfill (2)$

$1, -1, 1, -1, \cdots, (-1)^{n+1}, \cdots$,通项为$(-1)^{n+1}$; $\hfill (3)$

$1, 3, 5, 7, \cdots, (2n-1), \cdots$,通项为$(2n-1)$. $\hfill (4)$

由上述几个例子可以看到,当 n 逐渐增大以至无限增大时,数列(1)大于1而无限接近于1;数列(2)时而大于 0,时而小于 0,但无限接近于 0;数列(3)在 -1 与 1 之间振荡,不与任何常数接近;数列(4)无限变大,而不与任何常数接近.

像上面数列(1)、(2),当 n 无限增大时,数列无限趋近于一个常数,这样的数列我们称为有极限的数列,这个常数称为数列的**极限值**.

定义 2.2 设有数列$\{y_n\}$,如果当 n 无限增大时,y_n 无限趋近于一个确定的常数 A,我们就称常数 A 是数列$\{y_n\}$的极限,或称数列$\{y_n\}$收敛于 A,记作

$$\lim_{n \to \infty} y_n = A \quad \text{或} \quad y_n \to A \ (n \to \infty).$$

对于数列(1)有

$$\lim_{n \to \infty} \left(1 + \frac{1}{n}\right) = 1 \quad \text{或} \quad 1 + \frac{1}{n} \to 1 \ (n \to \infty).$$

对于数列(2)有

$$\lim_{n \to \infty} (-1)^n \frac{1}{n} = 0 \quad \text{或} \quad (-1)^n \frac{1}{n} \to 0 \ (n \to \infty).$$

如果当 $n \to \infty$ 时,y_n 不趋向于一个确定的常数,我们就说数列$\{y_n\}$没有极限,或称数列$\{y_n\}$是发散的.

对于数列(3)、(4),它们都是发散的.

2.1.3 函数的极限

数列是定义于正整数集合上的函数,它的极限是一种特殊函数的极限,现在我们讨论一般定义于实数集合上函数的极限.

1. 当 $x \to \infty$ 时,函数 $f(x)$ 的极限

例 2.1 $f(x) = \dfrac{1}{x} (x \neq 0)$,如图 2.3 所示.

我们现在讨论当 x 无限增大时,函数的变化趋势. 从图形可以看出,当自变量 x 连续无限增大时,因变量 $f(x)$ 就无限趋近于常数零. 这时,我们称 x 趋于无穷大时,$f(x)$ 以零为极限.

定义 2.3　如果当 $x \to \infty$，函数 $f(x)$ 无限地趋近于一个常数 A，那么就称常数 A 为函数 $f(x)$ 在 $x \to \infty$ 时的极限，记作

$$\lim_{x \to \infty} f(x) = A \quad \text{或} \quad f(x) \to A (x \to \infty).$$

对于例 2.1，$f(x) = \dfrac{1}{x} (x \neq 0)$，有 $\lim\limits_{x \to \infty} \dfrac{1}{x} = 0$。

在定义 2.3 中，x 可取正值或负值，即 x 趋于无穷大指的是既可趋于正无穷大，又可趋于负无穷大。如果限制 x 在某个时刻后，只取正值（或负值），则记为

$$\lim_{x \to +\infty} f(x) = A \quad \text{或} \quad \lim_{x \to -\infty} f(x) = A,$$

称为变量 x 趋于正无穷大（或负无穷大）时，$f(x)$ 以常数 A 为极限。

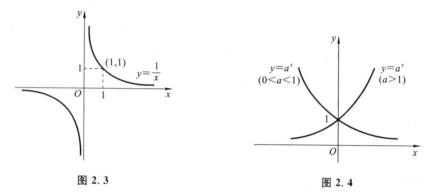

图 2.3　　　　　　　　　　　　　　　图 2.4

例如，如图 2.4 所示，有

$$\lim_{x \to +\infty} \left(\frac{1}{2} \right)^x = 0, \quad \lim_{x \to -\infty} 2^x = 0,$$

又有

$$\lim_{x \to +\infty} \arctan x = \frac{\pi}{2}, \quad \lim_{x \to -\infty} \arctan x = -\frac{\pi}{2}.$$

在 $x \to \infty$ 的过程中，对应的函数值 $f(x)$ 无限接近于 A，就是 $|f(x) - A|$ 能任意小，可以用 $|f(x) - A| < \varepsilon$ 来描述，其中 ε 是任意给定的能任意小的正数。又可引入一个量 $X > 0$，用不等式 $|x| > X$ 来描述 $x \to \infty$ 的过程。因此，可以给出一个精确的定义如下，供有余力的同学参考。

***定义 2.3**　设函数 $f(x)$ 当 $|x|$ 大于某一正数时有定义，对于任意给定的正数 ε（不论它多么小），总存在常数 A 和 $X > 0$，使得对于满足 $|x| > X$ 的一切 x，都有

$$|f(x) - A| < \varepsilon$$

则称常数 A 为函数 $f(x)$ 在 $x \to \infty$ 时的极限，记作 $\lim\limits_{x \to \infty} f(x) = A$ 或 $f(x) \to A (x \to \infty)$。

$\lim\limits_{x \to \infty} f(x) = A$ 的几何意义是：对 $\forall \varepsilon > 0$，作直线 $y = A - \varepsilon$ 和 $y = A + \varepsilon$，则总有一正数 X 存在，使得当 $x < -X$ 或 $x > X$ 时，曲线 $y = f(x)$ 位于这两直线之间（见图 2.5）。

如果 $x > 0$ 且无限增大（记作 $x \to +\infty$），那么只要把上面定义中的 $|x| > X$ 改为 $x > X$，就可得 $\lim\limits_{x \to +\infty} f(x) = A$ 的定义。类似的，可定义 $\lim\limits_{x \to -\infty} f(x) = A$。即

$\lim\limits_{x \to +\infty} f(x) = A \Leftrightarrow \forall \varepsilon > 0, \exists X > 0$，当 $x > X$ 时，有 $|f(x) - A| < \varepsilon$。

$\lim\limits_{x \to -\infty} f(x) = A \Leftrightarrow \forall \varepsilon > 0, \exists X > 0$，当 $x < -X$ 时，有 $|f(x) - A| < \varepsilon$。

定理 2.1　$\lim\limits_{x \to \infty} f(x) = A$ 成立的充分必要条件是

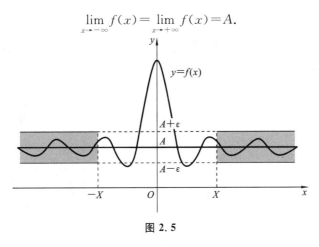

$$\lim_{x\to-\infty}f(x)=\lim_{x\to+\infty}f(x)=A.$$

图 2.5

2. 当 $x\to x_0$ 时，函数 $f(x)$ 的极限

例 2.2 函数 $f(x)=x+1$，讨论当 $x\to1$ 时，函数变化的趋势，如表 2.1 所示.

表 2.1

x	0.9	0.99	0.999	…	1	…	1.001	1.01	1.1
$f(x)$	1.9	1.99	1.999	…	2	…	2.001	2.01	2.1

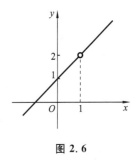

图 2.6

由表 2.1 可以看到，当 x 趋于 1 时，$f(x)$ 趋于 2，这时称 x 趋于 1 时，函数 $f(x)=x+1$ 以 2 为极限.

例 2.3 已知函数 $f(x)=\dfrac{x^2-1}{x-1}$，如图 2.6 所示，仍然讨论当 x 趋于 1 时，这个函数的变化趋势. 显然表 2.1 中的所有数值，除 $x=1,y=2$ 这对数值外，其他数值均适用这个函数. 同样由表 2.1 可以看出，当 x 无限趋近于 1 时，函数 $f(x)$ 的值趋近于 2，这时称 x 趋于 1 时，函数 $f(x)=\dfrac{x^2-1}{x-1}$ 以 2 为极限.

定义 2.4 设函数 $f(x)$ 在点 x_0 的某去心邻域内有定义，如果当 $x\to x_0$ 时，函数 $f(x)$ 无限地趋近于一个常数 A，那么就称常数 A 为函数 $f(x)$ 在 $x\to x_0$ 时的极限，记作：
$$\lim_{x\to x_0}f(x)=A \quad 或 \quad f(x)\to A(x\to x_0).$$

注：(1) 当研究 $x\to x_0$ 时，函数 $f(x)$ 的极限是指 x 充分接近 x_0 时 $f(x)$ 的变化趋势，而不是求 $x=x_0$ 时 $f(x)$ 的函数值. 所以当研究 $x\to x_0$ 时，函数 $f(x)$ 的极限问题与 $x=x_0$ 时 $f(x)$ 是否有意义无关.

(2) 由表 2.1 和图 2.6 可以看出，无论 x 趋于 1 还是 $f(x)$ 的值趋近于 2 都可以用距离来表示. 即对于任意给定的正数 ε（不论它多么小），总能找到一正数 δ，使得 x 与 1 的距离小于 δ（$|x-1|<\delta$）时，$f(x)$ 与 2 的距离小于 ε（$|f(x)-2|<\varepsilon$）. 那么定义 2.4 又可以用精确的数学语言（$\varepsilon-\delta$）定义描述如下，供有余力的同学参考.

*定义 2.4 设函数 $f(x)$ 在点 x_0 的某去心邻域内有定义，如果存在常数 A，对任意给定的正数 ε（不论它多么小），总能找到一正数 δ，使得当 $|x-x_0|<\delta$ 时，都有
$$|f(x)-A|<\varepsilon,$$

则称 A 为函数 $f(x)$ 在 $x \rightarrow x_0$ 时的极限,记作: $\lim\limits_{x \rightarrow x_0} f(x) = A$ 或 $f(x) \rightarrow A (x \rightarrow x_0)$.

$\lim\limits_{x \rightarrow x_0} f(x) = A$ 的几何解释如下:对于任意给定的正数 ε,作平行于 x 轴的两条直线 $y = A - \varepsilon$ 和 $y = A + \varepsilon$,介于这两条直线之间的是一条形区域.
根据定义,一定存在点 x_0 的一个去心邻域 $\mathring{U}(x_0, \delta)$,当 x 在此去心邻域内,曲线 $y = f(x)$ 上的点都位于两条直线之间的条形区域内(见图 2.7).

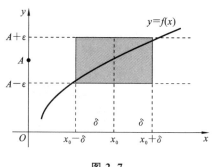

图 2.7

由以上定义,我们很容易得到两个常见的简单的极限:

$$\lim_{x \rightarrow a} x = a, \quad \lim_{\substack{x \rightarrow x_0 \\ (x \rightarrow \infty)}} c = c \quad (c \text{ 为常数}).$$

另外,初等函数 $f(x)$ 在 $x = x_0$ 处有定义时,$\lim\limits_{x \rightarrow x_0} f(x) = f(x_0)$,此结论将在 2.5 节中讨论.

3. 左极限与右极限

前面给出的 $x \rightarrow x_0$ 时 $f(x)$ 的极限,x 趋于 x_0 的方式是任意的,可以从 x_0 的左侧($x < x_0$)趋于 x_0,也可以从 x_0 的右侧($x > x_0$)趋于 x_0. 但是,有时我们只能或只需考虑 x 仅从 x_0 的左侧趋于 x_0(记作 $x \rightarrow x_0^-$),或仅从 x_0 的右侧趋于 x_0(记作 $x \rightarrow x_0^+$)时,$f(x)$ 的变化趋势.

定义 2.5 如果当 x 从 x_0 的左侧趋于 x_0 时,函数 $f(x)$ 无限地趋近于一个常数 A,那么就称常数 A 为 x 趋于 x_0 时函数 $f(x)$ 的**左极限**,记作

$$\lim_{x \rightarrow x_0^-} f(x) = A.$$

如果当 x 从 x_0 的右侧趋于 x_0 时,函数 $f(x)$ 无限地趋近于一个常数 A,那么就称常数 A 为 x 趋于 x_0 时函数 $f(x)$ 的**右极限**,记作

$$\lim_{x \rightarrow x_0^+} f(x) = A.$$

例如,$\lim\limits_{x \rightarrow 1^-} \sqrt{1-x} = 0$,$\lim\limits_{x \rightarrow 0^-} \arctan \dfrac{1}{x} = -\dfrac{\pi}{2}$;$\lim\limits_{x \rightarrow 1^+} \sqrt{x-1} = 0$,$\lim\limits_{x \rightarrow 0^+} \arctan \dfrac{1}{x} = \dfrac{\pi}{2}$.
根据左右极限的定义,显然可以得到如下定理.

定理 2.2 $\lim\limits_{x \rightarrow x_0} f(x) = A$ 成立的充分必要条件是

$$\lim_{x \rightarrow x_0^+} f(x) = \lim_{x \rightarrow x_0^-} f(x) = A.$$

例 2.4 讨论当 $x \rightarrow 0$ 时,$f(x) = |x|$ 的极限是否存在.

解 因为 $f(x) = |x| = \begin{cases} x, & x \geqslant 0, \\ -x, & x < 0, \end{cases}$

$$\lim_{x \rightarrow 0^+} f(x) = \lim_{x \rightarrow 0^+} x = 0, \quad \lim_{x \rightarrow 0^-} f(x) = \lim_{x \rightarrow 0^-} (-x) = 0.$$

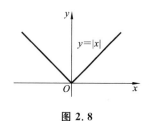

图 2.8

所以由定理 2.2 得 $\lim\limits_{x \rightarrow 0} f(x) = 0$,如图 2.8 所示.

例 2.5 设 $f(x) = \begin{cases} x+1, & x > 0, \\ 0, & x = 0, \\ x-1, & x < 0, \end{cases}$ 讨论当 $x \rightarrow 0$ 时,$f(x)$ 的极限是否存在.

解 因为 $\lim\limits_{x \rightarrow 0^-} f(x) = \lim\limits_{x \rightarrow 0^-} (x-1) = -1$,

$$\lim_{x \to 0^+} f(x) = \lim_{x \to 0^+} (x+1) = 1.$$

$f(x)$ 的左、右极限都存在,但不相等,所以 $\lim\limits_{x \to 0} f(x)$ 不存在,如图 2.9 所示.

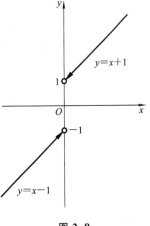

图 2.9

4. 函数极限的性质

以上给出的函数极限的定义虽然形式不同,但其实质都是自变量 x 在某一变化过程中,对应的函数值 $f(x)$ 无限逼近某个常数. 在这里我们仅以"$\lim\limits_{x \to x_0} f(x) = A$"为代表给出这些性质.

定理 2.3(唯一性) 如果极限 $\lim\limits_{x \to x_0} f(x)$ 存在,那么它的极限值唯一.

定理 2.4(局部有界性) 如果极限 $\lim\limits_{x \to x_0} f(x)$ 存在,那么存在常数 $M > 0$ 和 $\delta > 0$,使得当 $0 < |x - x_0| < \delta$ 时,有 $|f(x)| \leqslant M$.

定理 2.5(局部保号性) 如果极限 $\lim\limits_{x \to x_0} f(x) = A$,且 $A > 0$(或 $A < 0$),则存在 $\delta > 0$,使得当 $0 < |x - x_0| < \delta$ 时,有 $f(x) > \dfrac{A}{2} > 0 \left(\text{或 } f(x) < \dfrac{A}{2} < 0\right)$.

证 由于 $\lim\limits_{x \to x_0} f(x) = A$,由函数极限的定义,对 $\varepsilon = \dfrac{A}{2} > 0$,存在 $\delta > 0$,当 $0 < |x - x_0| < \delta$ 时,有 $|f(x) - A| < \dfrac{A}{2}$,从而 $f(x) > A - \dfrac{A}{2} > 0$.

推论 2.1(局部保序性) 如果 $\lim\limits_{x \to x_0} f(x) = A$,$\lim\limits_{x \to x_0} g(x) = B$,且存在 $\delta > 0$,使得当 $0 < |x - x_0| < \delta$ 时,$f(x) > g(x)$,则 $A > B$.

推论 2.2 如果在 $\overset{\circ}{U}(x_0, \delta)$ 内,$f(x) > 0$(或 $f(x) < 0$),且 $\lim\limits_{x \to x_0} f(x) = A$,则 $A \geqslant 0$(或 $A \leqslant 0$).

习 题 2.1

习题 2.1 答案

1. 判断下列各题是否正确,并说明原因:

(1) 如果 $f(x_0) = 5$,但 $\lim\limits_{x \to x_0^-} f(x) = \lim\limits_{x \to x_0^+} f(x) = 4$,则 $\lim\limits_{x \to x_0} f(x)$ 不存在.

(2) $\lim\limits_{x \to \infty} f(x)$ 存在的充分必要条件是 $\lim\limits_{x \to +\infty} f(x)$ 和 $\lim\limits_{x \to -\infty} f(x)$ 都存在.

(3) 如果在 x_0 的某一去心邻域内,$f(x) > 0$,且 $\lim\limits_{x \to x_0} f(x) = A$,则 $A > 0$.

2. 设 $f(x) = \begin{cases} x+4, & x < 1, \\ 2x-1, & x \geqslant 1, \end{cases}$ 求 $\lim\limits_{x \to 1^-} f(x)$,$\lim\limits_{x \to 1^+} f(x)$,$\lim\limits_{x \to 1} f(x)$ 是否存在? 为什么?

3. 观察下列数列的变化趋势,判断它们是否有极限,若有极限写出它们的极限:

(1) $x_n = 1 + \dfrac{1}{3^n}$;　　　　　　　　　　(2) $x_n = 2^n + \dfrac{1}{4^n}$;

(3) $x_n = \dfrac{2n+3}{3n-1}$;　　　　　　　　　　(4) $x_n = [1 + (-1)^n] \dfrac{n+1}{n}$.

4. 判断下列各题是否正确,并说明原因:

(1) 如果数列 $\{x_n\}$ 发散,则 $\{x_n\}$ 必是无界数列;

(2) 数列有界是数列收敛的充分必要条件;

(3) $\lim\limits_{n \to \infty} \dfrac{\sin n}{n} = 1$;

(4) $\lim\limits_{n \to \infty} \left(1 + \dfrac{1}{n}\right)^n = 1$.

2.2 无穷小量与无穷大量

对无穷小的认识可以追溯到古希腊,那时阿基米德就曾用无限小量的方法得到许多重要的数学结果,但他认为无限小方法存在不合理的地方,困扰了数学界多年,甚至引发了第二次数学危机. 直到 1821 年,法国数学家柯西在他的著作《分析教程》中才对无限小概念给出了明确的回答,关于无穷小的理论就是在柯西的理论基础上发展起来的.

2.2.1 无穷小量

1. 无穷小量的概念

我们常会遇到以零为极限的变量. 例如,当 $n \to \infty$ 时,$\dfrac{1}{n}$ 是以零为极限的;当 $x \to 2$ 时,$x - 2$ 是以零为极限的.

定义 2.6 若 $\lim\limits_{x \to x_0} f(x) = 0 (\lim\limits_{x \to \infty} f(x) = 0)$,则称 $f(x)$ 为当 $x \to x_0 (x \to \infty)$ 时的**无穷小量**,简称无穷小.

以上所说的例子中,当 $n \to \infty$ 时,$\dfrac{1}{n}$ 是无穷小量;$x \to 2$ 时,$x - 2$ 是无穷小量.

注:(1)无穷小量是一个变量,是一个以零为极限的变量,它不是一个很小的数. 一个无论多么小的数都是一个常数. 只有常数 0 是一个特殊的无穷小,因为 $\lim 0 = 0$.

(2) 无穷小量一定是某个极限变化过程的无穷小量,该过程还可以是 $x \to x_0^-$,$x \to x_0^+$,$x \to -\infty$,$x \to +\infty$.

2. 无穷小量的性质

定理 2.6 在某一极限过程中,有限个无穷小量的代数和是无穷小量.

注:无穷多个无穷小量的代数和不一定是无穷小. 例如,$\lim\limits_{n \to \infty} \dfrac{1}{n} = 0$,但是

$$\lim\limits_{n \to \infty} \underbrace{\left(\dfrac{1}{n} + \dfrac{1}{n} + \cdots + \dfrac{1}{n}\right)}_{n \text{个}} = \lim\limits_{n \to \infty} \dfrac{n}{n} = 1.$$

定理 2.7 在某一极限过程中,有界变量与无穷小量之积是无穷小量.

推论 2.3 常量与无穷小量之积仍是无穷小量.

推论 2.4 在某一极限过程中,有限个无穷小量的乘积是无穷小量.

例 2.6 求 $\lim\limits_{x \to \infty} \dfrac{\sin x}{x}$.

解　因为 $|\sin x|\leqslant 1$,所以 $\sin x$ 是有界变量,而 $x\to\infty$ 时 $\dfrac{1}{x}$ 是无穷小量,所以当 $x\to\infty$ 时,$\dfrac{\sin x}{x}$ 是有界变量 $\sin x$ 与无穷小量 $\dfrac{1}{x}$ 的乘积. 于是,由推论 2.3 可知,当 $x\to\infty$ 时,$\dfrac{\sin x}{x}$ 是无穷小量,所以 $\lim\limits_{x\to\infty}\dfrac{\sin x}{x}=0$.

由极限定义和无穷小量的定义,可以推得以下定理.

定理 2.8　在某一极限过程($x\to x_0$ 或 $x\to\infty$)中,变量 $f(x)$ 以 A 为极限的充分必要条件是 $f(x)$ 可以表示为常数 A 与一个无穷小量之和.

如果 $\lim f(x)=A$,则

$$f(x)=A+\alpha,$$

其中 α 是 $x\to x_0$(或 $x\to\infty$)时的无穷小量.

反之,如果 $f(x)=A+\alpha$,其中 α 是 $x\to x_0$(或 $x\to\infty$)时的无穷小量,则

$$\lim f(x)=A$$

注　这里是为了省略起见,在极限符号下面并没有注明变化的趋向,即它们对于 $x\to x_0$ 或 $x\to\infty$ 等都适用. 当然,在同一问题中,自变量的变化过程是相同的,这一点以后不再加以说明.

2.2.2　无穷小量与无穷大量的关系

当我们研究变量变化趋势时,有一类变量具有共同点,在各自的变化过程中都是无限增大的. 如函数 $f(x)=\dfrac{1}{x}$,当 $x\to 0$ 时,$\left|\dfrac{1}{x}\right|$ 无限增大. 函数 $f(x)=x^2$,当 x 无限增大时,x^2 也无限增大. 这类变量称为无穷大量.

定义 2.7　在自变量 x 的某一变化过程($x\to x_0$ 或 $x\to\infty$)中,如果对应的因变量 $|y|$ 可以无限增大,则称变量 y 是这一变化过程中的**无穷大量**(简称**无穷大**),记作 $\lim y=\infty$.

由以上讨论可知,$\lim\limits_{x\to 0}\dfrac{1}{x}=\infty$,$\lim\limits_{x\to\infty}x^2=\infty$.

在定义 2.7 中,如果变量 y 只取正值(或只取负值),就称变量 y 为正无穷大(或负无穷大),记作 $\lim y=+\infty$(或 $\lim y=-\infty$).

例如,由函数图像可得出

$$\lim_{x\to\frac{\pi}{2}^+}\tan x=-\infty,\qquad \lim_{x\to 0^+}\ln x=-\infty.$$

一般地,如果 $\lim\limits_{x\to x_0}f(x)=\infty$,则直线 $x=x_0$ 称为函数 $y=f(x)$ 的**铅直渐近线**.

在求极限的过程中,我们常用到无穷小量与无穷大量的关系,对此有如下定理(证明略).

定理 2.9　在变量 x 的某一变化过程中,

(1) 如果 $y(y\neq 0)$ 是无穷小量,则 $\dfrac{1}{y}$ 是无穷大量;

(2) 如果 y 是无穷大量,则 $\dfrac{1}{y}$ 是无穷小量.

2.2.3　无穷小量的比较

两个无穷小量的比较,不论在理论上还是在实际问题中,都是很重要的. 所谓两个无穷小

量的比较,就是对它们趋向于零的快慢程度进行比较.

例如,当 $x \to 0$ 时,x、$2x$、x^2 都是无穷小量,但它们趋于 0 的速度却不一样. 列表比较如下:

表 2.2

x	0.1	0.01	0.001	0.0001	···
$2x$	0.2	0.02	0.002	0.0002	···
x^2	0.01	0.0001	0.000001	0.00000001	···

显然 x^2 比 x 及 $2x$ 趋于零的速度要快得多.

为了比较无穷小量趋于零的快慢程度,我们给出无穷小量阶的概念.

定义 2.8 设 α、β 是两个无穷小量,如果 $\lim \dfrac{\beta}{\alpha} = 0$,则称 β 是比 α **高阶的无穷小量**,记作 $\beta = o(\alpha)$;

如果 $\lim \dfrac{\beta}{\alpha} = \infty$,则称 β 是比 α **低阶的无穷小量**;

如果 $\lim \dfrac{\beta}{\alpha} = c(c \neq 0$ 为常数$)$,则称 β 与 α 是**同阶的无穷小量**;特别地当 $c = 1$ 时,称 β 与 α 是**等价的无穷小量**,记作 $\alpha \sim \beta$.

因为 $\lim\limits_{x \to 0} \dfrac{x}{2x} = \dfrac{1}{2}$,所以 $x \to 0$ 时,x 与 $2x$ 是同阶的无穷小量;又因为 $\lim\limits_{x \to 0} \dfrac{x^2}{x} = 0$,所以当 $x \to 0$ 时,x^2 是比 x 高阶的无穷小量,反之,当 $x \to 0$ 时,x 是比 x^2 低阶的无穷小量.

定理 2.10 设 α、β、α'、β' 是同一条件下的无穷小量,且 $\alpha \sim \alpha'$,$\beta \sim \beta'$,则有

$$\lim \frac{\beta}{\alpha} = \lim \frac{\beta'}{\alpha'}.$$

证 $\alpha \sim \alpha'$,$\beta \sim \beta'$,所以 $\lim \dfrac{\alpha'}{\alpha} = \lim \dfrac{\beta'}{\beta} = 1$.

则

$$\lim \frac{\beta}{\alpha} = \lim \left(\frac{\alpha'}{\alpha} \cdot \frac{\beta'}{\alpha'} \cdot \frac{\beta}{\beta'} \right) = \lim \frac{\alpha'}{\alpha} \cdot \lim \frac{\beta'}{\alpha'} \cdot \lim \frac{\beta}{\beta'} = \lim \frac{\beta'}{\alpha'}.$$

习 题 2.2

习题 2.2 答案

1. 判断下列各题是否正确,并说明原因:

(1) 零是无穷小;

(2) 两个无穷小之和仍是无穷小;

(3) 两个无穷大之和仍是无穷大;

(4) 无界变量必是无穷大量;

(5) 无穷大量必是无界变量.

2. 当 $x \to 0$ 时,指出下列函数哪些是无穷小? 哪些是无穷大?

(1) $y = \dfrac{x-1}{x+1}$;　　　　　　　　(2) $y = \dfrac{x}{x^3+1}$;

(3) $y = x + \dfrac{1}{x}$;　　　　　　　　(4) $y = x\sin x$;

(5) $y = x \sin \dfrac{1}{x}$；　　　　　　　　　(6) $y = \cot x$.

3．求下列极限：

(1) $\lim\limits_{x \to 0} x^2 \sin \dfrac{1}{x}$；　　　　　　　(2) $\lim\limits_{x \to \infty} \dfrac{\arctan x}{x}$.

4．函数 $y = x \cos x$ 在 $(-\infty, +\infty)$ 内是否有界？这个函数是否为 $x \to +\infty$ 时的无穷大？为什么？

5．求函数 $f(x) = \dfrac{4}{2 - x^2}$ 的图形的渐近线．

6．当 $x \to 0$ 时，$2x - x^2$ 与 $x^2 - x^3$ 相比，哪一个是较高阶的无穷小？

7．当 $x \to 1$ 时，无穷小 $1 - x$ 和 $\dfrac{1}{2}(1 - x^2)$ 是否是同阶无穷小？是否是等价无穷小？

8．证明：当 $x \to 0$ 时，有 $\sec x - 1 \sim \dfrac{x^2}{2}$.

9．利用等价无穷小的性质求下列极限：

(1) $\lim\limits_{x \to 0} \dfrac{\sin 3x}{\tan 5x}$；　　　　　　　(2) $\lim\limits_{x \to 0} \dfrac{\tan x - \sin x}{\sin^3 x}$.

2.3　极限的运算法则

为了解决极限的计算问题，本节将讨论极限运算法则，并利用这些法则去求一些变量的极限．在下面的讨论中，我们省略了 $x \to x_0$，$x \to \infty$ 等极限过程，u、v 都是 x 的函数，A、B、c 都是常量，特此说明．

定理 2.11　如果 $\lim u = A$，$\lim v = B$，则 $\lim (u \pm v)$ 存在，且

$$\lim(u \pm v) = \lim u \pm \lim v = A \pm B.$$

即两个具有极限的变量的和（差）的极限等于这两个变量的极限的和（差）．

证　因为 $\lim u = A$，$\lim v = B$，由定理 2.8 有

$$u = A + \alpha, \quad v = B + \beta,$$

其中 β、α 均为无穷小量．于是

$$(u \pm v) = (A + \alpha) \pm (B + \beta) = A \pm B + (\alpha \pm \beta).$$

由定理 2.6 知 $\alpha \pm \beta$ 是无穷小量，因此由定理 2.8 有

$$\lim(u \pm v) = A \pm B = \lim u \pm \lim v.$$

此定理可推广到三个或三个以上的有限个变量的情况．

定理 2.12　如果 $\lim u = A$，$\lim v = B$，则 $\lim uv$ 存在，且

$$\lim uv = \lim u \cdot \lim v = AB.$$

即两个具有极限的变量的积的极限等于这两个变量的极限的积．

证　因为 $\lim u = A$，$\lim v = B$，由定理 2.8 有

$$u = A + \alpha, \quad v = B + \beta,$$

其中 β、α 均为无穷小量

于是

$$uv = (A + \alpha)(B + \beta) = AB + (A\beta + B\alpha + \alpha\beta),$$

由无穷小量的性质及推论,$A\beta+B\alpha+\alpha\beta$ 是无穷小量,因此有

$$\lim uv=AB=\lim u \cdot \lim v.$$

此定理也可推广到三个或三个以上的有限个变量的情况,且由此定理很容易得出以下推论:

推论 2.5 如果 $\lim u=A$,c 为常数,则

$$\lim cu=c\lim u=cA.$$

此推论表明,常数因子可以提到极限符号外面.

推论 2.6 如果 $\lim u=A$,n 为正整数,则

$$\lim u^n=(\lim u)^n=A^n.$$

以后可证明,如果 n 为正整数,则

$$\lim u^{\frac{1}{n}}=(\lim u)^{\frac{1}{n}}=A^{\frac{1}{n}}.$$

同样我们可以证明:

定理 2.13 如果 $\lim u=A$,$\lim v=B\neq0$,则 $\lim \dfrac{u}{v}$ 存在,且

$$\lim \frac{u}{v}=\frac{\lim u}{\lim v}=\frac{A}{B}.$$

利用这些定理和推论可求下面变量的极限.

例 2.7 求 $\lim\limits_{x\to1}(3x^2-5x+8)$.

解 $\lim\limits_{x\to1}(3x^2-5x+8)=\lim\limits_{x\to1}3x^2-\lim\limits_{x\to1}5x+\lim\limits_{x\to1}8=3-5+8=6.$

前面已经给出,若初等函数 $f(x)$ 在 x_0 处有定义,则有

$$\lim\limits_{x\to x_0}f(x)=f(x_0).$$

即可如下求极限 $\lim\limits_{x\to1}(3x^2-5x+8)=3\times1^2-5\times1+8=6.$

例 2.8 求 $\lim\limits_{x\to3}\dfrac{2x}{x^2-9}$.

解 因为 $\lim\limits_{x\to3}(x^2-9)=0$,所以不能直接利用商的运算法则求此分式的极限,但是

$$\lim\limits_{x\to3}2x=6\neq0,$$

所以可求出

$$\lim\limits_{x\to3}\frac{x^2-9}{2x}=\frac{\lim\limits_{x\to3}(x^2-9)}{\lim\limits_{x\to3}2x}=\frac{0}{6}=0.$$

即当 $x\to3$ 时,$\dfrac{x^2-9}{2x}$ 是无穷小量,由无穷大量与无穷小量的关系可以得出 $\lim\limits_{x\to3}\dfrac{2x}{x^2-9}=\infty$.

例 2.9 求 $\lim\limits_{x\to\infty}\dfrac{2x^2-2x+1}{5x^2+1}$.

解 将分子分母同除以 x^2,

$$\lim\limits_{x\to\infty}\frac{2x^2-2x+1}{5x^2+1}=\lim\limits_{x\to\infty}\frac{2-\dfrac{2}{x}+\dfrac{1}{x^2}}{5+\dfrac{1}{x^2}}=\frac{\lim\limits_{x\to\infty}2-\lim\limits_{x\to\infty}\dfrac{2}{x}+\lim\limits_{x\to\infty}\dfrac{1}{x^2}}{\lim\limits_{x\to\infty}5+\lim\limits_{x\to\infty}\dfrac{1}{x^2}}=\frac{2}{5}.$$

例 2.10 求 $\lim\limits_{x\to\infty}\dfrac{3x^2-2x-1}{2x^3-x^2+5}$.

解　将分子分母同除以 x^3，得

$$\lim_{x \to \infty} \frac{3x^2 - 2x - 1}{2x^3 - x^2 + 5} = \lim_{x \to \infty} \frac{\dfrac{3}{x} - \dfrac{2}{x^2} - \dfrac{1}{x^3}}{2 - \dfrac{1}{x} + \dfrac{5}{x^3}} = 0.$$

例 2.11　求 $\lim\limits_{x \to \infty} \dfrac{x^3 + 1}{8x^2 + 2x + 9}$.

解　将分子分母同除以 x^3，得

$$\lim_{x \to \infty} \frac{x^3 + 1}{8x^2 + 2x + 9} = \lim_{x \to \infty} \frac{1 + \dfrac{1}{x^3}}{\dfrac{8}{x} + \dfrac{2}{x^2} + \dfrac{9}{x^3}} = \infty.$$

由例 2.9～例 2.11 的结果，可以得出如下的结论：

$$\lim_{x \to \infty} \frac{a_0 x^m + a_1 x^{m-1} + \cdots + a_{m-1} x + a_m}{b_0 x^n + b_1 x^{n-1} + \cdots + b_{n-1} x + b_n} = \begin{cases} \dfrac{a_0}{b_0}, & n = m, \\ 0, & n > m, \\ \infty, & n < m. \end{cases}$$

其中 $a_0, a_1, \cdots, a_m, b_0, b_1, \cdots, b_n$ 为常数，且 $a_0 \neq 0, b_0 \neq 0, m, n$ 是非负整数.

例 2.12　求 $\lim\limits_{x \to 2} \dfrac{x-2}{x^2-4}$.

解　当 $x \to 2$ 时，分子、分母同时趋于 0，所以不能直接用运算法则. 但当 $x \to 2$ 时，$x-2$ 趋于 0 而不等于 0，因而分子分母可以同时约去公因式 $x-2$，即

$$\lim_{x \to 2} \frac{x-2}{x^2-4} = \lim_{x \to 2} \frac{1}{x+2} = \frac{1}{4}.$$

例 2.13　求 $\lim\limits_{x \to 1} \dfrac{2 - \sqrt{x+3}}{x^2-1}$.

解　$$\lim_{x \to 1} \frac{2 - \sqrt{x+3}}{x^2-1} = \lim_{x \to 1} \frac{(2 - \sqrt{x+3})(2 + \sqrt{x+3})}{(x^2-1)(2 + \sqrt{x+3})} = \lim_{x \to 1} \frac{1-x}{(x^2-1)(2 + \sqrt{x+3})}$$

$$= \lim_{x \to 1} \frac{-1}{(x+1)(2 + \sqrt{x+3})} = -\frac{1}{8}.$$

例 2.14　求 $\lim\limits_{x \to \infty} \dfrac{\sqrt{3x^2+1}}{x+1}$.

解　$$\lim_{x \to \infty} \frac{\sqrt{3x^2+1}}{x+1} = \lim_{x \to \infty} \frac{\sqrt{3 + \dfrac{1}{x^2}}}{1 + \dfrac{1}{x}} = \sqrt{3}.$$

例 2.15　求 $\lim\limits_{x \to \infty} (\sqrt{x^2+x} - \sqrt{x^2-x})$.

解　$$\lim_{x \to \infty} (\sqrt{x^2+x} - \sqrt{x^2-x}) = \lim_{x \to \infty} \frac{(\sqrt{x^2+x} - \sqrt{x^2-x})(\sqrt{x^2+x} + \sqrt{x^2-x})}{\sqrt{x^2+x} + \sqrt{x^2-x}}$$

$$= \lim_{x \to \infty} \frac{2x}{\sqrt{x^2+x} + \sqrt{x^2-x}}$$

$$= \lim_{x \to \infty} \frac{2}{\sqrt{1+\frac{1}{x}} + \sqrt{1-\frac{1}{x}}} = 1.$$

下面我们给出反映极限重要性质的一个定理.

定理 2.14　极限值与求极限的表达式中的变量符号无关,即:尽管 $u = u(x)$,有

$$\lim_{x \to \infty} f(x) = \lim_{u \to \infty} f(u) \quad \text{或} \quad \lim_{x \to x_0} f(x) = \lim_{u \to u_0} f(u).$$

习　题　2.3

习题 2.3 答案

求下列极限:

(1) $\displaystyle\lim_{x \to 2} \frac{x^2+5}{x-3}$;

(2) $\displaystyle\lim_{x \to 4} \frac{x-4}{x^2-16}$;

(3) $\displaystyle\lim_{x \to 1} \frac{\sqrt{2x-1}-\sqrt{x}}{x-1}$;

(4) $\displaystyle\lim_{x \to 2} \frac{x^3+2x^2}{(x-2)^2}$;

(5) $\displaystyle\lim_{x \to \infty} \frac{x^2+1}{x^2-x+1}$;

(6) $\displaystyle\lim_{x \to \infty} \frac{x^2+x}{x^4-3x^2+1}$;

(7) $\displaystyle\lim_{x \to \infty} \frac{x^2}{3x+1}$;

(8) $\displaystyle\lim_{x \to 1} \left(\frac{1}{1-x} - \frac{3}{1-x^3} \right)$.

2.4　两个重要极限

2.4.1　极限存在准则 I 与重要极限 $\displaystyle\lim_{x \to 0} \frac{\sin x}{x} = 1$

定理 2.15(准则 I)　如果在某个变化过程中,三个变量 u、v、w 总有关系 $u \leqslant v \leqslant w$,且 $\lim u = \lim w = A$,则 $\lim v = A$.

这个定理称为夹逼定理.

　例 2.16　证明: $\displaystyle\lim_{x \to 0} \sin x = 0$.

　证　因为当 $|x| < \dfrac{\pi}{2}$ 时, $0 \leqslant |\sin x| \leqslant |x|$,

易知, $\displaystyle\lim_{x \to 0} |x| = 0$,根据定理 2.15,得 $\displaystyle\lim_{x \to 0} \sin x = 0$.

　例 2.17　证明第一个重要极限 $\displaystyle\lim_{x \to 0} \frac{\sin x}{x} = 1$.

　证　因为 $\dfrac{\sin x}{x}$ 是偶函数,所以当 x 改变符号时, $\dfrac{\sin x}{x}$ 的值不变,因此,我们只讨论 x 由正值趋于零(即 x 角取在第一象限内)的情形.

　作单位圆,如图 2.10 所示. 设圆心角 $\angle AOB = x \left(0 < x < \dfrac{\pi}{2} \right)$,则

$$S_{\triangle AOB} < S_{扇形 AOB} < S_{\triangle AOD}.$$

　因为　　　$S_{\triangle AOB} = \dfrac{1}{2} \cdot OA \cdot BC = \dfrac{1}{2} \sin x,$

$$S_{扇形AOB}=\frac{1}{2}x,$$

$$S_{\triangle AOD}=\frac{1}{2}OA \cdot AD=\frac{1}{2}\tan x,$$

所以　　　　$\frac{1}{2}\sin x<\frac{1}{2}x<\frac{1}{2}\tan x$,　即　$\sin x<x<\tan x$.

同除 $\sin x$ 得

$$1<\frac{x}{\sin x}<\frac{1}{\cos x},\quad 亦即\quad \cos x<\frac{\sin x}{x}<1.$$

由于 $\lim\limits_{x\to 0}\cos x=\lim\limits_{x\to 0}1=1$,根据定理 2.15,得 $\lim\limits_{x\to 0}\dfrac{\sin x}{x}=1$.

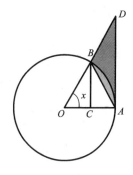

图 2.10

可推广为

$$\lim_{u(x)\to 0}\frac{\sin u(x)}{u(x)}=1.$$

下面举例说明这个公式的应用.

例 2.18　求 $\lim\limits_{x\to 0}\dfrac{\sin 2x}{x}$.

解
$$\lim_{x\to 0}\frac{\sin 2x}{x}=2\lim_{x\to 0}\frac{\sin 2x}{2x}=2.$$

例 2.19　求 $\lim\limits_{x\to 0}\dfrac{\tan x}{x}$.

解
$$\lim_{x\to 0}\frac{\tan x}{x}=\lim_{x\to 0}\frac{\sin x}{x}\cdot\lim_{x\to 0}\frac{1}{\cos x}=1.$$

例 2.20　求 $\lim\limits_{x\to 0}\dfrac{\tan 2x}{\sin 3x}$.

解
$$\lim_{x\to 0}\frac{\tan 2x}{\sin 3x}=\lim_{x\to 0}\frac{\tan 2x}{2x}\cdot\lim_{x\to 0}\frac{3x}{\sin 3x}\cdot\frac{2}{3}=\frac{2}{3}.$$

例 2.21　求 $\lim\limits_{x\to 0}\dfrac{1-\cos x}{x^2}$.

解
$$\lim_{x\to 0}\frac{1-\cos x}{x^2}=\lim_{x\to 0}\frac{\sin^2 x}{x^2}\cdot\frac{1}{1+\cos x}=\frac{1}{2}.$$

例 2.22　求 $\lim\limits_{x\to\infty}x\sin\dfrac{1}{x}$.

解
$$\lim_{x\to\infty}x\sin\frac{1}{x}=\lim_{x\to\infty}\frac{\sin\dfrac{1}{x}}{\dfrac{1}{x}}=1.$$

2.4.2　极限存在准则Ⅱ与重要极限 $\lim\limits_{x\to\infty}\left(1+\dfrac{1}{x}\right)^x=\mathrm{e}$

如果对任意正整数 n,数列 $\{y_n\}$ 若满足 $y_n\leqslant y_{n+1}$,则 $\{y_n\}$ 为单调增加数列;若 $y_n\geqslant y_{n+1}$,则 $\{y_n\}$ 为单调减少数列. 如果存在两常数 m 和 $M(m<M)$,使对任意正整数 n,有 $m\leqslant y_n\leqslant M$,则 $\{y_n\}$ 为有界数列.

定理 2.16(准则 Ⅱ) 单调有界数列一定有极限.(证明从略)

例如,数列 $y_n = 1 - \dfrac{1}{2^n}$,即 $\left\{\dfrac{1}{2}, \dfrac{3}{4}, \dfrac{7}{8}, \cdots\right\}$,显然 $\{y_n\}$ 是单调增加的,且 $y_n \leqslant 1$,所以由定理 2.16 可知 $\lim\limits_{n\to\infty} y_n$ 一定存在,可以求出 $\lim\limits_{n\to\infty}\left(1 - \dfrac{1}{2^n}\right) = 1$.

例 2.23 证明第二个重要极限:$\lim\limits_{x\to\infty}\left(1 + \dfrac{1}{x}\right)^x = e$.

首先我们讨论数列 $y_n = \left(1 + \dfrac{1}{n}\right)^n$ 的情形.从表 2.3 可以看出,当 $n\to\infty$ 时,$\left(1 + \dfrac{1}{n}\right)^n$ 变化的大致趋势,当 n 变大时,$\left(1 + \dfrac{1}{n}\right)^n$ 也变大,但变大的速度越来越慢,而且与某一常数越来越近.

表 2.3

n	1	10	100	1000	10000	100000	$\cdots$
$\left(1 + \dfrac{1}{n}\right)^n$	2	2.25937	2.70481	2.71692	2.71814	2.71827	$\cdots$

可以证明数列 $y_n = \left(1 + \dfrac{1}{n}\right)^n$ 是单调增加的,且有界(小于 3).根据定理 2.16 可知,极限 $\lim\limits_{n\to\infty}\left(1 + \dfrac{1}{n}\right)^n$ 是存在的.可以证明这个极限是无理数,通常用记号 e 来表示,即

$$\lim_{n\to\infty}\left(1 + \frac{1}{n}\right)^n = e.$$

其中,e 的近似值为 2.718281828459045….

可以证明,当 x 连续变化且趋于无穷大时,函数的极限 $\lim\limits_{x\to\infty}\left(1 + \dfrac{1}{x}\right)^x$ 存在且也等于 e,即

$$\lim_{x\to\infty}\left(1 + \frac{1}{x}\right)^x = e.$$

利用 $t = \dfrac{1}{x}$ 代换,则当 $x\to\infty$ 时,$t\to 0$,上式也可写为

$$\lim_{t\to 0}(1 + t)^{\frac{1}{t}} = e.$$

可推广为

$$\lim_{u(x)\to\infty}\left(1 + \frac{1}{u(x)}\right)^{u(x)} = e.$$

以 e 为底的对数称为自然对数,在高等数学中常用到以 e 为底的对数函数 $y = \ln x$ 和以 e 为底的指数函数 $y = e^x$.

下面举例说明这个公式的应用.

例 2.24 求 $\lim\limits_{x\to\infty}\left(1 + \dfrac{1}{x}\right)^{x+3}$.

解
$$\lim_{x\to\infty}\left(1 + \frac{1}{x}\right)^{x+3} = \lim_{x\to\infty}\left(1 + \frac{1}{x}\right)^x\left(1 + \frac{1}{x}\right)^3 = e.$$

例 2.25 求 $\lim\limits_{x\to\infty}\left(1 + \dfrac{1}{x}\right)^{3x}$.

解
$$\lim_{x\to\infty}\left(1+\frac{1}{x}\right)^{3x}=\left[\lim_{x\to\infty}\left(1+\frac{1}{x}\right)^{x}\right]^{3}=\mathrm{e}^{3}.$$

例 2.26 求 $\lim\limits_{x\to\infty}\left(1+\dfrac{2}{x}\right)^{x}$.

解
$$\lim_{x\to\infty}\left(1+\frac{2}{x}\right)^{x}=\lim_{x\to\infty}\left(1+\frac{2}{x}\right)^{\frac{x}{2}\cdot 2}=\lim_{x\to\infty}\left[\left(1+\frac{2}{x}\right)^{\frac{x}{2}}\right]^{2}=\mathrm{e}^{2}.$$

例 2.27 求 $\lim\limits_{x\to\infty}\left(1+\dfrac{2}{x}\right)^{3x}$.

解
$$\lim_{x\to\infty}\left(1+\frac{2}{x}\right)^{3x}=\lim_{x\to\infty}\left(1+\frac{2}{x}\right)^{\frac{x}{2}\cdot 6}=\lim_{x\to\infty}\left[\left(1+\frac{2}{x}\right)^{\frac{x}{2}}\right]^{6}=\mathrm{e}^{6}.$$

例 2.28 求 $\lim\limits_{x\to\infty}\left(\dfrac{x}{1+x}\right)^{x}$.

解法一
$$\lim_{x\to\infty}\left(\frac{x}{1+x}\right)^{x}=\lim_{x\to\infty}\left(\frac{1+x}{x}\right)^{-x}=\lim_{x\to\infty}\left(1+\frac{1}{x}\right)^{-x}=\mathrm{e}^{-1}.$$

解法二
$$\lim_{x\to\infty}\left(\frac{x}{1+x}\right)^{x}=\lim_{x\to\infty}\left(\frac{1+x-1}{1+x}\right)^{x}=\lim_{x\to\infty}\left(1-\frac{1}{1+x}\right)^{-(1+x)(-1)-1}$$
$$=\lim_{x\to\infty}\left[\left(1-\frac{1}{1+x}\right)^{-(1+x)}\right]^{-1}\left(1-\frac{1}{1+x}\right)^{-1}=\mathrm{e}^{-1}.$$

例 2.29 求 $\lim\limits_{x\to\infty}\left(\dfrac{x+1}{x-1}\right)^{x}$.

解法一
$$\lim_{x\to\infty}\left(\frac{x+1}{x-1}\right)^{x}=\lim_{x\to\infty}\left(\frac{x-1+2}{x-1}\right)^{x}=\lim_{x\to\infty}\left(1+\frac{2}{x-1}\right)^{\frac{x-1}{2}\cdot 2+1}$$
$$=\lim_{x\to\infty}\left(1+\frac{2}{x-1}\right)^{\frac{x-1}{2}\cdot 2}\left(1+\frac{2}{x-1}\right)=\mathrm{e}^{2}.$$

解法二
$$\lim_{x\to\infty}\left(\frac{x+1}{x-1}\right)^{x}=\lim_{x\to\infty}\left(\frac{1+\frac{1}{x}}{1-\frac{1}{x}}\right)^{x}=\lim_{x\to\infty}\frac{\left(1+\frac{1}{x}\right)^{x}}{\left(1-\frac{1}{x}\right)^{x}}=\frac{\mathrm{e}}{\mathrm{e}^{-1}}=\mathrm{e}^{2}.$$

例 2.30 已知极限 $\lim\limits_{x\to 0}(1+kx)^{\frac{1}{x}}=\mathrm{e}^{-5}$（$k$ 为常数），求常数的值.

解
$$\lim_{x\to 0}(1+kx)^{\frac{1}{x}}=\lim_{x\to 0}(1+kx)^{\frac{1}{kx}\cdot k}=\mathrm{e}^{k}.$$

根据已知条件，得 $k=-5$.

常用的无穷小等价关系：

$x\to 0$ 时，$x\sim\sin x\sim\tan x\sim\arcsin x\sim\arctan x\sim\ln(1+x)\sim\mathrm{e}^{x}-1,\ 1-\cos x\sim\dfrac{1}{2}x^{2}$.

习　题　2.4

习题 2.4 答案

1. 求下列极限：

(1) $\lim\limits_{x\to 0}\dfrac{1-\cos x}{\sin x^{2}}$；

(2) $\lim\limits_{x\to 0}\dfrac{\arcsin x}{x}$；

(3) $\lim\limits_{x\to 0}\dfrac{\sin\sin x}{x}$；

(4) $\lim\limits_{x\to 0}x\cot x$；

(5) $\lim\limits_{x \to 0} \dfrac{\ln(1+x)}{x}$;

(6) $\lim\limits_{x \to \infty}\left(1-\dfrac{1}{x^2}\right)^x$;

(7) $\lim\limits_{x \to \infty}\left(\dfrac{2x+1}{2x-1}\right)^x$;

(8) $\lim\limits_{x \to 0} \dfrac{e^x-1}{x}$.

2. 当 $x \to 0$ 时,证明:

(1) $\arctan x \sim x$;

(2) $1-\cos x \sim \dfrac{x^2}{2}$.

3. 利用等价无穷小的性质计算下列极限:

(1) $\lim\limits_{x \to 0} \dfrac{\tan(2x^2)}{1-\cos x}$;

(2) $\lim\limits_{x \to 0} \dfrac{\tan x - \sin x}{\sin^3 x}$;

(3) $\lim\limits_{x \to 0} \dfrac{\ln(1+x)}{\sin 3x}$.

2.5 函数的连续性与间断点

为了描述客观世界中许多现象的运动变化规律,前面我们建立了函数的概念,为了讨论其变化的趋势,还建立了极限的方法.进一步分析这些现象,我们发现它们不仅是运动变化的,而且其运动变化的过程往往是连续不断的,如气温的变化、动植物的生长、岁月的流逝、日月星辰的轨迹等,这些连续不断发展变化的事物反映在数学上,就是下面将引入的函数的连续性.连续函数就是刻画事物连续变化的数学模型,连续性是函数的重要性态之一,是微积分的又一重要概念.

2.5.1 函数的连续性

定义 2.9 设变量 u 从它的初值 u_1 改变到终值 u_2,终值与初值的差 u_2-u_1,称为变量 u 的**改变量**(或增量),记作 $\Delta u = u_2 - u_1$.

注意:改变量可正可负,记号 Δu 不表示 u 与 Δ 的乘积,而是整个不可分割的记号.

设函数 $y = f(x)$,当自变量 x 从 x_0 改变到 $x_0 + \Delta x$ 时,函数 $y = f(x)$ 相应的改变量为 Δy,则有 $\Delta y = f(x_0 + \Delta x) - f(x_0)$.

现在讨论函数的连续性.首先从直观上来理解它的意义. 如图 2.11 所示,函数 $y = f(x)$ 的图像是一条连续不断的曲线.对于其定义域内一点 x_0,如果自变量 x 在点 x_0 处取得极其微小的改变量 Δx 时,相应改变量 Δy 也有极其微小的改变,且当 Δx 趋于零时,Δy 也趋于零,则称函数 $y = f(x)$ 在点 x_0 处是连续的.

如图 2.12 所示,函数 $y = f(x)$ 在 x_0 处间断,在点 x_0 处不满足上述条件,所以函数在点 x_0 处不连续. 下面给出函数在一点连续的定义.

定义 2.10 设函数 $y = f(x)$ 在 x_0 的某个邻域内有定义,如果当自变量 x 在点 x_0 处取得的改变量 Δx 趋于零时,函数相应的改变量 Δy 也趋于零,即

$$\lim_{\Delta x \to 0} \Delta y = 0 \quad \text{或} \quad \lim_{\Delta x \to 0}(f(x_0 + \Delta x) - f(x_0)) = 0,$$

则称函数 $y = f(x)$ 在点 x_0 处**连续**.

令 $x = x_0 + \Delta x$,即 $\Delta x = x - x_0$,当 $\Delta x \to 0$ 时,$x \to x_0$,于是

$$\lim_{\Delta x \to 0}(f(x_0 + \Delta x) - f(x_0)) = 0,$$

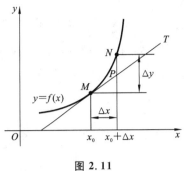

图 2.11

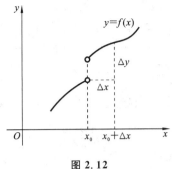

图 2.12

又可以改写为 $\lim\limits_{x \to x_0}(f(x)-f(x_0))=0$，即 $\lim\limits_{x \to x_0}f(x)=f(x_0)$．因此，还可以如下定义函数在点 x_0 处连续：

定义 2.11 设函数 $y=f(x)$ 在 x_0 的某个邻域内有定义，如果当 $x \to x_0$ 时，函数 $y=f(x)$ 极限存在，而且等于 $f(x)$ 在点 x_0 处的函数值，即

$$\lim\limits_{x \to x_0}f(x)=f(x_0),$$

则称函数 $f(x)$ 在点 x_0 处连续．

由定义 2.11 可知，如果函数在某点连续，求该点的极限，只需求该点的函数值即可．

例 2.31 求 $\lim\limits_{x \to 0}\dfrac{\ln(x+\mathrm{e}^2)}{1+\cos x}$．

解
$$\lim\limits_{x \to 0}\frac{\ln(x+\mathrm{e}^2)}{1+\cos x}=\frac{\ln\mathrm{e}^2}{1+\cos 0}=1.$$

用定义 2.11 来讨论函数在某一点处的连续性，特别是分段函数在分界点处的连续性更为方便．

例 2.32 讨论 $f(x)=|x|=\begin{cases}x, & x>0, \\ 0, & x=0, \\ -x, & x<0\end{cases}$ 在 $x=0$ 处的连续性．

解 因为 $f(0)=0$，并且
$$\lim\limits_{x \to 0^-}f(x)=\lim\limits_{x \to 0^-}(-x)=0, \quad \lim\limits_{x \to 0^+}f(x)=\lim\limits_{x \to 0^+}x=0,$$
所以
$$\lim\limits_{x \to 0}f(x)=0=f(0).$$

因此，$f(x)$ 在 $x=0$ 处连续．

定义 2.12 设函数 $f(x)$ 在 (a,b) 上有定义，如果 $f(x)$ 在区间内每一点都连续，则称函数 $f(x)$ 在 (a,b) 上连续，亦称这个区间是 $f(x)$ 的**连续区间**．

如例 2.32，函数的连续区间为 $(-\infty,+\infty)$．

定义 2.13 设函数 $f(x)$ 在 x_0 的左（右）邻域内有定义，若
$$\lim\limits_{x \to x_0^-}f(x)=f(x_0),$$
则称函数 $f(x)$ 在点 x_0 **左连续**；若
$$\lim\limits_{x \to x_0^+}f(x)=f(x_0),$$

则称函数 $f(x)$ 在点 x_0 **右连续**.

定理 2.17 函数 $f(x)$ 在点 x_0 连续 $\Leftrightarrow$ 函数 $f(x)$ 在点 x_0 既是左连续,又是右连续.

定义 2.14 函数 $f(x)$ 在 (a,b) 上连续,在 $x=a$ 点右连续,在 $x=b$ 点左连续,则函数 $f(x)$ 在 $[a,b]$ 上连续.

2.5.2 函数的间断点及其分类

根据定义 2.11,如果函数 $y=f(x)$ 在点 x_0 处连续,必须同时满足以下三个条件:

(1) 在点 x_0 处有定义;

(2) $\lim\limits_{x \to x_0} f(x)$ 存在;

(3) $\lim\limits_{x \to x_0} f(x) = f(x_0)$.

上述三个条件中只要有一个条件不满足,$f(x)$ 就在点 x_0 处不连续,也就是在点 x_0 处间断. 此时,$y=f(x)$ 所表示的曲线在点 x_0 处是断开的.

定义 2.15 如果函数 $y=f(x)$ 在点 x_0 处不满足连续条件,则称 $f(x)$ 在点 x_0 处**间断**,点 x_0 称为 $f(x)$ 的**间断点**.

例 2.33 讨论 $f(x)=\dfrac{1}{x-1}$ 在点 $x=1$ 处的连续性.

解 因为函数 $f(x)=\dfrac{1}{x-1}$ 在点 $x=1$ 处没有定义,所以 $f(x)$ 在点 $x=1$ 处间断,$x=1$ 是间断点,如图 2.13 所示.

例 2.34 讨论函数 $f(x)=\begin{cases} \mathrm{e}^{-x}, & x \leqslant 0, \\ x, & x>0 \end{cases}$ 在点 $x=0$ 处的连续性.

解 $f(x)$ 在点 $x=0$ 处有定义,且 $f(0)=\mathrm{e}^0=1$,但是

$$\lim_{x \to 0^-} f(x) = \lim_{x \to 0^-} \mathrm{e}^{-x} = 1,$$

$$\lim_{x \to 0^+} f(x) = \lim_{x \to 0^+} x = 0,$$

$$\lim_{x \to 0^-} f(x) \neq \lim_{x \to 0^+} f(x),$$

所以,$\lim\limits_{x \to 0} f(x)$ 不存在,因此 $f(x)$ 在点 $x=0$ 处间断,如图 2.14 所示.

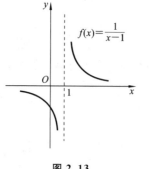

图 2.13

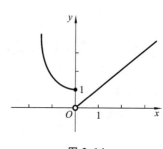

图 2.14

例 2.35 讨论 $f(x)=\begin{cases} x+1, & x \neq 1, \\ 1, & x=1 \end{cases}$ 在点 $x=1$ 处的连续性.

解　$f(x)$ 在点 $x=1$ 处有定义,且 $f(1)=1$,但是

$$\lim_{x\to 1} f(x) = \lim_{x\to 1}(x+1) = 2,$$

$$\lim_{x\to 1} f(x) = 2 \neq f(1).$$

所以,$f(x)$ 在点 $x=1$ 处间断,$x=1$ 是间断点,如图 2.15 所示.

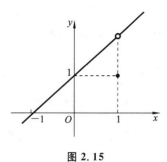

图 2.15

例 2.36　考察函数 $f(x)=\begin{cases} x^2, & x\neq 0, \\ 1, & x=0 \end{cases}$ 在点 $x=0$ 处的

连续性.

解　由于 $\lim_{x\to 0} f(x) = \lim_{x\to 0} x^2 = 0$,$f(0)=1$,所以 $\lim_{x\to 0} f(x) \neq f(0)$,即 $x=0$ 是函数 $f(x)$ 的间断点.

例 2.37　考察函数 $f(x)=\begin{cases} x-1, & x<0, \\ 0, & x=0, \\ x+1, & x>0 \end{cases}$ 在点 $x=0$ 处的连续性.

解　由于 $\lim_{x\to 0^-} f(x) = \lim_{x\to 0^-}(x-1) = -1$,$\lim_{x\to 0^+} f(x) = \lim_{x\to 0^+}(x+1) = 1$,函数 $f(x)$ 在 $x\to 0$ 时左极限、右极限都存在,但不相等,从而极限不存在. 故 $x=0$ 是函数 $f(x)$ 的间断点.

根据函数 $f(x)$ 在间断点处单侧极限的情况,常将间断点分为两类:

(1) 若 x_0 是 $f(x)$ 的间断点,并且 $f(x)$ 在点 x_0 处的左极限、右极限都存在,则称 x_0 是 $f(x)$ 的**第一类间断点**;

(2) 若 x_0 是 $f(x)$ 的间断点,但不是第一类间断点,则称 x_0 是 $f(x)$ 的**第二类间断点**.

在第一类间断点中,如果左极限与右极限相等,即 $\lim_{x\to x_0} f(x)$ 存在,则称此间断点为可去间断点. 如例 2.35 中 $x=1$ 为 $f(x)$ 的可去间断点;例 2.36 中 $x=0$ 为 $f(x)$ 的可去间断点. 这是因为如果 x_0 为 $f(x)$ 的可去间断点,我们可以补充定义 $f(x_0)$ 或者修改 $f(x_0)$ 的值,由 $f(x)$ 构造出一个在 x_0 处连续的函数.

例如,函数 $y=\dfrac{x^2+x-2}{x-1}$ 在 $x=1$ 处没有定义,$\lim_{x\to 1} y = 3$. 若定义

$$y_1 = \begin{cases} \dfrac{x^2+x-2}{x-1}, & x\neq 1, \\ 3, & x=1, \end{cases}$$

则在 $x=1$ 处 y_1 为连续函数.

例 2.36 中 $f(0)=1$,而 $\lim_{x\to 0} f(x)=0$,若定义

$$f_1(x) = \begin{cases} x^2, & x\neq 0, \\ 0, & x=0, \end{cases}$$

则 $f_1(x)=x^2$ 在 $x=0$ 处 $f_1(x)$ 为连续函数.

在第一类间断点中,如果左极限与右极限不相等,此间断点 x_0 可称为 $f(x)$ 的跳跃间断点. 如例 2.37 中 $x=0$ 为 $f(x)$ 的跳跃间断点.

在第二类间断点中,当 $x\to x_0$ 时,$f(x)\to\infty$,可称 x_0 为 $f(x)$ 的无穷间断点. 如在正切函数 $y=\tan x$ 中,$x=k\pi+\dfrac{\pi}{2}(k=0,\pm 1,\cdots)$ 为 $\tan x$ 的无穷间断点. 当 $x\to x_0$ 时,$f(x)$ 的极限不

存在,呈无限振荡情形,则称 x_0 为 $f(x)$ 的振荡间断点. 如函数 $f(x)=\begin{cases}\sin\dfrac{1}{x}, & x\neq0, \\ 0, & x=0\end{cases}$ 中 x

$=0$ 为 $f(x)$ 的振荡间断点.

2.5.3　连续函数的运算

定理 2.18　如果函数 $f(x)$ 与 $g(x)$ 在点 x_0 处连续,则它们的和、差、积、商(分母不为零)在点 x_0 处也连续.

证　我们只就"函数的和"的情形加以证明,其他情况类似地可以证明.

因为函数 $f(x)$ 与 $g(x)$ 在点 x_0 处连续,所以有

$$\lim_{x\to x_0}f(x)=f(x_0),\ \lim_{x\to x_0}g(x)=g(x_0),$$

因此有 　　　$\lim_{x\to x_0}(f(x)+g(x))=\lim_{x\to x_0}f(x)+\lim_{x\to x_0}g(x)=f(x_0)+g(x_0),$

所以 $f(x)+g(x)$ 在点 x_0 处连续.

可以证明连续函数的反函数仍是连续函数;两个连续函数的复合函数仍是连续函数.

还可以证明基本初等函数在其定义域内都是连续函数;一般初等函数在其定义域内都是连续的.

2.5.4　闭区间上连续函数的主要性质

下面介绍定义在闭区间上连续函数的主要性质,我们只从几何上直观地加以说明,证明从略.

定理 2.19(最大值和最小值定理)　如果函数 $f(x)$ 在闭区间上连续,则它在该区间上一定有最大值和最小值.

例如,在图 2.16 中,函数 $f(x)$ 在闭区间 $[a,b]$ 上连续.在 $[a,b]$ 内的点 ξ_1 处取得最小值 m,在点 ξ_2 处取得最大值 M.

定理 2.20(介值定理)　如果函数 $f(x)$ 在闭区间 $[a,b]$ 上连续,m 与 M 分别为 $f(x)$ 在 $[a,b]$ 上的最小值与最大值,则对介于 m 与 M 间的任一实数 $c(m<c<M)$,至少存在一点 $\xi(a<\xi<b)$,使得 $f(\xi)=c$.

例如,在图 2.17 中,连续曲线 $y=f(x)$ 与直线 $y=c$ 有三个交点,其对应的横坐标分别是 ξ_1,ξ_2,ξ_3,所以有 $f(\xi_1)=f(\xi_2)=f(\xi_3)=c$.

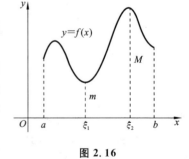

图 2.16

推论　如果函数 $f(x)$ 在闭区间 $[a,b]$ 上连续,且 $f(a)$ 与 $f(b)$ 异号,则在 (a,b) 内至少有一点 ξ,使得 $f(\xi)=0$.

例如,在图 2.18 中,因 $f(a)<0$,$f(b)>0$,连续曲线 $y=f(x)$ 交 x 轴于点 ξ 处,所以有 $f(\xi)=0$.

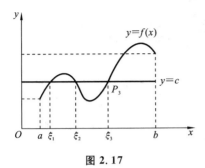

图 2.17

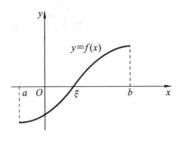

图 2.18

习 题 2.5

习题 2.5 答案

1. 判断下列各题是否正确,并说明原因.

(1) $f(x)$ 在其定义域 (a,b) 内一点 x_0 处连续的充分必要条件是 $f(x)$ 在 x_0 既左连续又右连续;

(2) $f(x)$ 在 $x=x_0$ 连续,$g(x)$ 在 $x=x_0$ 不连续,则 $f(x)+g(x)$ 在 x_0 一定不连续;

(3) $f(x)$ 在 x_0 处连续,$g(x)$ 在 x_0 处不连续,则 $f(x) \cdot g(x)$ 在 x_0 一定不连续.

2. 讨论 $f(x)=\begin{cases} x^2, & 0 \leqslant x \leqslant 1, \\ 2-x, & 1 \leqslant x \leqslant 2 \end{cases}$ 的连续性,并画出其图形.

3. 指出下列函数的间断点属于哪一类. 若是可去间断点,则补充或改变函数的定义使其连续.

(1) $y=\dfrac{x^2-1}{x^2-3x+2}$,$x=1$,$x=2$;

(2) $y=\begin{cases} x-1, & x \leqslant 1, \\ 3-x, & x>1, \end{cases}$ $x=1$.

4. 求函数 $f(x)=\dfrac{x^3+3x^2-x-3}{x^2+x-6}$ 的连续区间,并求 $\lim\limits_{x \to 0} f(x)$,$\lim\limits_{x \to -3} f(x)$.

5. 求下列极限:

(1) $\lim\limits_{x \to 0} \sqrt{x^2-2x+5}$;

(2) $\lim\limits_{\alpha \to \frac{\pi}{4}} (\sin 2\alpha)^3$;

(3) $\lim\limits_{x \to 0} \ln \dfrac{\sin x}{x}$;

(4) $\lim\limits_{x \to 0} (1+\tan^2 x)^{\cot^2 x}$;

(5) $\lim\limits_{x \to 0} \dfrac{\log_a(1+2x)}{x}$;

(6) $\lim\limits_{x \to \frac{1}{2}} \arcsin \sqrt{1-x^2}$.

6. 设函数 $f(x)=\begin{cases} \mathrm{e}^x, & x<0, \\ a+x, & x \geqslant 0, \end{cases}$ 应怎样选择 a,才能使 $f(x)$ 在 $(-\infty, +\infty)$ 内连续.

7. 证明:方程 $x^5-3x-1=0$ 在 1 与 2 之间至少有一个根.

*8. 证明:若 $f(x)$ 在 $[a,b]$ 上连续,$a<x_1<x_2<\cdots<x_n<b$,则在 $[x_1, x_n]$ 上必有 ξ,使

$$f(\xi)=\frac{f(x_1)+f(x_2)+\cdots+f(x_n)}{n}.$$

实验四　基于 Python 的极限运算

实　验　目　的

1. 掌握用 Python 计算极限的方法；
2. 通过作图，加深对函数极限概念的理解.

实　验　内　容

Python 的 Sympy 标准库中求极限的常用函数如实验表 4.1 所示.

实验表 4.1　Sympy 标准库中求极限的常用函数命令

Python 函数命令	数　学　运　算
limit(f, x, x0)	$\lim\limits_{x \to x_0} f(x)$
limit(f, x, x0, dir="−")	$\lim\limits_{x \to x_0^-} f(x)$
limit(f, x, x0, dir="+")	$\lim\limits_{x \to x_0^+} f(x)$
limit(f, x, oo)	$\lim\limits_{x \to +\infty} f(x)$
limit(f, x, −oo)	$\lim\limits_{x \to -\infty} f(x)$

一、数列极限运算

【示例 4.1】　求下列数列的极限：

(1) $\lim\limits_{n \to \infty}\left(1+\dfrac{1}{n}\right)^n$；　(2) $\lim\limits_{n \to \infty}\sin^n\dfrac{2n\pi}{3n+1}$；　(3) $\lim\limits_{n \to \infty}\left(1+\dfrac{1}{2}+\dfrac{1}{2^2}+\cdots+\dfrac{1}{2^n}\right)$.

解　(1) 在单元格中按如下操作：

```
from sympy import*
n=Symbol('n')              # symbol()函数用于初始化单个变量
f=limit((1+1/n)**n,n,oo)   # 这里两个"o"表示正无穷
print(f)
```

命令窗口显示所得结果：

E

(2) 在单元格中按如下操作：

```
from sympy import *
n=Symbol('n')
f=limit(sin(2*n*pi/(3*n+1))**n,n,oo)
print(f)
```

命令窗口显示所得结果：

(sqrt(3)/2)**oo

即该数列的极限为 0.

（3）在单元格中按如下操作：

```
In    from sympy import *
      k,n=symbols('k n')
                            # symbols()定义两个符号变量
      f=limit(summation(1/2**k,(k,0,n)),n,oo)
                            # summation(,(k,0,n))为 $\sum\limits_{k=0}^{n}$
      print(f)
```

命令窗口显示所得结果：

　　2

二、函数极限运算

【示例 4.2】　求下列函数极限：

（1）$\lim\limits_{x\to 0}\dfrac{x^2}{\sqrt{1+x\sin x}-\sqrt{\cos x}}$；　　　（2）$\lim\limits_{x\to +\infty}x\left(\dfrac{\pi}{2}-\arcsin\dfrac{x}{\sqrt{x^2-1}}\right)$.

解　在单元格中按如下操作：

```
In    from sympy import *
      x=Symbol('x')
      f1=limit(x**2/(sqrt(1+x*sin(x))-sqrt(cos(x))),x,0)
      f2=limitx*(pi/2-asin(x/sqrt(x**2-1)),x,oo)
      print(f1)
      print(f2)
```

命令窗口显示所得结果：

　　4/3

　　0

【示例 4.3】　求下列函数的左、右极限：

（1）$\lim\limits_{x\to 0^-}\dfrac{1}{x}$，$\lim\limits_{x\to 0^+}\dfrac{1}{x}$；　　（2）$\lim\limits_{x\to 1^-}\dfrac{1}{1+e^{\frac{1}{x}}}$，$\lim\limits_{x\to 1^+}\dfrac{1}{1+e^{\frac{1}{x}}}$.

解　（1）在单元格中按如下操作：

```
In    from sympy import*
      x=Symbol('x')
      f1=limit(1/x,x,0,dir="-")
      f2=limit(1/x,x,0,dir="+")
      print(f1)
      print(f2)
```

命令窗口显示所得结果：

　　-oo

　　oo

（2）在单元格中按如下操作：

In
```
from sympy import *
x=Symbol('x')
f1=limit(1/(1+exp(1/x)),x,1,dir="-")
f2=limit(1/(1+exp(1/x)),x,1,dir="+")
print(f1)
print(f2)
```

命令窗口显示所得结果：

```
1/(1+E)
1/(1+E)
```

【示例 4.4】 考察函数 $f(x) = \dfrac{\sin x}{x}$ 在 $x \to 0$ 时的变化趋势，并求极限.

解 在单元格中按如下操作：

In
```
import matplotlib.pyplot as plt
from numpy import*
x=arange(-5*pi,5*pi,0.01)
y=sin(x)/x
plt.figure()
plt.plot(x,y)
plt.grid(True)
plt.show()
```

运行程序，输出图形如实验图 4.1 所示.

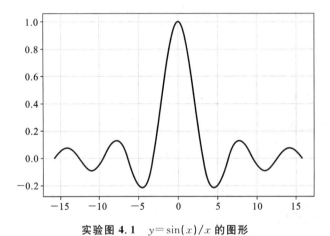

实验图 4.1 $y = \sin(x)/x$ 的图形

由实验图 4.1 可以看出，$f(x) = \dfrac{\sin x}{x}$ 在 $x = 0$ 附近连续变化，其值与 1 无限靠近，可见其极限为 1，用 Python 进行验证. 在单元格中输入如下内容：

In
```
from numpy import *
x=Symbol('x')
f=limit(sin(x)/x,x,0)
print(f)
```

运行程序,命令窗口显示所得结果:

1

所以,验证 $\lim\limits_{x\to 0}\dfrac{\sin x}{x}=1$ 成立.

【示例 4.5】　考察函数 $f(x)=\left(1+\dfrac{1}{x}\right)^{x}$ 在 $x\to\infty$ 时的变化趋势,并求其极限.

解　在单元格中按如下操作:

```
In    import matplotlib.pyplot as plt
      from numpy import*
      x1=arange(-100,-2,0.01)
      x2=arange(0,100,0.01)
      y1=(1+1/x1)**x1
      y2=(1+1/x2)**x2
      plt.figure()
      plt.plot(x1,y1,x2,y2)
      plt.grid(True)
      plt.show()
```

运行程序,输出图形如实验图 4.2 所示.

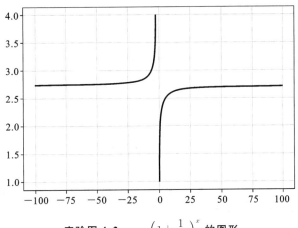

实验图 4.2　$y=\left(1+\dfrac{1}{x}\right)^{x}$ 的图形

由实验图 4.2 可以看出,$f(x)=\left(1+\dfrac{1}{x}\right)^{x}$ 分别在 $x\to+\infty$ 和 $x\to-\infty$ 时,函数值与某常数 $\mathrm{e}=2.718281828459\cdots$ 无限接近. 用 Python 进行验证,在单元格中输入如下内容:

```
In    from numpy import *
      x=Symbol('x')
      y=(1+1/x)**x
      print(limit(y,x,oo))
      print(limit(y,x,-oo))
```

运行程序,命令窗口显示所得结果:

E
E

即

$$\lim_{x \to +\infty} \left(1+\frac{1}{x}\right)^x = \lim_{x \to -\infty} \left(1+\frac{1}{x}\right)^x = e$$

所以, $\lim\limits_{x \to \infty} \left(1+\frac{1}{x}\right)^x = e$ 成立.

实 验 作 业

1. 作出函数 $y = \left(1+\frac{1}{x}\right)^{x+1}$ ($x \in [1,100]$)的图形,观察当 $x \to +\infty$ 时 y 的变化趋势,并求极限 $\lim\limits_{x \to +\infty} \left(1+\frac{1}{x}\right)^{x+1}$.

2. 函数 $y = x\cos x$ 在 $(-\infty,+\infty)$ 是否有界? 又问当 $x \to +\infty$ 时这个函数是否是无穷大? 为什么? 作出函数的图形来验证你的结论.

3. 求下列函数的极限:

(1) $\lim\limits_{x \to 0} x\sin\frac{1}{x}$;　　(2) $\lim\limits_{x \to 0^+} \frac{\ln x}{x^2}$;　　(3) $\lim\limits_{x \to 0} \frac{\tan x - \sin x}{x^3}$.

复习题二

复习题二答案

一、填空题

1. $\lim\limits_{x \to 0} \frac{\sin x}{x^2+3x} = $ _____.

2. $\lim\limits_{x \to \infty} \frac{\sin 2x}{x} = $ _____.

3. 若 $\lim\limits_{x \to 2} \frac{x^2-3x+a}{x-2} = 1$,则 $a = $ _____.

4. 设 $f(x) = \begin{cases} \dfrac{k}{1+x^2}, & x \geq 1 \\ 3x^2+2, & x < 1, \end{cases}$ 若 $f(x)$ 在 $x=1$ 处连续,则 $k = $ _____.

5. $\lim\limits_{x \to \infty} \left(\frac{x+1}{x}\right)^{-x} = $ _____.

6. 如果 $f(x)$ 在点 x_0 处连续,$g(x)$ 在点 x_0 处不连续,则 $f(x)+g(x)$ 在点 x_0 处 _____.

7. 若 $\lim\limits_{x \to \infty} \frac{3x^k-2x+5}{4x^5+3x^3-2x} = \frac{3}{4}$,则 $k = $ _____.

8. 函数 $f(x) = \frac{x^2-x}{|x|(x^2-1)}$ 在 $x=-1$ 处为第 _____ 类间断点.

二、选择题

1. 设 $\alpha = 1-\cos x$,$\beta = 2x^2$,当 $x \to 0$ 时,(　　).

A. α 与 β 是同阶的无穷小量但不是等价的无穷小量　　B. α 与 β 是等价的无穷小量

C. α 是 β 的高阶的无穷小量　　D. β 是 α 的高阶的无穷小量

2. 当 $x \to 0$ 时,下列变量中(　　)与 x 为等价无穷小量.

A. $\sin x^2$　　　　　B. $\ln(1+2x)$　　　　　C. $x\sin\dfrac{1}{x}$　　　　　D. $\sqrt{1+x}-\sqrt{1-x}$

3. $f(x)=\dfrac{\mathrm{e}^x-1}{x}$,则 $x=0$ 是 $f(x)$ 的(　　).

A. 连续点　　　　B. 可去间断点　　　　C. 跳跃间断点　　　　D. 无穷间断点

4. $\lim\limits_{x\to\infty}\sin\dfrac{1}{x}=$(　　).

A. 1　　　　　　B. 0　　　　　　C. ∞　　　　　　D. 不存在

5. $\lim\limits_{x\to+\infty}\left(x-\sqrt{x^2-1}\right)=$(　　).

A. 0　　　　　　B. ∞　　　　　　C. 1　　　　　　D. -1

6. 函数 $f(x)$ 在 x_0 点具有极限是 $f(x)$ 在 x_0 点处连续的(　　).

A. 必要条件　　　　　　　　　　B. 充分条件

C. 充分必要条件　　　　　　　　D. 既不是必要条件,也不是充分条件

三、计算题

1. 求 $\lim\limits_{x\to0}\dfrac{x-\sin x}{x+\sin x}$.

2. 求 $\lim\limits_{x\to0}\dfrac{\mathrm{e}^{2x}-1}{\sin 3x}$.

3. 求 $\lim\limits_{n\to\infty}\dfrac{1+a+a^2+\cdots+a^n}{1+b+b^2+\cdots+b^n}$ ($|a|<1,|b|<1$).

4. 求 $\lim\limits_{x\to\infty}\left(3+\dfrac{2}{x}-\dfrac{1}{x^2}\right)$.

5. 求 $\lim\limits_{x\to\infty}\left(\dfrac{x-1}{x+1}\right)^x$.

6. 求 $\lim\limits_{n\to\infty}(1^n+2^n+3^n)^{\frac{1}{n}}$(提示:$3<(1^n+2^n+3^n)^{\frac{1}{n}}<3\cdot 3^{\frac{1}{n}}$,利用夹逼准则).

7. 定义 $f(0)$ 的值,使 $f(x)=\dfrac{\sqrt[3]{1+x}-1}{\sqrt{1+x}-1}$ 在 $x=0$ 处连续.

8. 求 $\lim\limits_{x\to a}\dfrac{\ln x-\ln a}{x-a}$ ($a>0$)(提示:设 $x-a=t$).

四、证明题

1. 证明:方程 $\mathrm{e}^x=3x$ 至少存在一个小于 1 的根.

2. 设 $f(x)$ 在闭区间 $[1,2]$ 上连续,并且 $1<f(x)<2$,证明:至少存在一点 $\varepsilon\in(1,2)$,使得 $f(\varepsilon)=\varepsilon$(提示:对函数 $F(x)=f(x)-x$ 在 $[1,2]$ 上应用介值定理).

第3章 导数与微分

前面我们学习了函数的极限、连续的概念与性质,本章将进一步探讨函数相对于自变量的变化快慢及增量问题,即函数的导数与微分,它们是微分学中两个最基本概念.数学上研究导数、微分及其应用的部分称为微分学.第4章将讨论导数的应用.

3.1 导数的概念

导数来源于许多实际问题的变化率,它描述了非均匀变化现象的变化快慢程度.因此,导数在科学、工程技术和经济等领域有着极其广泛的应用.下面通过2个实例来引出导数的概念.

3.1.1 引例

引例 1 变速直线运动的瞬时速度。

2018 年 2 月,国家优秀运动员苏炳添以 6 秒 43 夺得国际田联世界室内巡回赛男子 60 米冠军,并刷新亚洲纪录,大家对他的最大瞬时速度是不是感兴趣? 下面,我们一起探讨如何求变速直线运动的瞬时速度.

设 s 表示苏炳添从某个时刻开始到时刻 t 做直线运动的路程,则 s 是时间 t 函数 $s = s(t)$.

当时间 t 由 t_0 改变到 $t_0 + \Delta t$ 时,他在 Δt 这一段时间内所经过的距离为 $\Delta s = s(t_0 + \Delta t) - s(t_0)$,易知这段时间他的平均速度为

$$\frac{\Delta s}{\Delta t} = \frac{s(t_0 + \Delta t) - s(t_0)}{\Delta t}.$$

当 Δt 很小时,$\frac{\Delta s}{\Delta t} = v$ 近似地表示苏炳添在时刻 t_0 的速度,显然 Δt 越小,近似的程度就越好.而当 $\Delta t \to 0$ 时,如果 $\lim\limits_{\Delta t \to 0} \frac{\Delta s}{\Delta t}$ 存在,就称此极限为苏炳添在时刻 t_0 的瞬时速度,即

$$v(t_0) = \lim_{\Delta t \to 0} \frac{\Delta s}{\Delta t} = \lim_{\Delta t \to 0} \frac{s(t_0 + \Delta t) - s(t_0)}{\Delta t}.$$

从而,苏炳添的最大瞬时速度就容易求得了.

引例 2 平面曲线切线的斜率.

已知曲线 $y = f(x)$,它经过点 $M_0(x_0, y_0)$,取曲线上的另一点 $M_1(x_0 + \Delta x, y_0 + \Delta y)$,作割线 $M_0 M_1$,如图 3.1 所示.设割线 $M_0 M_1$ 与 x 轴的夹角为 φ,则割线的斜率为

$$\tan\varphi = \frac{\Delta y}{\Delta x} = \frac{f(x_0 + \Delta x) - f(x_0)}{\Delta x}.$$

当 $\Delta x \to 0$ 时,动点 M_1 沿曲线 $y = f(x)$ 趋于定点 M_0,使得割线 $M_0 M_1$ 的位置也随着变动而趋向于极限位置,即直线 $M_0 T$.称直线 $M_0 T$ 为曲线 $y = f(x)$ 在定点 M_0 处的切线.

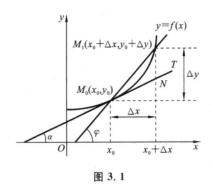

图 3.1

显然,此时倾角 φ 趋向于切线 M_0T 的倾角 α,即切线 M_0T 的斜率为

$$\tan\alpha=\lim_{\Delta x\to 0}\tan\varphi=\lim_{\Delta x\to 0}\frac{\Delta y}{\Delta x}=\lim_{\Delta x\to 0}\frac{f(x_0+\Delta x)-f(x_0)}{\Delta x}.$$

以上两个例题都归结为计算函数改变量与自变量改变量的比,当自变量改变量趋于零时的极限.这种特殊的极限称为函数的导数.

3.1.2　导数的定义

定义 3.1　设函数 $y=f(x)$ 在点 x_0 的某个邻域内有定义,当自变量 x 在点 x_0 处取得改变量 $\Delta x\neq 0$ 时,函数 $y=f(x)$ 取得相应的改变量 $\Delta y=f(x_0+\Delta x)-f(x_0)$,如果当 $\Delta x\to 0$ 时, $\frac{\Delta y}{\Delta x}$ 的极限存在,即 $\lim\limits_{\Delta x\to 0}\dfrac{f(x_0+\Delta x)-f(x_0)}{\Delta x}$ 存在,则称此极限值为函数 $f(x)$ 在点 x_0 处的**导数**(或微商),记作

$$f'(x_0),\quad y'\big|_{x=x_0},\quad \frac{\mathrm{d}y}{\mathrm{d}x}\Big|_{x=x_0},\quad \frac{\mathrm{d}}{\mathrm{d}x}f(x)\Big|_{x=x_0}.$$

这时称函数 $y=f(x_0)$ 在点 x_0 处是**可导的函数**.

例 3.1　根据导数定义求 $y=\sqrt{x}$ 在 $x=4$ 处的导数.

解　根据导数的定义求导数通常分三步:

(1) 求 $\Delta y=f(x_0+\Delta x)-f(x_0)$.

$$\Delta y=\sqrt{4+\Delta x}-2.$$

(2) 求 $\frac{\Delta y}{\Delta x}$.

$$\frac{\Delta y}{\Delta x}=\frac{\sqrt{4+\Delta x}-2}{\Delta x}=\frac{4+\Delta x-4}{\Delta x(\sqrt{4+\Delta x}+2)}=\frac{1}{\sqrt{4+\Delta x}+2}.$$

(3) 求 $\lim\limits_{\Delta x\to 0}\frac{\Delta y}{\Delta x}$.

$$\lim_{\Delta x\to 0}\frac{\Delta y}{\Delta x}=\lim_{\Delta x\to 0}\frac{1}{\sqrt{4+\Delta x}+2}=\frac{1}{4}.$$

因此, $y'(4)=\frac{1}{4}$.

例 3.2 求自由落体运动 $s = \dfrac{1}{2}gt^2$ 在时刻 t_0 的瞬时速度 $v(t_0)$.

解 易知

$$\Delta s = \frac{1}{2}g\,(t_0 + \Delta t)^2 - \frac{1}{2}gt_0^2 = gt_0\Delta t + \frac{1}{2}g\,(\Delta t)^2,$$

$$\frac{\Delta s}{\Delta t} = \frac{gt_0\Delta t + \dfrac{1}{2}g(\Delta t)^2}{\Delta t} = gt_0 + \frac{1}{2}g\Delta t,$$

则

$$v(t_0) = \lim_{\Delta t \to 0}\frac{\Delta s}{\Delta t} = \lim_{\Delta t \to 0}\left(gt_0 + \frac{1}{2}g\Delta t\right) = gt_0 = s'(t_0).$$

通过例 3.1 和例 3.2 容易看出，在给定函数 $y = f(x)$ 后，其导数 $f'(x_0)$ 仅与 x_0 有关.

如果函数 $y = f(x)$ 在区间 (a,b) 内任一点 x 处是可导的，则称函数 $y = f(x)$ 在区间 (a,b) 内可导. 这时，对于每一个 $x \in (a,b)$，均有对应的导数值 $f'(x)$，因此 $f'(x)$ 也是 x 的函数，称其为函数 $f(x)$ 的**导函数**，导函数有时也简称为**导数**. 记作：

$$f'(x), \quad y', \quad \frac{\mathrm{d}y}{\mathrm{d}x} \text{或} \frac{\mathrm{d}f(x)}{\mathrm{d}x}.$$

例 3.3 求 $y = x^2$ 的导函数.

解 易知 $\Delta y = (x + \Delta x)^2 - x^2 = 2x\Delta x + \Delta x^2,$

$$\frac{\Delta y}{\Delta x} = 2x + \Delta x,$$

$$\lim_{\Delta x \to 0}\frac{\Delta y}{\Delta x} = \lim_{\Delta x \to 0}(2x + \Delta x) = 2x.$$

因此，$y' = (x^2)' = 2x$.

同理，可得 $(x^n)' = nx^{n-1}$（n 为正整数），具体证明见 3.2 节"幂函数的导数".

例 3.4 求 $y = \sin x$ 的导函数.

解 易知

$$\Delta y = \sin(x + \Delta x) - \sin x = 2\cos\left(x + \frac{\Delta x}{2}\right) \cdot \sin\frac{\Delta x}{2},$$

$$\frac{\Delta y}{\Delta x} = \frac{2\cos\left(x + \dfrac{\Delta x}{2}\right) \cdot \sin\dfrac{\Delta x}{2}}{\Delta x},$$

$$\lim_{\Delta x \to 0}\frac{\Delta y}{\Delta x} = \lim_{\Delta x \to 0}\cos\left(x + \frac{\Delta x}{2}\right) \cdot \frac{\sin\dfrac{\Delta x}{2}}{\dfrac{\Delta x}{2}} = \cos x.$$

因此，$y' = (\sin x)' = \cos x$.

类似地，可以证明 $(\cos x)' = -\sin x$.

3.1.3 导数的实际意义

1. 导数的几何意义

由引例 2 可知，函数 $y = f(x)$ 在点 x_0 处的导数 $f'(x_0)$，就是曲线 $f(x)$ 在 $M_0(x_0, y_0)$ 处

的切线 M_0T 的斜率,如图 3.1 所示.

$$f'(x_0) = \lim_{\Delta x \to 0} \frac{\Delta y}{\Delta x} = \lim_{\Delta x \to 0} \tan \varphi = \tan \alpha \left(\alpha \neq \frac{\pi}{2} \right).$$

由导数的几何意义及直线的点斜式方程可知,曲线 $y = f(x)$ 上点 (x_0, y_0) 处的切线方程为

$$y - y_0 = f'(x_0)(x - x_0).$$

例 3.5 求 $y = x^2$ 在 $x = 1$ 处的切线方程.

解 在例 3.3 中已求得

$$y' = (x^2)' = 2x,$$

因为 $y'|_{x=1} = 2$,所以,所求的切线方程为

$$y - 1 = 2(x - 1), \quad \text{即} \quad 2x - y - 1 = 0.$$

2. 导数的物理意义

从前面的例子中可知,物体做变速直线运动的速度 $v(t)$,就是路程 $s(t)$ 关于时间 t 的导数,与此类似,许多物理量的实质就是某一函数的导数,如非均匀分布的密度问题.

设 L 为一非均匀分布的物质杆.取杆的轴线为 x 轴,它的左端点为原点,杆所在半轴为正半轴,用函数 $m = m(x)$ 表示分布在 0 点到 x 点一段杆上的质量,则差商

$$\frac{\Delta m}{\Delta x} = \frac{m(x_0 + \Delta x) - m(x_0)}{\Delta x}$$

是非均匀杆在 x_0 到 $x_0 + \Delta x$ 一段的平均密度,所以非均匀杆在 x_0 的密度为

$$\mu(x_0) = \lim_{\Delta x \to 0} \frac{m(x_0 + \Delta x) - m(x_0)}{\Delta x} = m'(x_0).$$

即非均匀(线)分布的密度函数是质量分布函数关于坐标 x 的导数.

3. 导数的经济意义

设函数 $y = f(x)$ 可导,那么导函数 $f'(x)$ 也称为函数 $y = f(x)$ 的**边际函数**.在经济分析中,有许多问题要求边际函数.

总成本函数 $C = C(x)$ 的导数 $C'(x)$ 称为当产量为 x 时的**边际成本**. $C'(x)$ 近似等于产量为 x 时,再多生产一个单位产品所需增加的成本.

总收入函数 $R = R(x)$ 的导数 $R'(x)$,称为销售量为 x 时的**边际收入**. $R'(x)$ 近似等于销售量为 x 时,再多销售一个单位产品所需增加(或减少)的收入.

总利润函数 $L(x) = R(x) - C(x)$ 的导数 $L'(x)$ 称为销售量为 x 单位产品时的**边际利润**. $L'(x)$ 近似等于销售量为 x 单位产品时,再多销售一个单位产品所增加(或减少)的利润.

3.1.4 左、右导数

定义 3.2 设函数 $y = f(x)$ 在点 x_0 某领域内有定义,如果 $\lim\limits_{\Delta x \to 0^-} \dfrac{f(x_0 + \Delta x) - f(x_0)}{\Delta x}$ 存在,则称之为 $f(x)$ 在点 x_0 处的**左导数**,记为 $f'_-(x)$;如果 $\lim\limits_{\Delta x \to 0^+} \dfrac{f(x_0 + \Delta x) - f(x_0)}{\Delta x}$ 存在,则称之为 $f(x)$ 在点 x_0 处的**右导数**,记为 $f'_+(x)$.

定理 3.1 函数 $y = f(x)$ 在点 x_0 处可导的充分必要条件是 $y = f(x)$ 在点 x_0 处的左、右导

数都存在且相等(证明略).

3.1.5 函数可导与连续关系

定理 3.2 如果函数 $y=f(x)$ 在点 x_0 处可导,则它在点 x_0 处一定连续.

证 因为函数 $y=f(x)$ 在点 x_0 处可导,所以有

$$\lim_{\Delta x \to 0} \frac{\Delta y}{\Delta x} = f'(x),$$

而

$$\Delta y = \frac{\Delta y}{\Delta x} \Delta x,$$

所以

$$\lim_{\Delta x \to 0} \Delta y = \lim_{\Delta x \to 0} \frac{\Delta y}{\Delta x} \Delta x = \lim_{\Delta x \to 0} \frac{\Delta y}{\Delta x} \lim_{\Delta x \to 0} \Delta x = f'(x) \cdot 0 = 0.$$

即函数 $y=f(x)$ 在点 x_0 处连续.

注意:函数 $y=f(x)$ 在点 x_0 处连续,并不能说明函数 $f(x)$ 在点 x_0 处可导.

反例:函数 $f(x) = \begin{cases} -x, & x \leq 0, \\ x, & x > 0 \end{cases}$ 在点 $x_0 = 0$ 处是连续的,因为

$$\lim_{\Delta x \to 0^+} |x| = \lim_{\Delta x \to 0^+} x = 0, \quad \lim_{\Delta x \to 0^-} |x| = \lim_{\Delta x \to 0^-} (-x) = 0,$$

所以 $\lim\limits_{\Delta x \to 0} |x| = f(0) = 0$.

但是,在 $x = 0$ 处没有导数,因为

$$f'_+(0) = \lim_{\Delta x \to 0^+} \frac{\Delta y}{\Delta x} = \lim_{\Delta x \to 0^+} \frac{|\Delta y|}{\Delta x} = \lim_{\Delta x \to 0^+} \frac{\Delta x}{\Delta x} = 1,$$

$$f'_-(0) = \lim_{\Delta x \to 0^-} \frac{\Delta y}{\Delta x} = \lim_{\Delta x \to 0^-} \frac{|\Delta y|}{\Delta x} = \lim_{\Delta x \to 0^-} \frac{-\Delta x}{\Delta x} = -1,$$

即

$$f'_+(0) \neq f'_-(0),$$

所以 $f'(0)$ 不存在.

习 题 3.1

1. 设质点作变速直线运动,在 t 时刻的位置为 $s(t) = 3t^2 - 5t$,求下列各值. 习题 3.1答案

(1) 质点从 1 秒到 $1 + \Delta t$ 秒这段时间内的平均速度;

(2) 质点从 t_0 秒到 $t_0 + \Delta t$ 秒这段时间内的平均速度;

(3) 质点在 1 秒时的瞬时速度;

(4) 质点在 t_0 秒时的瞬时速度.

2. 下列各题中均假定 $f'(x_0)$ 存在,按导数定义观察下列极限,指出这些极限表示什么,并将答案填在括号内.

(1) $\lim\limits_{\Delta x \to 0} \dfrac{f(x_0 - \Delta x) - f(x_0)}{\Delta x} = ($ $)$;

(2) $\lim\limits_{x \to 0} \dfrac{f(x)}{x} = ($ $)$,其中 $= f(0) = 0$,且 $f'(0)$ 存在;

(3) $\lim\limits_{h \to 0} \dfrac{f(x_0 + h) - f(x_0 - h)}{h} = ($ $)$.

3. 求下列函数的导数：

(1) $y = x^4$；　(2) $y = \sqrt[3]{x^2}$；　(3) $y = \dfrac{1}{\sqrt{x}}$；　(4) $y = x^3 \sqrt[5]{x}$.

4. 求曲线 $y = \cos x$ 上点 $\left(\dfrac{\pi}{3}, \dfrac{1}{2}\right)$ 处的切线方程和法线方程.

5. 曲线 $y = x^2$ 上哪一点处的切线与直线 $y = 4x - 1$ 平行，求过这一点的切线方程.

6. 讨论函数 $f(x) = \begin{cases} x^2 \sin \dfrac{1}{x}, & x \neq 0, \\ 0, & x = 0 \end{cases}$ 在点 $x = 0$ 处的连续性与可导性.

7. 设 $f(x) = \begin{cases} \sin x, & x < 0, \\ ax + b, & x \geqslant 0, \end{cases}$ 讨论 a, b 取何值时，$f(x)$ 在点 $x = 0$ 处可导.

8. 设 $Q = Q(T)$ 表示重为 1 单位的金属从 0 ℃ 加热到 T ℃ 时所吸收的热量，当金属从 T ℃ 升温到 $(T + \Delta T)$ ℃ 时，所需热量为 $\Delta Q = Q(T + \Delta T) - Q(T)$，$\Delta Q$ 与 ΔT 之比称为 T 到 $T + \Delta T$ 的平均比热，试解答下列问题：

(1) 如何定义在 T ℃ 时金属的比热；

(2) 当 $Q(T) = aT + bT^2$（其中 a, b 均为常数）时，求比热.

3.2　导数的运算法则与基本公式

3.1 节给出了用导数定义计算导数的具体方法，求了一些基本初等函数的导数，但是对于一些比较复杂的初等函数，直接运用定义来求导数往往比较复杂. 因此，有必要给出导数的运算法则，以简化求导运算.

3.2.1　导数的四则运算法则

法则 3.1　设函数 $u = u(x)$，$v = v(x)$ 都可导，则
$$[u(x) \pm v(x)]' = u'(x) \pm v'(x).$$

证　对应于自变量 $\Delta x \neq 0$，函数 u、v 分别取得改变量 Δu、Δv，从而函数 $y = u \pm v$ 取得改变量：

$$\Delta y = u(x + \Delta x) \pm v(x + \Delta x) - [u(x) \pm v(x)]$$
$$= u(x + \Delta x) - u(x) \pm [v(x + \Delta x) - v(x)],$$

$$\frac{\Delta y}{\Delta x} = \frac{u(x + \Delta x) - u(x)}{\Delta x} \pm \frac{v(x + \Delta x) - v(x)}{\Delta x} = \frac{\Delta u}{\Delta x} \pm \frac{\Delta v}{\Delta x},$$

$$\lim_{\Delta x \to 0} \frac{\Delta y}{\Delta x} = \lim_{\Delta x \to 0} \left(\frac{\Delta u}{\Delta x} \pm \frac{\Delta v}{\Delta x} \right) = u'(x) \pm v'(x).$$

即
$$(u \pm v)' = u' \pm v'.$$

例 3.6　求 $y = x^4 + \sin x$ 的导数.

解　　　　　$y' = (x^4 + \sin x)' = (x^4)' + (\sin x)' = 4x^3 + \cos x.$

法则 3.2　如果函数 $u = u(x)$，$v = v(x)$ 都可导，则 $u(x) \cdot v(x)$ 也可导，且

$$[u(x) \cdot v(x)]' = u'(x) \cdot v(x) + u(x) \cdot v'(x).$$

证　设 $y = u(x) \cdot v(x)$，则

$$\Delta y = u(x + \Delta x) \cdot v(x + \Delta x) - u(x) \cdot v(x)$$

$$= u(x + \Delta x) \cdot v(x + \Delta x) - u(x) \cdot v(x + \Delta x) + u(x) \cdot v(x + \Delta x) - u(x) \cdot v(x),$$

$$\frac{\Delta y}{\Delta x} = \frac{u(x + \Delta x) - u(x)}{\Delta x} \cdot v(x + \Delta x) + u(x) \cdot \frac{v(x + \Delta x) - v(x)}{\Delta x},$$

$$\lim_{\Delta x \to 0} \frac{\Delta y}{\Delta x} = \lim_{\Delta x \to 0} \frac{u(x + \Delta x) - u(x)}{\Delta x} \cdot v(x + \Delta x) + \lim_{\Delta x \to 0} \frac{v(x + \Delta x) - v(x)}{\Delta x} \cdot u(x)$$

$$= u'(x) \cdot v(x) + u(x) \cdot v'(x).$$

即

$$(u \cdot v)' = u' \cdot v + u \cdot v'.$$

例 3.7　求 $y = x^5 \cdot \cos x$ 的导数.

解　$y' = (x^5 \cdot \cos x)' = (x^5)' \cos x + x^5 (\cos x)' = 5x^4 \cdot \cos x - x^5 \cdot \sin x.$

法则 3.3　设 $u = u(x), v = v(x)$ 都可导，且 $v'(x) \neq 0$，则 $\dfrac{u(x)}{v(x)}$ 也可导，而且

$$\left[\frac{u(x)}{v(x)}\right]' = \frac{u'(x) \cdot v(x) - u(x) \cdot v'(x)}{v^2(x)}.$$

证　设 $y = \dfrac{u(x)}{v(x)}$，则

$$\Delta y = \frac{u(x + \Delta x)}{v(x + \Delta x)} - \frac{u(x)}{v(x)} = \frac{u(x + \Delta x) \cdot v(x) - u(x) \cdot v(x + \Delta x)}{v(x + \Delta x) \cdot v(x)}$$

$$= \frac{u(x + \Delta x) \cdot v(x) - u(x) \cdot v(x) + u(x) \cdot v(x) - u(x) \cdot v(x + \Delta x)}{v(x + \Delta x) \cdot v(x)}$$

$$= \frac{\Delta u v(x) - u(x) \Delta v}{v(x + \Delta x) \cdot v(x)},$$

$$\frac{\Delta y}{\Delta x} = \frac{\dfrac{\Delta u}{\Delta x} v(x) - u(x) \dfrac{\Delta v}{\Delta x}}{v(x + \Delta x) v(x)},$$

$$\lim_{\Delta x \to 0} \frac{\Delta y}{\Delta x} = \lim_{\Delta x \to 0} \frac{\dfrac{\Delta u}{\Delta x} v(x) - u(x) \dfrac{\Delta v}{\Delta x}}{v(x + \Delta x) v(x)} = \frac{u'(x) \cdot v(x) - u(x) \cdot v'(x)}{v^2(x)}.$$

即

$$\left(\frac{u}{v}\right)' = \frac{u' \cdot v - u \cdot v'}{v^2}.$$

例 3.8　求 $y = \dfrac{\sin x}{x^2}$ 的导数.

解　$y' = \left(\dfrac{\sin x}{x^2}\right)' = \dfrac{(\sin x)' x^2 - \sin x (x^2)'}{(x^2)^2} = \dfrac{x^2 \cos x - 2x \sin x}{x^4} = \dfrac{x \cos x - 2 \sin x}{x^3}.$

推论 1　设有 n 个函数 $u_1 = u_1(x), u_2 = u_2(x), \cdots, u_n = u_n(x)$ 都可导，则

(1) $(u_1 \pm u_2 \pm \cdots \pm u_n)' = u_1' \pm u_2' \pm \cdots \pm u_n';$

(2) $(u_1 u_2 \cdots u_n)' = u_1' u_2 \cdots u_n + u_1 u_2' \cdots u_n + \cdots + u_1 u_2 \cdots u_n';$

(3) $(ku)' = ku'$ （k 为常数）.

为了推导导数基本公式的需要，下面给出函数导数与其反函数导数的关系.

定理 3.3　设函数 $x=f^{-1}(y)$ 在某开区间内单调可导,且 $\left[f^{-1}(y)\right]'\neq0$,则反函数 $y=f(x)$ 在对应区间内可导,且 $f'(x)=\dfrac{1}{\left[f^{-1}(y)\right]'}$(证明略).

3.2.2　基本公式

1. 常数的导数

设 $y=c(c$ 为常数$)$,因为 $\Delta y=0$,所以 $\dfrac{\Delta y}{\Delta x}=0$,因而 $y'=\lim\limits_{\Delta x\to0}\dfrac{\Delta y}{\Delta x}=0$,所以 $c'=0$. 即常数的导数等于 0.

2. 幂函数的导数

设 $y=x^n(n$ 为正整数$)$,由二项式定理可知

$$\Delta y=(x+\Delta x)^n-x^n=x^n+nx^{n-1}\Delta x+\frac{n(n-1)}{2}x^{n-2}(\Delta x)^2+\cdots+(\Delta x)^n-x^n$$

$$=nx^{n-1}\Delta x+\frac{n(n-1)}{2}x^{n-2}(\Delta x)^2+\cdots+(\Delta x)^n.$$

因此　　　　$y'=\lim\limits_{\Delta x\to0}\dfrac{\Delta y}{\Delta x}=\lim\limits_{\Delta x\to0}\left[nx^{n-1}+\dfrac{n(n-1)}{2}x^{n-2}(\Delta x)^2+\cdots+(\Delta x)^{n-1}\right]=nx^{n-1}.$

即　　　　　　　　　　　　　　　　$(x^n)'=nx^{n-1}.$

例如,$(x)'=1$,$(x^2)'=2x$,$(x^3)'=3x^2$.

可以证明:对于任意常数 α,幂函数 $y=x^\alpha$ 的导数为

$$y'=\alpha x^{\alpha-1}.$$

例如,$\left(\dfrac{1}{x}\right)'=(x^{-1})'=-x^{-2}=-\dfrac{1}{x^2}$,$\left(\dfrac{1}{x^2}\right)'=(x^{-2})'=-2x^{-3}=-\dfrac{2}{x^3}.$

例 3.9　求函数 $y=x^{-3}+x^{\frac{3}{2}}-3$ 的导数.

解　　　　　$y'=(x^{-3}+x^{\frac{3}{2}}-3)'=(x^{-3})'+(x^{\frac{3}{2}})'-3'=-3x^{-4}+\dfrac{3}{2}x^{\frac{1}{2}}.$

例 3.10　求 $y=\dfrac{x}{1+x^2}$ 的导数.

解　　$y'=\left(\dfrac{x}{1+x^2}\right)'=\dfrac{x'(1+x^2)-x(1+x^2)'}{(1+x^2)^2}=\dfrac{1+x^2-x\cdot2x}{(1+x^2)^2}=\dfrac{1-x^2}{(1+x^2)^2}.$

3. 指数函数 $y=a^x(a>0,a\neq1)$ 的导数

易知　　　　　　　　　　$\Delta y=a^{x+\Delta x}-a^x=a^x(a^{\Delta x}-1),$

则　　　　　　　　　　　$y'=\lim\limits_{\Delta x\to0}\dfrac{\Delta y}{\Delta x}=a^x\lim\limits_{\Delta x\to0}\dfrac{a^{\Delta x}-1}{\Delta x}.$

令 $t=a^{\Delta x}-1$,有 $\Delta x=\log_a(1+t)$,当 $\Delta x\to0$ 时,$t\to0$,

所以　　　　　$y'=a^x\lim\limits_{t\to0}\dfrac{t}{\log_a(1+t)}=a^x\dfrac{1}{\lim\limits_{t\to0}\dfrac{1}{t}\log_a(1+t)}$

$$=a^x\dfrac{1}{\lim\limits_{t\to0}\log_a(1+t)^{\frac{1}{t}}}=a^x\dfrac{1}{\log_a\mathrm{e}}=a^x\ln a.$$

特别地,若 $a=\mathrm{e}$,则得到 $y=\mathrm{e}^x$ 的导数

$$y'=\mathrm{e}^x.$$

例如，$(2^x)' = 2^x \ln 2$，$(10^x)' = 10^x \ln 10$.

例 3.11　求 $y = x^3 - 3^x + \mathrm{e}^x$ 的导数.

解
$$y' = (x^3 - 3^x + \mathrm{e}^x)' = 3x^2 - 3^x \ln 3 + \mathrm{e}^x.$$

例 3.12　求 $y = x^{-2} \mathrm{e}^x$ 的导数.

解
$$y' = (x^{-2} \mathrm{e}^x)' = (x^{-2})' \mathrm{e}^x + x^{-2} (\mathrm{e}^x)' = -2x^{-3} \mathrm{e}^x + x^{-2} \mathrm{e}^x$$
$$= (-2x^{-1} + 1) x^{-2} \mathrm{e}^x.$$

4. 对数函数 $y = \log_a x \ (a>0, a \neq 1)$ 的导数

因为对数函数 $y = \log_a x$ 的反函数为指数函数 $x = a^y (a>0, a \neq 1)$，由定理 3.3 可得
$$y' = \frac{1}{(a^y)'} = \frac{1}{a^y \ln a} = \frac{1}{x \ln a}.$$

特别地，当 $a = \mathrm{e}$ 时，则得到 $y = \ln x$ 的导数 $y' = \dfrac{1}{x}$.

例如，$(\log_2 x)' = \dfrac{1}{x \ln 2}$，$(\lg x)' = \dfrac{1}{x \ln 10}$.

例 3.13　求 $y = \dfrac{\ln x}{x}$ 的导数.

解
$$y' = \left(\frac{\ln x}{x} \right)' = \frac{(\ln x)' x - \ln x \cdot x'}{x^2} = \frac{\frac{1}{x} \cdot x - \ln x}{x^2} = \frac{1 - \ln x}{x^2}.$$

例 3.14　求 $y = x^2 \log_2 x$ 的导数.

解
$$y' = (x^2 \log_2 x)' = 2x \log_2 x + x^2 \frac{1}{x \ln 2} = 2x \log_2 x + \frac{x}{\ln 2}.$$

5. 三角函数

(1) $y = \sin x$；$y' = \cos x$.

(2) $y = \cos x$；$y' = -\sin x$.

上述两个求导公式，我们在 3.1 节中已经求出，在这里不再重复.

(3) $y = \tan x$；
$$y' = (\tan x)' = \left(\frac{\sin x}{\cos x} \right)' = \frac{\cos^2 x + \sin^2 x}{\cos^2 x} = \frac{1}{\cos^2 x} = \sec^2 x.$$

(4) $y = \cot x$；
$$y' = (\cot x)' = \left(\frac{\cos x}{\sin x} \right)' = \frac{-\sin^2 x - \cos^2 x}{\sin^2 x} = -\frac{1}{\sin^2 x} = -\csc^2 x.$$

例 3.15　求 $y = x \sin x + \tan x$ 的导数.

解　$y' = (x \sin x + \tan x)' = (x \sin x)' + (\tan x)' = \sin x + x \cos x + \sec^2 x.$

例 3.16　求 $y = \sec x$ 的导数.

解
$$y' = (\sec x)' = \left(\frac{1}{\cos x} \right)' = \frac{\sin x}{\cos^2 x} = \frac{1}{\cos x} \cdot \frac{\sin x}{\cos x} = \sec x \cdot \tan x.$$

同理可证 $(\csc x)' = -\csc x \cdot \cot x.$

6. 反三角函数

(1) $y = \arcsin x \ (-1 < x < 1)$ 的导数.

因为 $y = \arcsin x$ 的反函数是 $x = \sin y \left(-\dfrac{\pi}{2} < y < \dfrac{\pi}{2} \right)$，而 $(\sin y)' = \cos y > 0$，$\cos y =$

$\sqrt{1-\sin^2 y}=\sqrt{1-x^2}>0$，所以由定理 3.3 得到

$$y'=(\arcsin x)'=\frac{1}{(\sin y)'}=\frac{1}{\sqrt{1-x^2}},$$

即

$$(\arcsin x)'=\frac{1}{\sqrt{1-x^2}}\quad(-1<x<1).$$

同理可证

(2) $(\arccos x)'=-\frac{1}{\sqrt{1-x^2}}\quad(-1<x<1)$；

(3) $(\arctan x)'=\frac{1}{1+x^2}$；

(4) $(\operatorname{arccot} x)'=-\frac{1}{1+x^2}$.

例 3.17 求 $y=(1-x^2)\arcsin x$ 的导数.

解 $y'=\left[(1-x^2)\arcsin x\right]'=(1-x^2)'\arcsin x+(1-x^2)(\arcsin x)'$

$$=-2x\arcsin x+(1-x^2)\frac{1}{\sqrt{1-x^2}}=-2x\arcsin x+\sqrt{1-x^2}.$$

例 3.18 求 $y=\dfrac{\arctan x}{1+x^2}$ 的导数.

解 $y'=\left(\dfrac{\arctan x}{1+x^2}\right)'=\dfrac{\frac{1}{1+x^2}(1+x^2)-\arctan x\cdot 2x}{(1+x^2)^2}=\dfrac{1-2x\arctan x}{(1+x^2)^2}.$

为了便于记忆和运用，我们将前面讲过的所有基本公式列在下面：

(1) $(c)'=0$（c 为常数）；

(2) $(x^\alpha)'=\alpha x^{\alpha-1}$（$\alpha$ 为常数）；

(3) $(a^x)'=a^x\ln a$（$a>0,a\neq 1$）；

(4) $(\mathrm{e}^x)'=\mathrm{e}^x$；

(5) $(\log_a x)'=\dfrac{1}{x\ln a}$（$a>0,a\neq 1$）；

(6) $(\ln x)'=\dfrac{1}{x}$；

(7) $(\sin x)'=\cos x$；

(8) $(\cos x)'=-\sin x$；

(9) $(\tan x)'=\sec^2 x=\dfrac{1}{\cos^2 x}$；

(10) $(\cot x)'=-\csc^2 x=-\dfrac{1}{\sin^2 x}$；

(11) $(\sec x)'=\left(\dfrac{1}{\cos x}\right)'=\sec x\cdot\tan x$；

(12) $(\csc x)'=\left(\dfrac{1}{\sin x}\right)'=-\csc x\cdot\cot x$；

(13) $(\arcsin x)'=\dfrac{1}{\sqrt{1-x^2}}$；

(14) $(\arccos x)'=-\dfrac{1}{\sqrt{1-x^2}}\quad(-1<x<1)$；

(15) $(\arctan x)'=\dfrac{1}{1+x^2}$；

(16) $(\operatorname{arccot} x)'=-\dfrac{1}{1+x^2}$.

习 题 3.2

习题 3.2 答案

1. 求下列函数的导数：

(1) $y=\dfrac{1}{\sqrt{x}}-\dfrac{1}{x^3}+\dfrac{3}{\sqrt{2}}$；

(2) $y=\dfrac{x^2}{2}+\dfrac{2}{x^2}$；

(3) $y=(x^2+1)(2x+1)$;

(4) $y=(2\sqrt{x}-1)x^2$;

(5) $y=\dfrac{(x-1)^2}{\sqrt{x}}$;

(6) $y=x^e-e^x+e^e$;

(7) $y=2^x \cdot x^2$;

(8) $y=\lg\sqrt{x}+2\sqrt{x}$;

(9) $y=x^3\ln x+2^x$;

(10) $y=\dfrac{1+\ln x}{x^2}$.

2. 求下列函数的导数:

(1) $y=x\cos x-\sin x$;

(2) $y=x\tan x-\cot x$;

(3) $y=\tan x+x\sec x$;

(4) $y=x^3(2x-1)\cos x$;

(5) $y=\dfrac{3\cos x}{1+\sin x}$;

(6) $y=\arcsin x+\arccos x$;

(7) $y=x\arcsin x+\sqrt{x}$;

(8) $y=(1+x^2)\arctan x$;

(9) $y=\sin x \cdot \arcsin x$;

(10) $y=\dfrac{\arccos x}{e^x}$.

3.3 导数运算

3.3.1 复合函数的导数

设函数 $y=f(u)$，$u=\varphi(x)$，即 y 是 x 的一个复合函数 $y=f[\varphi(x)]$，如果 $u=\varphi(x)$ 在点 x 处有导数 $\dfrac{\mathrm{d}u}{\mathrm{d}x}=\varphi'(x)$，$y=f(u)$ 在对应点 u 处有导数 $\dfrac{\mathrm{d}y}{\mathrm{d}u}=f'(u)$，则复合函数 $y=f[\varphi(x)]$ 在点 x 处的导数也存在，而且

$$\frac{\mathrm{d}y}{\mathrm{d}x}=f'(u) \cdot \varphi'(x), \quad \text{或记为} \quad y'_x=y'_u \cdot u'_x.$$

证 设 x 取得改变量 Δx，则 u 取得相应的改变量 Δu，从而 y 取得相应的改变量 Δy. 则

$$\Delta u=\varphi(x+\Delta x)-\varphi(x),$$
$$\Delta y=f(u+\Delta u)-f(u).$$

当 $\Delta u \neq 0$ 时，则有 $\dfrac{\Delta y}{\Delta x}=\dfrac{\Delta y}{\Delta u} \cdot \dfrac{\Delta u}{\Delta x}$.

因为 $u=\varphi(x)$ 可导，则必连续，所以当 $\Delta x \to 0$ 时，$\Delta u \to 0$.

因此
$$\lim_{\Delta x \to 0}\frac{\Delta y}{\Delta x}=\lim_{\Delta x \to 0}\left(\frac{\Delta y}{\Delta u} \cdot \frac{\Delta u}{\Delta x}\right)=\lim_{\Delta u \to 0}\frac{\Delta y}{\Delta u} \cdot \lim_{\Delta x \to 0}\frac{\Delta u}{\Delta x}.$$

于是得到 $\dfrac{\mathrm{d}y}{\mathrm{d}x}=f'(u) \cdot \varphi'(x)$，或记为 $y'_x=y'_u \cdot u'_x$.

上述公式表明，复合函数的导数等于复合函数对中间变量的导数乘以中间变量对自变量的导数.

同理可设

$$y=f(u), \quad u=\varphi(v), \quad v=\psi(x),$$

则复合函数 $y=f\{\varphi[\psi(x)]\}$ 对 x 的导数是

$$\frac{\mathrm{d}y}{\mathrm{d}x}=f'(u)\varphi'(v)\psi'(x).$$

例 3.19　求 $y=(2x+3)^{10}$ 的导数.

解　令 $u=2x+3$，则 $y=u^{10}$. 所以
$$y'=(u^{10})'=10u^9u'=10\,(2x+3)^9(2x+3)'=20\,(2x+3)^9.$$
在运算熟练后,可不必将中间变量写出来.

例 3.20　求 $y=\mathrm{e}^{3x}$ 的导数.

解
$$y'=\mathrm{e}^{3x}\cdot(3x)'=3\mathrm{e}^{3x}.$$

例 3.21　求 $y=\ln\sin x$ 的导数.

解
$$y'=\frac{1}{\sin x}(\sin x)'=\frac{1}{\sin x}\cos x=\cot x.$$

例 3.22　求 $y=\sin(2x-5)$ 的导数.

解
$$y'=\cos(2x-5)(2x-5)'=2\cos(2x-5).$$

例 3.23　求 $y=\sin^3 x$ 的导数.

解
$$y'=3\,\sin^2 x(\sin x)'=3\,\sin^2 x\cos x.$$

例 3.24　求 $y=\mathrm{e}^{\sin x^2}$ 的导数.

解
$$y'=\mathrm{e}^{\sin x^2}(\sin x^2)'=\mathrm{e}^{\sin x^2}\cos x^2\,(x^2)'=2x\mathrm{e}^{\sin x^2}\cos x^2.$$

例 3.25　求 $y=\ln(x+\sqrt{x^2+1})$ 的导数.

解
$$y'=\frac{1}{x+\sqrt{x^2+1}}(x+\sqrt{x^2+1})'=\frac{1}{x+\sqrt{x^2+1}}\left[1+\frac{1}{2}\frac{1}{\sqrt{x^2+1}}(x^2+1)'\right]$$
$$=\frac{1}{x+\sqrt{x^2+1}}\left(1+\frac{x}{\sqrt{x^2+1}}\right)=\frac{1}{\sqrt{x^2+1}}.$$

例 3.26　求 $y=\mathrm{e}^{-x}\sin 3x$ 的导数.

解
$$y=(\mathrm{e}^{-x})'\sin 3x+\mathrm{e}^{-x}(\sin 3x)'=\mathrm{e}^{-x}(-x)'\sin 3x+\mathrm{e}^{-x}\cos 3x(3x)'$$
$$=-\mathrm{e}^{-x}\sin 3x+3\mathrm{e}^{-x}\cos 3x=\mathrm{e}^{-x}(3\cos 3x-\sin 3x).$$

例 3.27　求 $y=\left(\dfrac{x}{2x+1}\right)^n$ 的导数.

解
$$y'=n\left(\frac{x}{2x+1}\right)^{n-1}\cdot\left(\frac{x}{2x+1}\right)'=n\left(\frac{x}{2x+1}\right)^{n-1}\cdot\frac{x'(2x+1)-x(2x+1)'}{(2x+1)^2}$$
$$=n\left(\frac{x}{2x+1}\right)^{n-1}\cdot\frac{1}{(2x+1)^2}=\frac{nx^{n-1}}{(2x+1)^{n+1}}.$$

3.3.2　隐函数的导数

设方程 $p(x,y)=0$ 确定了 y 是 x 的函数,并且可导.现在利用复合函数求导公式求隐函数 y 对 x 的导数.

例 3.28　求 $x^2+y^2=R^2$ (R 为常数)所确定的隐函数的导数 y'.

解　这里 x^2 是 x 的函数,而 y^2 可以看成是 x 的复合函数.将等式两端同时对自变量 x 求导,得到
$$2x+2y\cdot y'=0,$$

因此
$$y' = -\frac{x}{y} \quad (y \neq 0).$$

例 3.29　求 $y = x\ln y$ 的导数 y'.

解　将方程两边对 x 求导

得
$$y' = \ln y + x\frac{1}{y}y',$$
$$y'y = y\ln y + xy',$$

即
$$y' = \frac{y\ln y}{y - x}.$$

例 3.30　求 $y = xe^y$ 的导数 y'.

解　将方程两边对 x 求导,得
$$y' = x'e^y + x(e^y)',$$
$$y' = e^y + xe^y y',$$
$$(1 - xe^y)y' = e^y.$$

整理得
$$y' = \frac{e^y}{1 - xe^y}.$$

例 3.31　求 $x = y - \sin(xy)$ 的导数 y'.

解　$x' = y' - [\sin(xy)]' = y' - \cos(xy) \cdot (xy)' = y' - \cos(xy)(y + xy')$,

整理得
$$y' = \frac{1 + y\cos(xy)}{1 - x\cos(xy)}.$$

3.3.3　取对数求导法

对于指数函数或幂指函数(如 $y = x^x$)可以通过将函数等式两边同时取对数,然后化成隐函数再求导数,这种方法称为"**取对数求导法**".

例 3.32　求 $y = x^x$ 的导数.

解　两边同时取对数得
$$\ln y = x\ln x,$$

两边同时关于 x 求导得
$$\frac{1}{y} \cdot y' = \ln x + 1,$$

整理得
$$y' = y(\ln x + 1) = x^x(\ln x + 1).$$

例 3.33　求 $y = \sqrt{\frac{(x+1)(x-2)}{x-3}}$ 的导数.

解　先对等式两边取对数得
$$\ln y = \frac{1}{2}[\ln(x+1) + \ln(x-2) - \ln(x-3)],$$

两边对 x 求导,得
$$\frac{1}{y}y' = \frac{1}{2}\left(\frac{1}{x+1} + \frac{1}{x-2} - \frac{1}{x-3}\right),$$

整理得
$$y' = \frac{1}{2}y\left(\frac{1}{x+1} + \frac{1}{x-2} - \frac{1}{x-3}\right),$$

即
$$y' = \frac{1}{2}\sqrt{\frac{(x+1)(x-2)}{x-3}}\left(\frac{1}{x+1} + \frac{1}{x-2} - \frac{1}{x-3}\right).$$

3.3.4 由参数方程确定的函数的求导法则

设平面曲线的参数表示式为
$$\begin{cases} x = \varphi(t), \\ y = \psi(t), \end{cases} \quad \alpha \leqslant t \leqslant \beta,$$

其中 t 是参数. 由参数方程确定的函数为 $y = f(x)$,则有
$$y = f(x) = f[\varphi(t)].$$

当函数 f, φ 和 ψ 可导时,由复合函数的求导法则可得
$$\frac{\mathrm{d}y}{\mathrm{d}t} = \frac{\mathrm{d}y}{\mathrm{d}x} \cdot \frac{\mathrm{d}x}{\mathrm{d}t}.$$

当 $\dfrac{\mathrm{d}x}{\mathrm{d}t} \neq 0$ 时,解得
$$\frac{\mathrm{d}y}{\mathrm{d}x} = \frac{\mathrm{d}y}{\mathrm{d}t} \cdot \frac{1}{\dfrac{\mathrm{d}x}{\mathrm{d}t}} = \frac{\psi'(t)}{\varphi'(t)} \quad (\varphi'(t) \neq 0).$$

具体求导时,可直接用公式即可.

例 3.34 设 $\begin{cases} x = a\cos^3 t, \\ y = a\sin^3 t, \end{cases}$ 求 $\dfrac{\mathrm{d}y}{\mathrm{d}x}$.

解
$$\frac{\mathrm{d}y}{\mathrm{d}x} = \frac{\mathrm{d}y}{\mathrm{d}t} \cdot \frac{1}{\dfrac{\mathrm{d}x}{\mathrm{d}t}} = \frac{3a\sin^2 t\cos t}{-3a\cos^2 t\sin t} = -\tan t.$$

例 3.35 设 $\begin{cases} x = \mathrm{e}^t\cos t, \\ y = \mathrm{e}^t\sin t, \end{cases}$ 求 $\dfrac{\mathrm{d}y}{\mathrm{d}x}$.

解
$$\frac{\mathrm{d}y}{\mathrm{d}x} = \frac{\mathrm{d}y}{\mathrm{d}t} \cdot \frac{1}{\dfrac{\mathrm{d}x}{\mathrm{d}t}} = \frac{\mathrm{e}^t\sin t + \mathrm{e}^t\cos t}{\mathrm{e}^t\cos t + \mathrm{e}^t(-\sin t)} = \frac{\sin t + \cos t}{\cos t - \sin t}.$$

例 3.36 求曲线 $\begin{cases} x = t\ln t, \\ y = t\ln^2 t, \end{cases}$ 在对应 $t = \mathrm{e}$ 处的切线和法线方程.

解
$$\frac{\mathrm{d}y}{\mathrm{d}x} = \frac{\mathrm{d}y}{\mathrm{d}t} \cdot \frac{1}{\dfrac{\mathrm{d}x}{\mathrm{d}t}} = \frac{\ln^2 t + 2\ln t}{\ln t + 1},$$

所以切线斜率 $k_1 = \dfrac{\mathrm{d}y}{\mathrm{d}x}\bigg|_{t=\mathrm{e}} = \dfrac{3}{2}$,法线斜率 $k_2 = -\dfrac{1}{k_1} = -\dfrac{2}{3}$,当 $t = \mathrm{e}$ 时, $x = \mathrm{e}$, $y = \mathrm{e}$,

故切线方程为 $y - \mathrm{e} = \dfrac{3}{2}(x - \mathrm{e})$;法线方程为 $y - \mathrm{e} = -\dfrac{2}{3}(x - \mathrm{e})$.

习　题　3.3

习题 3.3 答案

1. 求下列函数的导数:

(1) $y = (1 + 2x)^{10}$;

(2) $y = \mathrm{e}^{\frac{1}{x}}$;

（3）$y = 3^{\sqrt{x}}$；

（4）$y = \ln\cos x$；

（5）$y = \log_2(x^2 + 1)$；

（6）$y = \sqrt{2 - 3x}$；

（7）$y = \dfrac{1}{2x + 1}$；

（8）$y = \cos(1 - 2x)$；

（9）$y = \tan 3x$；

（10）$y = \arcsin\sqrt{x}$；

（11）$y = \arctan\dfrac{1}{x}$；

（12）$y = \ln\ln x + \ln^2 x - \ln a$.

2. 求下列函数的导数：

（1）$x^2 + y^2 + xy = 1$；

（2）$y = x + e^y$；

（3）$y = x + \ln y$；

（4）$y^2 = x^4 - 2\ln y$；

（5）$y = 1 + xe^y$；

（6）$y = x + x\ln y$.

3. 求下列函数的导数：

（1）$y = (1 + x^2)^{\sin x}$；

（2）$y = (\sin x)^{\frac{1}{x}}$；

（3）$y = \sqrt{\dfrac{(x^2 - 1)(x + 1)}{2x^2 + 1}}$；

（4）$y = x\sqrt{\dfrac{x + 2}{x - 1}}$.

4. 求下列参数方程所确定的函数的导数 $\dfrac{dy}{dx}$：

（1）$\begin{cases} x = at^2, \\ y = bt^3; \end{cases}$

（2）$\begin{cases} x = \theta(1 - \sin\theta), \\ y = \theta\cos\theta. \end{cases}$

5. 已知 $\begin{cases} x = e^t\sin t, \\ y = e^t\cos t, \end{cases}$ 求当 $t = \dfrac{\pi}{3}$ 时 $\dfrac{dy}{dx}$ 的值.

3.4　高　阶　导　数

在变速直线运动中，位移 $s = s(t)$ 对时间 t 的导数为速度 $v = v(t) = \dfrac{ds}{dt}$. 速度 $v(t)$ 对时间 t 的导数为加速度 $a = a(t) = \dfrac{dv}{dt} = \dfrac{d}{dt}\left(\dfrac{ds}{dt}\right) = (s')'$. 此时称 a 为 s 对 t 的**二阶导数**，记为 $a = \dfrac{d^2 s}{dt^2}$，或 $a = s''$.

一般地，若 $y = f(x)$ 的导数 $y' = f'(x)$ 仍可导，则称 $f'(x)$ 的导数为 $y = f(x)$ 的二阶导数，记为 $\dfrac{d^2 y}{dx^2}$ 或 $\dfrac{d^2 f}{dx^2}$ 或 y'' 或 $f''(x)$ 等. 即

$$\frac{d^2 y}{dx^2} = \frac{d}{dx}\left(\frac{dy}{dx}\right), \frac{d^2 f}{dx^2} = \frac{d}{dx}\left(\frac{df}{dx}\right), \quad y'' = (y')'.$$

类似地，称二阶导数的导数为三阶导数，$\cdots$，$(n - 1)$ 阶导数的导数为 n 阶导数；分别记为

$$\frac{d^3 y}{dx^3}, \frac{d^4 y}{dx^4}, \cdots, \frac{d^n y}{dx^n},$$

或

$$y''', y^{(4)}, \cdots, y^{(n)}.$$

二阶及以上的导数称为**高阶导数**.

若一个函数存在 n 阶导数，则比 n 阶低的导数都存在.

例 3.37　设 $y = x\arctan x$，求 y''.

解
$$y' = \arctan x + \frac{x}{1+x^2},$$
$$y'' = \frac{1}{1+x^2} + \frac{1+x^2 - x \cdot 2x}{(1+x^2)^2} = \frac{2}{(1+x^2)^2}.$$

例 3.38　设 $y = x^3 e^{2x}$，求 y''.

解
$$y' = 3x^2 e^{2x} + 2x^3 e^{2x} = e^{2x}(3x^2 + 2x^3),$$
$$y'' = 2(3x^2 + 2x^3)e^{2x} + e^{2x}(6x^2 + 6x) = e^{2x}(4x^3 + 12x^2 + 6x).$$

例 3.39　设 $y = x\sqrt{x^2+1}$，求 y''.

解
$$y' = \sqrt{x^2+1} + x \cdot \frac{1}{2\sqrt{x^2+1}} 2x = \frac{2x^2+1}{\sqrt{x^2+1}}.$$
$$y'' = \frac{4x\sqrt{x^2+1} - (2x^2+1) \cdot \dfrac{1}{2\sqrt{x^2+1}} \cdot 2x}{x^2+1} = \frac{2x^3 + 3x}{(x^2+1)^{\frac{3}{2}}}.$$

例 3.40　设 $f(x) = \ln(\sec x + \tan x)$，求 $f^{(4)}\left(\dfrac{\pi}{4}\right)$.

解
$$f'(x) = \frac{1}{\sec x + \tan x}(\sec x \tan x + \sec^2 x) = \sec x,$$
$$f''(x) = \sec x \tan x,$$
$$f'''(x) = \sec x \tan^2 x + \sec^3 x,$$
$$f^{(4)}(x) = \sec x \tan^3 x + 5\sec^3 x \tan x,$$

所以
$$f^{(4)}\left(\frac{\pi}{4}\right) = \sqrt{2} + 5(\sqrt{2})^3 = 11\sqrt{2}.$$

例 3.41　设 $y = a_0 x^n + a_1 x^{n-1} + a_2 x^{n-2} + \cdots + a_n$，求 $y^{(n)}$.

解　$y' = na_0 x^{n-1} + (n-1)a_1 x^{n-2} + (n-2)a_2 x^{n-3} + \cdots + a_{n-1}$
$y'' = n(n-1)a_0 x^{n-2} + (n-1)(n-2)a_1 x^{n-3} + (n-2)(n-3)a_2 x^{n-4} + \cdots + 2a_{n-2}$
$$\vdots$$
$$y^{(n)} = n!\, a_0.$$

易知 $k > n$ 时，$y^{(k)} = 0$.

例 3.42　设 $y = \sin x$，求 $y^{(n)}$.

求 n 阶导数时，通常的方法是先求一阶、二阶导数等，从中归纳出 n 阶的表达式.

解
$$y' = \cos x = \sin\left(x + \frac{\pi}{2}\right),$$
$$y'' = -\sin x = \sin(x + \pi),$$
$$y''' = -\cos x = \sin\left(x + \frac{3\pi}{2}\right),$$
$$y^{(4)} = \sin x = \sin(x + 2\pi).$$

因此，可猜想 $y^{(n)} = \sin\left(x + \dfrac{\pi}{2}n\right)$. 若记 $f(n) = y^{(n)} = \sin\left(x + \dfrac{\pi}{2}n\right)$，则 $f(n)$ 的周期 $T = \dfrac{2\pi}{\omega}$
$= \dfrac{2\pi}{\dfrac{\pi}{2}} = 4$.

同理 $(\cos x)^{(n)} = \cos\left(x + \dfrac{\pi}{2}n\right)$.

例 3.43 设 $y = \ln(1 + 2x)$，求 $y^{(n)}$.

解
$$y' = \frac{1}{1 + 2x} \cdot 2,$$

$$y'' = \frac{-1}{(1 + 2x)^2} \cdot 2^2,$$

$$y''' = \frac{1}{(1 + 2x)^3} \cdot 2^3 \cdot 2!,$$

$$y^{(4)} = \frac{-1}{(1 + 2x)^4} \cdot 2^4 \cdot 3!.$$

因此，可猜想 $y^{(n)} = (-1)^{n-1} 2^n (n-1)! \dfrac{1}{(1 + 2x)^n}$.

例 3.44 设 $y = \dfrac{1}{x^2 + x}$，求 $y^{(n)}$.

解
$$y = \frac{1}{x^2 + x} = \frac{1}{x} - \frac{1}{x + 1},$$

$$y' = -\frac{1}{x^2} + \frac{1}{(x + 1)^2},$$

$$y'' = 2\left[\frac{1}{x^3} - \frac{1}{(x + 1)^3}\right],$$

$$y''' = -3!\left[\frac{1}{x^4} - \frac{1}{(x + 1)^4}\right],$$

因此，可猜想 $y^{(n)} = (-1)^n n! \left[\dfrac{1}{x^{n+1}} - \dfrac{1}{(x + 1)^{n+1}}\right]$.

例 3.45 设 $\begin{cases} x = t + \cos t, \\ y = t + \sin t, \end{cases}$ 求 $\dfrac{\mathrm{d}^2 y}{\mathrm{d}x^2}$.

解
$$\frac{\mathrm{d}y}{\mathrm{d}x} = \frac{\dfrac{\mathrm{d}y}{\mathrm{d}t}}{\dfrac{\mathrm{d}x}{\mathrm{d}t}} = \frac{1 + \cos t}{1 - \sin t},$$

$$\frac{\mathrm{d}^2 y}{\mathrm{d}x^2} = \frac{\mathrm{d}\left(\dfrac{\mathrm{d}y}{\mathrm{d}x}\right)}{\mathrm{d}x} = \frac{\dfrac{\mathrm{d}\left(\dfrac{\mathrm{d}y}{\mathrm{d}x}\right)}{\mathrm{d}t}}{\dfrac{\mathrm{d}x}{\mathrm{d}t}} = \frac{\left(\dfrac{1 + \cos t}{1 - \sin t}\right)'_t}{(t + \cos t)'_t} = \frac{1 - \sin t + \cos t}{(1 - \sin t)^3}.$$

例 3.46 设 $\begin{cases} x = a(t - \sin t) \\ y = a(1 - \cos t) \end{cases}$，求 $\dfrac{\mathrm{d}^2 y}{\mathrm{d}x^2}$.

解
$$\frac{\mathrm{d}y}{\mathrm{d}x} = \frac{\dfrac{\mathrm{d}y}{\mathrm{d}t}}{\dfrac{\mathrm{d}x}{\mathrm{d}t}} = \frac{\sin t}{1 - \cos t},$$

$$\frac{\mathrm{d}^2 y}{\mathrm{d}x^2} = \frac{\mathrm{d}\left(\dfrac{\mathrm{d}y}{\mathrm{d}x}\right)}{\mathrm{d}x} = \frac{\dfrac{\mathrm{d}\left(\dfrac{\mathrm{d}y}{\mathrm{d}x}\right)}{\mathrm{d}t}}{\dfrac{\mathrm{d}x}{\mathrm{d}t}} = \frac{\left(\dfrac{\sin t}{1 - \cos t}\right)'_t}{(at - a\sin t)'_t} = -\frac{1}{a(1 - \cos t)^2}.$$

注意：$\dfrac{\mathrm{d}^2 y}{\mathrm{d}x^2} \neq \dfrac{y''_t}{x''_t}$.

习　题　3.4

习题 3.4 答案

1. 求下列函数的二阶导数：

(1) $y = 2x^2 + \ln x$；　　　　　　　　(2) $y = \mathrm{e}^{-t} \sin t$；

(3) $y = \ln(x + \sqrt{1+x^2})$；　　　　(4) $y = (1+x^2)\arctan x$.

2. 设 $y = \mathrm{e}^x \cos x$，求 $y^{(2)}$.

3. 求下列函数的 n 阶导数的一般表达式：

(1) $y = \dfrac{1}{1-x}$；　　　　　　　　(2) $y = \ln(1-x)$；

(3) $y = \sin 2x$；　　　　　　　　　　(4) $y = \dfrac{1}{x^2-1}$.

4. 求由方程 $y = \cot(x+y)$ 所确定的隐函数 $y = y(x)$ 的二阶导数 $\dfrac{\mathrm{d}^2 y}{\mathrm{d}x^2}$.

5. 求下列参数方程所确定的函数的二阶导数 $\dfrac{\mathrm{d}^2 y}{\mathrm{d}x^2}$：

(1) $\begin{cases} x = 1-t^2, \\ y = t-t^3; \end{cases}$　　　　　　　(2) $\begin{cases} x = a\cos t, \\ y = a\sin t. \end{cases}$

3.5　微分及其运算

3.5.1　微分的定义

前面讲过函数的导数是表示函数在点 x 处变化率，它描述了函数在点 x 处变化的快慢程度. 在实际中，有时我们还需要了解函数在某一点当自变量取得一个微小的变量时，函数取得相应改变量的大小. 由此引进了微分的概念.

我们看一个具体的例子.

设有边长为 x_0 的正方形，其面积用 S 表示，显然，$S = x_0^2$. 如果边长 x_0 取得了一个改变量 Δx，则面积 S 相应地取得改变量

$$\Delta S = (x_0 + \Delta x)^2 - x_0^2 = 2x_0\Delta x + (\Delta x)^2.$$

上式包括两部分：

第一部分 $2x_0\Delta x$ 的线性函数，即图 3.2 中画斜线的两个矩形面积之和. 第二部分 $(\Delta x)^2$，当 $\Delta x \to 0$ 时，是比 Δx 高阶的无穷小量. 因此，当 Δx 很小时，我们可以用第一部分 $2x_0\Delta x$ 近似地表示 ΔS，而将第二部分忽略掉. 我们把 $2x_0\Delta x$ 称为正方形面积 S 的微分，记作

$$\mathrm{d}S = 2x_0\Delta x$$

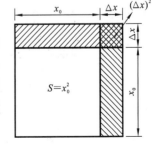

图 3.2

定义 3.3　设函数 $y = f(x)$ 在点 x 处可导，则称 $f'(x)\Delta x$ 为

函数 $f(x)$ 在点 x 处的微分,记作 $\mathrm{d}y$ 或 $\mathrm{d}f(x)$,即

$$\mathrm{d}y = \mathrm{d}f(x) = f'(x)\Delta x.$$

此时,我们称函数 $y = f(x)$ 在点 x 处**可微**.

3.5.2　微分的几何意义

在直角坐标系中作函数 $y = f(x)$ 的图形. 如图 3.3 所示,在曲线上取定一点 $M(x, y)$,过 M 点作曲线的切线,此切线的斜率为

$$f'(x) = \tan\alpha.$$

当自变量在点 x 处取得改变量 Δx 时,就得到曲线上另外一点 $N(x+\Delta x, y+\Delta y)$. 由图 3.3 易知

$$MQ = \Delta x,$$
$$QN = \Delta y,$$
$$\tan\alpha = \frac{TQ}{MQ},$$

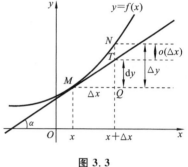

图 3.3

则　　　　　　　　$TQ = MQ \cdot \tan\alpha = f'(x)\Delta x,$

即　　　　　　　　$\mathrm{d}y = TQ.$

因此,函数 $y = f(x)$ 的微分 $\mathrm{d}y$ 就是过点 $M(x, y)$ 的切线的纵坐标的改变量. 因此,用微分近似代替改变量 Δy,就是用函数曲线在点 $M(x, y)$ 处的切线纵坐标的改变量 TQ 近似代替曲线 $y = f(x)$ 的纵坐标的改变量 NQ,这就是所谓的"**以直代曲**".

3.5.3　微分在近似计算中的应用

由 $\Delta y = f'(x_0)\Delta x + o(x)$ 可得

$$f(x_0+\Delta x) - f(x_0) \approx f'(x_0)\Delta x$$

即　　　　　　　　$f(x_0+\Delta x) \approx f(x_0) + f'(x_0)\Delta x.$

利用上面的近似公式,可以计算函数在某一点的近似值.

例 3.47　求 $\sqrt[3]{1.02}$ 的近似值.

解　将这个问题看成求函数 $f(x) = \sqrt[3]{x}$ 在点 $x = 1.02$ 处的函数值的近似值问题. 由于

$$f(x_0+\Delta x) \approx f(x_0) + f'(x_0)\Delta x = \sqrt[3]{x_0} + \frac{1}{3\sqrt[3]{x_0^2}}\Delta x.$$

令 $x_0 = 1, \Delta x = 0.02$ 得到

$$\sqrt[3]{1.02} \approx \sqrt[3]{1} + \frac{1}{3\sqrt[3]{1^2}} \times 0.02 \approx 1.0067.$$

3.5.4　微分公式与微分运算法则

通过前面的学习,我们已经知道函数的微分就是函数的导数与自变量的改变量的乘积. 即

$$\mathrm{d}y = f'(x)\Delta x.$$

如果将自变量 x 当作自己的函数 $y = x$,可得

$$\mathrm{d}y = \mathrm{d}x = x'\Delta x.$$

即 $$\mathrm{d}x = \Delta x.$$

因此,可以得到:自变量的微分 $\mathrm{d}x$ 就是它的改变量 Δx. 于是,函数的微分可以写成

$$\mathrm{d}y = f'(x)\mathrm{d}x.$$

上面的公式表明:函数的微分就是函数的导数与自变量的微分的乘积,由 $\mathrm{d}y = f'(x)\mathrm{d}x$ 可得

$$\frac{\mathrm{d}y}{\mathrm{d}x} = f'(x).$$

在导数的定义中,我们曾用 $\dfrac{\mathrm{d}y}{\mathrm{d}x}$ 表示导数,那时 $\dfrac{\mathrm{d}y}{\mathrm{d}x}$ 是整体作为一个符号来用的,引进微分概念以后,我们才知道 $\dfrac{\mathrm{d}y}{\mathrm{d}x}$ 表示的是函数微分与自变量微分的商,所以又称导数为**微商**.

由公式 $\dfrac{\mathrm{d}y}{\mathrm{d}x} = f'(x)$ 和 $\mathrm{d}y = f'(x)\mathrm{d}x$ 可以看出,求微分的问题可以归结为求导数的问题. 也就是说求微分 $\mathrm{d}y$,只要求出导数 $f'(x)$,再乘上 $\mathrm{d}x$ 即可. 因此,我们有下列微分公式和运算法则.

(1) $\mathrm{d}c = 0$(c 为常数);

(2) $\mathrm{d}(x^a) = ax^{a-1}\mathrm{d}x$($a$ 为常数);

(3) $\mathrm{d}(\mathrm{e}^x) = \mathrm{e}^x\mathrm{d}x$;

(4) $\mathrm{d}(a^x) = a^x\ln a\,\mathrm{d}x$;

(5) $\mathrm{d}(\ln x) = \dfrac{1}{x}\mathrm{d}x$;

(6) $\mathrm{d}(\log_a x) = \dfrac{1}{x\ln a}\mathrm{d}x$;

(7) $\mathrm{d}(\sin x) = \cos x\,\mathrm{d}x$;

(8) $\mathrm{d}(\cos x) = -\sin x\,\mathrm{d}x$;

(9) $\mathrm{d}(\tan x) = \sec^2 x\,\mathrm{d}x$;

(10) $\mathrm{d}(\cot x) = -\csc^2 x\,\mathrm{d}x$;

(11) $\mathrm{d}(\sec x) = \sec x \cdot \tan x\,\mathrm{d}x$;

(12) $\mathrm{d}(\csc x) = -\csc x \cdot \cot x\,\mathrm{d}x$;

(13) $\mathrm{d}(\arcsin x) = \dfrac{1}{\sqrt{1-x^2}}\mathrm{d}x$;

(14) $\mathrm{d}(\arccos x) = -\dfrac{1}{\sqrt{1-x^2}}\mathrm{d}x$($-1 < x < 1$);

(15) $\mathrm{d}(\arctan x) = \dfrac{1}{1+x^2}\mathrm{d}x$;

(16) $\mathrm{d}(\mathrm{arccot} x) = -\dfrac{1}{1+x^2}\mathrm{d}x$.

设 $u = u(x)$ 及 $v = v(x)$ 都有导函数,则

(1) $\mathrm{d}(u \pm v) = \mathrm{d}u \pm \mathrm{d}v$;

(2) $\mathrm{d}(cu) = c\,\mathrm{d}u$($c$ 为常数);

(3) $\mathrm{d}(uv) = v\,\mathrm{d}u + u\,\mathrm{d}v$;

(4) $\mathrm{d}\left(\dfrac{u}{v}\right) = \dfrac{v\,\mathrm{d}u - u\,\mathrm{d}v}{v^2}$($v \neq 0$).

3.5.5 微分形式的不变性

如果函数 $y = f(u)$ 关于 u 是可导的,则

(1) 当 u 是自变量时,函数的微分为 $\mathrm{d}y = f'(u)\mathrm{d}u$.

(2) 当 u 不是自变量,而是 $u = u(x)$ 时,则 y 为 x 的复合函数,根据复合函数求导公式,y 对 x 的导数为

$$\frac{\mathrm{d}y}{\mathrm{d}x} = f'(u)u'(x),$$

即 $$\mathrm{d}y = f'(u)u'(x)\mathrm{d}x.$$

而 $u'(x)\mathrm{d}x$ 是函数 $u = u(x)$ 的微分,即 $\mathrm{d}u = u'(x)\mathrm{d}x$,所以当 $u = u(x)$ 时,仍有 $\mathrm{d}y = f'(u)\mathrm{d}u$. 也就是说,对于函数 $y = f(u)$,不论 u 是自变量,还是自变量的可导函数,它的微分形式同样都

是 $\mathrm{d}y = f'(u)\mathrm{d}u$，这就称为**微分形式的不变性**.

例 3.48 求 $y = \dfrac{x}{1-x^2}$ 的微分.

解 $\mathrm{d}y = \left(\dfrac{x}{1-x^2}\right)'\mathrm{d}x = \dfrac{(1-x^2)-x(-2x)}{(1-x^2)^2}\mathrm{d}x = \dfrac{1+x^2}{(1-x^2)^2}\mathrm{d}x.$

例 3.49 求 $y = x\mathrm{e}^{-x}$ 的微分.

解 $\mathrm{d}y = (x\mathrm{e}^{-x})'\mathrm{d}x = [x'\mathrm{e}^{-x} + x(\mathrm{e}^{-x})']\mathrm{d}x = (1-x)\mathrm{e}^{-x}\mathrm{d}x.$

例 3.50 求函数 $x^2 = 2y - \sin y$ 的微分 $\mathrm{d}y$.

解 由 $(x^2)' = (2y)' - (\sin y)'$ 得

$$2x = 2y' - \cos y \cdot y',$$

整理得

$$y' = \frac{2x}{2-\cos y},$$

所以

$$\mathrm{d}y = \frac{2x}{2-\cos y}\mathrm{d}x.$$

习 题 3.5

习题 3.5 答案

1. 已知 $y = x^3 - x$，求当 $x_0 = 2$，Δx 分别为 $1, 0.1, 0.01$ 时的 $\Delta y, \mathrm{d}y$.

2. 求下列函数的微分：

(1) $y = x\sin 2x$；$\qquad\qquad\qquad$ (2) $y = [\ln(1-x)]^2$；

(3) $y = \mathrm{e}^{-x}\cos(3-x)$；$\qquad\qquad$ (4) $y = \arcsin\sqrt{1-x^2}$.

3. 求由下列方程所确定的隐函数 $y = y(x)$ 的微分 $\mathrm{d}y$：

(1) $y = 1 + x\mathrm{e}^y$；$\qquad\qquad\qquad$ (2) $xy^2 + x^2y = 0$.

4. 将适当的函数填入下列括号内，使等式成立：

(1) $\mathrm{d}(\quad) = 2\mathrm{d}x$；$\qquad\qquad\qquad$ (2) $\mathrm{d}(\quad) = 3x\mathrm{d}x$；

(3) $\mathrm{d}(\quad) = \cos x\mathrm{d}x$；$\qquad\qquad$ (4) $\mathrm{d}(\quad) = \sin\omega x\mathrm{d}x$；

(5) $\mathrm{d}(\quad) = \dfrac{1}{1+x}\mathrm{d}x$；$\qquad\qquad$ (6) $\mathrm{d}(\quad) = \mathrm{e}^{-2x}\mathrm{d}x$；

(7) $\mathrm{d}(\quad) = \dfrac{1}{\sqrt{x}}\mathrm{d}x$；$\qquad\qquad$ (8) $\mathrm{d}(\quad) = \sec^2 3x\mathrm{d}x$.

5. 计算三角函数值 $\sin 31°$ 的近似值.

6. 计算根式 $\sqrt[6]{65}$ 的近似值.

7. 当 $|x|$ 较小时，证明下列近似公式：

(1) $\tan x \approx x$；$\qquad\qquad\qquad\qquad$ (2) $\ln(1+x) \approx x$.

复习题三

1. 在"充分""必要"和"充分必要"三者中选择一个正确的填入下列空格内. 复习题三答案

(1) $f(x)$ 在 x_0 可导是 $f(x)$ 在点 x_0 连续的_____条件，$f(x)$ 在点 x_0 连续是 $f(x)$ 在点 x_0 可导的_____条件；

(2) $f(x)$ 在点 x_0 的左导数 $f'_-(x_0)$ 及右导数 $f'_+(x_0)$ 都存在且相等是 $f(x)$ 在点 x_0 可导的_____条件；

(3) $f(x)$ 在点 x_0 可导是 $f(x)$ 在点 x_0 可微的_____条件.

2. 设 $f(x)$ 可导且下列各极限均存在,则(　　)成立.

A. $\lim\limits_{x \to 0} \dfrac{f(x) - f(0)}{x} = f'(0)$　　　　　　　B. $\lim\limits_{h \to 0} \dfrac{f(a + ah) - f(a)}{h} = f'(a)$

C. $\lim\limits_{\Delta x \to 0} \dfrac{f(x_0) - f(x_0 - \Delta x)}{\Delta x} = f'(x_0)$　　　D. $\lim\limits_{\Delta x \to 0} \dfrac{f(x_0 + \Delta x) - f(x_0 - \Delta x)}{2\Delta x} = f'(x_0)$

3. 设 $f'(a) = b$,求:

(1) $\lim\limits_{x \to a} \dfrac{xf(a) - af(x)}{x - a}$;　　　　　　　(2) $\lim\limits_{x \to a} \dfrac{f(x) - f(a)}{\sqrt{x} - \sqrt{a}}(a > 0)$;

(3) $\lim\limits_{x \to 0} \dfrac{f(a) - f(a - 3x)}{5x}$.

4. (1) 设 $f(x) = x(x - 1)(x - 2) \cdots (x - 2002)$,求 $f'(0)$.

(2) 设 $f(x) = (2^x - 1)\varphi(x)$,其中 $\varphi(x)$ 在 $x = 0$ 处连续,求 $f'(0)$.

5. 确定 a, b 的值,使得

$$f(x) = \begin{cases} \sin x, & x \geqslant \dfrac{\pi}{4}, \\ ax + b, & x > \dfrac{\pi}{4} \end{cases}$$

在 $x = \dfrac{\pi}{4}$ 处可导.

6. 设 $f(x)$ 在 $x = 0$ 处可导,且 $f'(0) = \dfrac{1}{3}$,又对任意的 x 有 $f(3 + x) = 3f(x)$,求 $f'(3)$.

7. 求下列函数 $f(x)$ 在 $f'_-(0)$、$f'_+(0)$ 及 $f'(0)$ 是否存在?

(1) $f(x) = \begin{cases} e^x, & x \geqslant 0, \\ x^2 + 1, & x < 0; \end{cases}$

(2) $f(x) = \begin{cases} \dfrac{x}{1 - e^{\frac{1}{x}}}, & x \neq 0, \\ 0, & x = 0. \end{cases}$

8. 当 λ 为何值时,可使函数

$$f(x) = \begin{cases} x^\lambda \cos \dfrac{1}{x}, & x > 0, \\ 0, & x \leqslant 0 \end{cases}$$

在 $x = 0$ 处(1)连续但不可导;(2)既连续又可导.

9. 求下列函数的导数与微分:

(1) $y = x \arcsin \dfrac{x}{3} + \sqrt{9 - x^2} + \ln 2$,求 $\mathrm{d}y$;

(2) $y = (e^{-2x} + 1) + \cos \dfrac{\pi}{4}$,求 y';

(3) $y = \ln(e^x + \sqrt{1 + e^{2x}})$,求 y';

(4) $y = (\cos x)^{\sin x}$，求 y'；

(5) $y = \dfrac{\sqrt{x+2}(2-x)^3}{(1-x)^5}$，求 y'；

(6) $y = \ln\tan\dfrac{x}{2} - \cot x \cdot \ln(1+\sin x) - x$，求 $\mathrm{d}y$.

10. 设 $\arctan\dfrac{y}{x} = \dfrac{1}{2}\ln(x^2+y^2)$ 确定函数 $y = y(x)$，已知 $x=1$ 时，$y=0$，求 $\dfrac{\mathrm{d}y}{\mathrm{d}x}\Big|_{x=1}, \dfrac{\mathrm{d}^2y}{\mathrm{d}x^2}\Big|_{x=1}$.

11. 设 $\mathrm{e}^y + xy = \mathrm{e}$ 确定函数 $y = y(x)$，求 $y''(0)$.

12. 求下列函数的二阶导数：

(1) $y = x\sin 3x$；　　　　　　(2) $y = \ln\sqrt{\dfrac{1-x}{1+x^2}}$.

13. 求下列函数的 n 阶导数.

(1) $y = \dfrac{1-x}{1+x}$；　　　(2) $y = \dfrac{1}{x^2-3x+2}$；　　　(3) $y = \ln\dfrac{a+bx}{a-bx}$.

14. 利用函数的微分代替函数的增量，求 $\cos 151°$ 的近似值.

15. 求下列参数方程所确定的函数的导数 $\dfrac{\mathrm{d}y}{\mathrm{d}x}$：

(1) $\begin{cases} x = a\cos^3\theta, \\ y = a\sin^3\theta; \end{cases}$　　　　(2) $\begin{cases} x = \ln\sqrt{1+t^2}, \\ y = \arctan t. \end{cases}$

【拓展阅读】

中国在微积分学创建中的贡献

微积分的产生分为三个阶段：极限概念；求积的无限小方法；积分与微分的互逆关系. 最后一步是由牛顿、莱布尼兹完成的. 前两阶段的工作，欧洲的大批数学家及古希腊的阿基米德都做了各自的贡献. 对于这方面的工作，古代中国毫不逊色于西方，微积分思想在古代中国早有萌芽，甚至是古希腊数学不能比拟的. 公元前 7 世纪老庄哲学中就有无限可分性和极限思想；公元前 4 世纪《墨经》中有了有穷、无穷、无限小（最小无内）、无穷大（最大无外）的定义和极限、瞬时等概念. 刘徽在公元 263 年首创的割圆术求圆面积和方锥体积，求得圆周率约等于 3.1416，他的极限思想和无穷小方法，是世界古代极限思想的深刻体现.

微积分思想虽然可追溯古希腊，但它的概念和法则却是 16 世纪下半叶，在开普勒、卡瓦列利等求积的不可分量思想和方法基础上产生和发展起来的. 而这些思想和方法从刘徽对圆锥、圆台、圆柱的体积公式的证明到公元 5 世纪祖恒求球体积的方法中都可找到. 北宋大科学家沈括的《梦溪笔谈》独创了"隙积术""会圆术"和"棋局都数术"，开创了对高阶等差级数求和的研究.

南宋大数学家秦九韶于 1274 年撰写了划时代巨著《数书九章》十八卷，创举世闻名的"大衍求一术"——增乘开方法解任意次数字(高次)方程近似解,比西方早 500 多年.

特别是 13 世纪 40 年代到 14 世纪初,在主要领域都达到了中国古代数学的高峰,出现了现通称贾宪三角形的"开方作法本源图"和增乘开方法、"正负开方术"、"大衍求一术"、"大衍总数术"(一次同余式组解法)、"垛积术"(高阶等差级数求和)、"招差术"(高次差内差法)、"天元术"(数字高次方程一般解法)、"四元术"(四元高次方程组解法)、勾股数学、弧矢割圆术、组合数学、计算技术改革和珠算等,这些都是在世界数学史上有重要地位的杰出成果.中国古代数学有了微积分前两阶段的出色工作,其中许多都是微积分得以创立的关键.中国已具备了 17世纪发明微积分前夕的全部内在条件,已经接近了微积分的大门.可惜中国元朝以后,八股取士制造了学术上的大倒退,封建统治的文化专制和盲目排外致使包括数学在内的科学日渐衰落,在微积分创立的最关键一步落伍了.

第4章 微分中值定理与导数的应用

第3章已经介绍了导数与微分的概念及计算方法,从而可以解决求瞬时速度、加速度、曲线的切线与法线等问题,并为进一步求解实际问题提供了有力的工具. 本章将介绍微分中值定理,它是微分学的理论基础,也是应用的桥梁. 最后进一步介绍如何利用导数工具研究函数的性态.

4.1 微分中值定理

导数是研究函数的有力工具,但是函数的导数是个局部性的概念,仅仅反映了函数在一点附近的局部变化情况,为了利用导数研究函数在某个区间上整体的变化性态,需要建立函数在区间上的该变量与导数之间的关系,这就是本节将要介绍的微分中值定理. 微分中值定理包含罗尔(Rolle)定理、拉格朗日(Lagrange)中值定理、柯西(Cauchy)中值定理及泰勒(Taylor)公式.

4.1.1 引理

引理 设函数 $f(x)$ 在 x_0 处可导,且在点 x_0 的某邻域内恒有 $f(x) \leqslant f(x_0)$(或 $f(x) \geqslant f(x_0)$),则有 $f'(x_0) = 0$.

证 若对在 x_0 的某邻域内的任何 x,恒有 $f(x) \leqslant f(x_0)$.

当 $\Delta x > 0$ 时,必有 $\dfrac{f(x_0 + \Delta x) - f(x_0)}{\Delta x} \leqslant 0$,

当 $\Delta x < 0$ 时,必有 $\dfrac{f(x_0 + \Delta x) - f(x_0)}{\Delta x} \geqslant 0$,

由于 $f(x)$ 在 x_0 处可导,可知 $f'(x_0) = f'_+(x_0) = f'_-(x_0)$. 由极限的性质进一步可知

$$f'_+(x_0) = \lim_{\Delta x \to 0^+} \frac{f(x_0 + \Delta x) - f(x_0)}{\Delta x} \leqslant 0,$$

$$f'_-(x_0) = \lim_{\Delta x \to 0^-} \frac{f(x_0 + \Delta x) - f(x_0)}{\Delta x} \geqslant 0,$$

从而必有 $f'(x_0) = 0$.

通常称使 $f'(x) = 0$ 的点 x_0 为 $f(x)$ 的**驻点**.

上述引理又称费马(Fermat)定理.

4.1.2 罗尔定理

定理 4.1(罗尔定理) 设函数 $f(x)$ 满足

(1) 在闭区间 $[a, b]$ 上连续;

(2) 在开区间 (a, b) 内可导;

(3) $f(a) = f(b)$;

则至少存在一点 $\xi \in (a,b)$，使 $f'(\xi)=0$．

　　证　（1）如果 $f(x)$ 在 $[a,b]$ 上恒为常数，则对于任意的 $\xi \in (a,b)$，都有 $f'(\xi)=c'\big|_{x=\xi}=0$．

　　（2）如果 $f(x)$ 在 $[a,b]$ 上不是常数，由于 $f(x)$ 在 $[a,b]$ 上连续，可知 $f(x)$ 在 $[a,b]$ 上必能取得最大值 M 和最小值 m，且 $M \neq m$．可知 M,m 之中至少有一值与 $f(a)=f(b)$ 不等．不妨设 $M \neq f(a)=f(b)$，即 $f(x)$ 在 $x=0$ 内的某点 ξ 处取得最大值．由费马定理可知必有 $f'(\xi)=0$．

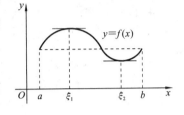

　　罗尔定理从几何上可以解说如下：当曲线弧在 $[a,b]$ 上为连续弧段，在 (a,b) 内曲线弧上每点都有不平行于 y 轴的切线，且曲线弧段在两个端点处的纵坐标相同，那么曲线弧段上至少有一点，过该点的切线必定平行于 x 轴，如图 4.1 所示．

图 4.1

　　有必要指出，罗尔定理的条件有三个，如果缺少其中任何一个条件，定理将不成立．

　　例如，$f(x)=|x|$ 在 $[-1,1]$ 上连续，且 $f(-1)=f(1)=1$，但是 $|x|$ 在 $(-1,1)$ 内有不可导的点，本例不存在 $\xi \in (-1,1)$，使 $f'(\xi)=0$．

　　又如 $f(x)=x$ 在 $[0,1]$ 上连续，在 $(0,1)$ 内可导，但是 $f(0)=0,f(1)=1$，本例不存在 $\xi \in (0,1)$，使 $f'(\xi)=0$．

　　再如 $f(x)=\begin{cases} x, & 0 \leqslant x < 1, \\ 0, & x=1 \end{cases}$ 在 $(0,1)$ 内可导，$f(0)=0=f(1)$，但是 $f(x)$ 在 $[0,1]$ 上不连续，本例不存在 $\xi \in (0,1)$，使 $f'(\xi)=0$．

　　还需要指出，罗尔定理的条件是充分条件，不是必要条件．也就是说，定理的结论成立，函数未必满足定理中的三个条件．即定理的逆命题不成立．例如，$f(x)=(x-1)^2$ 在 $[0,3]$ 上不满足罗尔定理的条件（$f(0) \neq f(3)$），但是存在 $\xi=1 \in (0,3)$，使 $f'(1)=0$．

4.1.3　拉格朗日中值定理

　　定理 4.2（拉格朗日中值定理）　设函数 $f(x)$ 满足

　　（1）在闭区间 $[a,b]$ 上连续；

　　（2）在开区间 (a,b) 内可导；

则至少存在一点 $\xi \in (a,b)$，使 $f'(\xi)=\dfrac{f(b)-f(a)}{b-a}$．

　　分析　与罗尔定理相比，拉格朗日中值定理中缺少条件 $f(a)=f(b)$．如果能由 $f(x)$ 构造一个新函数 $\varphi(x)$，使 $\varphi(x)$ 在 $[a,b]$ 上满足罗尔定理条件，且由 $\varphi'(\xi)=0$ 能导出 $f'(\xi)=\dfrac{f(b)-f(a)}{b-a}$，则问题可解决．

　　为此先看一下拉格朗日中值定理的几何意义，首先注意 $\dfrac{f(b)-f(a)}{b-a}$ 表示过 $(a,f(a))$，$(b,f(b))$ 两点的弦线的斜率，定理的几何意义可以描述为：如果在 $[a,b]$ 上的连续曲线，除端点外处处有不垂直于 x 轴的切线，那么在曲线弧上至少有一点 $(\xi,f(\xi))$，使曲线在该点处的切线平行于过曲线弧两端点的弦线，如图 4.2 所示．注意其弦线 AB 的方程为

$$y=f(a)+\frac{f(a)-f(a)}{b-a}(x-a).$$

作辅助函数

$$\varphi(x) = f(x) - f(a) - \frac{f(b)-f(a)}{b-a}(x-a)$$

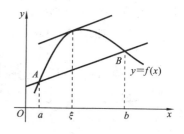

图 4.2

即可. $\varphi(x)$ 的几何意义为:曲线的纵坐标与曲线弧两端点连线对应的纵坐标之差.

证　令 $\varphi(x) = f(x) - f(a) - \frac{f(b)-f(a)}{b-a}(x-a)$.

由于 $f(x)$ 在 $[a,b]$ 上连续,因此 $\varphi(x)$ 在 $[a,b]$ 上连续. 由于 $f(x)$ 在 (a,b) 内可导,因此 $\varphi(x)$ 在 (a,b) 内可导. 又由于 $\varphi(a) = 0 = \varphi(b)$,因此 $\varphi(x)$ 在 $[a,b]$ 上满足罗尔定理条件,所以至少存在一点 $\xi \in (a,b)$,使 $\varphi'(\xi) = 0$,即

$$f'(\xi) - \frac{f(b)-f(a)}{b-a} = 0,$$

从而有 $f'(\xi) = \frac{f(b)-f(a)}{b-a}$,或表示为 $f(b) - f(a) = f'(\xi)(b-a)$.

上述结论对 $b < a$ 时也成立.

如果 $f(x)$ 在 (a,b) 内可导,$x_0 \in (a,b)$,$x_0 + \Delta x \in (a,b)$,则在以 x_0 与 $x_0 + \Delta x$ 为端点的区间上 $f(x)$ 也满足拉格朗日中值定理,即

$$f(x_0 + \Delta x) - f(x_0) = f'(\xi)\Delta x,$$

其中,ξ 为 x_0 与 $x_0 + \Delta x$ 之间的点,也可以记为

$$f(x_0 + \Delta x) - f(x_0) = f'(x_0 + \theta \Delta x)\Delta x, \quad 0 < \theta < 1$$

或
$$\Delta y = f'(x_0 + \theta \Delta x)\Delta x, \quad 0 < \theta < 1,$$

因此又称拉格朗日中值定理为**有限增量定理**.

由拉格朗日中值定理可以得出积分学中有用的推论:

推论 4.1　若 $f'(x)$ 在 (a,b) 内恒为零,那么 $f(x)$ 在区间 (a,b) 上必为某一常数.

事实上,对于 (a,b) 内的任意两点 x_1,x_2,由拉格朗日中值定理可得

$$f(x_2) - f(x_1) = f'(\xi)(x_2 - x_1) = 0,$$

ξ 位于 x_1,x_2 之间,故有 $f(x_1) = f(x_2)$. 由 x_1,x_2 的任意性可知,$f(x)$ 在 (a,b) 内恒为某常数.

推论 4.2　若在 (a,b) 内恒有 $f'(x) = g'(x)$,则有

$$f(x) = g(x) + C,$$

其中,C 为常数.

事实上,由已知条件及导数运算性质可得

$$[f(x) - g(x)]' = f'(x) - g'(x) = 0.$$

由推论 4.1 可知 $f(x) - g(x) = C$,即 $f(x) = g(x) + C$.

例 4.1　下列函数在给定区间上满足罗尔定理条件的有(　　　).

A. $f(x) = \frac{1}{x}, x \in [-2, 0]$　　　　　　B. $f(x) = (x-4)^2, x \in [-2, 4]$

C. $f(x) = \sin x, x \in \left[-\frac{3\pi}{2}, \frac{\pi}{2}\right]$　　　　D. $f(x) = |x|, x \in [-1, 1]$

分析　注意罗尔定理的条件有三个:① 函数 $f(x)$ 在 $[a,b]$ 上连续;② $f(x)$ 在 (a,b) 内可

导；③ $f(a)=f(b)$.

不难发现,$f(x)=\dfrac{1}{x}$ 在 $[-2,0]$ 上不满足连续的条件,因此应排除 A.

对于 $f(x)=(x-4)^2$,在 $[-2,4]$ 上连续,在 $(-2,4)$ 内可导;$f(-2)=36,f(4)=0$,$f(-2)\neq f(4)$,因此应排除 B.

对于 $f(x)=\sin x$,在 $\left[-\dfrac{3\pi}{2},\dfrac{\pi}{2}\right]$ 上连续;在 $\left(-\dfrac{3\pi}{2},\dfrac{\pi}{2}\right)$ 内可导;$f\left(-\dfrac{3\pi}{2}\right)=1=f\left(\dfrac{\pi}{2}\right)$. 因此 $\sin x$ 在 $\left[-\dfrac{3\pi}{2},\dfrac{\pi}{2}\right]$ 上满足罗尔定理,应选 C.

对于 $f(x)=|x|$,在 $[-1,1]$ 上连续,在 $(-1,1)$ 内不可导,因此应排除 D.

综合之,选 C.

例 4.2　函数 $f(x)=2x^2-x+1$ 在 $[-1,3]$ 上满足拉格朗日中值定理的 $\xi=($ 　　 $)$.

A. $-\dfrac{3}{4}$　　　　　B. 0　　　　　C. $\dfrac{3}{4}$　　　　　D. 1

分析　由于 $f(x)=2x^2-x+1$ 在 $[-1,3]$ 上连续,在 $(-1,3)$ 上可导,因此 $f(x)$ 在 $[-1,3]$ 上满足拉格朗日中值定理条件. 由拉格朗日中值定理可知,必定存在 $\xi\in(-1,3)$,使

$$f'(\xi)=\frac{f(b)-f(a)}{b-a}.$$

由于 $f(b)=f(3)=16,f(a)=f(-1)=4$,而 $f'(x)=4x-1$. 因此有

$$4\xi-1=\frac{16-4}{3-(-1)}=3.$$

可解得 $\xi=1$. 因此选 D.

例 4.3　试证 $|\arctan b-\arctan a|\leqslant|b-a|$.

分析　由于拉格朗日中值定理描述了函数增量与自变量增量及导数在给定区间内某点值之间的关系,因而微分中值定理常可用来证明某些有关函数增量与自变量增量或它们在区间内某点处导数值有关的等式与不等式.

因此,对于所给不等式,可以认定为函数增量与自变量增量之间的关系. 此题可以设 $f(x)=\arctan x$.

证　设 $f(x)=\arctan x$,不妨设 $a<b$.

由于 $\arctan x$ 在 $[a,b]$ 上连续,在 (a,b) 内可导,因此 $\arctan x$ 在 $[a,b]$ 上满足拉格朗日中值定理条件,可知必定存在一点 $\xi\in(a,b)$,使得 $f(b)-f(a)=f'(\xi)(b-a)$. 由于 $(\arctan x)'=\dfrac{1}{1+x^2}$,从而有

$$\arctan b-\arctan a=\frac{1}{1+\xi^2}(b-a),\quad a<\xi<b.$$

由于 $1+\xi^2\geqslant 1$,因此

$$|\arctan b-\arctan a|=\frac{1}{1+\xi^2}|b-a|\leqslant|b-a|.$$

例 4.4　当 $x>0$ 时,试证 $\dfrac{x}{1+x}<\ln(1+x)<x$.

分析　为了利用拉格朗日中值定理证明不等式,可以先将不等式变形,化为函数增量与自

变量增量之间的关系式.

由于 ln1＝0,因此 ln(1＋x)＝ln(1＋x)－ln1,而 x＝(1＋x)－1,从而可取 f(t)＝ln(1＋t).

证 设 $f(t)=\ln(1+t)$,取 $a=0,b=x$,则 $f(t)=\ln(1+t)$ 在区间 $[0,x]$ 上满足拉格朗日中值定理,因此必定存在一点 $\xi\in(0,x)$,使得

$$f(x)-f(0)=f'(\xi)x.$$

由于 $f'(t)=\dfrac{1}{1+t}$,$f'(\xi)=\dfrac{1}{1+\xi}$,因此有

$$\ln(1+x)-\ln1=\frac{1}{1+\xi}[(1+x)-1],$$

即
$$\ln(1+x)=\frac{x}{1+\xi}.$$

由于 $0<\xi<x$,因此

$$\frac{1}{1+x}<\frac{1}{1+\xi}<1,$$

进而知
$$\frac{x}{1+x}<\frac{x}{1+\xi}<x,$$

即
$$\frac{x}{1+x}<\ln(1+x)<x.$$

说明 本例中,若令 $y=\ln t,a=1,b=1+x$,亦可利用拉格朗日中值定理证明所给不等式,这表明证明不等式时,$f(x)$ 与 $[a,b]$ 的选取不是唯一的.

4.1.4 柯西中值定理

定理 4.3(柯西中值定理) 设函数 $f(x)$ 与 $g(x)$ 满足:

(1) 在闭区间 $[a,b]$ 上都连续;

(2) 在开区间 (a,b) 内都可导;

(3) 在开区间 (a,b) 内,$g'(x)\neq0$;

则至少存在一点 $\xi\in(a,b)$,使 $\dfrac{f'(\xi)}{g'(\xi)}=\dfrac{f(b)-f(a)}{g(b)-g(a)}$.

在柯西中值定理中,若取 $g(x)=x$,则得到拉格朗日中值定理. 因此,柯西中值定理可以看成是拉格朗日中值定理的推广.

4.1.5 泰勒公式

由微分的概念可知,如果 $y=f(x)$ 在点 x_0 处可导,则有 $\Delta y=\mathrm{d}y+o(\Delta x)$,即

$$f(x)-f(x_0)=f'(x_0)(x-x_0)+o(x-x_0).$$

因此,当 $|x-x_0|$ 很小时,有近似公式

$$f(x)\approx f(x_0)+f'(x_0)(x-x_0).$$

从几何上看,上述表达式可以解释为:在点 x_0 的附近曲线 $y=f(x)$ 在点 $(x_0,f(x_0))$ 处的切线来代替曲线 $y=f(x)$(简言之,在点 x_0 附近,用切线近似曲线).

上述近似公式有两点不足:一是精度往往不能满足实际需要;二是用它作近似计算时无法估计误差. 因此,希望有一个能弥补上述两个不足的近似公式. 在实际计算中,多项式是比较

简单的函数,因此希望能用多项式

$$P_n(x)=a_0+a_1(x-x_0)+a_2(x-x_0)^2+\cdots+a_n(x-x_0)^n$$

来近似表达函数 $f(x)$,并使得当 $x\to x_0$ 时,$f(x)-P_n(x)$ 为比 $(x-x_0)^n$ 高阶的无穷小. 还希望能写出 $f(x)-P_n(x)$ 的具体表达式,以便能估计误差.

设 $f(x)$ 在含 x_0 的某区间 (a,b) 内有 n 阶导数,为了使 $P_n(x)$ 与 $f(x)$ 尽可能相近,希望

$$P_n(x_0)=f(x_0)\text{（在点 }x_0\text{ 处相等）}$$

$$P'_n(x_0)=f'(x_0)\text{（在点 }x_0\text{ 处有相同的切线）}$$

$$P''_n(x_0)=f''(x_0)\text{（在点 }x_0\text{ 处两条曲线有相同的弯曲方向,见 4.5 节）}$$

$$\vdots$$

$$p^{(n)}(x_0)=f^{(n)}(x_0)$$

由于 $P_n(x_0)=a_0$,$P'_n(x_0)=1\cdot a_1$,$P''_n(x_0)=2!\ a_2,\cdots,P_n^{(n)}(x_0)=n!\ a_n$,可知 $a_0=f(x_0)$,$a_1=f'(x_0)$,$a_2=\dfrac{1}{2!}f''(x_0),\cdots,a_n=\dfrac{1}{n!}f^{(n)}(x_0)$,从而得到由 $f(x)$ 构造的 n 次多项式

$$P_n(x)=f(x_0)+f'(x_0)(x-x_0)+\frac{f''(x_0)}{2!}(x-x_0)^2+\cdots+\frac{f^{(n)}(x_0)}{n!}(x-x_0)^n.$$

若用 $P_n(x)$ 在点 x_0 附近来逼近 $f(x)$,可以证明(此处略去)下列两个结论:

(1) 余项 $r_n(x)=f(x)-P_n(x)$ 是关于 $(x-x_0)^n$ 的高阶无穷小,即 $r_n(x)=o((x-x_0)^n)$.

(2) 如果 $f(x)$ 在 (a,b) 内有直至 $(n+1)$ 阶导数,则 $r_n(x)$ 可以表示为

$$r_n(x)=\frac{f^{n+1}(\xi)}{(n+1)!}(x-x_0)^{n+1},$$

其中 ξ 在 x_0 与 x 之间.

综上所述,可以描述为:

泰勒公式 Ⅰ　设函数 $f(x)$ 在含 x_0 的某区间 (a,b) 内具有直至 n 阶导数,则当 $x\in(a,b)$ 时有

$$f(x)=f(x_0)+f'(x_0)(x-x_0)+\frac{1}{2!}f''(x_0)(x-x_0)^2$$

$$+\cdots+\frac{1}{n!}f^{(n)}(x_0)(x-x_0)^n+o((x-x_0)^n).$$

常称 $r_n(x)=o((x-x_0)^n)$ 为泰勒展开式中的**皮亚诺(Peano)型余项**.

泰勒公式 Ⅱ　设函数 $f(x)$ 在含 x_0 的某区间 (a,b) 内具有直至 $n+1$ 阶的导数,则当 $x\in(a,b)$ 时有

$$f(x)=f(x_0)+f'(x_0)(x-x_0)+\frac{1}{2!}f''(x_0)(x-x_0)^2$$

$$+\cdots+\frac{1}{n!}f^{(n)}(x_0)(x-x_0)^n+r_n(x),$$

其中 $r_n(x)=\dfrac{1}{(n+1)!}f^{(n+1)}(\xi)(x-x_0)^{n+1}$,其中 ξ 介于 x_0 与 x 之间. 常称 $r_n(x)$ 为泰勒展开式中的**拉格朗日型余项**.

通常称 $P_n(x)=f(x_0)+f'(x_0)(x-x_0)+\dfrac{1}{2!}f''(x_0)(x-x_0)^2+\cdots+\dfrac{1}{n!}f^{(n)}(x_0)(x-x_0)^n$ 为 $f(x)$ 在 x_0 处的 **n 次泰勒多项式**.

以上展开式也称为 $f(x)$ 的 n 阶泰勒公式.

若在泰勒公式中令 $x_0 = 0$,则得到**麦克劳林公式**

$$f(x) = f(0) + f'(0)x + \frac{1}{2!}f''(0)x^2 + \cdots + \frac{1}{n!}f^{(n)}(0)x^n + o(x^n),$$

$$f(x) = f(0) + f'(0)x + \frac{1}{2!}f''(0)x^2 + \cdots + \frac{1}{n!}f^{(n)}(0)x^n + \frac{1}{(n+1)!}f^{(n+1)}(\xi)x^{n+1},$$

其中 ξ 介于 0 与 x 之间.

习　题　4.1

习题 4.1 答案

1. 验证罗尔定理对函数 $y = \ln\sin x$ 在区间 $\left[\dfrac{\pi}{6}, \dfrac{5\pi}{6}\right]$ 上的正确性.

2. 验证拉格朗日中值定理对函数 $y = 4x^3 - 5x^2 + x - 2$ 在区间 $[0,1]$ 上的正确性.

3. 对函数 $f(x) = \sin x$ 及 $F(x) = x + \cos x$ 在区间 $\left[0, \dfrac{\pi}{2}\right]$ 上验证柯西中值定理的正确性.

4. 证明恒等式:$\arcsin x + \arccos x = \dfrac{\pi}{2}$ $(-1 \leqslant x \leqslant 1)$.

5. 若方程 $a_0 x^n + a_1 x^{n-1} + \cdots + a_{n-1} x = 0$ 有一个正根 $x = x_0$,证明方程 $a_0 n x^{n-1} + a_1(n-1)x^{n-2} + \cdots + a_{n-1} = 0$ 必有一个小于 x_0 的正根.

4.2　洛必达法则

作为微分中值定理的应用,下面介绍由柯西中值定理导出的求极限的方法.

如果函数 $\dfrac{f(x)}{g(x)}$ 当 $x \to a$(或 $x \to \infty$)时,其分子、分母都趋于零或都趋于无穷大,则极限 $\lim\limits_{\substack{x \to a \\ (x \to \infty)}} \dfrac{f(x)}{g(x)}$ 可能存在,也可能不存在. 通常称这种极限为未定型,并分别简记为 $\dfrac{0}{0}$ 或 $\dfrac{\infty}{\infty}$. 本节将介绍一种计算未定型极限的有效方法——**洛必达(L' Hospital)法则**.

4.2.1　$\dfrac{0}{0}$ 型

定理 4.4　如果 $f(x)$ 和 $g(x)$ 满足下列条件:

(1) $\lim\limits_{x \to a} f(x) = 0$,$\lim\limits_{x \to a} g(x) = 0$;

(2) 在点 a 的某邻域内($x = a$ 可以除外),$f'(x)$ 与 $g'(x)$ 存在,且 $g'(x) \neq 0$;

(3) $\lim\limits_{x \to a} \dfrac{f'(x)}{g'(x)}$ 存在(或无穷大);

那么

$$\lim_{x \to a} \frac{f(x)}{g(x)} = \lim_{x \to a} \frac{f'(x)}{g'(x)}.$$

证　由于 $\lim\limits_{x \to a} f(x) = 0$,$\lim\limits_{x \to a} g(x) = 0$,可知 $x = a$ 或者是 $f(x)$,$g(x)$ 的连续点,或者是 $f(x)$,$g(x)$ 的可去间断点.

如果 $x = a$ 为 $f(x), g(x)$ 的连续点，则可知必有 $f(a) = 0, g(a) = 0$，从而

$$\frac{f(x)}{g(x)} = \frac{f(x) - f(a)}{g(x) - g(a)}.$$

由定理的条件可知，在点 a 的某邻域内以 a 及 x 为端点的区间上，$f(x), g(x)$ 满足柯西中值定理条件. 因此

$$\frac{f(x)}{g(x)} = \frac{f(x) - f(a)}{g(x) - g(a)} = \frac{f'(\xi)}{g'(\xi)}, \quad \xi \text{ 在 } a \text{ 与 } x \text{ 之间}.$$

当 $x \to a$ 时，必有 $\xi \to a$，因此

$$\lim_{x \to a} \frac{f(x)}{g(x)} = \lim_{\xi \to a} \frac{f'(\xi)}{g'(\xi)} = \lim_{x \to a} \frac{f'(x)}{g'(x)}.$$

如果 $x = a$ 为 $f(x)$ 和 $g(x)$ 的可去间断点，可以构造新函数 $F(x), G(x)$.

$$F(x) = \begin{cases} f(x), & x \neq a, \\ 0, & x = a, \end{cases}$$

$$G(x) = \begin{cases} g(x), & x \neq a, \\ 0, & x = a. \end{cases}$$

仿上述推证可得

$$\lim_{x \to a} \frac{f(x)}{g(x)} = \lim_{x \to a} \frac{F(x)}{G(x)} = \lim_{x \to a} \frac{F'(x)}{G'(x)} = \lim_{x \to a} \frac{f'(x)}{g'(x)}.$$

对于 $x \to \infty$ 时的 $\dfrac{0}{0}$ 型，有如下法则.

定理 4.5　如果 $f(x)$ 和 $g(x)$ 满足下列条件：

(1) $\lim\limits_{x \to \infty} f(x) = 0, \lim\limits_{x \to \infty} g(x) = 0$；

(2) 当 $|x|$ 足够大时，$f'(x)$ 和 $g'(x)$ 存在，且 $g'(x) \neq 0$；

(3) $\lim\limits_{x \to \infty} \dfrac{f'(x)}{g'(x)}$ 存在（或无穷大）；

那么

$$\lim_{x \to \infty} \frac{f(x)}{g(x)} = \lim_{x \to \infty} \frac{f'(x)}{g'(x)}.$$

我们略去这个定理的证明（证明时，只要令 $x = \dfrac{1}{t}$ 就可利用定理 4.4 的结论得出定理 4.5）.

例 4.5　求 $\lim\limits_{x \to a} \dfrac{\mathrm{e}^{-x} - \mathrm{e}^{-a}}{x - a}$.

解　所给极限为 $\dfrac{0}{0}$ 型，由洛必达法则有

$$\lim_{x \to a} \frac{\mathrm{e}^{-x} - \mathrm{e}^{-a}}{x - a} = \lim_{x \to a} \frac{(\mathrm{e}^{-x} - \mathrm{e}^{-a})'}{(x - a)'} = \lim_{x \to a} \frac{-\mathrm{e}^{-x}}{1} = -\mathrm{e}^{-a}.$$

例 4.6　求 $\lim\limits_{x \to +\infty} \dfrac{\dfrac{1}{x}}{\operatorname{arccot} x}$.

解　所给极限为 $\dfrac{0}{0}$ 型，由洛必达法则有

$$\lim_{x \to +\infty} \frac{\dfrac{1}{x}}{\mathrm{arccot}x} = \lim_{x \to +\infty} \frac{\left(\dfrac{1}{x}\right)'}{(\mathrm{arccot}x)'} = \lim_{x \to +\infty} \frac{-\dfrac{1}{x^2}}{\dfrac{-1}{1+x^2}} = 1.$$

如果利用洛必达法则之后得到的导数之比的极限仍是 $\dfrac{0}{0}$ 型，且符合洛必达法则的条件，那么可以重复应用洛必达法则.

例 4.7　求 $\lim\limits_{x \to 0} \dfrac{\mathrm{e}^x - \mathrm{e}^{-x} - 2x}{x - \sin x}$.

解　所给极限为 $\dfrac{0}{0}$ 型，由洛必达法则有

$$\begin{aligned}
\lim_{x \to 0} \frac{\mathrm{e}^x - \mathrm{e}^{-x} - 2x}{x - \sin x} &= \lim_{x \to 0} \frac{\mathrm{e}^x + \mathrm{e}^{-x} - 2}{1 - \cos x} \left(\frac{0}{0}\text{型}\right) \\
&= \lim_{x \to 0} \frac{\mathrm{e}^x - \mathrm{e}^{-x}}{\sin x} \left(\frac{0}{0}\text{型}\right) \\
&= \lim_{x \to 0} \frac{\mathrm{e}^x + \mathrm{e}^{-x}}{\cos x} = 2.
\end{aligned}$$

例 4.8　求 $\lim\limits_{x \to 2} \dfrac{x^3 - x^2 - 8x + 12}{x^3 - 6x^2 + 12x - 8}$.

解　所给极限为 $\dfrac{0}{0}$ 型，由洛必达法则有

$$\begin{aligned}
\lim_{x \to 2} \frac{x^3 - x^2 - 8x + 12}{x^3 - 6x^2 + 12x - 8} &= \lim_{x \to 2} \frac{3x^2 - 2x - 8}{3x^2 - 12x + 12} \left(\frac{0}{0}\text{型}\right) \\
&= \lim_{x \to 2} \frac{6x - 2}{6(x - 2)} = \infty.
\end{aligned}$$

4.2.2　$\dfrac{\infty}{\infty}$ 型

对于 $\dfrac{\infty}{\infty}$ 型，我们给出下面两个定理，其证明略去.

定理 4.6　如果函数 $f(x), g(x)$ 满足下列条件：

(1) $\lim\limits_{x \to a} f(x) = \infty, \lim\limits_{x \to a} g(x) = \infty$;

(2) 在 $x = a$ 的某邻域内（$x = a$ 可以除外），$f'(x)$ 与 $g'(x)$ 存在，且 $g'(x) \neq 0$;

(3) $\lim\limits_{x \to a} \dfrac{f'(x)}{g'(x)}$ 存在（或为无穷大）；

那么

$$\lim_{x \to a} \frac{f(x)}{g(x)} = \lim_{x \to a} \frac{f'(x)}{g'(x)}.$$

定理 4.7　如果函数 $f(x), g(x)$ 满足下列条件：

(1) $\lim\limits_{x \to \infty} f(x) = \infty, \lim\limits_{x \to \infty} g(x) = \infty$;

(2) 当 $|x|$ 足够大时，$f'(x)$ 与 $g'(x)$ 存在，且 $g'(x) \neq 0$;

(3) $\lim\limits_{x \to a} \dfrac{f'(x)}{g'(x)}$ 存在（或为无穷大）；

那么

$$\lim_{x\to\infty}\frac{f(x)}{g(x)}=\lim_{x\to\infty}\frac{f'(x)}{g'(x)}.$$

例 4.9　求 $\lim\limits_{x\to0^+}\dfrac{\ln\cot x}{\ln x}$.

解　所给极限为 $\dfrac{\infty}{\infty}$,由洛必达法则,有

$$\lim_{x\to0^+}\frac{\ln\cot x}{\ln x}=\lim_{x\to0^+}\frac{\dfrac{1}{\cot x}(-\csc^2 x)}{\dfrac{1}{x}}=\lim_{x\to0^+}\frac{-x}{\sin x\cos x}$$

$$=\lim_{x\to0^+}\frac{-x}{\sin x}\cdot\lim_{x\to0^+}\frac{1}{\cos x}=-1.$$

例 4.10　求 $\lim\limits_{x\to+\infty}\dfrac{e^x}{x}$.

解　所给极限为 $\dfrac{\infty}{\infty}$,由洛必达法则,有

$$\lim_{x\to+\infty}\frac{e^x}{x}=\lim_{x\to+\infty}\frac{e^x}{1}=\infty.$$

4.2.3　可化为 $\dfrac{0}{0}$ 型或 $\dfrac{\infty}{\infty}$ 型极限

(1) 如果 $\lim\limits_{\substack{x\to a\\(x\to\infty)}}f(x)=0$, $\lim\limits_{\substack{x\to a\\(x\to\infty)}}g(x)=\infty$,则称 $\lim\limits_{\substack{x\to a\\(x\to\infty)}}[f(x)\cdot g(x)]$ 为 $0\cdot\infty$ 型.

对于 $0\cdot\infty$ 型极限,常见的求解方法是先将函数变型,化为 $\dfrac{0}{0}$ 型或 $\dfrac{\infty}{\infty}$ 型,再由洛必达法则求之. 如

$$\lim_{\substack{x\to a\\(x\to\infty)}}[g(x)\cdot f(x)]=\lim_{\substack{x\to a\\(x\to\infty)}}\frac{g(x)}{\dfrac{1}{f(x)}},$$

或

$$\lim_{\substack{x\to a\\(x\to\infty)}}[g(x)\cdot f(x)]=\lim_{\substack{x\to a\\(x\to\infty)}}\frac{f(x)}{\dfrac{1}{g(x)}},$$

前者化为 $\dfrac{\infty}{\infty}$ 型,后者化为 $\dfrac{0}{0}$ 型.

至于将 $0\cdot\infty$ 型是化为 $\dfrac{\infty}{\infty}$ 型还是化为 $\dfrac{0}{0}$ 型,要看哪种形式便于计算来决定.

(2) 如果 $\lim\limits_{\substack{x\to a\\(x\to\infty)}}f(x)=+\infty$, $\lim\limits_{\substack{x\to a\\(x\to\infty)}}g(x)=+\infty$(或同为 $-\infty$),则称 $\lim\limits_{\substack{x\to a\\(x\to\infty)}}[f(x)-g(x)]$ 为 $\infty-\infty$ 型极限.

对于 $\infty-\infty$ 型极限,常见的求解方法是将函数进行恒等变形,化为 $\dfrac{0}{0}$ 型或 $\dfrac{\infty}{\infty}$ 型,再由洛必达法则求之.

例 4.11　求 $\lim\limits_{x\to0^+}\sqrt{x}\ln x$.

解　所给极限为 $0 \cdot \infty$ 型,不难发现将其化为 $\frac{\infty}{\infty}$ 型转化为 $\frac{0}{0}$ 型的计算简便些.

$$\lim_{x \to 0^+} \sqrt{x}\ln x = \lim_{x \to 0^+} \frac{\ln x}{\frac{1}{\sqrt{x}}}.$$

上式右端为 $\frac{\infty}{\infty}$ 型,可以直接利用洛必达法则求之,如果先令 $\sqrt{x}=t$,$x \to 0^+$ 时,$t \to 0^+$,因此

$$\lim_{x \to 0^+} \sqrt{x}\ln x = \lim_{t \to 0^+} \frac{\ln t^2}{\frac{1}{t}} = 2\lim_{t \to 0^+} \frac{\ln t}{\frac{1}{t}} = 2\lim_{t \to 0^+} \frac{\frac{1}{t}}{-\frac{1}{t^2}} = 0.$$

例 4.12　求 $\lim\limits_{x \to 1}\left(\dfrac{x}{x-1} - \dfrac{1}{\ln x}\right)$.

解　所给极限为 $\infty - \infty$ 型,先将所给函数变形.

$$\text{原式} = \lim_{x \to 1} \frac{x\ln x - (x-1)}{(x-1)\ln x} \quad \left(\frac{0}{0} \text{型}\right)$$

$$= \lim_{x \to 1} \frac{\ln x + \frac{x}{x} - 1}{\ln x + (x-1)\frac{1}{x}} = \lim_{x \to 1} \frac{x\ln x}{x\ln x + x - 1} \quad \left(\frac{0}{0} \text{型}\right)$$

$$= \lim_{x \to 1} \frac{\ln x + x \cdot \frac{1}{x}}{\ln x + x \cdot \frac{1}{x} + 1} = \lim_{x \to 1} \frac{1 + \ln x}{2 + \ln x} = \frac{1}{2}.$$

例 4.13　求 $\lim\limits_{x \to 0} \dfrac{x^3 \cos x}{x - \sin x}$.

解　所给极限为 $\frac{0}{0}$ 型,可以由洛必达法则求之. 注意到 $\lim\limits_{x \to 0}\cos x = 1$,而

$$\lim_{x \to 0} \frac{x^3}{x - \sin x} = \lim_{x \to 0} \frac{3x^2}{1 - \cos x} = \lim_{x \to 0} \frac{6x}{\sin x} = 6,$$

于是

$$\text{原式} = \lim_{x \to 0}\cos x \cdot \lim_{x \to 0} \frac{x^3}{x - \sin x} = 6.$$

注意:如果 $\frac{0}{0}$ 型或 $\frac{\infty}{\infty}$ 型极限中含有非零因子,应该单独求极限,不要参与洛必达法则运算,可以简化运算.

例 4.14　求 $\lim\limits_{x \to 0} \dfrac{\ln(1+2x)}{\sin 3x}$.

解　所给极限为 $\frac{0}{0}$ 型,可以由洛必达法则求之. 注意极限过程为 $x \to 0$,又 $\ln(1+2x) \sim 2x$,$\sin 3x \sim 3x$. 如果引入等价无穷小量代换,则

$$\text{原式} = \lim_{x \to 0} \frac{2x}{3x} = \frac{2}{3}.$$

注意:如果能将等价无穷小量代换、代数恒等变形等配合使用洛必达法则,常可简化运算. 某些未定型极限存在,但并不一定能用洛必达法则求之,因为洛必达法则(四个定理)中的

条件是 $\lim\dfrac{f(x)}{g(x)}=a$（或为无穷大）的充分条件,而不是必要条件. 即如果 $\lim\dfrac{f'(x)}{g'(x)}$ 不存在（如振荡型）,并不能说 $\lim\dfrac{f(x)}{g(x)}$ 也是不存在. 这表明洛必达法则并不是万能的,运算时要注意选择适宜的方法.

习　题　4.2

习题 4.2 答案

1. 用洛必达法则求下列极限:

(1) $\lim\limits_{x\to 0}\dfrac{\sin x}{3x}$;

(2) $\lim\limits_{x\to 0}x^2\cot x$;

(3) $\lim\limits_{x\to\pi}\dfrac{\sin 3x}{\tan 4x}$;

(4) $\lim\limits_{x\to 0}\dfrac{\ln(1+x)}{x}$;

(5) $\lim\limits_{x\to a}\dfrac{x^m-a^m}{x^n-a^n}\ (a\neq 0)$;

(6) $\lim\limits_{x\to 0}\dfrac{\mathrm{e}^x-\mathrm{e}^{-x}}{\sin x}$;

(7) $\lim\limits_{x\to 0}x\cot x$;

(8) $\lim\limits_{x\to 1}\left(\dfrac{2}{x^2-1}-\dfrac{1}{x-1}\right)$;

(9) $\lim\limits_{x\to 0}(1+x)^{\frac{1}{x}}$;

(10) $\lim\limits_{x\to 0^+}x^{\frac{x}{2}}$.

2. 验证极限 $\lim\limits_{x\to\infty}\dfrac{x+\sin x}{x}$ 存在,但不能用洛必达法则求出.

3. 讨论函数

$$f(x)=\begin{cases} \dfrac{\pi^x-\mathrm{e}^x}{x} & ,x\neq 0, \\ \ln\pi & ,x=0 \end{cases}$$

在点 $x=0$ 处的连续性.

4.3　函数的单调性

函数的单调性是函数的一个重要特性. 由几何图形可以看出,如果函数 $f(x)$ 在某区间上单调增加,则它的图形是随 x 的增大而上升的曲线. 如果所给曲线上每点处都存在非铅直的切线,则曲线上各点处的切线斜率非负,即 $f'(x)\geqslant 0$,如图 4.3(a)所示. 如果函数 $f(x)$ 在某区间上单调减少,则它的图形是随 x 的增大而下降的曲线. 如果所给曲线上每点处都存在非铅直的切线,则曲线上各点处的切线斜率非正,即 $f'(x)\leqslant 0$,如图 4.3(b)所示.

反过来,能否用导数的符号来判定函数的单调性呢? 由拉格朗日中值定理可以得出判定函数单调性的一个判定法.

定理 4.8　设函数 $f(x)$ 在 $[a,b]$ 上连续,在 (a,b) 内可导,则有

(1) 如果在 (a,b) 内 $f'(x)>0$,那么,函数 $f(x)$ 在 $[a,b]$ 上严格单调增加.

(2) 如果在 (a,b) 内 $f'(x)<0$,那么,函数 $f(x)$ 在 $[a,b]$ 上严格单调减少.

证　在 $[a,b]$ 上任取两点 x_1,x_2,不妨设 $x_1<x_2$,由定理的条件可知,$f(x)$ 在 $[x_1,x_2]$ 上连续,在 (x_1,x_2) 内可导. 由拉格朗日中值定理可知,至少存在一点 $\xi\in(x_1,x_2)$,使得

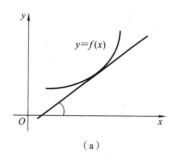 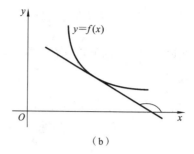

（a）　　　　　　　　　　　　　（b）

图 4.3

$$f(x_2) - f(x_1) = f'(\xi)(x_2 - x_1).$$

由于在 (a,b) 内有 $x_2 > x_1$，因此 $x_2 - x_1 > 0$.

如果在 (a,b) 内 $f'(x) > 0$，则必定有 $f(x_2) - f(x_1) > 0$，即 $f(x_1) < f(x_2)$. 由于 x_1, x_2 为 $[a,b]$ 上任意两点，因而表明 $f(x)$ 在 $[a,b]$ 上严格单调增加.

同理，如果在 (a,b) 内 $f'(x) < 0$，可推出 $f(x)$ 在 $[a,b]$ 上严格单调减少.

有必要指出，上述定理中 $[a,b]$ 为闭区间，如果换为开区间、半开区间或无穷区间仍然有相似的结论.

例 4.15　讨论函数 $f(x) = \dfrac{\ln x}{x}$ 的单调性.

解　易知 $f(x) = \dfrac{\ln x}{x}$ 的定义域为 $(0, +\infty)$，且

$$f'(x) = \frac{1 - \ln x}{x^2},$$

$f'(x)$ 在 $(0, +\infty)$ 内为连续函数. 令 $f'(x) = 0$，可有 $1 - \ln x = 0$，解得 $x = \mathrm{e}$.

当 $0 < x < \mathrm{e}$ 时，有 $\ln x < 1$，因此 $f'(x) = \dfrac{1 - \ln x}{x^2} > 0$. 从而知 $f(x) = \dfrac{\ln x}{x}$ 为严格单调增加函数.

当 $\mathrm{e} < x < +\infty$ 时，有 $\ln x > 1$，因此 $f'(x) = \dfrac{1 - \ln x}{x^2} < 0$. 从而知 $f(x) = \dfrac{\ln x}{x}$ 为严格单调减少函数.

如果 $f'(x)$ 为连续函数，为了判定 $f'(x)$ 的符号，可以先求出 $f'(x) = 0$ 的点，这样往往能简化运算.

例 4.16　讨论函数 $y = 2x^3 + 3x^2 - 12x$ 的单调性.

解　所给函数的定义域为 $(-\infty, +\infty)$，易知

$$y' = 6(x^2 + x - 2) = 6(x - 1)(x + 2).$$

令 $y' = 0$，得 $x_1 = -2$，$x_2 = 1$.

在 $(-\infty, -2)$ 内，$y' > 0$. 在 $(-2, 1)$ 内，$y' < 0$. 在 $(1, +\infty)$ 内，$y' > 0$. 由此可知，在 $(-\infty, -2)$ 及 $(1, +\infty)$ 内，所给函数严格单调增加，在 $(-2, 1)$ 内所给函数严格单调减少.

例 4.17　讨论函数 $y = 3 - 2(x + 1)^{\frac{1}{3}}$ 的单调性.

解　所给函数的定义域为 $(-\infty, +\infty)$，易知

$$y' = \frac{-2}{3\sqrt[3]{(x + 1)^2}}.$$

当 $x=-1$ 时，y' 不存在.

当 $x\neq-1$ 时，$y'<0$，从而可知所给函数在 $(-\infty,-1)$ 与 $(-1,+\infty)$ 上严格单调减少.

由于函数在 $x=-1$ 处连续，因此所给函数在 $(-\infty,+\infty)$ 上严格单调减少.

例 4.18　讨论函数

$$y=\begin{cases} x^2, & x\leqslant 0, \\ \dfrac{4}{x+1}, & x>0 \end{cases}$$

的单调性.

解　所给函数为分段函数，其定义域为 $(-\infty,+\infty)$. 由于

$$\lim_{x\to 0^-}y=\lim_{x\to 0^-}x^2=0, \quad \lim_{x\to 0^+}y=\lim_{x\to 0^+}\frac{4}{x+1}=4.$$

因此，$\lim\limits_{x\to 0}y$ 不存在，可知 y 在 $x=0$ 处不连续.

当 $x<0$ 时，$y'=(x^2)'=2x<0$，可知函数 y 为严格单调减少.

当 $x>0$ 时，$y'=\dfrac{-4}{(x+1)^2}<0$，可知函数 y 为严格单调减少.

由于 y 在 $x=0$ 处不连续，因此只能说函数 y 在 $(-\infty,0)$ 与 $(0,+\infty)$ 上严格单调减少，不能说函数 y 在 $(-\infty,+\infty)$ 上严格单调减少.

例 4.19　讨论 $y=\dfrac{3}{8}x^{\frac{8}{3}}-\dfrac{3}{2}x^{\frac{2}{3}}$ 的单调性.

解　所给函数的定义域为 $(-\infty,+\infty)$.

$$y'=x^{\frac{5}{3}}-x^{-\frac{1}{3}}=x^{-\frac{1}{3}}(x^2-1)=\frac{(x+1)(x-1)}{\sqrt[3]{x}}.$$

令 $y'=0$，可得 $x_1=-1,x_2=1$. 当 $x=0$ 时，y' 不存在.

所给三个点 $x=-1,0,1$ 将 y 的定义域 $(-\infty,+\infty)$ 分为 $(-\infty,-1)$，$(-1,0)$，$(0,1)$，$(1,+\infty)$ 四个子区间. 为了研究函数的单调性，我们只关心 y' 在上述四个子区间内的符号，因此可将函数导数的符号及函数的单调性列于表 4.1 中. 表中第一栏由小至大标出函数定义于被三个特殊点分划的四个区间，第二栏标出 y' 在各子区间内的符号，第三栏为函数的增减性.

表 4.1

x	$(-\infty,-1)$	-1	$(-1,0)$	0	$(0,1)$	1	$(1,+\infty)$
y'	$-$	0	$+$	不存在	$-$	0	$+$
y	↘		↗		↘		↗

由表 4.1 可知，所给函数严格单调增加区间为 $(-1,0)$ 与 $(1,+\infty)$，严格单调减少区间为 $(-\infty,-1)$ 与 $(0,1)$.

利用单调性证明不等式，其基本方法是：

欲证明当 $x>x_0$ 时，有 $f(x)\geqslant g(x)$，可令

$$F(x)=f(x)-g(x),$$

如果 $F(x)$ 满足下面的条件：

(1) $F(x_0)=0$；

（2）当 $x>x_0$ 时,有 $F'(x)\geqslant0$;

则由 $F(x)$ 为单调增加函数可知,当 $x>x_0$ 时,$F(x)\geqslant F(x_0)=0$,即 $f(x)\geqslant g(x)$. 欲证 $x<x_0$ 时,有 $f(x)\geqslant g(x)$,只需证 $F'(x)\leqslant0$,则由 $F(x)$ 为单调减少函数,可知当 $x<x_0$ 时,$F(x)\geqslant F(x_0)=0$,即

$$f(x)\geqslant g(x).$$

例 4.20　试证 $x\neq1$ 时,$e^x>ex$.

证　令 $F(x)=e^x-ex$,易见 $F(x)$ 在 $(-\infty,+\infty)$ 上连续,且 $F(1)=0$.

$$F'(x)=e^x-e.$$

当 $x<1$ 时,$F'(x)=e^x-e<0$,可知函数 $F(x)$ 在 $(-\infty,1)$ 上严格单调减少,即 $F(x)>F(1)=0$.

当 $x>1$ 时,$F'(x)=e^x-e>0$,可知函数 $F(x)$ 在 $(1,+\infty)$ 上严格单调增加,即 $F(x)>F(1)=0$. 故对任意 $x\neq1$,都有 $F(x)>0$,即 $e^x>ex$.

习　题　4.3

习题 4.3答案

1. 请选出符合题意的选项:

（1）设 $y=f(x)$ 在 $(-\infty,+\infty)$ 内可导,且 $f'(x)>0$,则 $f(x)$ 在 $(-\infty,+\infty)$ 上（　　）.

A. 严格单调减少　　　B. 严格单调增加　　　C. 是个常数　　　D. 不是严格单调函数

（2）函数 $y=\ln(1+x^2)$ 的严格单调增加区间为（　　）.

A. $(-5,5)$　　　　　B. $(-\infty,0)$　　　　　C. $(0,+\infty)$　　　　　D. $(-\infty,+\infty)$

2. 讨论下列函数的单调性:

（1）$y=3x^4-4x^3$;

（2）$y=\sqrt{2x-x^2}$;

（3）$y=\dfrac{2}{3}x-\sqrt[3]{x}$;

（4）$y=x^2-\ln x$.

3. 利用单调性证明下列不等式:

（1）$x>\ln(1+x)$;

（2）$\dfrac{\arctan x}{x}<1\ (x\neq0)$.

4.4　函数的极值与最值

在实际问题中经常遇到需要解决在一定条件下的最大、最小、最远、最近、最好、最优等问题,这类问题在数学上常可以归结为求函数在给定区间上的最大值和最小值问题,这里统称为最值问题. 本节将介绍函数的极值问题与最值问题.

4.4.1　函数的极值

定义 4.1　设函数 $f(x)$ 在 x_0 的某邻域内有定义. 如果对于该邻域内任何异于 x_0 的 x 都有

（1）$f(x)\leqslant f(x_0)$ 成立,则称 $f(x_0)$ 为 $f(x)$ 的**极大值**,x_0 为 $f(x)$ 的**极大值点**.

（2）$f(x)\geqslant f(x_0)$ 成立,则称 $f(x_0)$ 为 $f(x)$ 的**极小值**,x_0 为 $f(x)$ 的**极小值点**.

极大值、极小值统称为**极值**. 极大值点、极小值点统称为**极值点**.

如图 4.4 所示，x_1，x_3 为所给函数的极大值点；x_2，x_4 为所给函数的极小值点.

定理 4.9（极值的必要条件）　设函数 $f(x)$ 在点 x_0 处可导，且 x_0 为 $f(x)$ 的极值点，则 $f'(x_0)=0$.

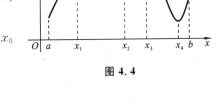

图 4.4

由 4.1 节引理可知定理 4.9 成立.

若 $f'(x)=0$，则称 x_0 为 $f(x)$ 的**驻点**.

定理 4.9 表明：可导函数的极值点必定是它的驻点. 但是需要注意，函数的驻点并不一定是函数的极值点. 例如，$y=x^3$，$x=0$ 为其驻点，但是 $x=0$ 并不是 $y=x^3$ 的极值点. 还要指出，有些函数的不可导的点也可能是其极值点.

由上述可知，欲求函数的极值点，先要求出其驻点和导数不存在的点，然后再用下面的充分条件判别它们是否为极值点.

定理 4.10（判定极值的第一充分条件）　设函数 $y=f(x)$ 在点 x_0 连续，且在 x_0 的某邻域内可导（点 x_0 可除外）. 如果在该邻域内

(1) 当 $x<x_0$ 时，$f'(x)>0$；当 $x>x_0$ 时，$f'(x)<0$，则 x_0 为 $f(x)$ 的极大值点；

(2) 当 $x<x_0$ 时，$f'(x)<0$；当 $x>x_0$ 时，$f'(x)>0$，则 x_0 为 $f(x)$ 的极小值点；

(3) 如果 $f'(x)$ 在 x_0 的两侧保持同符号，则 x_0 不是 $f(x)$ 的极值点.

分析　对于情形(1)，由函数单调性的判别定理可知，当 $x<x_0$ 时，$f(x)$ 为严格单调增加；当 $x>x_0$ 时，$f(x)$ 严格单调减少，因此可知 x_0 为 $f(x)$ 的极大值点.

对于情形(2)也可以进行类似分析.

由定理 4.10 可知，**利用极值第一充分条件判定函数极值点的一般步骤为**：

(1) 求出 $f'(x)$；

(2) 求出 $f(x)$ 的所有驻点和 $f'(x)$ 不存在的点 $x_1, \cdots, x_k$；

(3) 判定每个驻点和导数不存在的点 $x_i(i=1,2,\cdots,k)$ 两侧（在 x_i 较小的邻域内）$f'(x)$ 的符号，依据定理 4.10 判定 x_i 是否为 $f(x)$ 的极值点.

例 4.21　求 $y=3x^4-8x^3-6x^2+24x$ 的极值和极值点.

解　所给函数的定义域为 $(-\infty,+\infty)$.
$$y'=12x^3-24x^2-12x+24=12x^2(x-2)-12(x-2)=12(x+1)(x-1)(x-2).$$
令 $y'=0$，可得函数的三个驻点：$x=-1,1,2$.

这里不难看出，y' 在 $(-\infty,+\infty)$ 内存在，函数的三个驻点 $x_1=-1$，$x_2=1$，$x_3=2$ 把 $(-\infty,+\infty)$ 分成 $(-\infty,-1)$，$(-1,1)$，$(1,2)$，$(2,+\infty)$ 四个子区间. 在上述四个子区间的每个区间内，y' 的符号都是一定的，而判定定理中只要求知道导数的符号，并不关心其值为多大.

在 $(-\infty,-1)$ 内，y' 的符号为 $(-)\cdot(-)\cdot(-)=(-)$，故 $y'<0$.

在 $(-1,1)$ 内，y' 的符号为 $(+)\cdot(-)\cdot(-)=(+)$，故 $y'>0$，因此 $x=-1$ 为 y 的极小值点，极小值 $f(-1)=-19$.

在 $(1,2)$ 内，y' 的符号为 $(+)\cdot(+)\cdot(-)=(-)$，故 $y'<0$，因此 $x=1$ 为 y 的极大值点，极大值 $f(1)=13$.

在 $(2,+\infty)$ 内，y' 的符号为 $(+)\cdot(+)\cdot(+)=(+)$，故 $y'>0$，因此 $x=2$ 为 y 的极小值

点,极小值 $f(2)=8$.

上述分析及分析结果可以用表格列出,这样一则可以简化说明,二则可以更加清晰.

x	$(-\infty,-1)$	-1	$(-1,1)$	1	$(1,2)$	2	$(2,+\infty)$
y'	$-$	0	$+$	0	$-$	0	$+$
y	↘	极小-19	↗	极大 13	↘	极小 8	↗

例 4.22　求 $y=3x^4-8x^3+6x^2$ 的极值和极值点.

解　所给函数的定义域为 $(-\infty,+\infty)$.

$$y'=12x^3-24x^2+12x=12x\,(x-1)^2.$$

令 $y'=0$ 可得驻点 $x_1=0,x_2=1$. y' 在 $(-\infty,+\infty)$ 内存在,列表分析:

x	$(-\infty,0)$	0	$(0,1)$	1	$(1,+\infty)$
y'	$-$	0	$+$	0	$+$
y	↘	极小 0	↗	非极值	↗

可知 $x=0$ 为 y 的极小值点,极小值为 0.

例 4.23　求 $y=\dfrac{3}{8}x^{\frac{8}{3}}-\dfrac{3}{2}x^{\frac{2}{3}}$ 的极值和极值点.

解　所给函数的定义域为 $(-\infty,+\infty)$.

$$y'=x^{\frac{5}{3}}-x^{-\frac{1}{3}}=x^{-\frac{1}{3}}(x^2-1)=\frac{(x+1)(x-1)}{\sqrt[3]{x}}.$$

令 $y'=0$,可得 y 的驻点 $x_1=-1,x_2=1$.

当 $x=0$ 时,y 为连续函数,y' 不存在. 当 $x\neq0$ 时,y' 存在.

x	$(-\infty,-1)$	-1	$(-1,0)$	0	$(0,1)$	1	$(1,+\infty)$
y'	$-$	0	$+$	不存在	$-$	0	$+$
y	↘	极小$-\dfrac{9}{8}$	↗	极大 0	↘	极小$-\dfrac{9}{8}$	↗

定理 4.11(判定极值的第二充分条件)　设函数 $f(x)$ 在点 x_0 处具有二阶导数,且 $f'(x_0)=0,f''(x_0)\neq0$,则

(1) 当 $f''(x_0)<0$ 时,x_0 为 $f(x)$ 的极大值点;

(2) 当 $f''(x_0)>0$ 时,x_0 为 $f(x)$ 的极小值点.

证　由于 $f(x)$ 在 x_0 处二阶可导,且 $f'(x_0)=0$,由皮亚诺余项的泰勒公式有

$$f(x)=f(x_0)+f'(x_0)(x-x_0)+\frac{1}{2!}f''(x_0)(x-x_0)^2+o((x-x_0)^2)$$

$$=f(x_0)+\frac{1}{2!}f''(x_0)(x-x_0)^2+o((x-x_0)^2).$$

当 x 充分接近于 x_0 时,上式右端 $\dfrac{1}{2!}f''(x_0)(x-x_0)^2+o((x-x_0)^2)$ 的符号取决于 $f''(x_0)$.

如果 $f''(x_0)>0$,则由上式可知当 x 充分接近于 x_0 时,有 $f(x)>f(x_0)$,即 x_0 为 $f(x)$ 的极小值点.

如果 $f''(x_0) < 0$,则由上式可知当 x 充分接近于 x_0 时,有 $f(x) < f(x_0)$,即 x_0 为 $f(x)$ 的极大值点.

当二阶导数易求,且驻点 x_0 处的二阶导数 $f''(x_0) \neq 0$ 时,利用判定极值的第二充分条件判定驻点 x_0 是否为极值点比较方便.

例 4.24　利用判定极值的第二充分条件,求函数 $y = 3x^4 - 8x^3 - 6x^2 + 24x$ 的极值和极值点.

解　所给函数的定义域为 $(-\infty, +\infty)$.
$$y' = 12(x^3 - 2x^2 - x + 2) = 12(x+1)(x-1)(x-2).$$

令 $y' = 0$,得 y 的驻点 $x_1 = -1, x_2 = 1, x_3 = 2$.
$$y'' = 12(x^3 - 2x^2 - x + 2)' = 12(3x^2 - 4x - 1).$$

由于
$$y''|_{x=-1} = 12(3+4-1) > 0,$$
$$y''|_{x=1} = 12(3-4-1) < 0,$$
$$y''|_{x=2} = 12(12-8-1) > 0.$$

可知 $x_1 = -1, x_3 = 2$ 为 y 的极小值点,相应的极小值 $y|_{x_1=-1} = -19, y|_{x_3=2} = 8$;$x_2 = 1$ 为 y 的极大值点,相应的极大值 $y|_{x_2=1} = 13$.

求连续函数 $f(x)$ 的极值点的方法可总结为:

(1) 求出 $f(x)$ 的定义域;

(2) 求出 $f'(x)$,在 $f(x)$ 的定义域内求出 $f(x)$ 的全部驻点及导数不存在的点;

(3) 判定在上述点两侧 $f'(x)$ 的符号,利用判定极值第一充分条件判定其是否为极值点;

(4) 如果函数在驻点处的函数的二阶导数易求,可以利用判定极值第二充分条件判定其是否为极值点.

4.4.2　函数的最大值与最小值

由闭区间上连续函数的最大值最小值定理可知,如果 $f(x)$ 在 $[a,b]$ 上连续,则 $f(x)$ 在 $[a,b]$ 上必定能取得最大值与最小值. 下面介绍如何求出函数在闭区间上的最大值、最小值.

如果函数 $f(x)$ 在 $[a,b]$ 上连续,那么 $f(x)$ 在 $[a,b]$ 上的最大值、最小值可能在 (a,b) 内取得,也可能在区间的两个端点上取得. 如果最大(小)值点在 (a,b) 内,则最大(小)值点必定是极大(小)值点.

综合上述,可以得知连续函数 $f(x)$ 在 $[a,b]$ 上的最大值点、最小值点必定是 $f(x)$ 在 (a,b) 内的驻点、导数不存在的点,或者是区间的端点.

由此可以得知,**求 $[a,b]$ 上连续函数的最大值、最小值的步骤**:

(1) 求出 $f(x)$ 的所有位于 (a,b) 内的驻点 $x_1, x_2, \cdots, x_k$;

(2) 求出 $f(x)$ 在 (a,b) 内导数不存在的点 $\overline{x_1}, \overline{x_2}, \cdots, \overline{x_l}$;

(3) 比较 $f(x_1), \cdots, f(x_k), f(\overline{x_1}), \cdots, f(\overline{x_l}), f(a), f(b)$ 值的大小. 其中最大的值即为 $f(x)$ 在 $[a,b]$ 上的最大值,相应的点即为 $f(x)$ 在 $[a,b]$ 上的最大值点. 而其中最小的值,即为 $f(x)$ 在 $[a,b]$ 上的最小值,相应的点即为 $f(x)$ 在 $[a,b]$ 上的最小值点.

由上述分析可以看出,最大值与最小值是函数 $f(x)$ 在区间 $[a,b]$ 上的整体性质. 而极大值与极小值是函数 $f(x)$ 在某点邻域内的局部性质.

例 4.25　设 $f(x)=\dfrac{1}{3}x^3-\dfrac{5}{2}x^2+4x$，求 $f(x)$ 在 $[-1,2]$ 上的最大值与最小值.

解　由于所给函数为 $[-1,2]$ 上的连续函数，$f'(x)=x^2-5x+4=(x-4)(x-1)$.
令 $f'(x)=0$，可以得出 $f(x)$ 的两个驻点 $x_1=1,x_2=4$.

由于 $x_2=4\notin[-1,2]$，因此应该舍掉，又 $f(1)=\dfrac{11}{6},f(-1)=-\dfrac{41}{6},f(2)=\dfrac{2}{3}$，可知 $f(x)$ 在 $[-1,2]$ 上的最大值点为 $x=1$，最大值为 $f(1)=\dfrac{11}{6}$. 最小值点为 $x=-1$，最小值为 $f(-1)=-\dfrac{41}{6}$.

例 4.26　设 $f(x)=1-\dfrac{2}{3}(x-2)^{\frac{2}{3}}$，求 $f(x)$ 在 $[0,3]$ 上的最大值与最小值.

解　所给函数为 $[0,3]$ 上的连续函数.

由于 $f'(x)=-\dfrac{4}{9}(x-2)^{-\frac{1}{3}}$，在 $x=2$ 处 $f'(x)$ 不存在. 在 $(0,3)$ 内 $f(x)$ 没有驻点. 又

$$f(2)=1,f(0)=1-\dfrac{2}{3}\sqrt[3]{4},f(3)=\dfrac{1}{3},$$

可知 $f(x)$ 在 $[0,3]$ 上的最大值点为 $x=2$，最大值为 $f(2)=1$. 最小值点为 $x=0$，最小值为 $f(0)=1-\dfrac{2}{3}\sqrt[3]{4}$.

例 4.27　在椭圆 $\dfrac{x^2}{a^2}+\dfrac{y^2}{b^2}=1$ 上找点 $M_0(x_0,y_0),x_0>0,y_0>0$，使过点 M_0 的切线与两坐标轴所围成的三角形面积最小，并求出此面积.

解　任取椭圆 $\dfrac{x^2}{a^2}+\dfrac{y^2}{b^2}=1$ 上的点 $M(x,y)$，且 $x>0,y>0$.

由隐函数求导法则可以得出过点 M 的切线斜率 $k=-\dfrac{b^2x}{a^2y}$. 因而过点 $M(x,y)$ 的切线方程为

$$Y-y=-\dfrac{b^2x}{a^2y}(X-x).$$

令 $Y=0$，得切线 x 轴的截距 $X=\dfrac{a^2}{x}$，令 $X=0$，得切线在 y 轴上的截距 $Y=\dfrac{b^2}{y}$.

由此可以得知切线与两坐标轴所围成的三角形面积为 $S=\dfrac{1}{2}XY=\dfrac{a^2b^2}{2xy}$.

由于 $y=\dfrac{b}{a}\sqrt{a^2-x^2}$，因此

$$S=\dfrac{a^2b^2}{2x\dfrac{b}{a}\sqrt{a^2-x^2}}\quad(0<x<a).$$

如果求此函数的最小值，运算较复杂. 但是 S 最小当且仅当其分母 $\dfrac{2bx}{a}\sqrt{a^2-x^2}$ 最大，又因 a,b 为正常数，$x\sqrt{a^2-x^2}>0$，所以 S 最小当且仅当 $u=x^2(a^2-x^2)$ 最大. 由于 $u'=2a^2x-4x^3=2x(a^2-2x^2)$，令 $u'=0$，解出在 $(0,a)$ 内的唯一驻点 $x_0=\dfrac{\sqrt{2}}{2}a$. 此时 $y_0=\dfrac{\sqrt{2}}{2}b$.

$$S=\frac{a^2b^2}{2x_0y_0}=ab.$$

由问题的实际意义可知,所围成的三角形面积存在最小值,而且所求的驻点唯一,因此点 $M_0\left(\frac{\sqrt{2}}{2}a,\frac{\sqrt{2}}{2}b\right)$ 为所求点,最小面积为 ab.

有必要指出,对于在实际的问题中求其最大(小)值,首先应该建立函数关系,通常也称之为建立数学模型或目标函数. 然后求出目标函数在定义区间内的驻点. 如果目标函数可导,其驻点唯一,且实际意义表明函数的最大(小)值存在(且不在定义区间的端点上达到),那么所求驻点就是函数的最大(小)值点.

如果驻点有多个,且函数既存在最大值点也存在最小值点,只需比较这几个驻点处的函数值,其中最大值即为所求最大值,最小值即为所求最小值.

例 4.28　欲求一个面积为 150 m² 的矩形球场,所用材料的造价其正面是每平方米 6 元,其余三面是每平方米 3 元. 问场地的长、宽各为多少米时,才能使所用材料费最少?

分析　设所围矩形球场正面长 x 米,另一边长 y 米,则矩形场地面积为 $xy=150$,$y=\frac{150}{x}$. 设四面围墙的高相同,都为 h,则四面围墙所使用材料的费用 $f(x)$ 为

$$f(x)=6xh+3(2yh)+3xh=9h\left(x+\frac{100}{x}\right),$$

$$f'(x)=9h\left(1-\frac{100}{x^2}\right).$$

令 $f'(x)=0$,可得驻点 $x_1=10$,$x_2=-10$(舍掉).

$$f''(x)=\frac{1800h}{x^3},\quad f''(10)=1.8h>0.$$

由于驻点唯一,由实际意义可知,问题的最小值存在,因此当正面长 10 米,侧面长 15 米时,所用材料费最小.

习　题　4.4

习题 4.4 答案

1. 求下列函数的极值:

(1) $y=2x^3-3x^2$;　　　　　　　(2) $y=x-\ln(1+x)$;

(3) $y=x+2\sqrt{-x}$;　　　　　　(4) $y=x^2\mathrm{e}^x$;

2. 试问 a 为何值时,函数 $f(x)=a\sin x+\frac{1}{3}\sin 3x$ 在 $x=\frac{\pi}{3}$ 处取得极值? 它是极大值还是极小值? 并求此极值.

3. 求下列函数在指定区间上的最大值、最小值:

(1) $y=x^4-8x^2+2$,$-1\leqslant x\leqslant 3$;

(2) $y=x+\sqrt{1-x}$,$-5\leqslant x\leqslant 1$.

4. 某车间靠墙壁要盖一间长方形小屋,现有存砖只够砌 20 米长的墙壁,问围成怎样的长方形才能使这间小屋的面积最大?

5. 某公司每件产品的价格是 1500 元,一年生产 x 件产品的总成本是 $100000+0.015x^2$,

假设产品当年都能售出,求此公司的最大年利润.

6. 一银行的统计资料表明,存放在银行中的总存款量正比于银行付给存户利率的平方. 现在假设银行可以用 12% 的利率再投资这笔钱. 试问:为得到最大利润,银行所支付给存户的利率应定为多少?

4.5 函数曲线的凹凸性与拐点

研究函数的单调性与极值为我们提供了求解最大值与最小值问题的方法. 它也提供了描绘函数图形的重要依据. 但是只依赖这些知识,还难以准确地描绘出函数的图形. 如函数 $y=x^2$ 与 $y=\sqrt{x}$ 都过点 $(0,0)$ 与 $(1,1)$,且两个函数 $[0,1]$ 上都是单调增加函数,但是这两个函数的图形弯曲的方向不同,如图 4.5 所示. 由此可以给人以启示,如果我们能确定曲线弯曲的方向,必然有助于准确地描绘出函数的图形.

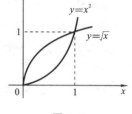

图 4.5

4.5.1 曲线的凹凸性

定义 4.2 设函数 $y=f(x)$ 在 $[a,b]$ 上连续,在 (a,b) 内可导.

(1) 若对于任意的 $x_0\in(a,b)$,曲线弧 $f(x)$ 过点 $(x_0,f(x_0))$ 的切线总位于曲线弧 $f(x)$ 的下方,则称曲线弧 $y=f(x)$ 在 $[a,b]$ 上为凹的;

(2) 若对于任意的 $x_0\in(a,b)$,曲线弧 $f(x)$ 过点 $(x_0,f(x_0))$ 的切线总位于曲线弧 $f(x)$ 的上方,则称曲线弧 $y=f(x)$ 在 $[a,b]$ 上为凸的.

如图 4.6 所示,图中所给曲线 $y=f(x)$ 在 $[x_1,x_2]$ 上为凹的. 在 $[x_2,x_3]$ 上为凸的.

如果 $y=f(x)$ 在 (a,b) 内二阶可导,则可以利用二阶导数的符号来判定曲线弧的凹凸性.

定理 4.12(曲线弧凹凸性的判定法) 设函数 $y=f(x)$ 在 $[a,b]$ 上连续,在 (a,b) 内二阶可导.

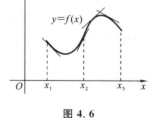

图 4.6

(1) 若在 (a,b) 内 $f''(x)>0$,则曲线弧 $y=f(x)$ 在 $[a,b]$ 上为凹的;

(2) 若在 (a,b) 内 $f''(x)<0$,则曲线弧 $y=f(x)$ 在 $[a,b]$ 上为凸的.

证 任意取定一点 $x_0\in(a,b)$,则曲线弧 $y=f(x)$ 上点 $M(x_0,f(x_0))$ 处的切线方程为

$$Y=f(x_0)+f'(x_0)(X-x_0).$$

任取 $x_1\in(a,b)$,且 $x_1\neq x_0$,则切线上对应 x_1 的点 $M_1=(x_1,Y_1)$ 的纵坐标

$$Y_1=f(x_0)+f'(x_0)(x_1-x_0).$$

而曲线弧上对应于 x_1 的点 $M(x_1,f(x_1))$. 由于 $f(x)$ 在 (a,b) 内二阶可导,由具有拉格朗日型余项的泰勒公式有

$$f(x_1)=f(x_0)+f'(x_0)(x_1-x_0)+\frac{1}{2!}f''(\xi)(x_1-x_0)^2,$$

其中 ξ 介于 x_0,x_1 之间.

对于情形(1),如果在 (a,b) 内 $f''(x)>0$,则 $f''(\xi)>0$,因此总有

$$f(x_1) > f(x_0) + f'(x_0)(x_1 - x_0) = Y_1,$$

即 $f(x_1) > Y_1$，由 x_1 的任意性，可知曲线弧 $y = f(x)$ 总位于所给定的曲线弧的切线的上方. 因此曲线弧在 $[a, b]$ 上为凹的.

相似可证情形 (2).

例 4.29　判定曲线弧 $y = x\arctan x$ 的凹凸性.

解　所给曲线在 $(-\infty, +\infty)$ 内为连续曲线弧. 由于

$$y' = \arctan x + \frac{x}{1+x^2},$$

$$y'' = \frac{1}{1+x^2} + \frac{(1+x^2) - x \cdot 2x}{(1+x^2)^2} = \frac{2}{(1+x^2)^2} > 0,$$

可知曲线弧 $y = x\arctan x$ 在 $(-\infty, +\infty)$ 内为凹的.

例 4.30　判定曲线弧 $y = x^3$ 的凹凸性.

解　所给曲线在 $(-\infty, +\infty)$ 内为连续曲线弧. 由于

$$y' = (x^3)' = 3x^2,$$

$$y'' = (3x^2)' = 6x.$$

因此，当 $x < 0$ 时，$y'' < 0$，可知曲线弧 $y = x^3$ 为凸的. 当 $x > 0$ 时，$y'' > 0$，可知曲线弧 $y = x^3$ 为凹的.

4.5.2　曲线的拐点

定义 4.3　连续曲线弧上的凹弧与凸弧的分界点，称为该曲线弧的**拐点**.

例 4.31　试判定点 $M(0, 0)$ 是否为下列曲线弧的拐点.

(1) $y_1 = x^3$；　　(2) $y_2 = x^{\frac{5}{3}}$；　　(3) $y_3 = x^{\frac{1}{3}}$.

解　所给三个函数在 $(-\infty, +\infty)$ 内皆为连续函数.

对于题 (1) $y_1 = x^3$，由例 4.30 可知，点 $(0, 0)$ 为曲线弧 $y_1 = x^3$ 的拐点.

对于题 (2)，$y_2' = \frac{5}{3} x^{\frac{2}{3}}$，$y_2'' = \frac{10}{9} x^{-\frac{1}{3}}$，$y_2''$ 在 $x = 0$ 处不存在.

当 $x < 0$ 时，$y_2'' < 0$，曲线弧 $y_2 = x^{\frac{5}{3}}$ 为凸的.

当 $x > 0$ 时，$y_2'' > 0$，曲线弧 $y_2 = x^{\frac{5}{3}}$ 为凹的.

从而知点 $(0, 0)$ 为曲线弧 $y_2 = x^{\frac{5}{3}}$ 的拐点.

对于题 (3)，$y_3' = \frac{1}{3} x^{-\frac{2}{3}}$，$y_3'' = -\frac{2}{9} x^{-\frac{5}{3}}$. y_3'' 在 $x = 0$ 处不存在.

当 $x < 0$ 时，$y_3'' > 0$，曲线弧 $y_3 = x^{\frac{1}{3}}$ 为凹的.

当 $x > 0$ 时，$y_3'' < 0$，曲线弧 $y_3 = x^{\frac{1}{3}}$ 为凸的.

从而知点 $(0, 0)$ 为曲线弧 $y_3 = x^{\frac{1}{3}}$ 的拐点.

仔细分析上述三个函数，y_1'' 在 $x = 0$ 处连续，且 $y_1''|_{x=0} = 0$，而 $y_2''|_{x=0} = 0$，$y_3''|_{x=0} = 0$ 都不存在. 但是后两种情形中 $y_2'|_{x=0} = 0$ 存在，$y_3'|_{x=0} = \infty$（意味着曲线 $y_3 = x^{\frac{1}{3}}$ 在点 $x = 0$ 处有铅直切线）.

求连续曲线弧 $y = f(x)$ 的拐点的一般步骤为：

（1）在 $f(x)$ 所定义的区间内，求出二阶导数 $f''(x)$ 等于零的点；

（2）求出二阶导数 $f''(x)$ 不存在的点；

（3）判定上述点两侧，$f''(x)$ 是否异号．如果 $f''(x)$ 在 x_i 的两侧异号，则 $(x_i,f(x_i))$ 为曲线弧 $y=f(x)$ 的拐点．如果 $f''(x)$ 在 x_i 的两侧同号，则 $(x_i,f(x_i))$ 不为曲线弧 $y=f(x)$ 的拐点．

例 4.32 讨论曲线弧 $y=x^4-6x^3+12x^2-10$ 的凹凸性，并求其拐点．

解 所给函数 $y=x^4-6x^3+12x^2-10$ 在 $(-\infty,+\infty)$ 内连续．

$$y'=4x^3-18x^2+24x,$$
$$y''=12x^2-36x+24=12(x-1)(x-2),$$

y'' 在 $(-\infty,+\infty)$ 内连续．令 $y''=0$，得 $x=1,x=2$．列表分析可得：

x	$(-\infty,1)$	1	$(1,2)$	2	$(2,+\infty)$
y''	$+$	0	$-$	0	$+$
y	凹	拐点$(1,-3)$	凸	拐点$(2,6)$	凹

可知曲线弧在 $(-\infty,1)$ 与 $(2,+\infty)$ 内为凹的，在 $(1,2)$ 内为凸的．

拐点为点 $(1,-3)$ 与点 $(2,6)$．

例 4.33 讨论曲线 $y=(x-1)\sqrt[3]{x^2}$ 的凹凸性，并求其拐点．

解 所给函数在 $(-\infty,+\infty)$ 内为连续函数．

$$y'=\left[(x-1)\sqrt[3]{x^2}\right]'=\left[x^{\frac{5}{3}}-x^{\frac{2}{3}}\right]'=\frac{5}{3}x^{\frac{2}{3}}-\frac{2}{3}x^{-\frac{1}{3}},$$

$$y''=\frac{10}{9}x^{-\frac{1}{3}}+\frac{2}{9}x^{-\frac{4}{3}}=\frac{2}{9}x^{-\frac{4}{3}}(5x+1).$$

当 $x=0$ 时，y'' 不存在．当 $x\neq 0$ 时，y'' 为连续函数．

令 $y''=0$，可得 $x=-\frac{1}{5}$．

列表分析可得：

x	$\left(-\infty,-\frac{1}{5}\right)$	$-\frac{1}{5}$	$\left(-\frac{1}{5},0\right)$	0	$(0,+\infty)$
y''	$-$	0	$+$	不存在	$+$
y	凸	拐点$\left(-\frac{1}{5},-\frac{6}{5\sqrt[3]{25}}\right)$	凹	非拐点	凹

可知所给曲线在 $\left(-\infty,-\frac{1}{5}\right)$ 为凸的，在 $\left(-\frac{1}{5},+\infty\right)$ 为凹的，拐点为 $\left(-\frac{1}{5},-\frac{6}{5\sqrt[3]{25}}\right)$．

习 题 4.5

习题 4.5 答案

1. 讨论下列曲线的凹凸性，并求出曲线的拐点．

（1）$y=x\ln x$；　　　　　　　　（2）$y=3x^5+5x^4+3x-5$；

（3）$y=\dfrac{x^3}{x^2+3}$；　　　　　　　（4）$y=\ln(1+x^3)$；

（5）$y=\dfrac{\ln x}{x}$;　　　　　　　　　（6）$y=\sqrt[3]{1-x^2}$;

（7）$y=\dfrac{x-1}{x^2+1}$.

2. 已知曲线 $y=ax^3+bx^2+x+2$ 有一个拐点 $(-1,3)$，求 a,b 的值.

3. 若函数 $y=f(x)$ 在 $(-\infty,+\infty)$ 内严格单调增加，且函数曲线为凹的，关于 $\lim\limits_{x\to+\infty}f(x)$ 能得出什么结论？若函数 $y=g(x)$ 在 $(-\infty,+\infty)$ 内为严格单调减少，且函数曲线为凸的，关于 $\lim\limits_{x\to+\infty}g(x)$ 能得出什么结论？

4.6　函数的作图

本节将研究怎样准确地作出函数的图形.

由函数的单调性、函数的极值、曲线的凹凸性可以描绘出函数图形的基本性态. 下面再介绍渐近线的概念，以便进一步了解曲线上的点无限远离坐标原点时的性态.

4.6.1　渐近线

关于渐近线，下面给出确切的定义.

定义 4.4　点 M 沿曲线 $y=f(x)$ 无限远离坐标原点时，若点 M 与某定直线 L 之间的距离趋于零，则称直线 L 为曲线 $y=f(x)$ 的一条渐近线.

若渐近线 L 与 x 轴平行，则称 L 为曲线 $y=f(x)$ 的**水平渐近线**，如图 4.7(a) 所示.

若渐近线 L 与 x 轴垂直，则称 L 为曲线 $y=f(x)$ 的**铅直渐近线**，如图 4.7(b) 所示.

若渐近线 L 既不与 x 轴平行，也不与 x 轴垂直，则称 L 为曲线 $y=f(x)$ 的**斜渐近线**，如图 4.7(c) 所示.

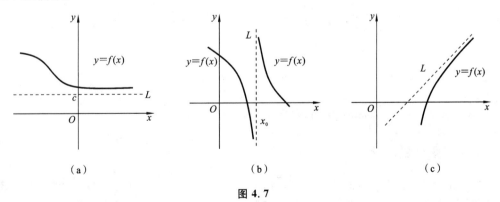

图 4.7

当且仅当下列三种情形之一成立时，直线 $y=c$ 为曲线 $y=f(x)$ 的水平渐近线.
$$\lim_{x\to+\infty}f(x)=c,\quad \lim_{x\to-\infty}f(x)=c,\quad \lim_{x\to\infty}f(x)=c.$$

当且仅当下列三种情形之一成立时，直线 $x=x_0$ 为曲线 $y=f(x)$ 的铅直渐近线.
$$\lim_{x\to x_0^+}f(x)=\infty,\quad \lim_{x\to x_0^-}f(x)=\infty,\quad \lim_{x\to x_0}f(x)=\infty.$$

本书不讨论斜渐近线的情形.

例 4.34 求曲线 $y=\dfrac{1}{x^2-2x-3}$ 的水平渐近线和铅直渐近线.

解 由于 $x^2-2x-3=(x+1)(x-3)$,可知 $x=-1$ 及 $x=3$ 时所给函数没有定义.因此,函数的定义域为 $(-\infty,-1),(-1,3),(3,+\infty)$.

$$\lim_{x\to\infty}\frac{1}{x^2-2x-3}=\lim_{x\to\infty}\frac{1}{(x-1)^2-4}=0,$$

可知 $y=0$ 为所给曲线的水平渐近线.

又由于

$$\lim_{x\to-1^-}f(x)=\lim_{x\to-1^-}\frac{1}{(x+1)(x-3)}=+\infty,$$

$$\lim_{x\to-1^+}f(x)=\lim_{x\to-1^+}\frac{1}{(x+1)(x-3)}=-\infty,$$

可知 $x=-1$ 为所给曲线的铅直渐近线(在 $x=-1$ 的两侧 $f(x)$ 的趋向不同).

$$\lim_{x\to3^-}f(x)=\lim_{x\to3^-}\frac{1}{(x+1)(x-3)}=-\infty,$$

$$\lim_{x\to3^+}f(x)=\lim_{x\to3^+}\frac{1}{(x+1)(x-3)}=+\infty,$$

可知 $x=3$ 为所给曲线的铅直渐近线(在 $x=3$ 的两侧 $f(x)$ 的趋向不同).

例 4.35 求曲线 $y=\dfrac{\ln x}{x}$ 的渐近线.

解 所给函数的定义域为 $(0,+\infty)$.

由于

$$\lim_{x\to+\infty}\frac{\ln x}{x}=\lim_{x\to+\infty}\frac{\dfrac{1}{x}}{1}=0,$$

可知 $y=0$ 为所给曲线 $y=\dfrac{\ln x}{x}$ 的水平渐近线.

由于

$$\lim_{x\to0^+}\frac{\ln x}{x}=-\infty,$$

可知 $x=0$ 为曲线 $y=\dfrac{\ln x}{x}$ 的铅直渐近线.

4.6.2 函数的作图

对函数的单调性、极值、曲线的凹凸性及曲线的渐近线进行了研究,就可以得到有关图形的全面信息,从而能比较准确地作出函数的图形.

作函数图形的一般步骤为:

(1) 确定函数 $y=f(x)$ 的定义域及不连续点.

(2) 判定函数 $y=f(x)$ 的奇偶性与周期性.

如果函数 $y=f(x)$ 为奇函数或偶函数,只需研究当 $x\geqslant0$ 时函数的性质,作出其图形.而另一半曲线的图形可由对称性得出.如果函数 $y=f(x)$ 为周期函数,只需研究其在一个周期内的性质,作出其图形,其余部分利用周期性可得.

（3）求函数的一阶导数 y'.

求 $y=f(x)$ 的驻点，导数不存在的点，以便确定函数的增减性、极值.

（4）求函数的二阶导数 y''. 求 $y''=0$ 的点和 y'' 不存在的点，以便确定曲线的凹凸性和拐点.

（5）确定曲线的渐近线.

（6）将上述所求得的结果按自变量由小到大的顺序列入一个表中，并将函数图形的形态列于表中，然后描绘成图形.

例 4.36　作出函数 $y=x^3-6x^2+9x-2$ 的图形.

解　所给函数的定义域为 $(-\infty,+\infty)$，是连续的非奇非偶函数；非周期函数.

$$y'=3x^2-12x+9=3(x-1)(x-3).$$

令 $y'=0$，可得驻点 $x_1=1,x_2=3$.

$$y''=6x-12=6(x-2).$$

令 $y''=0$，得 $x=2$.

由以上分析可列下表：

x	$(-\infty,1)$	1	$(1,2)$	2	$(2,3)$	3	$(3,+\infty)$
y'	$+$	0	$-$	不存在	$-$	0	$+$
y''	$-$		$-$		$+$		$+$
y	↗凸	极大 2	↘凸	拐点(2,0)	↘凹	极小 -2	↗凹

所给函数图形无渐近线. 再补充点 $(0,-2)$.

描绘函数图形，如图 4.8 所示.

例 4.37　作出函数 $y=\dfrac{x}{1+x^2}$ 的图形.

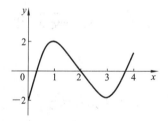

解　所给函数的定义域为 $(-\infty,+\infty)$. 所给函数为奇函数，只需研究 $[0,+\infty)$ 内函数的性态.

$y'=\dfrac{1-x^2}{(1+x^2)^2}$，令 $y'=0$，可得函数的驻点 $x=1$.

图 4.8

$y''=\dfrac{2x(x^2-3)}{(1+x^2)^3}$，令 $y''=0$，可得 $x=0,x=\sqrt{3}$. 由于 $\lim\limits_{x\to+\infty}y=\lim\limits_{x\to+\infty}\dfrac{x}{1+x^2}=0$，可知 $y=0$ 为该曲线的水平渐近线. 该曲线没有铅直渐近线.

由以上分析可列下表：

x	$(0,1)$	1	$(1,\sqrt{3})$	$\sqrt{3}$	$(\sqrt{3},+\infty)$
y'	$+$	0	$-$		$-$
y''	$-$	$-$	$-$	0	$+$
y	↗凸	极大 $\dfrac{1}{2}$	↘凸	拐点 $\left(\sqrt{3},\dfrac{\sqrt{3}}{4}\right)$	↘凹

因为函数为连续的奇函数,在 $x>0$ 的邻域内,曲线是凸的,故在 $x<0$ 的邻域内,曲线是凹的. 所以点$(0,0)$为拐点. 描绘图形如图 4.9 所示.

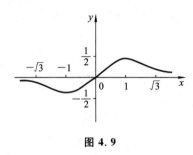

图 4.9

习　题　4.6

习题 4.6 答案

1. 求曲线 $y=x\sin\dfrac{1}{x}$ 的水平渐进线和铅直渐进线.

2. 求曲线 $y=\dfrac{2x^2+3x-4}{x^2}$ 的水平渐进线和铅直渐进线.

3. 作出函数 $y=x-\ln(x+1)$ 的图形.

4. 作出函数 $y=2x^3-3x^2$ 的图形.

5. 作出函数 $y=\ln|x|$ 的图形.

实验五　一元函数微分的 Python 实现

实　验　目　的

1. 深入理解导数的意义.

2. 掌握用 Python 求导数、高阶导数、函数在某点的导数值和微分的基本运算.

3. 从几何上直观了解导数的定义和切线方程、法线方程.

4. 掌握求解隐函数的导数的方法.

5. 理解并掌握用函数的导数确定函数的单调区间、极值和凹凸区间的方法.

6. 进一步熟练掌握用 Python 绘制平面图形的方法和技巧,从而结合图形求得函数的极值或最值.

实　验　内　容

一、导数、微分运算

1. 显函数的导数与微分

一元显函数求导的基本命令如实验表 5.1 所示.

实验表 5.1 一元显函数求导的基本命令

Python 命令	含　义
diff(f,x)	函数 $f(x)$ 对自变量 x 求一阶导数
diff(f,x,n)	函数 $f(x)$ 对自变量 x 求 n 阶导数
expr. evalf()	求出表达式 expr 的浮点数
expr. subs(x,val)	将表达式 expr 中的变量 x 用 val 替换
expr. evalf (subs＝{x1:val1, x2:val2,…, xn:valn})	求表达式 expr 分别在 x1＝val1，x2＝ val2,…，xn＝valn 时的值

【示例 5.1】 已知函数 $y=x^n$,求 $\dfrac{\mathrm{d}y}{\mathrm{d}x}$,$\dfrac{\mathrm{d}^3 y}{\mathrm{d}x^3}$.

解 在单元格中按如下操作:

```
In    from sympy import *
      x=symbols('x')
      y=x**n
      dx=diff(y,x)
      dxx=diff(f,x,3)
      print(dx)
      print(dxx)
```

运行程序,命令窗口显示所得结果:

```
n*x**n/x
n*x**n*(n**2-3*n+2)/x**3
```

即

$$\frac{\mathrm{d}}{\mathrm{d}x}(x^n)=nx^{n-1},$$

$$\frac{\mathrm{d}^3}{\mathrm{d}x^3}(x^n)=n(n-1)(n-2)x^{n-3}.$$

【示例 5.2】 已知 $y=2\mathrm{e}^x-x\sin x$,求 y 的一阶导数 y' 和二阶导数 y'',并计算 y 的二阶导数 y'' 在 $x=\dfrac{\pi}{4}$ 处的值.

解 在单元格中按如下操作:

```
In    from sympy import *
      x=symbols ('x')
      y=2*exp(x)-x*sin(x)
      dx=diff (y,x)
      dxx=diff(y,x,2)
      zhi=dxx.evalf(subs={x:0})
      print("一阶导数为",dx)
      print("二阶导数为",dxx)
      print("二阶导数在 x=pi/4 处的值为",zhi)
```

运行程序,命令窗口显示所得结果:

　　一阶导数为 $-x*\cos(x)+2*\exp(x)-\sin(x)$

　　二阶导数为 $x*\sin(x)+2*\exp(x)-2*\cos(x)$

　　二阶导数在 $x=\text{pi}/4$ 处的值为 $0.e-125$

即

$$y'=-x\cos x+2\mathrm{e}^x-\sin x,$$
$$y''=x\sin x+2\mathrm{e}^x-2\cos x,$$
$$y''\big|_{x=\frac{\pi}{4}}=0.$$

【示例 5.3】　设 $y=\mathrm{e}^{2x}\cos x$,求 $\dfrac{\mathrm{d}y}{\mathrm{d}x}$,$\mathrm{d}y$.

解　在单元格中按如下操作:

```
from sympy import*
x=symbols('x')
y=exp(2*x)*cos(x)
dx=diff(y,x)
print(dx)
```

运行程序,命令窗口显示所得结果:

　　$-\exp(2*x)*\sin(x)+2*\exp(2*x)*\cos(x)$

即

$$\frac{\mathrm{d}y}{\mathrm{d}x}=\mathrm{e}^{2x}(2\cos x-\sin x),$$
$$\mathrm{d}y=\mathrm{e}^{2x}(2\cos x-\sin x)\mathrm{d}x.$$

2. 隐函数的导数

对隐函数的求导问题,可以根据隐函数的求导方法,借助于 Python 来计算.

【示例 5.4】　已知 $\mathrm{e}^y+xy-\mathrm{e}=0$,求 $y'(x)$,$y'(0)$.

解　在单元格中按如下操作:

```
from sympy import*
x,y=symbols('x y')
z=exp(y)+x*y-exp(1)
dx=-diff(z,x)/diff(z,y)
print(dx)
```

运行程序,命令窗口显示所得结果:

　　$-y/(x+\exp(y))$

即

$$y'(x)=-\frac{y}{x+\mathrm{e}^y}.$$

当 $x=0$ 时,代入原方程求对应的 y 值,在单元格中按如下操作:

```
In    from sympy import*
      x,y=symbols('x y')
      z=exp(y)+x*y-exp(1)
      eq1=Eq(z,0)
      yzhi=solve(eq1.subs(x,0),y)
      print(yzhi)
```

运行程序,命令窗口显示所得结果:

[1]

即当 $x=0$ 时, $y=1$.

下面求 $y'(0)$,在单元格中按如下操作:

```
In    from sympy import*
      x,y=symbols('x y')
      z=exp(y)+x*y-exp(1)
      dx=-diff(z,x)/diff(z,y)
      zhi=dx.evalf(subs={x:0,y:1})
      print(zhi)
```

运行程序,命令窗口显示所得结果:

-1/e

即 $y'(0)=-\dfrac{1}{e}$.

3. 参变量函数的导数

【示例 5.5】　已知 $\begin{cases} x=1-t^2, \\ y=t-t^3, \end{cases}$ 求 $\dfrac{\mathrm{d}y}{\mathrm{d}x}, \dfrac{\mathrm{d}^2 y}{\mathrm{d}x^2}$.

解　在单元格中按如下操作:

```
In    from sympy import*
      x,y,t=symbols('x y t')
      x=1-t**2
      y=t-t**3
      dx=diff(y,t)/diff(x,t)
      dxx=diff(dx,t)/diff(x,t)
      print(dx)
      print(dxx)
```

运行程序,命令窗口显示所得结果:

```
-(1-3*t**2)/(2*t)
-(3+(1-3*t**2)/(2*t**2))/(2*t)
```

即

$$\frac{\mathrm{d}y}{\mathrm{d}x} = -\frac{1-3t^2}{2t},$$

$$\frac{\mathrm{d}^2 y}{\mathrm{d}x^2} = -\frac{3+\dfrac{1-3t^2}{2t^2}}{2t}.$$

二、平面曲线的切线

对于平面曲线 $y=f(x)$：

(1) 经过点 $(a,f(a))$ 的切线方程为 $y=f(a)+f'(a)(x-a)$；

(2) 经过点 $(a,f(a))$ 和点 $(b,f(b))$ 的割线方程为

$$y=f(a)+\frac{f(b)-f(a)}{b-a}(x-a),$$

当 $b \to a$ 时，割线就变为过点 $(a,f(a))$ 的切线.

【示例 5.6】 画出曲线 $y=x^2+2x+5$ 及其在 $x=2$ 处的切线.

解 首先，求解出在 $x=2$ 处的切线的斜率. 在单元格中按如下操作：

```
In    from sympy import*
      x=symbols('x')
      y1=x**2+2*x+5
      dx=diff(y1,x)
      zhi=dx.evalf(subs={x:2})print(zhi)
```

运行程序，命令窗口显示所得结果：

```
6.0
```

所以，其切点方程为 $y-13=6(x-2)$，即为 $y=6x+1$.

下面，在单元格中按如下操作：

```
In    import matplotlib.pyplot as plt
      from numpy import *
      x=arange(-10,10,0.01)
      y1=x**2+2*x+5
      y2=6*(x-2)+13
      plt.figure()
      plt.plot(x,y1,color='r',linestyle='- ')
      plt.plot(x,y2,color='b',linestyle='- .')
      plt.legend()
      plt.show()
```

运行程序，输出图像如实验图 5.1 所示，即在同一坐标系内绘制函数 $y=x^2+2x+5$ 的图像和它在 $x=2$ 处的切线.

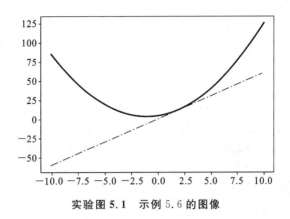

实验图 5.1　示例 5.6 的图像

三、函数的单调性

Python 具有求解符号表达式与解方程(组)的工具,其命令格式及功能,如实验表 5.2 所示.

实验表 5.2　求解符号表达式与解方程工具的命令格式及功能

Python 命令	含　义
solve(eq,var)	求解含单个未知数 var 的方程 eq
solve([eql,eq2,...,eqn],[varl,var2,...,varn])	求解有 n 个未知数 varl,var2,…,varn 的方程组 eql,eq2 …,eqn

注:表中 eq 表示方程,var 表示变量.

【示例 5.7】　确定函数 $y = x^3 - 3x$ 的单调区间.

解　在单元格中按如下操作:

```
from sympy import*
x=symbols('x')
y=x**3-3*x
dx=diff(y,x)
ans=solve(dx,x)
print("函数的导数为",ds)
print("驻点为",ans)
```

运行程序,命令窗口显示所得结果:

函数的导数为 3*x**2- 3

驻点为 [- 1,1]

即 $y = x^3 - 3x$ 有两个驻点,分别为 $x_1 = -1, x_2 = 1$.

为确定导数在驻点两侧的符号,需要找三个特殊点进行验证. 输入如下代码:

```
In    from sympy import*
      x=symbols('x')
      y=x**3-3*x
      dx=diff(y,x)
      zhi0=dx.evalf(subs={x:-2})
      zhi1=dx.evalf(subs={x:0})
      zhi2=dx.evalf(subs={x:2})
      print("导数在 x=-2 的值为",zhi0)
      print("导数在 x=0 的值为",zhi1)
      print("导数在 x=2 的值为",zhi2)
```

运行程序,命令窗口显示所得结果:

　　导数在 x=-2 的值为 9.00000000000000
　　导数在 x=0 的值为- 3.00000000000000
　　导数在 x=2 的值为 9.00000000000000

为结合图形确定单调性,在单元格中操作内容如下:

```
In    import matplotlib.pyplot as plt
      from numpy import*
      x=arange(-4,4,0.01)
      y=x**3-3*x
      plt.figure()
      plt.plot(x,y)
      plt.grid(True)
      plt.show()
```

运行程序,输出图形如实验图 5.2 所示.

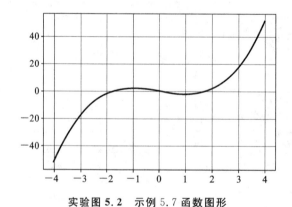

实验图 5.2　示例 5.7 函数图形

　　由程序输出结果可知,函数 $y=x^3-3x$ 单调减区间为 $(-1,1)$,单调增区间分别为 $(-\infty,-1)$ 和 $(1,+\infty)$.

四、函数的极值

【**示例 5.8**】　求函数 $y=2x^3-6x^2-18x+7$ 的极值,并作图对照.

解　在单元格中按如下操作：

```
In    from sympy import*
      x=symbols( 'x')
      y=2*x**3-6*x**2-18*x+7
      ds_1=diff(y,x)
      ans=solve(ds_1,x)
      print("函数的导数为",ds_1)
      print("驻点为",ans)
```

运行程序,命令窗口显示所得结果：

函数的导数为 6*x**2-12*x-18
驻点为 [- 1,3]

即 $y=2x^3-6x^2-18x+7$ 有两个驻点,分别为 $x_1=-1,x_2=3$.

根据判定极值的第二充分条件,需要进一步判断二阶导数在两个驻点的符号. 在单元格中按如下操作：

```
In    from sympy import*
      x=symbols('x')
      y=2*x**3-6*x**2-18*x+7
      ds_2=diff(y,x,2)
      ans1=ds_2.evalf(subs={x:-1})
      ans2=ds_2.evalf(subs={x: 3})
      print("二阶导数在 x=-1 的值为",ans1)
      print("二阶导数在 x=3 的值为",ans2)
```

运行程序,命令窗口显示所得结果：

二阶导数在 x=-1 的值为-24.00000000000000
二阶导数在 x=3 的值为 24.00000000000000

因为 $y''|_{x=-1}=-24,y''|_{x=3}=24$,则函数在 $x_1=-1$ 处取得极大值,在 $x_2=3$ 处取得极小值.

在单元格中按如下操作求极值.

```
In    from sympy import*
      x=symbols( 'x')
      y=2*x**3-6*x**2-18*x+7
      ans3=y.evalf(subs={x:-1})
      ans4=y.evalf(subs={x:3})
      print("函数的极大值为",ans_3)
      print("函数的极小值为",ans_4)
```

运行程序,命令窗口显示所得结果：

函数的极大值为 17.00000000000000
函数的极小值为- 47.00000000000000

即函数 $y=2x^3-6x^2-18x+7$ 在 $x_1=-1$ 处取得极大值 17，在 $x_2=3$ 处取得极小值 -47.

为结合图形对照函数性质，在单元格中操作如下内容：

```
In    import matplotlib. pyplot as plt
      from numpy import*
      x=arange(-6,6,0.01)
      y=2*x**3-6*x**2-18*x+7
      plt.figure()
      plt.plot(x,y)
      plt.grid(True)
      plt.show()
```

运行程序，输出图形如实验图 5.3 所示.

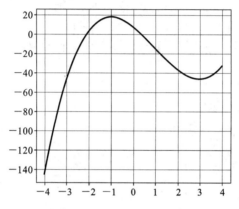

实验图 5.3　示例 5.8 的图形

五、曲线的凹凸与拐点

【示例 5.9】　求曲线 $y=3x^4-4x^3+1$ 的凹凸区间与拐点.

解　在单元格中按如下操作：

```
In    from sympy import*
      x=symbols('x')
      y=3*x**4-4*x**3+1
      ds_1=diff(y,x)
      ds_2=diff(y,x,2)
      ans=solve (ds_2, x)
      print("函数的一阶导数为",ds_1)
      print("函数的二阶导数为",ds_2)
      print("二阶导数为0的点是",ans)
```

运行程序，命令窗口显示所得结果：

函数的一阶导数为 6*x**2-12*x-18

函数的二阶导数为 12*x*(3*x-2)

二阶导数为 0 的点是 $[0,2/3]$

即方程 $y''=0$ 的根有两个,分别为 $x_1=0,x_2=\dfrac{2}{3}$.

根据曲线弧凹凸性的判定法,需要判断二阶导数在 $x_1=0,x_2=\dfrac{2}{3}$ 两侧的符号,在单元格中按如下操作:

```
from sympy import*
x=symbols('x')
y=3*x**4-4*x**3+1
ds_2=diff(y,x,2)
ans_1=ds_2.evalf(subs={x:-1})
ans_2=ds_2.evalf(subs={x:1/2})
ans_3=ds_2.evalf(subs={x:1})
print("二阶导数在 x=-1 的值为",ans_1)
print("二阶导数在 x=1/2 的值为",ans_2)
print("二阶导数在 x=1 的值为",ans_3)
```

运行程序,命令窗口显示所得结果:

```
二阶导数在 x=-1 的值为 60.0000000000000
二阶导数在 x=1/2 的值为 - 3.00000000000000
二阶导数在 x=1 的值为 12.0000000000000
```

为结合图形确定凹凸区间,在单元格中操作如下内容:

```
import matplotlib. pyplot as plt
from numpy import*
x=arange(- 0.5,1.4,0.01)
y=3*x**4-4*x**3+1
plt.figure()
plt.plot(x,y)
plt.grid(True)
plt.show()
```

运行程序,输出图形如实验图 5.4 所示.

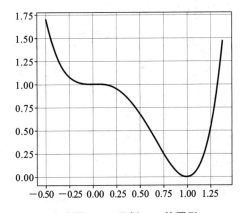

实验图 5.4　示例 5.9 的图形

为确定拐点,在单元格中按如下操作:

```
from sympy import*
x= symbols('x')
y=3*x**4-4*x**3+1
ans_4=y.evalf(subs={x:0})
ans_5=y.evalf(subs={x:2/3})
print("函数在 x=0 的值为",ans_4)
print("函数在 x=2/3 的值为",ans_5)
```

运行程序,命令窗口显示所得结果:

　　函数在 x=0 的值为 1.00000000000000

　　函数在 x=2/3 的值为 0.407407407407407

由程序输出结果和实验图 5.4 可知,曲线 $y=3x^4-4x^3+1$ 在区间 $(-\infty,0)$ 和 $\left(\dfrac{2}{3},+\infty\right)$ 凹,

在区间 $\left(0,\dfrac{2}{3}\right)$ 凸,$(0,1)$ 和 $\left(\dfrac{2}{3},\dfrac{11}{27}\right)$ 是它的两个拐点.

实 验 作 业

1. 已知函数 $y=\dfrac{x}{1+x^2}$,求 $y'(x)$.

2. 已知 $y=\cos x$,求 $y'(0)$.

3. 求 $y=x\mathrm{e}^y$ 的导数 y'.

4. 设 $\begin{cases} x=\mathrm{e}^t\cos t, \\ y=\mathrm{e}^t\sin t, \end{cases}$ 求 $\dfrac{\mathrm{d}y}{\mathrm{d}x}$.

5. 求曲线 $y=\ln x$ 在 $(\mathrm{e},1)$ 处的切线方程和法线方程.

6. 求下列函数的单调区间根的近似值:

(1) $y=2+x-x^2$;　　　　　　　　　(2) $y=2x^2-\ln x$.

7. 求下列函数的极值:

(1) $y=-4x^4+2x^2$;　　　　　　　　(2) $y=x-\ln(1+x)$.

8. 求下列曲线的凹凸区间与拐点:

(1) $y=x^3-3x^2-x+1$;　　　　　　　(2) $y=x\ln x$.

复习题四

一、选择题

复习题四答案

1. 下列函数在 $[1,\mathrm{e}]$ 上满足拉格朗日中值定理条件的是(　　　).

A. $\ln[\ln x]$　　　　B. $\ln x$　　　　C. $\dfrac{1}{\ln x}$　　　　D. $\ln(2-x)$.

2. 函数 $f(x)=\sin x$ 在 $[0,2\pi]$ 上满足罗尔定理结论的 ζ(　　　).

A. 0　　　　　　B. $\dfrac{\pi}{2}$　　　　　　C. π　　　　　　D. 2π

3. 若 x_0 为 $f(x)$ 的极值点,则下列命题(　　)正确.

A. $f'(x_0)=0$ 　　　　　　　　　　B. $f'(x_0)\neq 0$

C. $f'(x_0)=0$ 或 $f'(x_0)$ 不存在 　　　D. $f'(x_0)$ 不存在

4. 设 x_0 为函数 $f(x)$ 的驻点,则 $y=f(x)$ 在 x_0 处必定(　　).

A. 连续　　　　　　　B. 可导　　　　　　　C. 有极值

D. 曲线 $y=f(x)$ 在 $(x_0,f(x_0))$ 处的切线平行于 x 轴

5. 下列给定的极限都存在,不能使用洛必达法则的有(　　).

A. $\lim\limits_{x\to 0}\dfrac{x^2\sin\dfrac{1}{x}}{\sin x}$ 　　　　　　　B. $\lim\limits_{x\to\infty}\dfrac{x-\sin x}{x+\sin x}$

C. $\lim\limits_{x\to +\infty}x\left(\dfrac{\pi}{2}-\arctan x\right)$ 　　　D. $\lim\limits_{x\to 0}\dfrac{\ln(1+x)}{\tan x}$

6. 函数 $y=x+\dfrac{4}{x}$ 的严格单调减少区间为(　　).

A. $(-\infty,-2),(2,+\infty)$ 　　　　B. $(-2,2)$

C. $(-\infty,0),(0,+\infty)$ 　　　　　D. $(-2,0),(0,2)$

7. 曲线 $y=x^3-12x+1$ 在 $(0,2)$ 内(　　).

A. 严格单调上升　　　B. 严格单调下降　　　C. 凹的　　　　　D. 凸的

8. 下列(　　)时,曲线 $y=f(x)$ 有铅直渐近线 $x=x_0$.

A. $\lim\limits_{x\to x_0^-}f(x)=+\infty$ 　　　　　B. $\lim\limits_{x\to x_0^-}f(x)=-\infty$

C. $\lim\limits_{x\to x_0}f(x)=\infty$ 　　　　　　D. $\lim\limits_{x\to\infty}f(x)=x_0$

9. 设 $a<x<b$,$f'(x)<0$,$f''(x)<0$.则在区间 (a,b) 内,函数 $y=f(x)$ 的图像(　　).

A. 沿 x 轴正向下降且为凹的　　　　　B. 沿 x 轴正向下降且为凸的

C. 沿 x 轴正向上升且为凹的　　　　　D. 沿 x 轴正向上升且为凸的

10. 设函数 $y=f(x)$ 二阶可导,且 $f'(x)<0$,$f''(x)<0$,又 $\Delta y=f(x+\Delta x)-f(x)$,$\mathrm{d}y=f'(x)\mathrm{d}x$,则当 $\Delta x>0$ 时,有(　　).

A. $\Delta y>\mathrm{d}y>0$ 　　　B. $\Delta y<\mathrm{d}y<0$ 　　　C. $\mathrm{d}y>\Delta y>0$ 　　　D. $\mathrm{d}y<\Delta y<0$

二、填空题

1. 设 $f(x)=\dfrac{1+x}{x}$,则 $f(x)$ 在 $[1,2]$ 上满足拉格朗日中值定理的 $\xi=$_____.

2. $\lim\limits_{x\to 0^+}\sqrt{x}\ln x=$_____.

3. $y=x+\dfrac{4}{x}$ 的凹区间为_____.

4. $y=x^2+(2-x)^2$ 在 $[0,2]$ 上的最大值点为_____,最大值为_____.

5. $y=\dfrac{4(x-1)}{x^2}$ 的水平渐近线为_____.

三、解答题

1. 求 $\lim\limits_{x\to 0}\dfrac{\mathrm{e}^{2x}-2\mathrm{e}^x+1}{x^2\cos x}$.

2. 求 $\lim\limits_{x\to 0}\dfrac{(1+x)^{\frac{1}{x}}-e}{x}$.

3. 设 $f(x)=x^a$（a 为正数），$g(x)=\ln x$，求 $\lim\limits_{x\to +\infty}\dfrac{f(x)+g(x)}{2f(x)}$.

4. 求 $f(x)=c\,(x^2+1)^2$ 的极值与极值点.

5. 试证当 $x\geqslant 0$ 时，$x\geqslant\arctan x$.

6. 要造一个长方体无盖蓄水池，其容积为 $500\ m^3$，底面为正方形，设底面与四壁的单位造价相同，问底边和高各为多少时，才能使所使用材料最省？

7. 已知曲线 $y=ax^3+bx^2+cx$ 在点 $(1,2)$ 处有水平切线，且原点为该曲线的拐点，求 a,b，c 的值，并写出此曲线的方程.

8. 试确定 $y=k(x^2-3)$ 中的 k，使曲线的拐点处的法线通过原点.

9. 设 $y=f(x)$ 在点 x_0 处可导，且 $f(x_0)$ 为 $f(x)$ 的极小值，求曲线 $y=f(x)$ 过点 $(x_0,f(x_0))$ 处的切线方程和法线方程.

10. 作出 $y=x-\ln x$ 的图形.

【拓展阅读】

微积分的诞生与发展

人类文明的每一次飞跃，总是以数学成果的井喷式涌现为前奏. 当历史的车轮来到 17 世纪时，具有划时代意义的"微积分"诞生，之前所积压的大量难题仿佛在一夜之间全部解决，人类辉煌的近代文明也由此开启. 它从生产技术和理论科学的需要中产生，又反过来广泛影响着生产技术和科学的发展. 如今，微积分已是广大科学工作者以及技术人员不可缺少的工具. 然而，任何一门新的学科诞生之初，并不是那么容易. 那么"微积分"到底经历了怎样一个艰辛曲折的过程呢？

17 世纪下半叶，欧洲科学技术迅猛发展，由于生产力的提高和社会各方面的迫切需要，经各国科学家的努力与历史的积累，建立在函数与极限概念基础上的微积分理论应运而生了. 1665 年艾萨克·牛顿创始了微积分，戈特佛里德·威廉·莱布尼兹在 1673—1676 年间也发表了微积分思想的论著. 以前，微分和积分作为两种数学运算、两类数学问题，是分别加以研究的. 卡瓦列里、巴罗、沃利斯等人得到了一系列求面积（积分）、求切线斜率（导数）的重要结果，但这些结果都是孤立的，不连贯的. 只有莱布尼兹和牛顿将积分和微分真正沟通起来，明确地找到了两者内在的直接联系：微分和积分是互逆的两种运算. 而这是微积分建立的关键所在. 只有确立了这一基本关系，才能在此基础上构建系统的微积分学. 并从对各种函数的微分和求积公式中，总结出共同的算法程序，使微积分方法普遍化，发展成用符号表示的微积分运算法则.

然而关于微积分创立的优先权，数学上曾掀起了一场激烈的争论. 实际上，牛顿在微积分方面的研究虽早于莱布尼兹，但莱布尼兹成果的发表则早于牛顿. 莱布尼兹在 1684 年 10 月发表的《教师学报》上的论文："一种求极大极小的奇妙类型的计算"，在数学史上被认为是最早发表的微积分文献. 牛顿在 1687 年出版的《自然哲学的数学原理》的第一版和第二版也写道:"十年前在我和最杰出的几何学家莱布尼兹的通信中, 我表明我已经知道确定极大值和极小值的方法、作切线的方法以及类似的方法, 但我在交换的信件中隐瞒了这方法,……这位最卓越的科学家在回信中写道, 他也发现了一种同样的方法. 他诉述了他的方法, 它与我的方法几乎没有什么不同, 除了他的措词和符号而外." 因此, 后来人们公认牛顿和莱布尼兹是各自独立地创建微积分的.

　　牛顿于 1643 年出生于英国一个贫穷的农民家庭, 毕业于剑桥大学, 著名的物理学家、数学家、自然哲学家, 他对物理问题的洞察力和他用数学方法处理物理问题的能力, 都是空前卓越的. 尽管取得无数成就, 他仍保持谦逊的美德. 莱布尼兹 1646 年出生于德国莱比锡, 14 岁进入莱比锡大学攻读法律, 勤奋地学习各门科学, 不到 20 岁就熟练地掌握了一般课本上的数学、哲学和法学等知识. 牛顿和莱布尼兹在总结前人的工作基础之上, 经过各自独立的研究, 掌握了微分法和积分法, 并洞悉了二者之间的联系. 尽管牛顿的研究比莱布尼兹早 10 年, 但论文的发表要晚 3 年, 由于彼此都是独立发现的, 因而将他们两人并列为微积分的创始人是完全被世人认可的, 曾经长期争论谁是最早的发明者就毫无意义了.

第5章 不定积分

前面两章讨论了一元函数的微分学,接下来的第5、6章将讨论一元函数的积分学,即不定积分、定积分及其应用. 微分学与积分学统称为微积分学. 在科学与技术的许多实际问题中,往往还需要解决与导数或微分运算相反的问题,即已知函数的导函数或微分要求还原出此函数,这种运算就叫求原函数,也就是求不定积分,这是积分学的基本问题之一. 本章的主要内容是给出微分运算的逆运算——不定积分的概念,并介绍不定积分的基本性质和基本积分方法.

5.1 不定积分的概念与性质

在微分学中,我们讨论了求已知函数的导数(或微分)的问题,例如,质点做变速直线运动,已知运动规律(即位移函数)为 $s=s(t)$,则质点在时刻 t 的瞬时速度

$$v=s'(t).$$

事实上,在运动学中我们也常常遇到相反的问题,即已知做变速直线运动的质点在时刻 t 的瞬时速度 $v=v(t)$,而要求出其运动规律(即位移 s 与时间 t 的关系)$s=s(t)$. 这个相反问题实际上是:所求的函数 $s=s(t)$,应满足

$$s'(t)=v(t).$$

上述问题在自然科学及工程技术中是普遍存在的,即已知一个函数的导数或微分,去寻求原来的函数. 为了便于研究这类问题,我们首先引入原函数与不定积分的概念.

5.1.1 原函数与不定积分

1. 原函数

定义 5.1 设 $f(x)$ 定义在区间 I 上,如果对任意的 $x\in I$,都有

$$F'(x)=f(x) \quad \text{或} \quad \mathrm{d}F(x)=f(x)\mathrm{d}x,$$

则称 $F(x)$ 为 $f(x)$ 在该区间上的一个**原函数**.

例如,因为 $\left(\dfrac{x^2}{2}\right)'=x$,所以 $\dfrac{x^2}{2}$ 是函数 x 在 $(-\infty,+\infty)$ 上的原函数;因为 $(\sin x)'=\cos x$,所以 $\sin x$ 是函数 $\cos x$ 在 $(-\infty,+\infty)$ 上的原函数.

此类例子不胜枚举,上述例子中涉及的函数 $x,\cos x$ 都有原函数,现在的问题是:如果一个已知函数 $f(x)$ 的原函数存在,那么 $f(x)$ 的原函数是否唯一?

因为 $\left(\dfrac{x^2}{2}\right)'=x$,而常数的导数等于零,所以有 $\left(\dfrac{x^2}{2}+1\right)'=x$,$\left(\dfrac{x^2}{2}+2\right)'=x$,$\cdots$,$\left(\dfrac{x^2}{2}+C\right)'=x$(这里 C 是任意常数),这就是说 $\dfrac{x^2}{2}+1,\dfrac{x^2}{2}+2,\cdots,\dfrac{x^2}{2}+C$ 都是 x 在 $(-\infty,+\infty)$ 上原函数.

事实上,$\dfrac{x^2}{2}$ 是函数 x 在 $(-\infty,+\infty)$ 上的一个原函数,则与 $\dfrac{x^2}{2}$ 只相差一个常数项的函数都是函

数 x 在 $(-\infty,+\infty)$ 上的原函数. 由此可见,如果已知函数 $f(x)$ 有原函数,那么 $f(x)$ 的原函数就不止一个,而是有无穷多个,那么 $f(x)$ 的全体原函数之间的内在联系是什么呢? 为此,介绍以下定理.

定理 5.1 若函数 $f(x)$ 在区间 I 上存在原函数,则其任意两个原函数只差一个常数项.

证 设 $F(x),G(x)$ 是 $f(x)$ 在区间 I 上的任意两个原函数,所以

$$F'(x)=G'(x)=f(x),$$

于是

$$[G(x)-F(x)]'=G'(x)-F'(x)=f(x)-f(x)=0.$$

由于导数恒为零的函数必为常数(参看 4.1 节拉格朗日中值定理的推论),所以有

$$G(x)-F(x)=C_0,$$

即

$$G(x)=F(x)+C_0 \quad (C_0 \text{ 为某常数}).$$

这个定理表明:若 $F(x)$ 是 $f(x)$ 的一个原函数,则 $f(x)$ 的全体原函数为 $F(x)+C$(其中 C 是任意常数).

一个函数具备怎样的条件,就能保证它的原函数存在呢? 这里给出一个充分条件,即:如果函数 $f(x)$ 在某区间 I 上连续,则 $f(x)$ 在区间 I 上存在原函数,简言之,连续函数必有原函数. 由于初等函数在其定义区间上都是连续函数,所以初等函数在其定义区间上都有原函数.

下面,引入不定积分的概念.

2. 不定积分

定义 5.2 如果函数 $F(x)$ 是 $f(x)$ 在区间 I 上的一个原函数,那么 $f(x)$ 的全体原函数 $F(x)+C$(C 为任意常数)称为函数 $f(x)$ 在区间 I 上的**不定积分**. 记作

$$\int f(x)\mathrm{d}x,$$

即

$$\int f(x)\mathrm{d}x = F(x)+C,$$

其中记号"$\int$"称为积分号,$f(x)$ 称为被积函数,$f(x)\mathrm{d}x$ 称为被积表达式,x 称为积分变量,C 称为积分常数.

求不定积分 $\int f(x)\mathrm{d}x$,就是求被积函数 $f(x)$ 的全体原函数. 为此,只需求得 $f(x)$ 的一个原函数 $F(x)$,然后再加任意常数 C 即可.

例 5.1 求 $\int x^4 \mathrm{d}x$.

解 由于 $\left(\dfrac{x^5}{5}\right)'=x^4$,所以

$$\int x^4 \mathrm{d}x = \frac{x^5}{5}+C.$$

例 5.2 求 $\int \dfrac{1}{1+x^2}\mathrm{d}x$.

解 由于 $(\arctan x)'=\dfrac{1}{1+x^2}(-\infty<x<+\infty)$,所以在 $(-\infty,+\infty)$ 上有

$$\int \frac{1}{1+x^2} \mathrm{d}x = \arctan x + C.$$

例 5.3　求 $\int \frac{1}{x} \mathrm{d}x$.

解　当 $x>0$ 时,有 $(\ln x)' = \frac{1}{x}$.

$$\int \frac{1}{x} \mathrm{d}x = \ln x + C \quad (x>0).$$

当 $x<0$ 时,有

$$(\ln x)' = \frac{1}{-x} \cdot (-x)' = \frac{1}{-x} \cdot (-1) = \frac{1}{x}.$$

$$\int \frac{1}{x} \mathrm{d}x = \ln(-x) + C \quad (x<0).$$

又因为

$$\ln|x| = \begin{cases} \ln x, & \text{当 } x>0, \\ \ln(-x), & \text{当 } x<0, \end{cases}$$

综上,就有

$$\int \frac{1}{x} \mathrm{d}x = \ln|x| + C \quad (x \neq 0).$$

例 5.4　验证下式成立:

$$\int x^a \mathrm{d}x = \frac{1}{a+1} x^{a+1} + C \quad (a \neq -1).$$

解　因为

$$\left(\frac{1}{a+1} x^{a+1} \right)' = \frac{1}{a+1}(a+1)x^a = x^a \quad (a \neq -1),$$

所以

$$\int x^a \mathrm{d}x = \frac{1}{a+1} x^{a+1} + C \quad (a \neq -1).$$

例 5.4 所验证的正是幂函数的积分公式,其中指数 a 是不等于 -1 的任意实数.

例 5.5　利用例 5.4 的结果,计算下列不定积分:

(1) $\int \sqrt[3]{x} \mathrm{d}x$;　　　　(2) $\int \frac{1}{\sqrt{x}} \mathrm{d}x$;　　　　(3) $\int \frac{1}{x^2} \mathrm{d}x$.

解　(1) $\int \sqrt[3]{x} \mathrm{d}x = \int x^{\frac{1}{3}} \mathrm{d}x = \frac{1}{\frac{1}{3}+1} x^{\frac{1}{3}+1} + C = \frac{3}{4} x^{\frac{4}{3}} + C$.

(2) $\int \frac{1}{\sqrt{x}} \mathrm{d}x = \int x^{-\frac{1}{2}} \mathrm{d}x = \frac{1}{-\frac{1}{2}+1} x^{-\frac{1}{2}+1} + C = 2\sqrt{x} + C$.

(3) $\int \frac{1}{x^2} \mathrm{d}x = \int x^{-2} \mathrm{d}x = \frac{1}{-2+1} x^{-2+1} + C = -x^{-1} + C = -\frac{1}{x} + C$.

其中(2)、(3)常用,要记住它们的结果.

3. 不定积分的几何意义

函数 $f(x)$ 在某区间上的一个原函数 $F(x)$,在几何上表示一条曲线 $y = F(x)$,称为**积分曲**

线. 这条曲线上点 x 处的切线斜率等于 $f(x)$,即满足 $F'(x)=f(x)$.

由于函数 $f(x)$ 的不定积分是 $f(x)$ 的全体原函数 $F(x)+C$(C 为任意常数),对于每一个给定的 C 的值,都有一条确定的积分曲线,当 C 取不同的值时,就得到不同的积分曲线,所有的积分曲线组成积分曲线族. 由于积分曲线族中每一条积分曲线,在点 x 处的切线斜率都等于 $f(x)$,因此它们在点 x 处的切线互相平行. 因为任意两条积分曲线的纵坐标之间只相差一个常数,所以它们都可由曲线 $y=F(x)$ 沿纵坐标轴方向上下平行移动而得到,如图 5.1 所示.

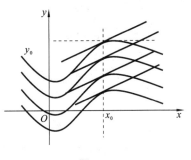

图 5.1

如果已知 $f(x)$ 的原函数满足条件:在点 x_0 处原函数的值为 y_0,就可以确定积分常数 C 的值,从而找到特定的一个原函数. 在几何上,就是过点 (x_0,y_0) 的一条积分曲线. 具体做法是把点 (x_0,y_0) 代入 $y=F(x)+C$,就可以求得 $C=y_0-F(x_0)$,于是所要求的积分曲线为

$$y=F(x)+[y_0-F(x_0)].$$

例 5.6 设曲线通过点 $(2,3)$,且其上任一点的切线斜率等于这点的横坐标,求此曲线方程.

解 设所求的曲线方程为 $y=f(x)$,依题意可知,曲线在点 (x,y) 处的切线斜率为 x,即

$$y'=x,$$

所以

$$y=\int x\mathrm{d}x=\frac{1}{2}x^2+C.$$

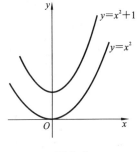

图 5.2

它是一族抛物线,如图 5.2 所示. 由于所求的曲线经过点 $(2,3)$,把 $(2,3)$ 代入上述曲线方程,则有 $3=2+C$,得 $C=1$. 因此,所求的曲线方程为

$$y=\frac{x^2}{2}+1.$$

例 5.7 某物体以初速度为 0,速度为 at(a 为大于零的常数)做匀加速运动,且已知在时刻 $t=t_0$ 时位移 $s=s_0$,求物体的运动规律(即位移函数)$s=s(t)$.

解 依题意可知,物体运动速度 $s'(t)=at$,所以有

$$s(t)=\int s'(t)\mathrm{d}t=\int at\,\mathrm{d}t=\frac{1}{2}at^2+C.$$

因为当 $t=t_0$ 时,$s=s_0$,于是可得 $s_0=\frac{1}{2}at_0^2+C$,即 $C=s_0-\frac{1}{2}at_0^2$. 所以物体的运动规律为

$$s=\frac{1}{2}at^2+s_0-\frac{1}{2}at_0^2=\frac{1}{2}a(t^2-t_0^2)+s_0.$$

5.1.2 不定积分的性质

根据不定积分的定义,不定积分有以下性质(假定以下所涉及的函数,其原函数都存在).

性质 5.1 微分运算与积分运算互为逆运算.

(1) $\left[\int f(x) \mathrm{d}x \right]' = f(x)$ 或 $\mathrm{d}\left[\int f(x) \mathrm{d}x \right] = f(x) \mathrm{d}x$;

(2) $\int F'(x) \mathrm{d}x = F(x) + C$ 或 $\int \mathrm{d}F(x) = F(x) + C$.

即若先积分后求导,则两者作用互相抵消;反之,若先求导后积分,则抵消后要多一个任意常数项. 特别地,有 $\int \mathrm{d}x = x + C$.

性质 5.2 两个函数的和(或差)的不定积分等于各函数不定积分的和(或差),即

$$\int [f(x) \pm g(x)] \mathrm{d}x = \int f(x) \mathrm{d}x \pm \int g(x) \mathrm{d}x.$$

证 只要证明上式右端的导数等于左端中的被积函数即可. 由导数运算法则以及不定积分性质 5.1,有

$$\left[\int f(x) \mathrm{d}x \pm \int g(x) \mathrm{d}x \right]' = \left[\int f(x) \mathrm{d}x \right]' \pm \left[\int g(x) \mathrm{d}x \right]' = f(x) \pm g(x).$$

这说明 $\int f(x) \mathrm{d}x \pm \int g(x) \mathrm{d}x$ 是函数 $f(x) \pm g(x)$ 的不定积分,所以欲证的等式成立.

以后,凡一个不定积分用另外的不定积分表示时(如性质 5.1),任意常数都不另外写出,意味着它含于积分号中,一旦该端不再含积分号时,则应立即添上任意常数.

性质 5.2 可以推广到有限多个函数的情形,即

$$\int [f_1(x) \pm f_2(x) \pm \cdots \pm f_n(x)] \mathrm{d}x = \int f_1(x) \mathrm{d}x \pm \int f_2(x) \mathrm{d}x \pm \cdots \pm \int f_n(x) \mathrm{d}x.$$

性质 5.3 被积函数中不为零的常数因子可以移到积分号的前面,即

$$\int k f(x) \mathrm{d}x = k \int f(x) \mathrm{d}x \ (k \text{ 是常数}, k \neq 0).$$

性质 5.3 的证明与性质 5.2 的证明相仿,读者可自证.

5.1.3 基本积分公式

不定积分的性质 5.1 明确指出,微分运算与积分运算互为逆运算,因此由基本微分公式,可以得到相应的基本积分公式.

例如,因为 $\left(\dfrac{a^x}{\ln a} \right)' = a^x (a > 0, a \neq 1)$,所以 $\dfrac{a^x}{\ln a}$ 是 a^x 的原函数,于是可得

$$\int a^x \mathrm{d}x = \frac{a^x}{\ln a} + C \quad (a > 0, a \neq 1).$$

类似地,可以得到其他积分公式,常用的基本积分公式有:

(1) $\int k \mathrm{d}x = kx + C (k \text{ 为常数})$;

(2) $\int x^a \mathrm{d}x = \dfrac{1}{a+1} x^{a+1} + C \quad (a \neq -1)$;

(3) $\int \dfrac{1}{x} \mathrm{d}x = \ln |x| + C$;

(4) $\int a^x \mathrm{d}x = \dfrac{a^x}{\ln a} + C$;

(5) $\int \mathrm{e}^x \mathrm{d}x = \mathrm{e}^x + C$;

(6) $\displaystyle\int \sin x \mathrm{d}x = -\cos x + C$；

(7) $\displaystyle\int \cos x \mathrm{d}x = \sin x + C$；

(8) $\displaystyle\int \frac{1}{\sin^2 x} \mathrm{d}x = \int \csc^2 x \mathrm{d}x = -\cot x + C$；

(9) $\displaystyle\int \frac{1}{\cos^2 x} \mathrm{d}x = \int \sec^2 x \mathrm{d}x = \tan x + C$；

(10) $\displaystyle\int \sec x \tan x \mathrm{d}x = \sec x + C$；

(11) $\displaystyle\int \csc x \cot x \mathrm{d}x = -\csc x + C$；

(12) $\displaystyle\int \frac{1}{\sqrt{1-x^2}} \mathrm{d}x = \arcsin x + C$；

(13) $\displaystyle\int \frac{1}{1+x^2} \mathrm{d}x = \arctan x + C$.

以上 13 个基本积分公式组成基本积分表. 基本积分公式是计算不定积分的基础,必须牢记. 以后,我们将利用各种不同的积分方法,推导出更多的积分公式.

利用不定积分的性质,以及基本积分表,可以直接计算一些简单函数的不定积分.

例 5.8　求 $\displaystyle\int (2x^3 - 5x^2 + 4x - 3) \mathrm{d}x$.

解　$\displaystyle\int (2x^3 - 5x^2 + 4x - 3) \mathrm{d}x = \int 2x^3 \mathrm{d}x - \int 5x^2 \mathrm{d}x + \int 4x \mathrm{d}x - \int 3 \mathrm{d}x$

$$= 2\int x^3 \mathrm{d}x - 5\int x^2 \mathrm{d}x + 4\int x \mathrm{d}x - 3\int \mathrm{d}x$$

$$= \frac{1}{2}x^4 - \frac{5}{3}x^3 + 2x^2 - 3x + C.$$

注意:此题中被积函数是积分变量 x 的多项式函数,在利用不定积分性质 5.2 之后,拆成了四项分别求不定积分,从而可得到四个积分常数,因为有限个任意常数的和仍为任意常数,因此无论"有限项不定积分的代数和"中的有限项为多少项,在求出原函数之后只需加上一个积分常数 C.

例 5.9　求 $\displaystyle\int (3^x - 2\sin x) \mathrm{d}x$.

解　$\displaystyle\int (3^x - 2\sin x) \mathrm{d}x = \int 3^x \mathrm{d}x - 2\int \sin x \mathrm{d}x = \frac{3^x}{\ln 3} - 2 \cdot (-\cos x) + C$

$$= \frac{3^x}{\ln 3} + 2\cos x + C.$$

注意:计算不定积分所得到的结果是否正确,可以进行检验,检验的方法很简单,只需看所得到的结果(全体原函数)的导数是否等于被积函数即可. 如在例 5.9 中,因为有

$$\left(\frac{3^x}{\ln 3} + 2\cos x + C \right)' = \left(\frac{3^x}{\ln 3} \right)' + (2\cos x)' = 3^x - 2\sin x$$

所以所求结果是正确的.

有些不定积分虽然不能直接使用基本积分公式,但当被积函数经过适当的代数或三角恒

等变形后,便可以利用不定积分的基本性质及基本积分公式计算不定积分.

例 5.10 求 $\int \sqrt{x}\,(x-1)^2\mathrm{d}x$.

解 因为被积函数

$$\sqrt{x}(x-1)^2=\sqrt{x}(x^2-2x+1)=x^{\frac{5}{2}}-2x^{\frac{3}{2}}+x^{\frac{1}{2}},$$

所以有

$$\int \sqrt{x}\,(x-1)^2\mathrm{d}x=\int (x^{\frac{5}{2}}-2x^{\frac{3}{2}}+x^{\frac{1}{2}})\mathrm{d}x=\int x^{\frac{5}{2}}\mathrm{d}x-2\int x^{\frac{3}{2}}\mathrm{d}x+\int x^{\frac{1}{2}}\mathrm{d}x$$

$$=\frac{2}{7}x^{\frac{7}{2}}-\frac{4}{5}x^{\frac{5}{2}}+\frac{2}{3}x^{\frac{3}{2}}+C.$$

例 5.11 求 $\int \dfrac{(\sqrt{x}-1)(\sqrt{x}+1)}{\sqrt[3]{x}}\mathrm{d}x$.

解 因为被积函数

$$\frac{(\sqrt{x}-1)(\sqrt{x}+1)}{\sqrt[3]{x}}=\frac{x-1}{\sqrt[3]{x}}=x^{\frac{2}{3}}-x^{-\frac{1}{3}},$$

所以有

$$\int \frac{(\sqrt{x}-1)(\sqrt{x}+1)}{\sqrt[3]{x}}\mathrm{d}x=\int (x^{\frac{2}{3}}-x^{-\frac{1}{3}})\mathrm{d}x=\int x^{\frac{2}{3}}\mathrm{d}x-\int x^{-\frac{1}{3}}\mathrm{d}x$$

$$=\frac{3}{5}x^{\frac{5}{3}}-\frac{3}{2}x^{\frac{2}{3}}+C.$$

例 5.12 求 $\int (\mathrm{e}^{x+2}-\dfrac{1}{x}+3^x\cdot 4^{-x})\mathrm{d}x$.

解 因为被积函数

$$\mathrm{e}^{x+2}-\frac{1}{x}+3^x\cdot 4^{-x}=\mathrm{e}^x\cdot \mathrm{e}^2-\frac{1}{x}+\left(\frac{3}{4}\right)^x,$$

所以有

$$\int (\mathrm{e}^{x+2}-\frac{1}{x}+3^x\cdot 4^{-x})\mathrm{d}x=\int \left[\mathrm{e}^x\cdot \mathrm{e}^2-\frac{1}{x}+\left(\frac{3}{4}\right)^x\right]\mathrm{d}x$$

$$=\mathrm{e}^2\int \mathrm{e}^x\mathrm{d}x-\int \frac{1}{x}\mathrm{d}x+\int \left(\frac{3}{4}\right)^x\mathrm{d}x$$

$$=\mathrm{e}^x\cdot \mathrm{e}^2-\ln|x|+\frac{\left(\dfrac{3}{4}\right)^x}{\ln\left(\dfrac{3}{4}\right)}+C$$

$$=\mathrm{e}^{x+2}-\ln|x|+\frac{3^x\cdot 4^{-x}}{\ln 3-2\ln 2}+C.$$

运算熟练之后,运算步骤可以简略一些.

例 5.13 求 $\int \dfrac{x^2}{x^2+1}\mathrm{d}x$.

解 将被积函数化为下面的形式:

$$\frac{x^2}{x^2+1}=\frac{x^2+1-1}{x^2+1}=1-\frac{1}{x^2+1},$$

即有

$$\int \frac{x^2}{x^2+1}\mathrm{d}x = \int \left(1 - \frac{1}{x^2+1}\right)\mathrm{d}x = \int \mathrm{d}x - \int \frac{1}{x^2+1}\mathrm{d}x$$
$$= x - \arctan x + C.$$

例 5.14　求 $\displaystyle\int \frac{x^4-2}{x^2+1}\mathrm{d}x$.

解　与上例类似,可先将被积函数作恒等变形,再逐项积分,即有

$$\int \frac{x^4-2}{x^2+1}\mathrm{d}x = \int \frac{(x^2-1)(x^2+1)-1}{x^2+1}\mathrm{d}x = \int \left[(x^2-1) - \frac{1}{x^2+1}\right]\mathrm{d}x$$
$$= \int x^2 \mathrm{d}x - \int \mathrm{d}x - \int \frac{1}{x^2+1}\mathrm{d}x = \frac{x^3}{3} - x - \arctan x + C.$$

在这里我们顺便指出:例 5.13、例 5.14 中的被积函数的分子、分母都为 x 的多项式函数,这样的函数称为 x 的有理函数.

例 5.15　求 $\displaystyle\int \tan^2 x\mathrm{d}x$.

解　本题不能直接利用基本积分公式,但被积函数可以经过三角恒等变形为

$$\tan^2 x = \sec^2 x - 1.$$

所以有

$$\int \tan^2 x\mathrm{d}x = \int (\sec^2 x - 1)\mathrm{d}x = \int \sec^2 x\mathrm{d}x - \int \mathrm{d}x = \tan x - x + C.$$

类似地,有

$$\int \cot^2 x\mathrm{d}x = -\cot x - x + C.$$

例 5.16　求 $\displaystyle\int \sin^2 \frac{x}{2}\mathrm{d}x$.

解　本题不能直接利用基本积分公式. 可以用半角公式将被积函数进行恒等变形,然后再逐项积分.

$$\int \sin^2 \frac{x}{2}\mathrm{d}x = \int \frac{1-\cos x}{2}\mathrm{d}x = \frac{1}{2}\int \mathrm{d}x - \frac{1}{2}\int \cos x\mathrm{d}x = \frac{1}{2}x - \frac{1}{2}\sin x + C.$$

类似地有

$$\int \cos^2 \frac{x}{2}\mathrm{d}x = \frac{1}{2}x + \frac{1}{2}\sin x + C.$$

例 5.17　求 $\displaystyle\int \frac{\cos 2x}{\sin^2 x \cos^2 x}\mathrm{d}x$.

解　与前两例类似,可先用余弦的二倍角公式

$$\cos 2x = \cos^2 x - \sin^2 x.$$

将被积函数作恒等变形,再逐项积分,即有

$$\int \frac{\cos 2x}{\sin^2 x \cos^2 x}\mathrm{d}x = \int \frac{\cos^2 x - \sin^2 x}{\sin^2 x \cos^2 x}\mathrm{d}x = \int \left(\frac{1}{\sin^2 x} - \frac{1}{\cos^2 x}\right)\mathrm{d}x$$
$$= \int \frac{1}{\sin^2 x}\mathrm{d}x - \int \frac{1}{\cos^2 x}\mathrm{d}x = -\cot x - \tan x + C.$$

习 题 5.1

习题 5.1 答案

1. 求下列不定积分：

(1) $\displaystyle\int \frac{\mathrm{d}x}{x^2}$；

(2) $\displaystyle\int \frac{\mathrm{d}x}{\sqrt[5]{x}}$；

(3) $\displaystyle\int \frac{\mathrm{d}x}{x^2\sqrt{x}}$；

(4) $\displaystyle\int \frac{(1-x)^2}{\sqrt{x}}\mathrm{d}x$；

(5) $\displaystyle\int x^2\,\sqrt[3]{x^2}\,\mathrm{d}x$；

(6) $\displaystyle\int \frac{3x^4+3x^2+1}{x^2+1}\mathrm{d}x$；

(7) $\displaystyle\int \left(2\mathrm{e}^x+\frac{3}{x}\right)\mathrm{d}x$；

(8) $\displaystyle\int \mathrm{e}^x\left(1-\frac{\mathrm{e}^{-x}}{\sqrt{x}}\right)\mathrm{d}x$；

(9) $\displaystyle\int \left(\frac{3}{1+x^2}-\frac{2}{\sqrt{1-x^2}}\right)\mathrm{d}x$；

(10) $\displaystyle\int 3^x\mathrm{e}^x\mathrm{d}x$；

(11) $\displaystyle\int \frac{2\cdot 3^x-5\cdot 2^x}{3^x}\mathrm{d}x$；

(12) $\displaystyle\int \frac{\cos 2x}{\cos x-\sin x}\mathrm{d}x$；

(13) $\displaystyle\int \frac{1}{1+\cos 2x}\mathrm{d}x$；

(14) $\displaystyle\int \sec x(\sec x-\tan x)\mathrm{d}x$．

2. 一曲线通过点 $(\mathrm{e}^2,3)$，且在任一点处的切线的斜率等于该点横坐标的倒数，求该曲线方程．

3. 已知 $F'(x)=(3x-5)(1-x)$，$F(1)=3$，求 $F(x)$．

5.2　换元积分法

5.1 节介绍了不定积分的概念、基本性质及基本积分公式，并通过例题说明如何应用不定积分的性质与基本积分公式直接计算不定积分，但能直接积分的函数是有限的．下面介绍另一种积分方法——换元积分法．用换元法解题的基本思路是：利用变量代换，使得被积表达式变形为基本积分表中所列积分的形式，从而计算不定积分．

换元积分法根据选取中间变量的不同方式可以分为第一换元积分法和第二换元积分法．

5.2.1　第一换元积分法

例 5.18　求 $\displaystyle\int \cos 2x\mathrm{d}x$．

分析　计算此不定积分，如果直接套用基本积分公式 $\displaystyle\int \cos x\mathrm{d}x=\sin x+C$，似乎所求答案应为 $\sin 2x+C$．显然这一结果是不正确的，因为 $(\sin 2x+C)'=2\cos 2x$．也就是说，$\sin 2x$ 不是 $\cos 2x$ 的原函数．事实上，因为 $\left(\dfrac{1}{2}\sin 2x\right)'=\cos 2x$，所以 $\dfrac{1}{2}\sin 2x$ 才是 $\cos 2x$ 的原函数，于是正确的答案应当是

$$\int \cos 2x\mathrm{d}x=\frac{1}{2}\sin 2x+C.$$

计算不定积分 $\int \cos 2x \mathrm{d}x$ 为什么不能直接套用基本积分公式?原因在于被积函数 $\cos 2x$ 与公式 $\int \cos x \mathrm{d}x$ 中的被积函数不一样. 如果令 $u = 2x$,则 $\cos 2x = \cos u$,$\mathrm{d}u = 2\mathrm{d}x$,从而 $\mathrm{d}x = \dfrac{1}{2}\mathrm{d}u$,所以有

$$\int \cos 2x \mathrm{d}x = \int \cos u \cdot \frac{1}{2}\mathrm{d}u = \frac{1}{2}\int \cos u \mathrm{d}u.$$

由于 $\dfrac{\mathrm{d}}{\mathrm{d}u}\sin u = \cos u$,即对新的积分变量 u 而言,$\sin u$ 是被积函数 $\cos u$ 的原函数,因此有

$$\frac{1}{2}\int \cos u \mathrm{d}u = \frac{1}{2}\sin u + C.$$

再把 $u = 2x$ 代回,则

$$\frac{1}{2}\sin u + C = \frac{1}{2}\sin 2x + C.$$

综合上述分析,此题的正确解法如下:

解　令 $u = 2x$,得 $\mathrm{d}u = 2\mathrm{d}x$,$\mathrm{d}x = \dfrac{1}{2}\mathrm{d}u$,则有

$$\int \cos 2x \mathrm{d}x = \frac{1}{2}\int \cos u \mathrm{d}u = \frac{1}{2}\sin u + C = \frac{1}{2}\sin 2x + C.$$

这种解法对于复合函数的积分具有普遍意义,一般地,有如下定理.

定理 5.2　设

$$\int f(u)\mathrm{d}u = F(u) + C,$$

如果 $u = \varphi(x)$ 具有连续导数,则有

$$\int f[\varphi(x)]\varphi'(x)\mathrm{d}x = \int f[\varphi(x)]\mathrm{d}\varphi(x) = F[\varphi(x)] + C. \tag{1}$$

证　只要能够证明式(1)的右端对 x 的导数等于左端的被积函数即可.

依题意,有

$$\int f(u)\mathrm{d}u = F(u) + C,$$

即有 $\dfrac{\mathrm{d}}{\mathrm{d}u}F(u) = f(u)$,又由复合函数的微分法可得

$$\frac{\mathrm{d}}{\mathrm{d}x}F[\varphi(x)] \xrightarrow{\text{令 } u = \varphi(x)} \frac{\mathrm{d}}{\mathrm{d}u}F(u) \cdot \frac{\mathrm{d}u}{\mathrm{d}x} = f(u) \cdot \varphi'(x) = f[\varphi(x)]\varphi'(x).$$

根据不定积分定义,则有

$$\int f[\varphi(x)]\varphi'(x)\mathrm{d}x = F[\varphi(x)] + C.$$

公式(1)称为不定积分的**第一换元积分公式**,应用第一换元积分公式计算不定积分的方法称为**第一换元积分法**.

例 5.19　求 $\int (2x - 1)^{1949}\mathrm{d}x$.

解　令 $u = 2x - 1$,得　　　　　　$\mathrm{d}u = 2\mathrm{d}x$,　　$\mathrm{d}x = \dfrac{1}{2}\mathrm{d}u$,

于是有

$$\int (2x-1)^{1949} \mathrm{d}x = \int u^{1949} \frac{1}{2} \mathrm{d}u = \frac{1}{2} \int u^{1949} \mathrm{d}u$$

$$= \frac{1}{2} \times \frac{1}{1950} u^{1950} + C = \frac{1}{3900} (2x-1)^{1950} + C.$$

例 5.20　求 $\displaystyle\int \frac{1}{\sqrt{3-2x}} \mathrm{d}x$.

解　令 $u = 3-2x$, 得 $\mathrm{d}u = -2\mathrm{d}x, \mathrm{d}x = -\dfrac{1}{2}\mathrm{d}u$, 于是有

$$\int \frac{1}{\sqrt{3-2x}} \mathrm{d}x = \int \frac{1}{\sqrt{u}} \cdot \left(-\frac{1}{2}\right) \mathrm{d}u = -\frac{1}{2} \int \frac{1}{\sqrt{u}} \mathrm{d}u$$

$$= -\frac{1}{2} \cdot 2\sqrt{u} + C = -\sqrt{3-2x} + C.$$

由以上各例的解题过程可以看出, 用第一换元积分法求不定积分的步骤是:

(1) 换元　若能将被积表达式化为 $f[\varphi(x)]\varphi'(x)\mathrm{d}x$ 的形式, 作变量代换, 令 $u = \varphi(x), \mathrm{d}u = \varphi'(x)\mathrm{d}x$, 于是有

$$\int f[\varphi(x)]\varphi'(x)\mathrm{d}x = \int f(u)\mathrm{d}u.$$

(2) 积分　换元后的积分变量是 u, 若被积函数为 $f(u)$ 是容易积分的, 即容易求得 $F(u)$, 使得 $F'(u) = f(u)$, 则

$$\int f(u)\mathrm{d}u = F(u) + C.$$

(3) 还原　把 $u = \varphi(x)$ 代入已求出的 $F(u) + C$ 中, 还原为原积分变量 x 的函数即得答案为 $F[\varphi(x)] + C$.

上述过程可表示为

$$\int f[\varphi(x)]\varphi'(x)\mathrm{d}x \xrightarrow[\mathrm{d}u = \varphi'(x)\mathrm{d}x]{\text{令 } u = \varphi(x)} \int f(u)\mathrm{d}u \xrightarrow{\text{若 } F'(u) = f(u)} F(u) + C$$

$$\xrightarrow{\text{把 } u = \varphi(x) \text{ 代回}} F[\varphi(x)] + C.$$

例 5.21　求 $\displaystyle\int x\sqrt{x^2+4}\,\mathrm{d}x$.

解　令 $u = x^2 + 4$, 则 $\mathrm{d}u = 2x\mathrm{d}x, \mathrm{d}x = \dfrac{1}{2x}\mathrm{d}u$, 则

$$\int x\sqrt{x^2+4}\,\mathrm{d}x = \frac{1}{2} \int \sqrt{u}\,\mathrm{d}u = \frac{1}{2} \cdot \frac{2}{3} u^{\frac{3}{2}} + C = \frac{1}{3} (x^2+4)^{\frac{3}{2}} + C.$$

还应注意到, 在"换元—积分—还原"的解题过程中, 关键是换元, 若在被积函数中作变量代换 $\varphi(x) = u$, 还需要在被积表达式中再凑出 $\varphi'(x)\mathrm{d}x$, 即 $\mathrm{d}\varphi(x)$, 也就是 $\mathrm{d}u$, 这样才能以 u 为积分变量作积分, 也就是将所求积分化为 $\displaystyle\int f[\varphi(x)]\mathrm{d}\varphi(x) = \int f(u)\mathrm{d}u = F[\varphi(x)] + C$. 在上述解题过程中变量 u 可不必写出, 从这个意义上讲, 第一换元积分法也称为"**凑微分法**".

例 5.22　求 $\displaystyle\int \frac{A}{x-a} \mathrm{d}x$.

解

$$\int \frac{A}{x-a} \mathrm{d}x = A \int \frac{1}{x-a} \mathrm{d}(x-a) = A\ln|x-a| + C.$$

例 5.23 求 $\displaystyle\int \frac{A}{(x-a)^n}\mathrm{d}x \ (n\neq 1)$.

解 $\displaystyle\int \frac{A}{(x-a)^n}\mathrm{d}x = A\int \frac{1}{(x-a)^n}\cdot \mathrm{d}(x-a) = A\cdot \frac{1}{1-n}(x-a)^{-n+1}+C$

$$= \frac{A}{1-n}\cdot \frac{1}{(x-a)^{n-1}}+C \quad (n\neq 1).$$

例 5.24 求 $\displaystyle\int \frac{2x-3}{x^2-3x-1}\mathrm{d}x$.

解 因为 $(2x-3)\mathrm{d}x=\mathrm{d}(x^2-3x-1)$，所以有

$$\int \frac{2x-3}{x^2-3x-1}\mathrm{d}x = \int \frac{1}{x^2-3x-1}\mathrm{d}(x^2-3x-1) = \ln|x^2-3x-1|+C.$$

例 5.25 求 $\displaystyle\int (\ln x)^2\frac{\mathrm{d}x}{x}$.

解 因为 $\dfrac{1}{x}\mathrm{d}x=\mathrm{d}\ln x$，所以有

$$\int (\ln x)^2\frac{\mathrm{d}x}{x} = \int (\ln x)^2\mathrm{d}\ln x = \frac{1}{3}(\ln x)^3+C.$$

例 5.26 求 $\displaystyle\int \frac{\mathrm{e}^{\arctan x}}{1+x^2}\mathrm{d}x$.

解 因为 $\dfrac{1}{1+x^2}\mathrm{d}x=\mathrm{d}(\arctan x)$，所以有

$$\int \frac{\mathrm{e}^{\arctan x}}{1+x^2}\mathrm{d}x = \int \mathrm{e}^{\arctan x}\mathrm{d}(\arctan x) = \mathrm{e}^{\arctan x}+C.$$

在例 5.22～例 5.26 的解题过程中，不再写出换元的过程，而是凑微分后，直接积分. 由于不需要写出换元过程，自然也就不再有还原过程，所以用凑微分法计算不定积分可以极大地简化解题书写过程.

显然，用凑微分法计算不定积分时，熟记凑微分公式是十分必要的. 以下是常用的凑微分公式(在下列各式中，a,b 均为常数，且 $a\neq 0$)：

(1) $\mathrm{d}x=\dfrac{1}{a}\mathrm{d}(ax+b)$；

(2) $x\mathrm{d}x=\dfrac{1}{2a}\mathrm{d}(ax^2+b)$；

(3) $x^a\mathrm{d}x=\dfrac{1}{a(a+1)}\mathrm{d}(ax^{a+1}+b) \quad (a\neq -1)$；

(4) $\dfrac{1}{\sqrt{x}}\mathrm{d}x=\dfrac{2}{a}\mathrm{d}(a\sqrt{x}+b)$；

(5) $\dfrac{1}{x^2}\mathrm{d}x=-\dfrac{1}{a}\mathrm{d}\left(\dfrac{a}{x}+b\right)$；

(6) $\dfrac{1}{x}\mathrm{d}x=\mathrm{d}(\ln|x|+b)$；

(7) $\mathrm{e}^x\mathrm{d}x=\dfrac{1}{a}\mathrm{d}(a\mathrm{e}^x+b)$；

(8) $\cos x\mathrm{d}x=\dfrac{1}{a}\mathrm{d}(a\sin x+b)$；

（9）$\sin x \mathrm{d}x = -\dfrac{1}{a}\mathrm{d}(a\cos x + b)$；

（10）$\dfrac{1}{\sqrt{1-x^2}}\mathrm{d}x = \mathrm{d}(\arcsin x) = -\mathrm{d}(\arccos x)$；

（11）$\dfrac{1}{1+x^2}\mathrm{d}x = \mathrm{d}(\arctan x) = -\mathrm{d}(\text{arccot} x)$．

上述公式 $f(x)\mathrm{d}x = \mathrm{d}(F(x))$，实际上表示 $f(x)$ 的原函数是 $F(x)$．

应用凑微分法计算积分时，需要先将被积函数作适当的代数式或三角函数式的恒等变形，再用凑微分法求不定积分．

例 5.27　求 $\displaystyle\int \dfrac{1}{a^2+x^2}\mathrm{d}x$．

解
$$\int \frac{1}{a^2+x^2}\mathrm{d}x = \frac{1}{a^2}\int \frac{1}{1+\left(\dfrac{x}{a}\right)^2}\mathrm{d}x = \frac{1}{a}\int \frac{1}{1+\left(\dfrac{x}{a}\right)^2}\mathrm{d}\left(\frac{x}{a}\right)$$
$$= \frac{1}{a}\arctan \frac{x}{a} + C.$$

例 5.28　求 $\displaystyle\int \dfrac{1}{\sqrt{a^2-x^2}}\mathrm{d}x$．

解
$$\int \frac{1}{\sqrt{a^2-x^2}}\mathrm{d}x = \frac{1}{a}\int \frac{1}{\sqrt{1-\left(\dfrac{x}{a}\right)^2}}\mathrm{d}x = \frac{1}{\sqrt{1-\left(\dfrac{x}{a}\right)^2}}\mathrm{d}\left(\frac{x}{a}\right) = \arcsin \frac{x}{a} + C.$$

例 5.29　求 $\displaystyle\int \dfrac{1}{x^2-a^2}\mathrm{d}x$．

解
$$\int \frac{1}{x^2-a^2}\mathrm{d}x = \frac{1}{2a}\int \left[\frac{1}{x-a} - \frac{1}{x+a}\right]\mathrm{d}x = \frac{1}{2a}\left[\int \frac{1}{x-a}\mathrm{d}x - \int \frac{1}{x+a}\mathrm{d}x\right]$$
$$= \frac{1}{2a}\left[\int \frac{1}{x-a}\mathrm{d}(x-a) - \int \frac{1}{x+a}\mathrm{d}(x+a)\right]$$
$$= \frac{1}{2a}(\ln|x-a| - \ln|x+a|) + C = \frac{1}{2a}\ln\left|\frac{x-a}{x+a}\right| + C.$$

类似地，有
$$\int \frac{1}{a^2-x^2}\mathrm{d}x = -\frac{1}{2a}\ln\left|\frac{x-a}{x+a}\right| + C.$$

例 5.30　求 $\displaystyle\int \tan x \mathrm{d}x$．

解
$$\int \tan x \mathrm{d}x = \int \frac{\sin x}{\cos x}\mathrm{d}x = -\int \frac{1}{\cos x}\mathrm{d}\cos x = -\ln|\cos x| + C.$$

类似地，有
$$\int \cot x \mathrm{d}x = \ln|\sin x| + C.$$

例 5.31　求 $\displaystyle\int \csc x \mathrm{d}x$．

解
$$\int \csc x \mathrm{d}x = \int \frac{1}{\sin x}\mathrm{d}x = \int \frac{1}{2\sin \dfrac{x}{2}\cos \dfrac{x}{2}}\mathrm{d}x = \int \frac{1}{\tan \dfrac{x}{2}\cos^2 \dfrac{x}{2}}\mathrm{d}\frac{x}{2}$$

$$= \int \frac{1}{\tan \frac{x}{2}} \mathrm{d}\left(\tan \frac{x}{2}\right) = \ln \left| \tan \frac{x}{2} \right| + C.$$

因为

$$\tan \frac{x}{2} = \frac{\sin \frac{x}{2}}{\cos \frac{x}{2}} = \frac{2 \sin^2 \frac{x}{2}}{\sin x} = \frac{1 - \cos x}{\sin x} = \csc x - \cot x.$$

所以上式积分结果也可以写成

$$\int \csc x \mathrm{d}x = \ln |\csc x - \cot x| + C.$$

利用例 5.31 的结果，根据三角函数的诱导公式 $\cos x = \sin\left(x + \frac{\pi}{2}\right)$，读者不难得到

$$\int \sec x \mathrm{d}x = \ln |\sec x + \tan x| + C.$$

第一换元积分法还适合求一些简单的三角函数有理式的积分. 如计算形如

$$\int \sin^m x \cos^n x \mathrm{d}x$$

的积分，可分两种情况：

(1) 若 m, n 中至少有一个为奇数，当 m 为奇数时，可将 $\sin x \mathrm{d}x$ 凑成 $-\mathrm{d}\cos x$，并把被积函数化为关于 $\cos x$ 的多项式函数；而当 n 为奇数时，可将 $\cos x \mathrm{d}x$ 凑成 $\mathrm{d}\sin x$，并把被积函数化为关于 $\sin x$ 的多项式函数，然后逐项按幂函数计算不定积分.

(2) 若 m, n 均为偶数，可用半角公式降幂后再逐项积分，请看以下三例.

例 5.32 求 $\int \sin^4 x \cos x \mathrm{d}x$.

解
$$\int \sin^4 x \cos x \mathrm{d}x = \int \sin^4 x \mathrm{d}\sin x = \frac{1}{5} \sin^5 x + C.$$

例 5.33 求 $\int \sin^3 x \cos^4 x \mathrm{d}x$.

解 因为被积函数

$$\sin^3 x \cos^4 x = \sin x \sin^2 x \cos^4 x = \sin x (1 - \cos^2 x) \cos^4 x = \sin x (\cos^4 x - \cos^6 x).$$

所以有

$$\int \sin^3 x \cos^4 x \mathrm{d}x = \int \sin x (\cos^4 x - \cos^6 x) \mathrm{d}x = -\int (\cos^4 x - \cos^6 x) \mathrm{d}\cos x$$

$$= \frac{1}{7} \cos^7 x - \frac{1}{5} \cos^5 x + C.$$

例 5.34 求 $\int \sin^2 x \cos^2 x \mathrm{d}x$.

解 因为被积函数

$$\sin^2 x \cos^2 x = \frac{1}{4} (2 \sin x \cos x)^2 = \frac{1}{4} (\sin 2x)^2 = \frac{1}{4} \cdot \frac{1 - \cos 4x}{2} = \frac{1 - \cos 4x}{8}.$$

所以有

$$\int \sin^2 x \cos^2 x \mathrm{d}x = \int \frac{1 - \cos 4x}{8} \mathrm{d}x = \frac{1}{8} \left(\int \mathrm{d}x - \int \cos 4x \mathrm{d}x \right) = \frac{x}{8} - \frac{1}{32} \sin 4x + C.$$

还需要说明的是,计算某些积分时,由于选择不同的变量代换或不同的凑微分形式,所以求出的不定积分在形式上也可能不尽相同,但是它们之间至多只相差一个常数项,属同一个原函数族.

例 5.35　求 $\int \sin 2x \mathrm{d}x$.

解法 1　$\int \sin 2x \mathrm{d}x = \dfrac{1}{2} \int \sin(2x) \mathrm{d}(2x) = -\dfrac{1}{2} \cos 2x + C$.

解法 2　$\int \sin 2x \mathrm{d}x = 2 \int \sin x \cos x \mathrm{d}x = 2 \int \sin x \mathrm{d} \sin x = \sin^2 x + C$.

解法 3　$\int \sin 2x \mathrm{d}x = 2 \int \sin x \cos x \mathrm{d}x = -2 \int \cos x \mathrm{d} \cos x = -\cos^2 x + C$.

因为 $\sin^2 x = -\cos^2 x + 1 = -\dfrac{1}{2} \cos 2x + \dfrac{1}{2}$,可知 $\sin^2 x$,$-\dfrac{1}{2} \cos 2x$,$-\cos^2 x$ 相互间只差一个常数项,所以上述三种解法所得的结果都属同一个原函数族,也就是说,三种解法都是正确的.

5.2.2　第二换元积分法

计算不定积分,第一换元积分法使用的范围相当广泛,但对于某些无理函数的积分,则需应用第二换元积分法.

例 5.36　求 $\int \dfrac{1}{1 + \sqrt{x}} \mathrm{d}x$.

解　作变量代换,令 $\sqrt{x} = t$,于是 $x = t^2$,这样作变换的目的是把被积函数中的根号去掉.在上述代换下,有

$$\frac{1}{1 + \sqrt{x}} = \frac{1}{1 + t} \quad 且 \quad \mathrm{d}x = 2t \mathrm{d}t.$$

于是可将无理函数的积分化为有理函数的积分,所以有

$$\int \frac{1}{1 + \sqrt{x}} \mathrm{d}x = \int \frac{2t}{1 + t} \mathrm{d}t = \int \frac{2(t + 1) - 2}{1 + t} \mathrm{d}t = \int \left(2 - \frac{2}{1 + t}\right) \mathrm{d}t$$

$$= 2 \int \mathrm{d}t - 2 \int \frac{1}{1 + t} \mathrm{d}(1 + t) = 2t - 2\ln|1 + t| + C$$

$$= 2\sqrt{x} - 2\ln(1 + \sqrt{x}) + C.$$

一般地说,若积分 $\int f(x) \mathrm{d}x$ 不易计算,可以作适当变量代换 $x = \varphi(t)$,把原积分化为 $\int f[\varphi(t)] \varphi'(t) \mathrm{d}t$ 的形式可能使其容易积分. 当然在求出原函数后,还要将 $t = \varphi^{-1}(x)$ 代回,还原成 x 的函数,这就是第二换元积分法计算不定积分的基本思想.

定理 5.3　设 $f(x)$ 连续,$x = \varphi(t)$ 及 $\varphi'(t)$ 均连续,$x = \varphi(t)$ 的反函数 $t = \varphi^{-1}(x)$ 存在,若 $\Phi(t)$ 是 $f[\varphi(t)] \varphi'(t)$ 的一个原函数,即

$$\int f[\varphi(t)] \varphi'(t) \mathrm{d}t = \Phi(t) + C,$$

$$\int f(x) \mathrm{d}x = \Phi[\varphi^{-1}(x)] + C. \tag{2}$$

证　由复合函数的求导法则以及反函数的求导公式,有

$$\frac{\mathrm{d}}{\mathrm{d}x}\Phi[\varphi^{-1}(x)]=\frac{\mathrm{d}\Phi}{\mathrm{d}t}\cdot\frac{\mathrm{d}t}{\mathrm{d}x}=f[\varphi(t)]\cdot\varphi'(t)\cdot\frac{1}{\varphi'(t)}=f[\varphi(t)]=f(x).$$

这就说明了 $\Phi[\varphi^{-1}(x)]$ 是 $f(x)$ 的原函数,即公式(2)成立.

公式(2)称为**第二换元积分公式**.

例 5.37　求 $\displaystyle\int\frac{x}{\sqrt{1-x}}\mathrm{d}x$.

解　为了将根式消除,令 $\sqrt{1-x}=t,x=1-t^2,\mathrm{d}x=-2t\mathrm{d}t$,所以有

$$\int\frac{x}{\sqrt{1-x}}\mathrm{d}x=-\int\frac{1-t^2}{t}\cdot2t\mathrm{d}t=2\int(-1+t^2)\mathrm{d}t=-2t+\frac{2}{3}t^3+C$$

$$=-2\sqrt{1-x}+\frac{2}{3}(1-x)\sqrt{1-x}+C.$$

例 5.38　求 $\displaystyle\int\frac{1}{\sqrt{x}+\sqrt[3]{x}}\mathrm{d}x$.

解　为了将分母中的根式消除,令 $\sqrt[6]{x}=t,x=t^6,\mathrm{d}x=6t^5\mathrm{d}t$,所以有

$$\int\frac{1}{\sqrt{x}+\sqrt[3]{x}}\mathrm{d}x=\int\frac{6t^5}{t^3+t^2}\mathrm{d}t=6\int\frac{t^3}{t+1}\mathrm{d}t=6\int\frac{(t^3+1)-1}{t+1}\mathrm{d}t$$

$$=6\int\left(t^2-t+1-\frac{1}{t+1}\right)\mathrm{d}t=6\left(\frac{t^3}{3}-\frac{t^2}{2}+t-\ln|t+1|\right)+C$$

$$=2t^3-3t^2+6t-6\ln|t+1|+C$$

$$=2\sqrt{x}-3\sqrt[3]{x}+6\sqrt[6]{x}-6\ln(\sqrt[6]{x}+1)+C.$$

归纳以上各例的解题过程,用第二换元积分法求不定积分时,可按以下步骤进行:

(1) 换元　选择适当的变量代换 $x=\varphi(t)$,要求 $\varphi(t)$ 单调且有连续的导数且 $\varphi'(t)\neq0$,则

$$\int f(x)\mathrm{d}x=\int f[\varphi(t)]\varphi'(t)\mathrm{d}t.$$

(2) 积分　换元后的不定积分 $f[\varphi(t)]\varphi'(t)\mathrm{d}t$,可以直接或通过恒等变形或再经过适当的换元,直至最后求出原函数 $\Phi(t)$,即

$$f[\varphi(t)]\varphi'(t)\mathrm{d}t=\Phi(t)+C.$$

(3) 还原　由 $x=\varphi(t)$ 解出其反函数 $t=\varphi^{-1}(x)$,并把 $t=\varphi^{-1}(x)$ 代回求出的原函数 $\Phi(t)$ 中,还原为原积分变量 x 的函数 $\Phi[\varphi^{-1}(x)]$,即

$$\int f(x)\mathrm{d}x=\Phi(t)+C=\Phi[\varphi^{-1}(x)]+C.$$

例 5.39　求 $\displaystyle\int\sqrt{a^2-x^2}\mathrm{d}x\ (a>0)$.

解　解题的关键是利用三角函数的关系式

$$\sin^2t+\cos^2t=1,$$

去掉被积函数中的根号,具体做法是:令 $x=a\sin t,\mathrm{d}x=a\cos t\mathrm{d}t$,而

$$\sqrt{a^2-x^2}=\sqrt{a^2-a^2\sin^2t}=a\sqrt{1-\sin^2t}=a\cos t\left(-\frac{\pi}{2}<t<\frac{\pi}{2}\right),$$

于是有

$$\int\sqrt{a^2-x^2}\mathrm{d}x=\int a\cos t\cdot a\cos t\mathrm{d}t=a^2\int\cos^2t\mathrm{d}t=a^2\int\frac{1+\cos2t}{2}\mathrm{d}t$$

$$= \frac{a^2}{2}\left(\int \mathrm{d}t + \int \cos 2t \mathrm{d}t\right) = \frac{a^2}{2}\left(t + \frac{1}{2}\sin 2t\right) + C$$

$$= \frac{a^2}{2}(t + \sin t \cos t) + C.$$

因为 $x = a\sin t, \sin t = \dfrac{x}{a}$，则 $t = \arcsin \dfrac{x}{a}$，并有

$$\cos t = \sqrt{1 - \sin^2 t} = \sqrt{1 - \left(\frac{x}{a}\right)^2} = \frac{\sqrt{a^2 - x^2}}{a},$$

所以有

$$\int \sqrt{a^2 - x^2} \mathrm{d}x = \frac{a^2}{2}\arcsin \frac{x}{a} + \frac{x\sqrt{a^2 - x^2}}{2} + C.$$

上面 $\cos t = \dfrac{\sqrt{a^2 - x^2}}{a}$，也可由图 5.3 所示的直角三角形而直接写出

$$\cos t = \frac{\text{邻边}}{\text{斜边}} = \frac{\sqrt{a^2 - x^2}}{a}.$$

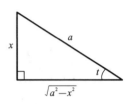

图 5.3

例 5.40　求 $\displaystyle\int \frac{1}{\sqrt{x^2 + a^2}} \mathrm{d}x \ (a > 0)$.

解　为了去掉被积函数中的根号，令 $x = a\tan t$，于是

$$\frac{1}{\sqrt{x^2 + a^2}} = \frac{1}{\sqrt{a^2 \tan^2 t + a^2}} = \frac{1}{a\sec t} = \frac{1}{a}\cos t,$$

$$\mathrm{d}x = a\sec^2 t \mathrm{d}t,$$

所以有

$$\int \frac{1}{\sqrt{x^2 + a^2}} \mathrm{d}x = \frac{1}{a}\int \cos t \cdot a\sec^2 t \mathrm{d}t = \int \sec t \mathrm{d}t = \ln|\sec t + \tan t| + C.$$

根据 $\tan t = \dfrac{x}{a}$，利用图 5.4 所示的直角三角形，可得

$$\sec t = \frac{\text{斜边}}{\text{邻边}} = \frac{\sqrt{x^2 + a^2}}{a},$$

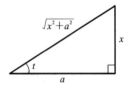

图 5.4

所以有

$$\int \frac{1}{\sqrt{x^2 + a^2}} \mathrm{d}x = \ln\left|\frac{\sqrt{x^2 + a^2}}{a} + \frac{x}{a}\right| + C_1$$

$$= \ln\left|\sqrt{x^2 + a^2} + x\right| + C \quad (\text{其中 } C = C_1 - \ln a).$$

例 5.41　求 $\displaystyle\int \frac{1}{\sqrt{x^2 - a^2}} \mathrm{d}x \ (a > 0)$.

解　为了去掉被积函数中的根号，利用

$$\sec^2 t - 1 = \tan^2 t,$$

可令 $x = a\sec t$，于是

$$\frac{1}{\sqrt{x^2 - a^2}} = \frac{1}{\sqrt{a^2 \sec^2 t - a^2}} = \frac{1}{a\tan t}\left(0 < t < \frac{\pi}{2}\right),$$

$$\mathrm{d}x = a\sec t \cdot \tan t\mathrm{d}t,$$

所以有

$$\int \frac{1}{\sqrt{x^2 - a^2}}\mathrm{d}x = \int \frac{a\sec t \cdot \tan t}{a\tan t}\mathrm{d}t = \int \sec t\mathrm{d}t = \ln|\sec t + \tan t| + C.$$

根据 $\sec t = \dfrac{x}{a}$，利用图 5.5 所示的直角三角形，易得

$$\tan t = \frac{对边}{邻边} = \frac{\sqrt{x^2 - a^2}}{a}.$$

所以有

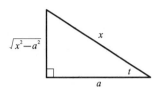

图 5.5

$$\int \frac{1}{\sqrt{x^2 - a^2}}\mathrm{d}x = \ln\left|\frac{x}{a} + \frac{\sqrt{x^2 - a^2}}{a}\right| + C_1$$

$$= \ln\left|\sqrt{x^2 - a^2} + x\right| + C \quad (其中\ C = C_1 - \ln a).$$

例 5.39～例 5.41 中的解题方法称为三角代换法或三角换元法.

一般地说，应用三角换元法作积分适用于如下情形：

$$\int R(x, \sqrt{a^2 - x^2})\mathrm{d}x,可令\ x = a\sin t, \mathrm{d}x = a\cos t\mathrm{d}t;$$

$$\int R(x, \sqrt{a^2 + x^2})\mathrm{d}x,可令\ x = a\tan t, \mathrm{d}x = a\sec^2 t\mathrm{d}t;$$

$$\int R(x, \sqrt{x^2 - a^2})\mathrm{d}x,可令\ x = a\sec t, \mathrm{d}x = a\sec t \cdot \tan t\mathrm{d}t.$$

其中，$R(x, \sqrt{a^2 - x^2})$ 表示由 x 和 $\sqrt{a^2 - x^2}$ 构成的有理函数，三角换元法的目的是去掉被积函数中的根号.

本节介绍了两类换元积分法，无论是第一换元积分法，还是第二换元积分法，都是为了把不容易求出的积分转化为能够直接积分或有利于直接积分的形式.

习　题　5.2

1. 在下列各式等号右端的空白处填入适当系数，使等式成立：

习题 5.2 答案

(1) $\mathrm{d}x = \underline{\qquad} \mathrm{d}(3x - 2)$;

(2) $x\mathrm{d}x = \underline{\qquad} \mathrm{d}(x^2 + 1)$;

(3) $x^2\mathrm{d}x = \underline{\qquad} \mathrm{d}(1 - 2x^3)$;

(4) $\dfrac{1}{x^2}\mathrm{d}x = \underline{\qquad} \mathrm{d}\left(1 + \dfrac{1}{x}\right)$;

(5) $\dfrac{1}{\sqrt{x}}\mathrm{d}x = \underline{\qquad} \mathrm{d}(\sqrt{x} - 1)$;

(6) $\dfrac{1}{x}\mathrm{d}x = \underline{\qquad} \mathrm{d}(3\ln x - 1)$;

(7) $x\mathrm{e}^{x^2}\mathrm{d}x = \underline{\qquad} \mathrm{d}(\mathrm{e}^{x^2})$;

(8) $\sin 2x\mathrm{d}x = \underline{\qquad} \mathrm{d}(\cos 2x)$;

(9) $\cos\dfrac{x}{3}\mathrm{d}x = \underline{\qquad} \mathrm{d}\left(\sin\dfrac{x}{3}\right)$;

(10) $\sec^2 5x\mathrm{d}x = \underline{\qquad} \mathrm{d}(\tan 5x)$;

(11) $\dfrac{1}{\sqrt{1 - 4x^2}}\mathrm{d}x = \underline{\qquad} \mathrm{d}(\arcsin 2x)$;

(12) $\dfrac{\mathrm{d}x}{4 + x^2} = \underline{\qquad} \mathrm{d}\left(\arctan\dfrac{x}{2}\right)$.

2. 填空：

(1) $x\mathrm{d}x = \mathrm{d}(\qquad)$;

(2) $x^2\mathrm{d}x = \mathrm{d}(\qquad)$;

(3) $\dfrac{1}{x^2}\mathrm{d}x=\mathrm{d}(\quad)$;

(4) $\dfrac{1}{\sqrt{x}}\mathrm{d}x=\mathrm{d}(\quad)$;

(5) $\dfrac{1}{x}\mathrm{d}x=\mathrm{d}(\quad)$;

(6) $\mathrm{e}^{3x}\mathrm{d}x=\mathrm{d}(\quad)$;

(7) $2^x\mathrm{d}x=\mathrm{d}(\quad)$;

(8) $\sin\dfrac{x}{2}\mathrm{d}x=\mathrm{d}(\quad)$;

(9) $\cos2x\mathrm{d}x=\mathrm{d}(\quad)$;

(10) $\dfrac{1}{\cos^2 3x}\mathrm{d}x=\mathrm{d}(\quad)$;

(11) $\dfrac{1}{\sqrt{1-9x^2}}\mathrm{d}x=\mathrm{d}(\quad)$;

(12) $\dfrac{\mathrm{d}x}{x(1+\ln^2 x)}=\mathrm{d}(\quad)$.

3. 求下列不定积分：

(1) $\displaystyle\int (3x-2)^5\mathrm{d}x$;

(2) $\displaystyle\int \dfrac{1}{\sqrt{1-2x}}\mathrm{d}x$;

(3) $\displaystyle\int x\sin x^2\mathrm{d}x$;

(4) $\displaystyle\int \dfrac{x}{\sqrt{1-x^2}}\mathrm{d}x$;

(5) $\displaystyle\int \dfrac{x^2}{\sqrt{x^3-1}}\mathrm{d}x$;

(6) $\displaystyle\int x^2\mathrm{e}^{x^3}\mathrm{d}x$;

(7) $\displaystyle\int \dfrac{\cos\sqrt{x}}{\sqrt{x}}\mathrm{d}x$;

(8) $\displaystyle\int \dfrac{\sec^2\dfrac{1}{x}}{x^2}\mathrm{d}x$;

(9) $\displaystyle\int \dfrac{\mathrm{e}^{\frac{1}{x}}}{x^2}\mathrm{d}x$;

(10) $\displaystyle\int \dfrac{1}{\sqrt{x}(1+x)}\mathrm{d}x$;

(11) $\displaystyle\int \dfrac{\mathrm{e}^x}{2-\mathrm{e}^x}\mathrm{d}x$;

(12) $\displaystyle\int \mathrm{e}^x(2-\mathrm{e}^x)\mathrm{d}x$;

(13) $\displaystyle\int \dfrac{\ln^2 x}{x}\mathrm{d}x$;

(14) $\displaystyle\int \dfrac{\sqrt{1+\ln x}}{x}\mathrm{d}x$;

(15) $\displaystyle\int \dfrac{1}{x(1+\ln x)}\mathrm{d}x$;

(16) $\displaystyle\int \dfrac{1}{x\sqrt{1-\ln^2 x}}\mathrm{d}x$;

(17) $\displaystyle\int \dfrac{1}{\cos^2(3x-1)}\mathrm{d}x$;

(18) $\displaystyle\int \dfrac{1}{\sin^2(4x-3)}\mathrm{d}x$;

(19) $\displaystyle\int \dfrac{1}{4-9x^2}\mathrm{d}x$;

(20) $\displaystyle\int \dfrac{1}{4+9x^2}\mathrm{d}x$;

(21) $\displaystyle\int \dfrac{1}{x^2+6x+5}\mathrm{d}x$;

(22) $\displaystyle\int \dfrac{2x+2}{x^2+2x-10}\mathrm{d}x$;

(23) $\displaystyle\int \dfrac{(\arctan x)^2}{1+x^2}\mathrm{d}x$;

(24) $\displaystyle\int \dfrac{\mathrm{d}x}{(\arcsin x)^2\sqrt{1-x^2}}$.

4. 求下列不定积分：

(1) $\displaystyle\int \sin^2 x\mathrm{d}x$;

(2) $\displaystyle\int \cos^2 2x\mathrm{d}x$;

(3) $\displaystyle\int \sin^4 x\mathrm{d}x$;

(4) $\displaystyle\int \sin^4 x\cos^3 x\mathrm{d}x$;

(5) $\displaystyle\int \cos3x\cos2x\mathrm{d}x$;

(6) $\displaystyle\int \sin3x\cos5x\mathrm{d}x$.

5. 求下列不定积分：

(1) $\displaystyle\int x\sqrt{x+1}\,\mathrm{d}x$；

(2) $\displaystyle\int \frac{1}{1+\sqrt{2x}}\,\mathrm{d}x$；

(3) $\displaystyle\int \frac{1}{\sqrt{x+1}+2}\,\mathrm{d}x$；

(4) $\displaystyle\int \frac{\sqrt{x}}{\sqrt{x}-1}\,\mathrm{d}x$；

(5) $\displaystyle\int \frac{1}{\sqrt[3]{x}+1}\,\mathrm{d}x$；

(6) $\displaystyle\int \frac{1}{\sqrt{x}+\sqrt[3]{x^2}}\,\mathrm{d}x$．

6. 求下列不定积分：

(1) $\displaystyle\int \sqrt{1+x^2}\,\mathrm{d}x$；

(2) $\displaystyle\int \frac{1}{x^2\sqrt{1-x^2}}\,\mathrm{d}x$；

(3) $\displaystyle\int \frac{1}{\sqrt{1+x^2}}\,\mathrm{d}x$；

(4) $\displaystyle\int (4x^2)^{-\frac{3}{2}}\,\mathrm{d}x$；

(5) $\displaystyle\int \frac{1}{x\sqrt{x^2-1}}\,\mathrm{d}x$；

(6) $\displaystyle\int \frac{\sqrt{x^2-1}}{x}\,\mathrm{d}x$．

5.3 分部积分法

设函数 $u=u(x)$，$v=v(x)$ 的导数连续，由函数乘积的微分公式

$$\mathrm{d}(uv)=v\mathrm{d}u+u\mathrm{d}v,$$

移项后，得

$$u\mathrm{d}v=\mathrm{d}(uv)-v\mathrm{d}u.$$

对上式两端同时积分，并利用微分法与积分法互为逆运算的关系，得

$$\int u\mathrm{d}v = uv - \int v\mathrm{d}u, \tag{1}$$

或

$$\int uv'\mathrm{d}x = uv - \int vu'\mathrm{d}x. \tag{2}$$

公式(1)或(2)称为**分部积分公式**，利用分部积分公式计算不定积分的方法称为**分部积分法**.

应用分部积分公式的作用在于：把不容易求出的积分 $\displaystyle\int u\mathrm{d}v$ 或 $\displaystyle\int uv'\mathrm{d}x$ 转化为容易求出的积分 $\displaystyle\int v\mathrm{d}u$ 或 $\displaystyle\int vu'\mathrm{d}x$.

例 5.42 求 $\displaystyle\int x\sin x\mathrm{d}x$.

解 令 $u=x$，$\mathrm{d}v=\sin x\mathrm{d}x$，则

$$\mathrm{d}u=\mathrm{d}x, \quad v=-\cos x.$$

利用分部积分公式，得

$$\int x\sin x\mathrm{d}x = -x\cos x - \int(-\cos x)\mathrm{d}x = -x\cos x + \int\cos x\mathrm{d}x$$

$$= -x\cos x + \sin x + C.$$

注意:(1) 使用分部积分公式由 $\mathrm{d}v$ 求 v 时,在 v 后不必添加常数 C;

(2) 利用分部积分公式的目的在于化难为易,解题的关键在于恰当地选择 u 与 $\mathrm{d}v$.

如果此题令 $u=\sin x,\mathrm{d}v=x\mathrm{d}x$,则

$$\mathrm{d}u=\cos x\mathrm{d}x, \quad v=\frac{x^2}{2}.$$

利用分部积分公式,则有

$$\int x\sin x\mathrm{d}x=\frac{x^2}{2}\sin x-\int\frac{x^2}{2}\cos x\mathrm{d}x.$$

显而易见,不定积分 $\int\frac{x^2}{2}\cos x\mathrm{d}x$ 比所要求的不定积分 $\int x\sin x\mathrm{d}x$ 更复杂,因此这样选择 u 与 $\mathrm{d}v$ 是错误的.

那么怎样选择 u 与 $\mathrm{d}v$ 才合适呢? 一般地说:

(1) 先要考虑 $\mathrm{d}v$,要便于求出原函数 v.

(2) 再考虑利用分部积分公式后,$\int v\mathrm{d}u$ 比 $\int u\mathrm{d}v$ 便于计算.

例 5.43 求 $\int x\arctan x\mathrm{d}x$.

解 令 $u=\arctan x,\mathrm{d}v=x\mathrm{d}x$,则

$$\mathrm{d}u=\frac{1}{1+x^2}\mathrm{d}x, \quad v=\frac{x^2}{2}.$$

利用分部积分公式,得

$$\begin{aligned}
\int x\arctan x\mathrm{d}x &=\frac{1}{2}x^2\arctan x-\int\frac{x^2}{2}\cdot\frac{1}{1+x^2}\mathrm{d}x\\
&=\frac{1}{2}x^2\arctan x-\frac{1}{2}\int\left(1-\frac{1}{1+x^2}\right)\mathrm{d}x\\
&=\frac{1}{2}x^2\arctan x-\frac{x}{2}+\frac{1}{2}\arctan x+C.
\end{aligned}$$

例 5.44 求 $\int x^2\mathrm{e}^x\mathrm{d}x$.

解 令 $u=x^2,\mathrm{d}v=\mathrm{e}^x\mathrm{d}x$,则

$$\mathrm{d}u=2x\mathrm{d}x,v=\mathrm{e}^x.$$

利用分部积分公式,有

$$\int x^2\mathrm{e}^x\mathrm{d}x=x^2\mathrm{e}^x-2\int x\mathrm{e}^x\mathrm{d}x.$$

此时,虽然没有完全去掉积分号,但是不定积分 $\int x\mathrm{e}^x\mathrm{d}x$ 要比原积分 $\int x^2\mathrm{e}^x\mathrm{d}x$ 容易计算,因为在被积函数中 x 的幂次下降了一次,可继续使用分部积分公式.

令 $u=x,\mathrm{d}v=\mathrm{e}^x\mathrm{d}x$,则

$$\mathrm{d}u=\mathrm{d}x, \quad v=\mathrm{e}^x.$$

于是有

$$\begin{aligned}
\int x^2\mathrm{e}^x\mathrm{d}x &=x^2\mathrm{e}^x-2\left(x\mathrm{e}^x-\int\mathrm{e}^x\mathrm{d}x\right)=x^2\mathrm{e}^x-2x\mathrm{e}^x+2\mathrm{e}^x+C\\
&=\mathrm{e}^x(x^2-2x+2)+C.
\end{aligned}$$

　　此题是两次利用分部积分公式求不定积分,应注意的是先后两次选择 u 与 $\mathrm{d}v$ 的方法要保持一致,即两次都选择了 x 的幂函数部分为 u,而 $\mathrm{e}^x\mathrm{d}x$ 为 $\mathrm{d}v$,否则是计算不出结果的.

　　在熟悉了用分部积分法解题的基本思路后,并且在熟练地掌握了凑微分公式的基础上,中间过程 u 与 $\mathrm{d}v$ 可不写出,直接利用分部积分公式计算.

　　例 5.45　求 $\int x^4\ln x\mathrm{d}x$.

　　解　　　　$\int x^4\ln x\mathrm{d}x=\int\ln x\mathrm{d}\left(\dfrac{x^5}{5}\right)=\dfrac{x^5}{5}\ln x-\dfrac{1}{5}\int x^4\mathrm{d}x=\dfrac{x^5}{5}\ln x-\dfrac{x^5}{25}+C.$

　　例 5.46　求 $\int\mathrm{e}^x\cos x\mathrm{d}x$.

　　解　$\int\mathrm{e}^x\cos x\mathrm{d}x=\int\cos x\mathrm{d}(\mathrm{e}^x)=\mathrm{e}^x\cos x+\int\mathrm{e}^x\sin x\mathrm{d}x=\mathrm{e}^x\cos x+\int\sin x\mathrm{d}\mathrm{e}^x$

$$=\mathrm{e}^x\cos x+\mathrm{e}^x\sin x-\int\mathrm{e}^x\cos x\mathrm{d}x.$$

　　经过两次分部积分之后,在上式右端又出现了所求的积分 $\int\mathrm{e}^x\cos x\mathrm{d}x$,这样便出现了循环公式

$$\int\mathrm{e}^x\cos x\mathrm{d}x=\mathrm{e}^x\sin x+\mathrm{e}^x\cos x-\int\mathrm{e}^x\cos x\mathrm{d}x.$$

　　只要将等式右端的 $-\int\mathrm{e}^x\cos x\mathrm{d}x$ 移项到左端,可得

$$2\int\mathrm{e}^x\cos x\mathrm{d}x=\mathrm{e}^x(\sin x+\cos x)+C_1.$$

移项之后,右端已没有积分号了,所以应加上任意常数,由此即得

$$\int\mathrm{e}^x\cos x\mathrm{d}x=\dfrac{\mathrm{e}^x}{2}(\sin x+\cos x)+C\quad\left(\text{其中 }C=\dfrac{C_1}{2}\right).$$

　　类似地有

$$\int\mathrm{e}^x\sin x\mathrm{d}x=\dfrac{\mathrm{e}^x}{2}(\sin x-\cos x)+C.$$

　　综合以上各例,一般情况下,u 与 $\mathrm{d}v$ 按以下规律选择:

　　(1) 形如 $\int x^n\sin kx\mathrm{d}x$,$\int x^n\cos kx\mathrm{d}x$,$\int x^n\mathrm{e}^{kx}\mathrm{d}x$(其中 n 为正整数)的不定积分,令 $u=x^n$,余下的为 $\mathrm{d}v$(即 $\sin kx\mathrm{d}x=\mathrm{d}v$,$\cos kx\mathrm{d}x=\mathrm{d}v$,$\mathrm{e}^{kx}\mathrm{d}x=\mathrm{d}v$),如例 5.42、例 5.44.

　　(2) 形如 $\int x^n\ln x\mathrm{d}x$,$\int x^n\arctan x\mathrm{d}x$,$\int x^n\arcsin x\mathrm{d}x$(其中 n 为正整数)的不定积分,令 $\mathrm{d}v=x^n\mathrm{d}x$,余下的为 u(即 $u=\ln x$,或 $u=\arctan x$),如例 5.43、例 5.45.

　　(3) 形如 $\int\mathrm{e}^{ax}\sin bx\mathrm{d}x$,$\int\mathrm{e}^{ax}\cos bx\mathrm{d}x$ 的不定积分,可以任意选择 u 和 $\mathrm{d}v$,但应注意,因为要使用两次分部积分公式,两次选择 u 和 $\mathrm{d}v$ 应保持一致,即如果第一次令 $u=\mathrm{e}^{ax}$,则第二次也须令 $u=\mathrm{e}^{ax}$,只有这样才能出现循环公式,然后用解方程的方法求出积分,如例 5.46.

　　例 5.47　求 $\int\ln x\mathrm{d}x$.

　　解　利用分部积分公式,被积函数 $\ln x$ 可看作 u,而 $\mathrm{d}x$ 可看作 $\mathrm{d}v$,即有

$$\int \ln x \mathrm{d}x = x\ln x - \int x\mathrm{d}\ln x = x\ln x - \int \mathrm{d}x = x\ln x - x + C.$$

例 5.48 求 $\int \arcsin x \mathrm{d}x$.

解 与上例相仿,把被积函数 $\arcsin x$ 看作 u,而把 $\mathrm{d}x$ 看作 $\mathrm{d}v$,有

$$\int \arcsin x \mathrm{d}x = x\arcsin x - \int x \cdot \mathrm{d}\arcsin x = x\arcsin x - \int \frac{x}{\sqrt{1-x^2}}\mathrm{d}x$$

$$= x\arcsin x + \sqrt{1-x^2} + C.$$

类似地有

$$\int \arctan x \mathrm{d}x = x\arctan x - \frac{1}{2}\ln(1+x^2) + C.$$

例 5.49 求 $I_n = \int \frac{1}{(x^2+a^2)^n}\mathrm{d}x$($n$ 为正整数).

解 利用分部积分法来建立关于 I_n 的递推公式. 当 $n>2$ 时,

$$I_n = \int \frac{1}{(x^2+a^2)^n}\mathrm{d}x = \frac{1}{a^2}\int \frac{x^2+a^2-x^2}{(x^2+a^2)^n}\mathrm{d}x$$

$$= \frac{1}{a^2}\int \frac{\mathrm{d}x}{(x^2+a^2)^{n-1}} - \frac{1}{a^2}\int \frac{x^2}{(x^2+a^2)^n}\mathrm{d}x.$$

而

$$\int \frac{x^2}{(x^2+a^2)^n}\mathrm{d}x = \frac{1}{2}\int \frac{x}{(x^2+a^2)^n}\mathrm{d}(x^2+a^2) = \frac{-1}{2(n-1)}\int x\mathrm{d}\left(\frac{1}{(x^2+a^2)^{n-1}}\right)$$

$$= \frac{-1}{2(n-1)}\left[\frac{x}{(x^2+a^2)^{n-1}} - \int \frac{\mathrm{d}x}{(x^2+a^2)^{n-1}}\right].$$

即

$$I_n = \frac{1}{a^2}I_{n-1} + \frac{1}{2(n-1)a^2}\frac{x}{(x^2+a^2)^{n-1}} - \frac{1}{2(n-1)a^2}I_{n-1},$$

得递推公式

$$I_n = \frac{1}{2(n-1)a^2}\frac{x}{(x^2+a^2)^{n-1}} + \frac{2n-3}{2(n-1)a^2}I_{n-1},$$

其中正整数 $n \geqslant 2$.

例如,当 $n=2$ 时,有

$$I_2 = \frac{1}{2a^2}\left(\frac{x}{x^2+a^2} + I_1\right),$$

而

$$I_1 = \int \frac{1}{x^2+a^2}\mathrm{d}x = \frac{1}{a}\arctan \frac{x}{a} + C_1,$$

于是有

$$I_2 = \frac{1}{2a^2}\left[\frac{x}{x^2+a^2} + \frac{1}{a}\arctan \frac{x}{a} + C_1\right]$$

$$= \frac{x}{2a^2(x^2+a^2)} + \frac{1}{2a^3}\arctan \frac{x}{a} + C \quad \left(\text{其中 } C = \frac{C_1}{2a^2}\right).$$

依此类推,可以逐次得到

$$I_3 = \frac{x}{4a^2 \, (x^2+a^2)^2} + \frac{3x}{8a^4 \, (x^2+a^2)} + \frac{3}{8a^5}\arctan\frac{x}{a} + C,$$

$$\vdots$$

在计算不定积分时,也常常同时使用换元积分法与分部积分法.

例 5.50　求 $\displaystyle\int\cos\sqrt{x}\,\mathrm{d}x.$

解　被积函数中含有 $\sqrt{x}$,先用第二换元法去掉根号,即

令 $\sqrt{x}=t$,于是 $x=t^2$,$\mathrm{d}x=2t\mathrm{d}t$,有

$$\int\cos\sqrt{x}\,\mathrm{d}x = 2\int t\cos t\,\mathrm{d}t,$$

再对右端用分部积分法,得

$$\int t\cos t\mathrm{d}t = \int t\mathrm{d}\sin t = t\sin t - \int \sin t\mathrm{d}t = t\sin t + \cos t + C_1.$$

于是

$$\int\cos\sqrt{x}\,\mathrm{d}x = 2(t\sin t + \cos t + C_1)$$

$$= 2\sqrt{x}\sin\sqrt{x} + 2\cos\sqrt{x} + C \quad (\text{其中 } C = 2C_1).$$

例 5.51　求 $\displaystyle\int\frac{x\arctan x}{\sqrt{1+x^2}}\mathrm{d}x.$

解法一　作变换,令 $\arctan x = t$,$x = \tan t$,$\mathrm{d}x = \sec^2 t\mathrm{d}t$,于是有

$$\int\frac{x\arctan x}{\sqrt{1+x^2}}\mathrm{d}x = \int\frac{t\cdot\tan t}{\sqrt{1+\tan^2 t}}\sec^2 t\mathrm{d}t = \int t\cdot\tan t\cdot\sec t\mathrm{d}t$$

$$= \int t\mathrm{d}\sec t = t\sec t - \int\sec t\mathrm{d}t$$

$$= t\sec t - \ln|\sec t + \tan t| + C_1$$

$$= \sqrt{1+x^2}\cdot\arctan x - \ln\left|x + \sqrt{1+x^2}\right| + C.$$

解法二　$\displaystyle\int\frac{x\arctan x}{\sqrt{1+x^2}}\mathrm{d}x = \int\arctan x\mathrm{d}\sqrt{1+x^2}$

$$= \sqrt{1+x^2}\arctan x - \int\sqrt{1+x^2}\,\mathrm{d}\arctan x$$

$$= \sqrt{1+x^2}\arctan x - \int\sqrt{1+x^2}\cdot\frac{1}{1+x^2}\mathrm{d}x$$

$$= \sqrt{1+x^2}\arctan x - \int\frac{1}{\sqrt{1+x^2}}\mathrm{d}x$$

$$= \sqrt{1+x^2}\arctan x - \ln\left|x + \sqrt{1+x^2}\right| + C.$$

习　题　5.3

习题 5.3 答案

求下列不定积分:

1. $\displaystyle\int x\sin x\mathrm{d}x$;

2. $\displaystyle\int x\cos\frac{x}{2}\mathrm{d}x$;

3. $\int x\mathrm{e}^{-x}\mathrm{d}x$;

4. $\int x^2\mathrm{e}^x\mathrm{d}x$;

5. $\int \ln x\mathrm{d}x$;

6. $\int x^2\ln x\mathrm{d}x$;

7. $\int \dfrac{x}{\cos^2 x}\mathrm{d}x$;

8. $\int \cos\ln x\mathrm{d}x$;

9. $\int \mathrm{e}^{-x}\cos x\mathrm{d}x$;

10. $\int \arcsin x\mathrm{d}x$;

11. $\int (\arcsin x)^2\mathrm{d}x$;

12. $\int \mathrm{e}^{\sqrt[3]{x}}\mathrm{d}x$.

5.4　积分表的使用

一般来说,计算不定积分比求导数运算或微分运算要复杂,并有很强的技巧性;还有很多简单的函数其原函数存在,但不一定是初等函数,如 e^{-x^2},$\sin(x^2)$,$\sqrt{\sin x}$,$\dfrac{\sin x}{x}$,$\dfrac{1}{\ln x}$,$\sqrt{1+x^3}$,$\dfrac{1}{\sqrt{1+x^3}}$等函数的原函数都不是初等函数,它们都不能用现在介绍的方法求积分. 为了便于应用,前人已把一些常用函数的积分计算出来并汇编成表(参看本书的附录一),在实际工作中计算积分时,可以查积分表.

本书中所列的积分表(参看本书的附录一)是按被积函数所属的类型编排成十五类. 查积分表时,首先要确定被积函数属于哪种类型,然后在这一类型的积分表中对照,选用适当的公式.

例 5.52　求 $\int \dfrac{1}{x^2(3x+2)}\mathrm{d}x$.

解　被积函数为有理函数,因此属于积分表中的类型 1,与(6)同型:

$$\int \frac{\mathrm{d}x}{x^2(ax+b)} = -\frac{1}{bx}+\frac{a}{b^2}\ln\left|\frac{ax+b}{x}\right|+C.$$

令 $a=3,b=2$,得

$$\int \frac{\mathrm{d}x}{x^2(3x+2)} = -\frac{1}{2x}+\frac{3}{4}\ln\left|\frac{3x+2}{x}\right|+C.$$

例 5.53　求 $\int \dfrac{\mathrm{d}x}{x\sqrt{x^2+4}}$.

解　被积函数为无理函数,属于积分表中的类型 6,与(37)同型:

$$\int \frac{\mathrm{d}x}{x\sqrt{x^2+a^2}} = \frac{1}{a}\ln\frac{\sqrt{x^2+a^2}-a}{|x|}+C.$$

令 $a=2$,得

$$\int \frac{\mathrm{d}x}{x\sqrt{x^2+4}} = \frac{1}{2}\ln\frac{\sqrt{x^2+4}-2}{|x|}+C.$$

例 5.54　求 $\int x^2\sqrt{1-9x^2}\mathrm{d}x$.

解　积分表中没有与此题的被积函数完全相同的类型,但在类型 8 中公式(70)

$$\int x^2 \sqrt{a^2 - x^2}\, dx = \frac{x}{8}(2x^2 - a^2) \sqrt{a^2 - x^2} + \frac{a^4}{8}\arcsin\frac{x}{a} + C$$

与之相似,可以作变量代换,令 $3x = u$, $x = \dfrac{u}{3}$, $dx = \dfrac{1}{3}du$,则有

$$\int x^2 \sqrt{1 - 9x^2}\, dx = \frac{1}{3^2}\int u^2 \sqrt{1 - u^2} \cdot \frac{1}{3}du = \frac{1}{27}\int u^2 \sqrt{1 - u^2}\, du.$$

再令 $a = 1$,由公式(70)得

$$\int u^2 \sqrt{1 - u^2}\, du = \frac{u}{8}(2u^2 - 1) \sqrt{1 - u^2} + \frac{1}{8}\arcsin u + C.$$

再把 $u = 3x$ 代回还原,得

$$\int x^2 \sqrt{1 - 9x^2}\, dx = \frac{1}{27}\left[\frac{3x}{8}(18x^2 - 1) \sqrt{1 - 9x^2} + \frac{1}{8}\arcsin(3x)\right] + C.$$

例 5.55 求 $\displaystyle\int \frac{1}{(x^2 + x + 3)^2}dx$.

解 被积函数的分母是一个二重二次质因式,经过配方和变量代换,可以利用类型 3 中公式(20):

$$\int \frac{1}{(x^2 + a^2)^n}dx = \frac{x}{2(n-1)a^2 (x^2 + a^2)^{n-1}} + \frac{2n - 3}{2(n-1)a^2}\int \frac{dx}{(x^2 + a^2)^{n-1}}$$

于是先配方,再作变量代换,令 $x + \dfrac{1}{2} = u$,于是 $dx = du$,则有

$$\int \frac{1}{(x^2 + x + 3)^2}dx = \int \frac{1}{\left[\left(x + \frac{1}{2}\right)^2 + \frac{11}{4}\right]^2}dx = \int \frac{1}{\left(u^2 + \frac{11}{4}\right)^2}du.$$

再令 $n = 2$, $a^2 = \dfrac{11}{4}$,由公式(20)得:

$$\int \frac{1}{\left(u^2 + \frac{11}{4}\right)^2}du = \frac{u}{2 \times 1 \times \frac{11}{4}\left(u^2 + \frac{11}{4}\right)} + \frac{2 \times 2 - 3}{2 \times 1 \times \frac{11}{4}}\int \frac{du}{u^2 + \frac{11}{4}}$$

$$= \frac{2u}{11\left(u^2 + \frac{11}{4}\right)} + \frac{2}{11}\int \frac{du}{u^2 + \frac{11}{4}}$$

$$= \frac{2u}{11\left(u^2 + \frac{11}{4}\right)} + \frac{2}{11} \cdot \frac{2}{\sqrt{11}}\arctan\frac{2u}{\sqrt{11}} + C.$$

把 $u = x + \dfrac{1}{2}$ 代回还原,所以有

$$\int \frac{1}{(x^2 + x + 3)^2}dx = \frac{2\left(x + \frac{1}{2}\right)}{11(x^2 + x + 3)} + \frac{4}{11\sqrt{11}}\arctan\frac{2\left(x + \frac{1}{2}\right)}{\sqrt{11}} + C$$

$$= \frac{2x + 1}{11(x^2 + x + 3)} + \frac{4}{11\sqrt{11}}\arctan\frac{2x + 1}{\sqrt{11}} + C.$$

查积分表算不定积分简便易行,在实际工作中算不定积分可用查表的方法,然而,不能因为有了积分表,就可以不掌握基本的积分方法,从例 5.54、例 5.55 可见,如果不掌握第一类换元法,连积分表都没法查. 此外在以后的数学课和其他学科中常用到积分,若不掌握基本积分

方法,学习也会遇到不少困难.

习 题 5.4

习题 5.4 答案

利用积分表求下列不定积分:

1. $\displaystyle\int \frac{\mathrm{d}x}{(x^2+9)^2}$;

2. $\displaystyle\int \frac{\mathrm{d}x}{\sin^3 x}$;

3. $\displaystyle\int \cos^6 x \mathrm{d}x$;

4. $\displaystyle\int \frac{\mathrm{d}x}{2+5\cos x}$;

5. $\displaystyle\int (\ln x)^3 \mathrm{d}x$;

6. $\displaystyle\int \frac{\mathrm{d}x}{x^2 \sqrt{2x-1}}$;

7. $\displaystyle\int \sqrt{\frac{1-x}{1+x}} \mathrm{d}x$;

8. $\displaystyle\int \frac{x+5}{x^2-2x-1} \mathrm{d}x$.

复 习 题 五

复习题五答案

一、填空题

1. 若 $F(x),G(x)$ 都是函数 $f(x)$ 的原函数,则必有(　　).

A. $F(x)=G(x)$

B. $F(x)=CG(x)$

C. $F(x)=G(x)+C$

D. $F(x)=\dfrac{1}{C}G(x)$ (C 为不为零的常数)

2. 函数 $f(x)=\mathrm{e}^{-x}$ 的不定积分为(　　).

A. e^{-x}　　　　B. $-\mathrm{e}^{-x}$　　　　C. $\mathrm{e}^{-x}+C$　　　　D. $-\mathrm{e}^{-x}+C$

3. 设 $f'(x)$ 存在且连续,则 $\left[\displaystyle\int \mathrm{d}f(x)\right]' = ($　　$)$.

A. $f(x)$　　　　B. $f'(x)$　　　　C. $f'(x)+C$　　　　D. $f(x)+C$

4. 设 $f(x)=k\tan 2x$ 的一个原函数为 $\dfrac{2}{3}\ln\cos 2x$,则 k 等于(　　).

A. $-\dfrac{2}{3}$　　　　B. $\dfrac{2}{3}$　　　　C. $-\dfrac{4}{3}$　　　　D. $\dfrac{3}{4}$

5. $\displaystyle\int \cos 2x \mathrm{d}x = ($　　$)$.

A. $\sin x \cos x + C$　　B. $-\dfrac{1}{2}\sin 2x + C$　　C. $2\sin 2x + C$　　D. $\sin 2x + C$

6. $\displaystyle\int f(x)\mathrm{d}x = x\mathrm{e}^x + C$,则 $f(x) = ($　　$)$.

A. $(x+2)\mathrm{e}^x$　　　B. $(x-1)\mathrm{e}^x$　　　C. $x\mathrm{e}^x$　　　D. $(x+1)\mathrm{e}^x$

7. 如果 $f(x)=\mathrm{e}^{-x}$,则 $\displaystyle\int \frac{f'(\ln x)}{x}\mathrm{d}x = ($　　$)$.

A. $-\dfrac{1}{x}+C$　　　B. $\dfrac{1}{x}+C$　　　C. $-\ln x + C$　　　D. $\ln x + C$

8. 若 $\displaystyle\int f(x)\mathrm{d}x = x^2 + C$,则 $\displaystyle\int xf(1-x^2)\mathrm{d}x = ($　　$)$.

A. $2(1-x)^2+C$　　　　　　　　　　B. $-2(1-x^2)^2+C$

C. $\dfrac{1}{2}(1-x^2)^2+C$　　　　　　　D. $-\dfrac{1}{2}(1-x^2)^2+C$

9. $\displaystyle\int\dfrac{f'(x)}{1+[f(x)]^2}\mathrm{d}x=(\qquad)$.

A. $\ln|1+f(x)|+C$　　　　　　　　B. $\ln|1+[f(x)]^2|+C$

C. $\arctan[f(x)]+C$　　　　　　　D. $\dfrac{1}{2}\arctan[f(x)]+C$

10. 设 $f(x)=\sin ax$, 则 $\displaystyle\int xf''(x)\mathrm{d}x=(\qquad)$.

A. $\dfrac{x}{a}\cos ax-\sin ax+C$　　　　　B. $ax\cos ax-\sin ax+C$

C. $\dfrac{x}{a}\sin ax-a\cos ax+C$　　　　D. $ax\sin ax-a\cos ax+C$

二、填空题

1. 一曲线经过点 $(1,0)$, 且在其上任一点 x 处的切线斜率为 $3x^2$, 则此曲线方程为 _____.

2. $f'(x)=1$, $f(0)=0$, 则 $\displaystyle\int f(x)\mathrm{d}x=$ _____.

3. 若 $F'(x)=f(x)$, 则 $\displaystyle\int\sin xf(\cos x)\mathrm{d}x=$ _____.

4. $\displaystyle\int\dfrac{1}{1-x}\mathrm{d}x=$ _____.

5. $\displaystyle\int\mathrm{e}^{-x}\sin\mathrm{e}^{-x}\mathrm{d}x=$ _____.

6. 若 $uv=x\sin x$, $\displaystyle\int u'v\mathrm{d}x=\cos x+C$, 则 $\displaystyle\int uv'\mathrm{d}x=$ _____.

7. $\displaystyle\int\dfrac{\mathrm{e}^x-1}{\mathrm{e}^x+1}\mathrm{d}x=$ _____.

8. $\displaystyle\int$ _____ $\mathrm{d}x=x\mathrm{e}^x+C$.

9. 若 $f'(x)(1+x^2)=1$, 且 $f(0)=4$, 则 $f(x)=$ _____.

10. 设 $f(x)$ 是连续函数且 $\displaystyle\int f(x)\mathrm{d}x=F(x)+C$, 则 $\displaystyle\int F(x)f(x)\mathrm{d}x=$ _____.

三、解答题

1. 求 $\displaystyle\int(5-2x)^9\mathrm{d}x$.　　　　　2. 求 $\displaystyle\int\dfrac{\mathrm{e}^2}{\sqrt{\mathrm{e}^2+1}}\mathrm{d}x$.

3. 求 $\displaystyle\int\dfrac{\sin x+\cos x}{(\sin x-\cos x)^3}\mathrm{d}x$.　　　4. 求 $\displaystyle\int\dfrac{\sin x}{\cos^3 x\sqrt[3]{1+\sec^2 x}}\mathrm{d}x$.

5. 求 $\displaystyle\int\dfrac{1}{1+\mathrm{e}^{2x}}\mathrm{d}x$.　　　　　6. 求 $\displaystyle\int\dfrac{1}{x^2-x-6}\mathrm{d}x$.

7. 求 $\displaystyle\int x\sqrt[4]{2x+3}\mathrm{d}x$.　　　　8. 求 $\displaystyle\int\dfrac{1}{x^2\sqrt{x^2+3}}\mathrm{d}x$.

9. 求 $\displaystyle\int\dfrac{x\mathrm{e}^x}{(1+x)^2}\mathrm{d}x$.　　　　10. 求 $\displaystyle\int\dfrac{\ln x}{x^3}\mathrm{d}x$.

第6章 定 积 分

定积分是积分学中另外一个重要的概念. 历史上定积分起源于求平面图形的面积和空间立体的体积等实际问题,这些问题的解决最后都归结于计算具有特定结构的和式极限,定积分就是从各种计算"和式的极限"问题中抽象出来的数学概念. 17 世纪中叶,牛顿和莱布尼兹先后提出了定积分的概念,后又发现了积分与微分之间的联系,把原本各自独立的微分学与积分学紧密地联系起来,从而构建了微积分学完整的理论体系,同时还给出了计算定积分的 Newton-Leibniz 公式,使得定积分成为研究实际问题的有力工具.

6.1 定积分的概念与性质

本节我们先通过两个实例引入定积分的概念.

6.1.1 引例

1. 曲边梯形的面积

在初等数学中,我们已学会计算多边形及圆形的面积,而对于任意曲线围成的平面图形的面积,就不会计算了.

任意曲线所围成的平面图形的面积的计算,依赖于曲边梯形的面积的计算. 所谓曲边梯形是指在平面直角坐标系中,由连续曲线 $y=f(x)$,直线 $x=a$,$x=b$ 及 x 轴所围成的图形,如图 6.1 所示.

下面我们来讨论如何定义曲边梯形的面积以及它的计算方法.

设曲边梯形是由连续曲线 $y=f(x)(f(x)\geqslant 0)$,x 轴与两条直线 $x=a$,$x=b$ 所围成的.

我们知道

$$S_{矩形}=d_{底}\times h_{高},$$

其中矩形的高是不变的,而曲边梯形在底边上各点处的高 $f(x)$ 在区间 $[a,b]$ 上是变动的,因此它的面积不能直接由上述面积公式来定义和计算,但在很小一段

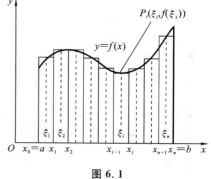

图 6.1

区间上它的变化是很小的,近似于不变. 如果我们把区间 $[a,b]$ 划分为许多小区间,在每个小区间上用其中某一点处的高来近似代替同一个小区间上的窄曲边梯形的变高,那么每个窄曲边梯形就可以近似地看成窄矩形. 我们就把所有这些窄矩形面积之和作为曲边梯形面积的近似值,并把区间 $[a,b]$ 无限细分,使得每个小区间都缩向一点,即其长度趋于零,这时所有窄矩形面积之和的极限就可以定义为曲边梯形的面积.

现将曲边梯形的面积的计算详述如下.

(1) **分割** 在区间 $[a,b]$ 中任意插入 $n-1$ 个分点

$$a = x_0 < x_1 < x_2 < \cdots < x_{n-1} < x_n = b,$$

把 $[a,b]$ 分成 n 个小区间

$$[x_0, x_1], [x_1, x_2], \cdots, [x_{n-1}, x_n].$$

这些小区间的长度分别记为

$$\Delta x_1 = x_1 - x_0, \Delta x_2 = x_2 - x_1, \cdots, \Delta x_n = x_n - x_{n-1}.$$

过每个分点 $x_i (i=1,2,\cdots,n-1)$ 作 x 轴垂线,把曲边梯形分成 n 个窄曲边梯形,如图 6.1 所示. 用 S_n 表示曲边梯形的面积,ΔS_i 表示第 i 个窄曲边梯形的面积,则有

$$S_n = \Delta S_1 + \Delta S_2 + \cdots + \Delta S_n = \sum_{i=1}^{n} \Delta S_i.$$

(2) **近似代替** 在每个小区间 $[x_{i-1}, x_i](i=1,2,\cdots,n)$ 内**任取**一点 ξ_i,过点 ξ_i 作 x 轴的垂线与曲边交于点 $P_i(\xi_i, f(\xi_i))$,以 Δx_i 为底,$f(\xi_i)$ 为高作矩形,取这个矩形的面积 $f(\xi_i)\Delta x_i$ 作为 ΔS_i 近似值,即

$$\Delta S_i \approx f(\xi_i)\Delta x_i \quad (i=1,2,\cdots,n).$$

(3) **求和** $S_n = f(\xi_1)\Delta x_1 + f(\xi_2)\Delta x_2 + \cdots + f(\xi_n)\Delta x_n = \sum_{i=1}^{n} f(\xi_i)\Delta x_i.$

(4) **取极限** 用 $\lambda = \max\{\Delta x_1, \Delta x_2, \cdots, \Delta x_n\}$ 表示所有小区间中最大区间的长度,当分点数 n 无限增大且 λ 趋于 0 时,总和 S_n 的极限值就定义为曲边梯形的面积 S,即

$$S = \lim_{\lambda \to 0} \sum_{i=1}^{n} f(\xi_i)\Delta x_i.$$

2. 变速直线运动的路程

设一物体做直线运动,已知速度 $v(t)$ 是时间间隔 $[a,b]$ 上的一个连续函数,求从 a 到 b 这段时间内物体通过的路程 S. 由于物体做变速直线运动不能用匀速运动路程公式 $S=vt$ 去求路程,我们用上例类似的四个步骤去求.

(1) **分割** **任意**分割 $[a,b]$,从中任意插入 $n-1$ 个分点,设分点为

$$a = t_0 < t_1 < t_2 < \cdots < t_{n-1} < t_n = b.$$

每个小区间的长为 $\Delta t_i = t_i - t_{i-1} (i=1,2,\cdots,n)$,物体在第 i 个时间间隔 $[t_{i-1}, t_i]$ 内所走的路程为 $\Delta S_i (i=1,2,\cdots,n)$.

(2) **近似代替** 在第 i 个时间间隔 $[t_{i-1}, t_i]$ 上**任取**一时刻 ξ_i,以速度 $v(\xi_i)$ 近似作为时间 $[t_{i-1}, t_i]$ 这段时间间隔内的速度,则有

$$\Delta S_i \approx v(\xi_i)\Delta t_i (i=1,2,\cdots,n).$$

(3) **求和** 将所有这些近似值作和,得到总路程 S 的近似值,即

$$S \approx \sum_{i=1}^{n} v(\xi_i)\Delta t_i.$$

(4) **取极限** 对时间间隔 $[a,b]$ 分得越细,误差就越小. 于是记 $\lambda = \max\{\Delta t_i\}$ $(i=1,2,\cdots, n)$,当 $\lambda \to 0$ 时,和式 $\sum_{i=1}^{n} v(\xi_i)\Delta t_i$ 的极限值就是所求路程 S,即

$$S = \lim_{\lambda \to 0} \sum_{i=1}^{n} v(\xi_i)\Delta t_i.$$

6.1.2 定积分的定义

以上两个实例虽然实际意义不同,但都可以归结为求同一结构的总和的极限. 抛开问题

的具体意义,抓住它们在数量关系上的本质与特征加以概括,抽象出定积分的定义如下.

定义 6.1 如果 $f(x)$ 是区间 $[a,b]$ 上有界函数,在 $[a,b]$ 中**任意**插入 $n-1$ 个分点

$$a=x_0<x_1<x_2<\cdots<x_{n-1}<x_n=b,$$

把 $[a,b]$ 分成 n 个小区间

$$[x_0,x_1],[x_1,x_2],\cdots,[x_{n-1},x_n].$$

这些小区间的长度分别记为

$$\Delta x_1=x_1-x_0,\Delta x_2=x_2-x_1,\cdots,\Delta x_n=x_n-x_{n-1}.$$

在每个小区间 $[x_{i-1},x_i]$ 上**任取**一点 ξ_i,作函数值 $f(\xi_i)$ 与小区间长度 Δx_i 的乘积 $f(\xi_i)\Delta x_i$ $(i=1,2,\cdots,n)$,并作和

$$S_n = \sum_{i=1}^{n} f(\xi_i)\Delta x_i.$$

记 $\lambda=\max\{\Delta x_1,\Delta x_2,\cdots,\Delta x_n\}$,如果不论对 $[a,b]$ 怎样分法,也不论在小区间 $[x_{i-1},x_i]$ 上点 ξ_i 怎样取法,只要当 $\lambda\to0$ 时,和式 S_n 的极限存在,这时我们称这个极限值为函数 $f(x)$ 在区间 $[a,b]$ 上的**定积分**,记作 $\int_a^b f(x)\mathrm{d}x$,即

$$\int_a^b f(x)\mathrm{d}x = \lim_{\lambda\to0}\sum_{i=1}^{n} f(\xi_i)\Delta x_i,$$

其中,"$\int$" 为积分号,x 称为**积分变量**,$f(x)$ 称为**被积函数**,$f(x)\mathrm{d}x$ 称为**被积表达式**,a 称为**积分下限**,b 称为**积分上限**,$[a,b]$ 称为**积分区间**.

按定积分定义,曲边梯形的面积 S 可用定积分表示为

$$S = \int_a^b f(x)\mathrm{d}x \quad (f(x)\geqslant 0).$$

注意:

(1) 如果积分和式的极限存在,则此极限是个常量,它只与被积函数 $f(x)$ 的表达式以及积分区间 $[a,b]$ 有关,而与积分变量用什么字母表示无关,即有

$$\int_a^b f(x)\mathrm{d}x = \int_a^b f(t)\mathrm{d}t = \int_a^b f(u)\mathrm{d}u.$$

(2) 在定积分定义中,若 $a>b$,我们规定

$$\int_a^b f(x)\mathrm{d}x = -\int_b^a f(x)\mathrm{d}x.$$

特别地,当 $a=b$ 时,有

$$\int_a^b f(x)\mathrm{d}x = 0.$$

(3) 函数 $f(x)$ 在 $[a,b]$ 上满足怎样的条件,$f(x)$ 在 $[a,b]$ 上可积? 这个问题我们只给出以下两个充分条件,它们的证明已超出本书范围,所以略去.

结论 1 若 $f(x)$ 在区间 $[a,b]$ 上连续,则 $f(x)$ 在 $[a,b]$ 上可积.

结论 2 若 $f(x)$ 在区间 $[a,b]$ 上有界,且只有有限个间断点,则 $f(x)$ 在 $[a,b]$ 上可积.

6.1.3 定积分的性质

下列各性质中积分上下限的大小,如不特别指明,均不加限制,并假设各性质中所列出的

定积分都是存在的.

性质 6.1(线性性质)　函数的和(差)的定积分等于它们的定积分的和(差),即

$$\int_a^b [f(x) \pm g(x)]\mathrm{d}x = \int_a^b f(x)\mathrm{d}x \pm \int_a^b g(x)\mathrm{d}x.$$

证
$$\int_a^b [f(x) \pm g(x)]\mathrm{d}x = \lim_{\lambda \to 0}\sum_{i=1}^n [f(\xi_i) \pm g(\xi_i)]\Delta x_i$$
$$= \lim_{\lambda \to 0}\sum_{i=1}^n f(\xi_i)\Delta x_i \pm \lim_{\Delta x \to 0}\sum_{i=1}^n g(\xi_i)\Delta x_i$$
$$= \int_a^b f(x)\mathrm{d}x \pm \int_a^b g(x)\mathrm{d}x.$$

这个性质可以推广到有限个函数的和(差)的情况.

性质 6.2　被积函数的常数因子可以提到积分号外面,即

$$\int_a^b k f(x)\mathrm{d}x = k\int_a^b f(x)\mathrm{d}x \ (k \text{ 是常数}).$$

证
$$\int_a^b k f(x)\mathrm{d}x = \lim_{\lambda \to 0}\sum_{i=1}^n k f(\xi_i)\Delta x_i = k\lim_{\lambda \to 0}\sum_{i=1}^n f(\xi_i)\Delta x_i$$
$$= k\int_a^b f(x)\mathrm{d}x.$$

性质 6.3(积分区间可加性)　若将积分区间分成两部分,则在整个区间上的定积分等于这两部分区间上定积分之和,即设 $a<c<b$,则

$$\int_a^b f(x)\mathrm{d}x = \int_a^c f(x)\mathrm{d}x + \int_c^b f(x)\mathrm{d}x.$$

证　因为函数 $f(x)$ 在区间 $[a,b]$ 上可积,所以不论把 $[a,b]$ 怎样分,积分和的极限总是不变的. 因此,我们在分区间时,可以使 c 永远是分点,那么 $[a,b]$ 上的积分和等于 $[a,c]$ 上的积分与 $[c,b]$ 上的积分之和,记为

$$\sum_{[a,b]} f(\xi_i)\Delta x_i = \sum_{[a,c]} f(\xi_i)\Delta x_i + \sum_{[c,b]} f(\xi_i)\Delta x_i.$$

令 $\Delta x \to 0$,上式两端同时取极限,即得

$$\int_a^b f(x)\mathrm{d}x = \int_a^c f(x)\mathrm{d}x + \int_c^b f(x)\mathrm{d}x.$$

此性质亦称为定积分的可加性.

由定积分的补充说明,我们有:不论 a,b,c 相对位置如何,总有等式

$$\int_a^b f(x)\mathrm{d}x = \int_a^c f(x)\mathrm{d}x + \int_c^b f(x)\mathrm{d}x$$

成立.

若 $a<b<c$,由于

$$\int_a^c f(x)\mathrm{d}x = \int_a^b f(x)\mathrm{d}x + \int_b^c f(x)\mathrm{d}x = \int_a^b f(x)\mathrm{d}x - \int_c^b f(x)\mathrm{d}x,$$

于是得

$$\int_a^b f(x)\mathrm{d}x = \int_a^c f(x)\mathrm{d}x + \int_c^b f(x)\mathrm{d}x$$

性质 6.4　若在区间 $[a,b]$ 上,$f(x)\equiv 1$,则

$$\int_a^b 1\mathrm{d}x = \int_a^b \mathrm{d}x = b - a.$$

此性质读者可以自行证明.

性质 6.5(保序性)　若函数 $f(x)$ 与 $g(x)$ 在区间 $[a,b]$ 上总满足条件 $f(x) \leqslant g(x)$，则

$$\int_a^b f(x)\mathrm{d}x \leqslant \int_a^b g(x)\mathrm{d}x.$$

证　因为

$$\int_a^b g(x)\mathrm{d}x - \int_a^b f(x)\mathrm{d}x = \int_a^b [g(x) - f(x)]\mathrm{d}x = \lim_{\Delta x \to 0} \sum_{i=1}^n [g(\xi_i) - f(\xi_i)]\Delta x_i,$$

并且

$$g(\xi_i) - f(\xi_i) \geqslant 0, \Delta x_i \geqslant 0 \ (i = 1, 2, \cdots, n),$$

所以

$$\lim_{\Delta x \to 0} \sum_{i=1}^n [g(\xi_i) - f(\xi_i)]\Delta x_i \geqslant 0,$$

因此

$$\int_a^b g(x)\mathrm{d}x \geqslant \int_a^b f(x)\mathrm{d}x,$$

即

$$\int_a^b f(x)\mathrm{d}x \leqslant \int_a^b g(x)\mathrm{d}x.$$

性质 6.6(估值不等式)　设 M 及 m 分别是函数 $f(x)$ 在区间 $[a,b]$ 上的最大值及最小值，则

$$m(b-a) \leqslant \int_a^b f(x)\mathrm{d}x \leqslant M(b-a) \quad (a < b).$$

证　因为 $m \leqslant f(x) \leqslant M$，所以由性质 6.5 得

$$\int_a^b m\mathrm{d}x \leqslant \int_a^b f(x)\mathrm{d}x \leqslant \int_a^b M\mathrm{d}x.$$

再由性质 6.2、性质 6.4 得

$$m(b-a) \leqslant \int_a^b f(x)\mathrm{d}x \leqslant M(b-a).$$

此性质说明，由被积函数在积分区间上的最大值及最小值，可以估计定积分值的范围.

例如，定积分 $\int_{\frac{1}{2}}^1 x^4 \mathrm{d}x$，它的被积函数 x^4 在积分区间 $\left[\frac{1}{2}, 1\right]$ 上是单调增加的，于是 $f(x) = x^4$ 在 $\left[\frac{1}{2}, 1\right]$ 上的最小值为 $m = \left(\frac{1}{2}\right)^4 = \frac{1}{16}$，最大值为 1，由性质 6.6 得

$$\frac{1}{16} \times \left(1 - \frac{1}{2}\right) \leqslant \int_{\frac{1}{2}}^1 x^4 \mathrm{d}x \leqslant 1 \times \left(1 - \frac{1}{2}\right),$$

即

$$\frac{1}{32} \leqslant \int_{\frac{1}{2}}^1 x^4 \mathrm{d}x \leqslant \frac{1}{2}.$$

性质 6.6 的几何解释是：由曲线 $y = f(x)$，$x = a$，$x = b$ 和 x 轴所围成的曲边梯形面积，介于以 $[a,b]$ 为底，以最小纵坐标 m 为高的矩形面积及最大纵坐标 M 为高的矩形面积之间，如图 6.2 所示.

性质 6.7(定积分中值定理)　若函数 $f(x)$ 在闭区间 $[a,b]$ 上连续，则在积分区间 $[a,b]$ 上至少存在一点 ξ，使得下面等式

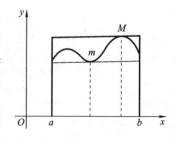

图 6.2

成立:

$$\int_a^b f(x)\mathrm{d}x = f(\xi)(b-a) \quad (a \leqslant \xi \leqslant b).$$

此公式称为**积分中值公式**.

证 由性质 6 中的不等式各除以 $b-a$,得

$$m \leqslant \frac{1}{b-a}\int_a^b f(x)\mathrm{d}x \leqslant M.$$

此式表明 $\dfrac{1}{b-a}\int_a^b f(x)\mathrm{d}x$ 介于 $f(x)$ 的最小值 m 及最大值 M 之间. 根据闭区间上连续函数的介值定理,在 $[a,b]$ 上至少存在一点 ξ,使得函数 $f(x)$ 在点 ξ 处的值与 $\dfrac{1}{b-a}\int_a^b f(x)\mathrm{d}x$ 数值相等,即应有

$$\frac{1}{b-a}\int_a^b f(x)\mathrm{d}x = f(\xi) \quad (a \leqslant \xi \leqslant b).$$

故

$$\int_a^b f(x)\mathrm{d}x = f(\xi)(b-a).$$

中值定理有如下的几何解释:在区间 $[a,b]$ 上至少存在一点 ξ,使得以区间 $[a,b]$ 为底边,以此曲线梯形面积等于同一底边上高为 $f(\xi)$ 的一个矩形的面积,如图 6.3 所示.

显然,不论 $a<b$ 或 $a>b$,积分中值公式

$$\int_a^b f(x)\mathrm{d}x = f(\xi)(b-a), \quad (a \leqslant \xi \leqslant b)$$

都成立.

这里 $\dfrac{1}{b-a}\int_a^b f(x)\mathrm{d}x$ 称为函数 $f(x)$ 在区间 $[a,b]$ 上的平均值.

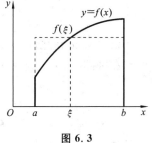

图 6.3

习 题 6.1

习题 6.1 答案

1. 利用定积分的几何意义,说明下列等式:

(1) $\displaystyle\int_0^1 \sqrt{1-x^2}\,\mathrm{d}x = \frac{\pi}{4}$;　　　　(2) $\displaystyle\int_{-\pi}^\pi \sin x\,\mathrm{d}x = 0$.

2. 不求出定积分的值,比较下列各对定积分的大小:

(1) $\displaystyle\int_0^1 x^3\,\mathrm{d}x$ 与 $\displaystyle\int_0^1 x^2\,\mathrm{d}x$;　　　　(2) $\displaystyle\int_0^{\frac{\pi}{2}} x\,\mathrm{d}x$ 与 $\displaystyle\int_0^{\frac{\pi}{2}} \sin x\,\mathrm{d}x$.

3. 利用性质 6.6,估计下列定积分的值:

(1) $\displaystyle\int_1^4 (x^2+1)\,\mathrm{d}x$;　　　　(2) $\displaystyle\int_{\frac{\sqrt{3}}{3}}^{\sqrt{3}} x\arctan x\,\mathrm{d}x$.

4. 证明不等式:$\displaystyle\int_1^2 \sqrt{x+1}\,\mathrm{d}x \geqslant \sqrt{2}$.

6.2　微分学基本公式

由定积分的定义可以看出计算定积分用定义的方法比较麻烦,如果被积函数是比较复杂的函数,其困难就更大. 因此,我们必须寻求计算定积分的有效方法.

我们知道,原函数概念与作为积分和的极限的定积分概念是从两个完全不同的角度引进来的,那么它们之间有没有关系呢? 本节我们就研究这两个概念之间的关系,并通过这个关系,得出利用原函数计算定积分的公式.

6.2.1　积分上限函数及其导数

设函数 $f(x)$ 在区间 $[a,b]$ 上连续,x 为区间 $[a,b]$ 上的任意一点. 现在我们来考察 $f(x)$ 在部分区间 $[a,x]$ 上的定积分 $\int_a^x f(x)\mathrm{d}x$.

首先,由于 $f(x)$ 在 $[a,x]$ 上连续,因此这个定积分存在. 这时 x 既表示定积分的上限,又表示积分变量. 因为定积分与积分变量的记法无关,所以,为了明确起见,可以把积分变量改用其他字母,如用 t 表示,则上面定积分可以写成

$$\int_a^x f(t)\mathrm{d}t.$$

如果上限 x 在区间 $[a,b]$ 上任意变动,则对于每一个取定的 x 值,定积分有一个对应值,所以它在区间 $[a,b]$ 上定义了一个函数,记作 $\Phi(x)$,即

$$\Phi(x) = \int_a^x f(t)\mathrm{d}t, \quad x \in [a,b].$$

函数 $\Phi(x)$ 具有下面重要性质.

定理 6.1　若函数 $f(x)$ 的区间 $[a,b]$ 上连续,则积分上限函数

$$\Phi(x) = \int_a^x f(t)\mathrm{d}t$$

在 $[a,b]$ 上具有导数,并且它的导数是

$$\Phi'(x) = \frac{\mathrm{d}}{\mathrm{d}x}\int_a^x f(t)\mathrm{d}t = f(x), \quad x \in [a,b].$$

证　当上限 x 取得改变量 Δx,如图 6.4 所示,$\Delta x > 0$ 时,$\Phi(x)$ 在 $x+\Delta x$ 处的函数值为

$$\Phi(x + \Delta x) = \int_a^{x+\Delta x} f(t)\mathrm{d}t.$$

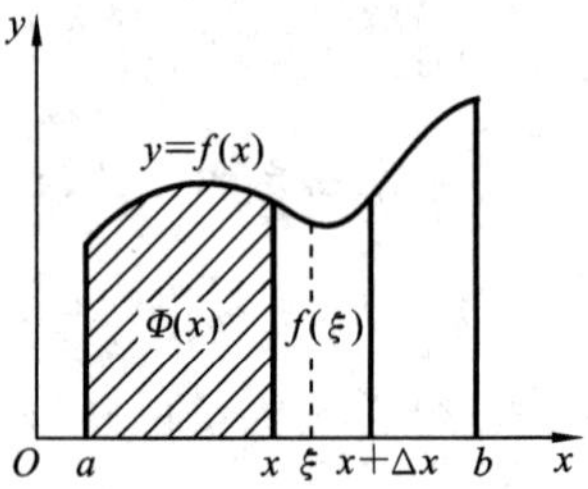

于是得到函数的改变量

$$\Delta\Phi = \Phi(x + \Delta x) - \Phi(x) = \int_a^{x+\Delta x} f(t)\mathrm{d}t - \int_a^x f(t)\mathrm{d}t$$

$$= \int_a^x f(t)\mathrm{d}t + \int_x^{x+\Delta x} f(t)\mathrm{d}t - \int_a^x f(t)\mathrm{d}t$$

$$= \int_x^{x+\Delta x} f(t)\mathrm{d}t.$$

图 6.4

由积分中值定理,即有等式 $\Delta\Phi = f(\xi)\Delta x$,其中 $\xi \in [x, x+\Delta x]$. 于是

$$\frac{\Delta\Phi}{\Delta x} = f(\xi).$$

由于假设 $f(x)$ 在 $[a,b]$ 上连续,而 $\Delta x \to 0$ 时,$\xi \to x$,因此 $\lim\limits_{\Delta x \to 0} f(\xi) = f(x)$. 于是,令 $\Delta x \to 0$,对上式两端取极限时,左端的极限也存在且等于 $f(x)$,即 $\Phi(x)$ 的导数存在,并且 $\Phi'(x) = f(x)$.

由定理 6.1 可知,$\Phi(x)$ 是连续函数 $f(x)$ 的一个原函数. 因此,引出如下的原函数存在定理.

定理 6.2 若函数 $f(x)$ 在区间 $[a,b]$ 上连续,则函数

$$\Phi(x) = \int_a^x f(t)\mathrm{d}t$$

为 $f(x)$ 在 $[a,b]$ 上的一个原函数.

例 6.1 求导数 $\dfrac{\mathrm{d}}{\mathrm{d}x}\displaystyle\int_0^1 \sin\mathrm{e}^x \mathrm{d}x$.

解 由于定积分 $\displaystyle\int_0^1 \sin\mathrm{e}^x \mathrm{d}x$ 是常数,所以

$$\frac{\mathrm{d}}{\mathrm{d}x}\int_0^1 \sin\mathrm{e}^x \mathrm{d}x = 0.$$

例 6.2 求导数 $\dfrac{\mathrm{d}}{\mathrm{d}x}\displaystyle\int_0^x \sin\mathrm{e}^t \mathrm{d}t$.

解 由于 $\displaystyle\int_0^x \sin\mathrm{e}^t \mathrm{d}t$ 是变上限定积分,为积分上限 x 的函数,由定理 6.1 有

$$\frac{\mathrm{d}}{\mathrm{d}x}\int_0^x \sin\mathrm{e}^t \mathrm{d}t = \sin\mathrm{e}^x.$$

例 6.3 求导数 $\dfrac{\mathrm{d}}{\mathrm{d}x}\displaystyle\int_x^0 \sin\mathrm{e}^t \mathrm{d}t$.

解 由于 $\displaystyle\int_x^0 \sin\mathrm{e}^t \mathrm{d}t$ 是变下限定积分,因此不能直接应用定理 6.1 求它的导数. 可以首先把它化为变上限定积分,然后应用定理 6.1 求它的导数,所以

$$\frac{\mathrm{d}}{\mathrm{d}x}\int_x^0 \sin\mathrm{e}^t \mathrm{d}t = -\frac{\mathrm{d}}{\mathrm{d}x}\int_0^x \sin\mathrm{e}^t \mathrm{d}t = -\sin\mathrm{e}^x.$$

例 6.4 求导数 $\dfrac{\mathrm{d}}{\mathrm{d}x}\displaystyle\int_0^{\sqrt{x}} \sin\mathrm{e}^t \mathrm{d}t$.

解 由于变上限定积分 $\displaystyle\int_0^{\sqrt{x}} \sin\mathrm{e}^t \mathrm{d}t$ 是积分上限的 $\sqrt{x}$ 函数,而积分上限 $\sqrt{x}$ 又为自变量 x 的函数,于是变上限定积分 $\displaystyle\int_0^{\sqrt{x}} \sin\mathrm{e}^t \mathrm{d}t$ 为自变量 x 的复合函数. 根据复合函数导数运算法则,有

$$\frac{\mathrm{d}}{\mathrm{d}x}\int_0^{\sqrt{x}} \sin\mathrm{e}^t \mathrm{d}t = \sin\mathrm{e}^{\sqrt{x}} \frac{1}{2\sqrt{x}} = \frac{\sin\mathrm{e}^{\sqrt{x}}}{2\sqrt{x}}.$$

例 6.5 求 $\dfrac{\mathrm{d}}{\mathrm{d}x}\displaystyle\int_x^{x^2} \sin t \mathrm{d}t$.

解
$$\frac{\mathrm{d}}{\mathrm{d}x}\int_x^{x^2} \sin t \mathrm{d}t = \frac{\mathrm{d}}{\mathrm{d}x}\left(\int_x^0 \sin t \mathrm{d}t + \int_0^{x^2} \sin t \mathrm{d}t\right) = -\frac{\mathrm{d}}{\mathrm{d}x}\int_0^x \sin t \mathrm{d}t + \frac{\mathrm{d}}{\mathrm{d}x}\int_0^{x^2} \sin t \mathrm{d}t$$
$$= -\sin x + \sin x^2 \cdot 2x = 2x\sin x^2 - \sin x.$$

例 6.6 已知变上限定积分 $\displaystyle\int_a^x f(t)\mathrm{d}t = 5x^3 + 40$,求 $f(x)$ 与 a.

解 对关系式 $\int_a^x f(t)\mathrm{d}t = 5x^3 + 40$ 两端同对自变量求导,得到

$$f(x) = 15x^2.$$

关系式 $\int_a^x f(t)\mathrm{d}t = 5x^3 + 40$ 在 $x = a$ 处当然是成立的,有 $\int_a^a f(t)\mathrm{d}t = 5a^3 + 40$.

根据定积分的定义有

$$0 = 5a^3 + 40$$

于是

$$a = -2.$$

例 6.7 求极限 $\lim\limits_{x \to 0} \dfrac{\displaystyle\int_0^x \cos^2 t\,\mathrm{d}t}{x}$.

解 当 $x \to 0$ 时,变上限定积分 $\int_0^x \cos^2 t\,\mathrm{d}t$ 的极限为零,因而所求极限为 $\dfrac{0}{0}$ 型未定式极限,可以应用洛必达法则求解.

所以

$$\lim_{x \to 0} \frac{\displaystyle\int_0^x \cos^2 t\,\mathrm{d}t}{x} = \lim_{x \to 0} \frac{\cos^2 x}{1} = 1.$$

例 6.8 求 $\lim\limits_{x \to 0} \dfrac{\displaystyle\int_0^x \mathrm{e}^t\,\mathrm{d}t}{x}$.

解 此极限是 $\dfrac{0}{0}$ 型的未定式极限,应用洛必达法则,分子、分母同时对 x 求导数,有

$$\lim_{x \to 0} \frac{\displaystyle\int_0^x \mathrm{e}^t\,\mathrm{d}t}{x} = \lim_{x \to 0} \frac{\mathrm{e}^x}{1} = 1.$$

6.2.2 牛顿-莱布尼兹公式

下面根据定理 6.2 证明一个重要定理,它给出了用原函数计算定积分的公式.

定理 6.3 设函数 $f(x)$ 在区间 $[a,b]$ 上连续,且 $F(x)$ 是 $f(x)$ 的一个原函数,则

$$\int_a^b f(x)\mathrm{d}x = F(b) - F(a).$$

证 $F(x)$ 是 $f(x)$ 的一个原函数,由定理 6.2 知 $\varPhi(x) = \int_a^x f(t)\mathrm{d}t$ 也是 $f(x)$ 的一个原函数. 因此

$$\varPhi(x) = F(x) + c \quad (c \text{ 是常数}),$$

由于

$$\varPhi(a) = \int_a^a f(t)\mathrm{d}t = 0,$$

所以

$$F(a) + c = 0,$$

即

$$c = -F(a),$$

于是

$$\varPhi(x) = \int_a^x f(t)\mathrm{d}t = F(x) - F(a).$$

令 $x = b$,则有

$$\varPhi(b) = \int_a^b f(t)\mathrm{d}t = F(b) - F(a),$$

即
$$\int_a^b f(x)\mathrm{d}x = F(b) - F(a).$$

于是定理得证.

通常记为

$$\int_a^b f(x)\mathrm{d}x = F(x)\big|_a^b = F(b) - F(a).$$

此公式也叫**牛顿(Newton)-莱布尼兹(Leibniz)公式或微积分基本公式**.

牛顿-莱布尼兹公式揭示了定积分与不定积分的内在联系,把求定积分归结为求原函数,使得定积分的计算简单了,从而为定积分的广泛应用提供了必要的条件. 即:一个连续函数在区间$[a,b]$上的定积分等于它的任一个原函数在区间$[a,b]$上的增量,这样就简化了定积分的计算.

因此,在计算定积分时,应当明确:① 积分变量从积分下限变化到积分上限,在积分区间上取值;② 若能直接应用不定积分基本公式或第一换元积分法则求原函数,则可以直接应用牛顿-莱布尼兹公式求定积分.

例 6.9 计算 $\int_0^1 x^2 \mathrm{d}x$.

解 由于 $\dfrac{x^3}{3}$ 是 x^2 的一个原函数,由牛顿-莱布尼兹公式有

$$\int_0^1 x^2 \mathrm{d}x = \frac{x^3}{3}\bigg|_0^1 = \frac{1^3}{3} - \frac{0^3}{3} = \frac{1}{3}.$$

例 6.10 计算 $\int_0^2 \sqrt{x}\mathrm{d}x$.

解
$$\int_0^2 \sqrt{x}\mathrm{d}x = \frac{2}{3}\sqrt{x^3}\bigg|_0^2 = \frac{2}{3}(2\sqrt{2} - 0) = \frac{4\sqrt{2}}{3}.$$

例 6.11 计算 $\int_1^e \dfrac{1}{x}\mathrm{d}x$.

解
$$\int_1^e \frac{1}{x}\mathrm{d}x = (\ln|x|)\big|_1^e = \ln e - \ln 1 = 1.$$

例 6.12 计算 $\int_0^\pi \cos^2 \dfrac{x}{2}\mathrm{d}x$.

解
$$\int_0^\pi \cos^2 \frac{x}{2}\mathrm{d}x = \int_0^\pi \frac{1+\cos x}{2}\mathrm{d}x = \frac{1}{2}(x + \sin x)\bigg|_0^\pi = \frac{\pi}{2}.$$

例 6.13 计算 $\int_0^{\frac{\pi}{4}} \tan^2 x \mathrm{d}x$.

解
$$\int_0^{\frac{\pi}{4}} \tan^2 x \mathrm{d}x = \int_0^{\frac{\pi}{4}} (\sec^2 x - 1)\mathrm{d}x = (\tan x - x)\big|_0^{\frac{\pi}{4}} = 1 - \frac{\pi}{4}.$$

例 6.14 计算 $\int_0^1 \dfrac{1}{1+x^2}\mathrm{d}x$.

解
$$\int_0^1 \frac{1}{1+x^2}\mathrm{d}x = \arctan x\big|_0^1 = \arctan 1 - \arctan 0 = \frac{\pi}{4}.$$

例 6.15 计算 $\int_{-1}^1 (x-1)^3 \mathrm{d}x$.

解
$$\int_{-1}^{1}(x-1)^3\mathrm{d}x=\int_{-1}^{1}(x-1)^3\mathrm{d}(x-1)=\frac{1}{4}(x-1)^4\Big|_{-1}^{1}$$
$$=\frac{1}{4}(0-16)=-4.$$

例 6.16 计算 $\int_{-3}^{0}\dfrac{1}{\sqrt{1-x}}\mathrm{d}x$.

解 $\int_{-3}^{0}\dfrac{1}{\sqrt{1-x}}\mathrm{d}x=-\int_{-3}^{0}\dfrac{1}{\sqrt{1-x}}\mathrm{d}(1-x)=-2\sqrt{1-x}\Big|_{-3}^{0}=-2(1-2)=2.$

例 6.17 计算 $\int_{0}^{\pi}\sin 2x\mathrm{d}x$.

解
$$\int_{0}^{\pi}\sin 2x\mathrm{d}x=\frac{1}{2}\int_{0}^{\pi}\sin 2x\mathrm{d}2x=-\frac{1}{2}\cos 2x\Big|_{0}^{\pi}=0.$$

例 6.18 计算 $\int_{1}^{e}\dfrac{\ln x}{x}\mathrm{d}x$.

解
$$\int_{1}^{e}\frac{\ln x}{x}\mathrm{d}x=\int_{1}^{e}\ln x\mathrm{d}\ln x=\frac{1}{2}\ln^2 x\Big|_{1}^{e}=\frac{1}{2}(1-0)=\frac{1}{2}.$$

例 6.19 计算 $\int_{0}^{\sqrt{a}}x\mathrm{e}^{x^2}\mathrm{d}x$.

解
$$\int_{0}^{\sqrt{a}}x\mathrm{e}^{x^2}\mathrm{d}x=\frac{1}{2}\int_{0}^{\sqrt{a}}\mathrm{e}^{x^2}\mathrm{d}x^2=\frac{1}{2}\mathrm{e}^{x^2}\Big|_{0}^{\sqrt{a}}=\frac{1}{2}(\mathrm{e}^a-\mathrm{e}^0)=\frac{1}{2}(\mathrm{e}^a-1).$$

例 6.20 计算 $\int_{1}^{3}|2-x|\mathrm{d}x$.

解 因为
$$|2-x|=\begin{cases}2-x, & x\leqslant 2,\\ x-2, & x>2.\end{cases}$$

所以由定积分的可加性,有
$$\int_{1}^{3}|2-x|\mathrm{d}x=\int_{1}^{2}(2-x)\mathrm{d}x+\int_{2}^{3}(x-2)\mathrm{d}x$$
$$=\left(2x-\frac{1}{2}x^2\right)\Big|_{1}^{2}+\left(\frac{1}{2}x^2-2x\right)\Big|_{2}^{3}=\frac{1}{2}+\frac{1}{2}=1.$$

在应用牛顿-莱布尼兹公式求定积分时,必须注意被积函数在积分区间上连续这个条件,否则会出现错误.

习　题　6.2

习题 6.2 答案

1. 计算下列各导数:

(1) $\dfrac{\mathrm{d}}{\mathrm{d}x}\displaystyle\int_{0}^{x}\mathrm{e}^{-t^2}\mathrm{d}t$;　　　　　(2) $\dfrac{\mathrm{d}}{\mathrm{d}x}\displaystyle\int_{0}^{x^2}\mathrm{e}^{t}\mathrm{d}t$;　　　　　(3) $\dfrac{\mathrm{d}}{\mathrm{d}x}\displaystyle\int_{x}^{-1}\ln(1+t^2)\mathrm{d}t$.

2. 求下列极限:

(1) $\displaystyle\lim_{x\to 0}\frac{1}{x^2}\int_{0}^{x}\sin t\mathrm{d}t$;　　　　　(2) $\displaystyle\lim_{x\to 0}\frac{\displaystyle\int_{0}^{x}t\sin t\mathrm{d}t}{x^3}$.

3. 计算下列定积分:

(1) $\int_1^3 x^3 \mathrm{d}x$; 　　　　(2) $\int_0^1 \dfrac{1}{t^2+1}\mathrm{d}t$; 　　　　(3) $\int_{-\frac{1}{2}}^{\frac{1}{2}} \dfrac{1}{\sqrt{1-x^2}}\mathrm{d}x$;

(4) $\int_{-\mathrm{e}-1}^{-2} \dfrac{1}{1+x}\mathrm{d}x$; 　　　(5) $\int_0^{2\pi} |\sin x|\,\mathrm{d}x$; 　　　(6) $\int_0^{\frac{\pi}{4}} \tan^2\theta \mathrm{d}\theta$.

4. 设 $f(x)=\begin{cases} x^2, & -1\leqslant x\leqslant 1, \\ \mathrm{e}^{-x}, & 1<x\leqslant 2, \end{cases}$ 求 $\int_0^{\frac{3}{2}} f(x)\mathrm{d}x$ 和 $\int_{-1}^0 f(x)\mathrm{d}x$.

6.3 定积分的计算

6.3.1 定积分的换元积分法

在第 4 章中,我们已知道用换元积分法可以求出一些函数的原函数. 因此,对应于不定积分第二换元积分法则,有定积分换元积分法则.

定理 6.4 假设

(1) 函数 $f(x)$ 在区间 $[a,b]$ 上连续;

(2) 函数 $x=\varphi(t)$ 在区间 $[\alpha,\beta]$ 上是单值的,且有连续导数;

(3) 当 t 在区间 $[\alpha,\beta]$ 上变化时,$x=\varphi(t)$ 的值在 $[a,b]$ 上变化,且
$$\varphi(\alpha)=a,\varphi(\beta)=b;$$

则有
$$\int_a^b f(x)\mathrm{d}x = \int_\alpha^\beta f[\varphi(t)]\varphi'(t)\mathrm{d}t.$$

此公式称为**定积分的换元公式**.

证 若 $\int f(x)\mathrm{d}x = F(x)+c$,由不定积分的换元公式有
$$\int f[\varphi(t)]\varphi'(t)\mathrm{d}t = F(\varphi(t))+c.$$

于是有
$$\int_a^b f(x)\mathrm{d}x = F(x)\Big|_a^b = F(b)-F(a) = F(\varphi(\beta))-F(\varphi(\alpha))$$
$$= \int_\alpha^\beta f[\varphi(t)]\varphi'(t)\mathrm{d}t.$$

从左往右方向使用换元积分公式,相当于不定积分的第二类换元积分法;从右往左方向使用换元积分公式,相当于不定积分的第一类换元积分法.

显然,换元积分公式对于 $\alpha>\beta$ 也是适用的.

注意:(1) 用 $x=\varphi(t)$ 把原来变量 x 代换成新变量 t 时,积分限也要换成相应于新变量 t 的积分限;

(2) 求出 $f[\varphi(t)]\varphi'(t)$ 的一个原函数 $\Phi(t)$ 后,不必像计算不定积分那样再把 $\Phi(t)$ 变成原来变量 x 的函数,而只要把新变量 t 的上、下限分别代入 $\Phi(t)$ 中计算即可.

例 6.21 求积分 $\int_0^8 \dfrac{1}{1+\sqrt[3]{x}}\mathrm{d}x$.

解 令
$$t=\sqrt[3]{x}, \quad x=t^3,$$

则 $\mathrm{d}x=3t^2\mathrm{d}t$，并且当 t 从 0 变 2 时，x 从 0 变到 8. 所以

$$\int_0^8 \frac{1}{1+\sqrt[3]{x}}\mathrm{d}x = \int_0^2 \frac{3t^2}{1+t}\mathrm{d}t = 3\int_0^2 \frac{(t^2-1)+1}{1+t}\mathrm{d}t$$

$$= 3\left(\frac{1}{2}t^2 - t + \ln|1+t|\right)\Big|_0^2 = 3\ln 3.$$

例 6.22　求积分 $\displaystyle\int_{\frac{1}{2}}^1 \frac{\sqrt{2x-1}}{x}\mathrm{d}x$.

解　令　　　　　　　　　$t=\sqrt{2x-1}$，　即　$x=\frac{1}{2}(t^2+1)$，

从而 $\mathrm{d}x=t\mathrm{d}t$，并且当 $x=\frac{1}{2}$ 时，$t=0$；当 $x=1$ 时，$t=1$. 所以

$$原式 = \int_0^1 \frac{t}{\frac{1}{2}(t^2+1)}t\mathrm{d}t = 2\int_0^1 \frac{t^2}{t^2+1}\mathrm{d}t = 2\int_0^1 \left(1-\frac{1}{1+t^2}\right)\mathrm{d}t = 2(t-\arctan t)\big|_0^1$$

$$= 2\left[(1-\arctan 1)-(0-\arctan 0)\right] = 2-\frac{\pi}{2}.$$

例 6.23　求积分 $\displaystyle\int_0^a \sqrt{a^2-x^2}\mathrm{d}x$　$(a>0)$.

解　设 $x=a\sin t$，则 $\mathrm{d}x=a\cos t\mathrm{d}t$，且当 $x=0$ 时，$t=0$；当 $x=a$ 时，$t=\frac{\pi}{2}$. 于是

$$\int_0^a \sqrt{a^2-x^2}\mathrm{d}x = a^2\int_0^{\frac{\pi}{2}} \cos^2 t\mathrm{d}t = \frac{a^2}{2}\int_0^{\frac{\pi}{2}} (1+\cos 2t)\mathrm{d}t$$

$$= \frac{a^2}{2}\left(t+\frac{1}{2}\sin 2t\right)\Big|_0^{\frac{\pi}{2}} = \frac{1}{4}\pi a^2.$$

例 6.24　求积分 $\displaystyle\int_0^{\frac{1}{2}} \frac{x^2}{\sqrt{(1-x^2)^3}}\mathrm{d}x$.

解　令 $x=\sin t$，则 $\mathrm{d}x=\cos t\mathrm{d}t$，并且当 $x=0$ 时，$t=0$；当 $x=\frac{1}{2}$ 时，$t=\frac{\pi}{6}$. 所以

$$原式 = \int_0^{\frac{\pi}{6}} \frac{\sin^2 t}{\sqrt{(1-\sin^2 t)^3}}\cos t\mathrm{d}t = \int_0^{\frac{\pi}{6}} \tan^2 t\mathrm{d}t = \int_0^{\frac{\pi}{6}} (\sec^2 t-1)\mathrm{d}t$$

$$= (\tan t-t)\big|_0^{\frac{\pi}{6}} = \left(\frac{1}{\sqrt{3}}-0\right) - \left(\frac{\pi}{6}-0\right) = \frac{1}{\sqrt{3}}-\frac{\pi}{6}.$$

例 6.25　证明（1）若 $f(x)$ 在 $[-a,a]$ 上连续，且为偶函数，则

$$\int_{-a}^a f(x)\mathrm{d}x = 2\int_0^a f(x)\mathrm{d}x.$$

（2）若 $f(x)$ 在 $[-a,a]$ 上连续，且为奇函数，则

$$\int_{-a}^a f(x)\mathrm{d}x = 0.$$

证　对积分 $\displaystyle\int_{-a}^0 f(x)\mathrm{d}x$ 作代换 $x=-t$，得

$$\int_{-a}^0 f(x)\mathrm{d}x = -\int_a^0 f(-t)\mathrm{d}t = \int_0^a f(-t)\mathrm{d}t = \int_0^a f(-x)\mathrm{d}x.$$

于是

$$\int_{-a}^{a} f(x)\mathrm{d}x = \int_{-a}^{0} f(x)\mathrm{d}x + \int_{0}^{a} f(x)\mathrm{d}x = \int_{0}^{a} f(-x)\mathrm{d}x + \int_{0}^{a} f(x)\mathrm{d}x$$

$$= \int_{0}^{a} \left[f(-x) + f(x) \right]\mathrm{d}x.$$

（1）若 $f(x)$ 为偶函数，即 $f(-x)=f(x)$，则

$$f(-x)+f(x)=2f(x).$$

从而

$$\int_{-a}^{a} f(x)\mathrm{d}x = 2\int_{0}^{a} f(x)\mathrm{d}x.$$

（2）若 $f(x)$ 为奇函数，即 $f(-x)=-f(x)$，则

$$f(-x)+f(x)=f(x)-f(x)=0.$$

从而

$$\int_{-a}^{a} f(x)\mathrm{d}x = 0.$$

此结论常可简化计算偶函数、奇函数在对称于原点的区间上的定积分.

例 6.26　求定积分 $\displaystyle\int_{-2}^{2} \frac{\sin x}{1+x^2}\mathrm{d}x$.

解　对于被积函数 $f(x)=\dfrac{\sin x}{1+x^2}$，因为

$$f(-x)=\frac{\sin(-x)}{1+(-x)^2}=-\frac{\sin x}{1+x^2}=-f(x),$$

所以 $f(x)=\dfrac{\sin x}{1+x^2}$ 为奇函数.

因而
$$\int_{-2}^{2} \frac{\sin x}{1+x^2}\mathrm{d}x = 0.$$

例 6.27　求定积分 $\displaystyle\int_{-1}^{1} (x^5+5x^4-3x-7)\mathrm{d}x$.

解　尽管被积函数 $f(x)=x^5+5x^4-3x-7$ 为非奇非偶函数，但其中 x^5-3x 为奇函数，$5x^4-7$ 为偶函数，所以

$$\int_{-1}^{1} (x^5+5x^4-3x-7)\mathrm{d}x = 2\int_{0}^{1} (5x^4-7)\mathrm{d}x = 2\left. (x^5-7x) \right|_{0}^{1}$$

$$= 2(1^5-0-7\times1+0)=-12.$$

6.3.2　定积分的分部积分法

计算不定积分有分部积分法，相应地计算定积分也有分部积分法. 设函数 $u(x)$、$v(x)$ 在区间 $[a,b]$ 上具有连续 $u'(x)$、$v'(x)$，则有

$$(uv)'=u'v+uv'.$$

等式两端在 $[a,b]$ 上取定积分，并注意

$$\int_{a}^{b} (uv)'\mathrm{d}x = uv \Big|_{a}^{b}.$$

得
$$uv \Big|_{a}^{b} = \int_{a}^{b} (u'v)\mathrm{d}x + \int_{a}^{b} (uv')\mathrm{d}x,$$

移项有

$$\int_a^b uv' dx = uv \mid_a^b - \int_a^b u'v dx$$

或写成

$$\int_a^b u dv = uv \mid_a^b - \int_a^b v du.$$

这就是定积分的分部积分公式.

例 6.28 求定积分 $\int_1^5 \ln x dx$.

解 令 $u = \ln x, dv = dx$, 则

$$du = \frac{1}{x} dx, \quad v = x,$$

于是

$$\int_1^5 \ln x dx = x \ln x \mid_1^5 - \int_1^5 x \frac{1}{x} dx = 5\ln 5 - 4.$$

例 6.29 求定积分 $\int_0^1 x e^x dx$.

解 $\int_0^1 x e^x dx = \int_0^1 x de^x = x e^x \mid_0^1 - \int_0^1 e^x dx = e - e^x \mid_0^1 = e - (e-1) = 1.$

例 6.30 求定积分 $\int_0^{\frac{\pi}{6}} (x+3)\sin 3x dx$.

解
$$\int_0^{\frac{\pi}{6}} (x+3)\sin 3x dx = -\frac{1}{3}\int_0^{\frac{\pi}{6}} (x+3)d\cos 3x$$

$$= -\frac{1}{3}(x+3)\cos 3x \Big|_0^{\frac{\pi}{6}} + \frac{1}{3}\int_0^{\frac{\pi}{6}} \cos 3x dx$$

$$= 1 + \frac{1}{9}\int_0^{\frac{\pi}{6}} \cos 3x d(3x) = 1 + \frac{1}{9}\sin 3x \Big|_0^{\frac{\pi}{6}}$$

$$= 1 + \frac{1}{9} = \frac{10}{9}.$$

例 6.31 求定积分 $\int_0^{\frac{1}{2}} \arcsin x dx$.

解
$$\int_0^{\frac{1}{2}} \arcsin x dx = (x\arcsin x) \Big|_0^{\frac{1}{2}} - \int_0^{\frac{1}{2}} \frac{x}{\sqrt{1-x^2}} dx$$

$$= \frac{1}{2} \cdot \frac{\pi}{6} + \frac{1}{2}\int_0^{\frac{1}{2}} \frac{d(1-x^2)}{\sqrt{1-x^2}}$$

$$= \frac{\pi}{12} + \sqrt{1-x^2} \Big|_0^{\frac{1}{2}}$$

$$= \frac{\pi}{12} + \frac{\sqrt{3}}{2} - 1.$$

在许多定积分的计算中, 既要用分部积分法也要用换元积分法, 因此, 在计算时要灵活使用定积分的方法.

例 6.32 计算 $\int_0^1 e^{\sqrt{x}} dx$.

解 令 $\sqrt{x} = t$, 则 $x = t^2$, $dx = 2t dt$, 且当 $x=0$ 时, $t=0$; 当 $x=1$ 时, $t=1$. 于是

$$\int_0^1 e^{\sqrt{x}} dx = 2\int_0^1 t e^t dt = 2t e^t \mid_0^1 - 2\int_0^1 e^t dt = 2e - 2(e^t) \mid_0^1 = 2[e - (e-1)] = 2.$$

习 题 6.3

习题 6.3 答案

1. 用换元积分法和分部积分法计算下列定积分：

(1) $\int_0^1 (2x+3)\mathrm{d}x$；

(2) $\int_1^e \dfrac{1+\ln x}{x}\mathrm{d}x$；

(3) $\int_0^\pi (1-\sin^3\theta)\mathrm{d}\theta$；

(4) $\int_e^{e^2} \dfrac{\mathrm{d}x}{x\ln x}$；

(5) $\int_0^{\sqrt{2}} \sqrt{2-x^2}\,\mathrm{d}x$；

(6) $\int_0^4 \dfrac{\mathrm{d}x}{1+\sqrt{x}}$；

(7) $\int_{\frac{1}{e}}^e |\ln x|\,\mathrm{d}x$；

(8) $\int_1^2 x^{-2}\mathrm{e}^{\frac{1}{x}}\mathrm{d}x$.

(9) $\int_1^e \sin(\ln x)\mathrm{d}x$；

(10) $\int_0^1 x\arctan x\,\mathrm{d}x$.

2. 利用函数的奇偶性计算下列定积分：

(1) $\int_{-\pi}^\pi x^2\sin x\,\mathrm{d}x$；

(2) $\int_{-a}^a \ln\dfrac{1+x}{1-x}\mathrm{d}x$；

(3) $\int_{-\frac{1}{2}}^{\frac{1}{2}} \dfrac{(\arcsin x)^2}{\sqrt{1-x^2}}\mathrm{d}x$.

3. 设 $f(x)=\begin{cases}\dfrac{1}{1+x}, & x\geqslant 0,\\[2mm] \dfrac{1}{1+\mathrm{e}^x}, & x<0,\end{cases}$ 求 $\int_0^2 f(x-1)\mathrm{d}x$.

4. 设函数 $f(x)$ 在 $[-a,a]$ 上连续，试证明：

$$\int_{-a}^a f(x)\mathrm{d}x = \int_{-a}^a f(-x)\mathrm{d}x.$$

5. 设 $f(x)$ 为 $(-\infty,+\infty)$ 上以 T 为周期的连续函数，证明对任何实数 a，恒有

$$\int_a^{a+T} f(x)\mathrm{d}x = \int_0^T f(x)\mathrm{d}x.$$

6.4 广义积分

前面我们所研究的定积分有两个特点：一是积分区间为有限区间；二是被积函数是有界函数. 但我们也不得不考虑无限区间上的积分和无界函数的积分，它们已不属于前面所研究的定积分了. 因此，我们对定积分作如下推广，从而形成"广义积分"的概念.

6.4.1 无限区间上的广义积分

定义 6.2 设函数 $f(x)$ 在区间 $[a,+\infty)$ 连续. 取 $b>a$，若极限 $\lim\limits_{b\to+\infty}\int_a^b f(x)\mathrm{d}x$ 存在，则称此极限为函数 $f(x)$ 在无限区间 $[a,+\infty)$ 的广义积分，记作 $\int_a^{+\infty} f(x)\mathrm{d}x$，即

$$\int_a^{+\infty} f(x)\mathrm{d}x = \lim_{b\to+\infty}\int_a^b f(x)\mathrm{d}x.$$

这时也称广义积分 $\int_a^{+\infty} f(x)\mathrm{d}x$ **收敛**；若上述极限不存在，就称广义积分 $\int_a^{+\infty} f(x)\mathrm{d}x$ **发散**，这时

虽然用同样的记号但已不表示数值.

类似地,设 $f(x)$ 在 $(-\infty,b]$ 上连续,取 $a<b$,若极限 $\lim\limits_{a\to-\infty}\int_a^b f(x)\mathrm{d}x$ 存在,则称此极限为

函数 $f(x)$ 在无限区间 $(-\infty,b]$ 上的广义积分,记作 $\int_{-\infty}^b f(x)\mathrm{d}x$,即

$$\int_{-\infty}^b f(x)\mathrm{d}x = \lim_{a\to-\infty}\int_a^b f(x)\mathrm{d}x.$$

这时也称广义积分 $\int_{-\infty}^b f(x)\mathrm{d}x$ **收敛**;若上述极限不存在,就称广义积分 $\int_{-\infty}^b f(x)\mathrm{d}x$ **发散**.

设函数 $f(x)$ 在区间 $(-\infty,+\infty)$ 上连续,若广义积分 $\int_{-\infty}^c f(x)\mathrm{d}x$ 和 $\int_c^{+\infty} f(x)\mathrm{d}x,c\in(-\infty,+\infty)$ 都收敛,则称上面两个广义积分的和为**函数 $f(x)$ 在无限区间 $(-\infty,+\infty)$ 上的**
广义积分,记作 $\int_{-\infty}^{+\infty} f(x)\mathrm{d}x$,即

$$\int_{-\infty}^{+\infty} f(x)\mathrm{d}x = \int_{-\infty}^c f(x)\mathrm{d}x + \int_c^{+\infty} f(x)\mathrm{d}x = \lim_{a\to-\infty}\int_a^c f(x)\mathrm{d}x + \lim_{b\to+\infty}\int_c^b f(x)\mathrm{d}x.$$

这时也称广义积分 $\int_{-\infty}^{+\infty} f(x)\mathrm{d}x$ **收敛**;否则就称广义积分 $\int_{-\infty}^{+\infty} f(x)\mathrm{d}x$ **发散**.

如果 $F(x)$ 是被积函数 $f(x)$ 的一个原函数,则广义积分的计算也可以省略极限符号,按牛顿-莱布尼兹公式的形式记作

$$\int_{-\infty}^b f(x)\mathrm{d}x = \lim_{a\to-\infty}\int_a^b f(x)\mathrm{d}x = \lim_{a\to-\infty} F(x)\mid_a^b = F(x)\mid_{-\infty}^b,$$

$$\int_a^{+\infty} f(x)\mathrm{d}x = \lim_{b\to+\infty}\int_a^b f(x)\mathrm{d}x = \lim_{b\to+\infty} F(x)\mid_a^b = F(x)\mid_a^{+\infty},$$

$$\int_{-\infty}^{+\infty} f(x)\mathrm{d}x = \int_{-\infty}^0 f(x)\mathrm{d}x + \int_0^{+\infty} f(x)\mathrm{d}x = F(x)\mid_{-\infty}^0 + F(x)\mid_0^{+\infty} = F(x)\mid_{-\infty}^{+\infty}.$$

例 6.33　计算 $\int_1^{+\infty} \dfrac{1}{x^2}\mathrm{d}x$.

解　　　　　　　　$\int_1^{+\infty} \dfrac{1}{x^2}\mathrm{d}x = -\dfrac{1}{x}\mid_1^{+\infty} = -(0-1) = 1.$

例 6.34　计算 $\int_0^{+\infty} \mathrm{e}^{-2x}\mathrm{d}x$.

解　　$\int_0^{+\infty} \mathrm{e}^{-2x}\mathrm{d}x = -\dfrac{1}{2}\int_0^{+\infty} \mathrm{e}^{-2x}\mathrm{d}(-2x) = -\dfrac{1}{2}\mathrm{e}^{-2x}\mid_0^{+\infty} = -\dfrac{1}{2}(0-1) = \dfrac{1}{2}.$

例 6.35　计算 $\int_0^{+\infty} \dfrac{x}{(1+x^2)^2}\mathrm{d}x$.

解　$\int_0^{+\infty} \dfrac{x}{(1+x^2)^2}\mathrm{d}x = \dfrac{1}{2}\int_0^{+\infty} \dfrac{\mathrm{d}(1+x^2)}{(1+x^2)^2} = -\dfrac{1}{2(1+x^2)}\mid_0^{+\infty} = -\left(0 - \dfrac{1}{2}\right) = \dfrac{1}{2}.$

例 6.36　已知广义积分 $\int_{-\infty}^{+\infty} \dfrac{A}{1+x^2}\mathrm{d}x = 1$,求常数 A.

解　　　　　$\int_{-\infty}^{+\infty} \dfrac{A}{1+x^2}\mathrm{d}x = A\arctan x\mid_{-\infty}^{+\infty} = A\left[\dfrac{\pi}{2} - \left(-\dfrac{\pi}{2}\right)\right] = A\pi,$

根据已知条件得 $A\pi=1$. 所以

$$A = \dfrac{1}{\pi}.$$

例 6.37　试确定积分 $\int_1^{+\infty} \dfrac{1}{x^a}\mathrm{d}x$ 在 a 取什么值时收敛,取什么值时发散.

解　当 $a=1$ 时,$\int_1^{+\infty} \dfrac{1}{x^a}\mathrm{d}x = \int_1^{+\infty} \dfrac{1}{x}\mathrm{d}x = \ln x\ |_1^{+\infty} = +\infty$,即 $a=1$ 时,$\int_1^{+\infty} \dfrac{1}{x^a}\mathrm{d}x$ 发散.

当 $a\neq 1$ 时,$\int_1^{+\infty} \dfrac{1}{x^a}\mathrm{d}x = \dfrac{x^{1-a}}{1-a}\bigg|_1^{+\infty} = \begin{cases} +\infty, & a<1, \\ \dfrac{1}{a-1}, & a>1. \end{cases}$

因此,当 $a>1$ 时,$\int_1^{+\infty} \dfrac{1}{x^a}\mathrm{d}x$ 收敛,其值为 $\dfrac{1}{a-1}$;当 $a\leqslant 1$ 时,$\int_1^{+\infty} \dfrac{1}{x^a}\mathrm{d}x$ 发散.

6.4.2　无界函数的广义积分

定义 6.3　设函数 $f(x)$ 在 $(a,b]$ 上连续,在点 a 的右领域内无界,取 $\varepsilon>0$,若极限 $\lim\limits_{\varepsilon\to 0}\int_{a+\varepsilon}^b f(x)\mathrm{d}x$ 存在,则称此极限为**函数 $f(x)$ 在 $(a,b]$ 上的广义积分**,记作 $\int_a^b f(x)\mathrm{d}x$,即

$$\int_a^b f(x)\mathrm{d}x = \lim_{\varepsilon\to 0}\int_{a+\varepsilon}^b f(x)\mathrm{d}x.$$

此时也称广义积分 $\int_a^b f(x)\mathrm{d}x$ **收敛**;若上述极限不存在,则称广义积分 $\int_a^b f(x)\mathrm{d}x$ **发散**.

类似地,设 $f(x)$ 在 $[a,b)$ 上连续,当 $x\to b^-$ 时,$f(x)\to\infty$. 取 $\varepsilon>0$,若极限 $\lim\limits_{\varepsilon\to 0^+}\int_a^{b-\varepsilon} f(x)\mathrm{d}x$ 存在,则定义

$$\int_a^b f(x)\mathrm{d}x = \lim_{\varepsilon\to 0^+}\int_a^{b-\varepsilon} f(x)\mathrm{d}x.$$

此时也称广义积分 $\int_a^b f(x)\mathrm{d}x$ **收敛**;否则,称广义积分 $\int_a^b f(x)\mathrm{d}x$ **发散**.

设 $f(x)$ 在 $[a,b]$ 上除点 $c\in(a,b)$ 外连续,而在点 c 的领域内无界. 若两个广义积分 $\int_a^c f(x)\mathrm{d}x$ 与 $\int_c^b f(x)\mathrm{d}x$ 都收敛,则定义

$$\int_a^b f(x)\mathrm{d}x = \int_a^c f(x)\mathrm{d}x + \int_c^b f(x)\mathrm{d}x = \lim_{\varepsilon\to 0^+}\int_a^{c-\varepsilon} f(x)\mathrm{d}x + \lim_{\varepsilon\to 0^+}\int_{c+\varepsilon}^b f(x)\mathrm{d}x$$

收敛;否则,就称广义积分 $\int_a^b f(x)\mathrm{d}x$ **发散**.

例 6.38　求定积分 $\int_0^1 \dfrac{1}{\sqrt{x}}\mathrm{d}x$.

解　由于 $\lim\limits_{x\to 0^+}\dfrac{1}{\sqrt{x}} = +\infty$,说明 $\int_0^1 \dfrac{1}{\sqrt{x}}\mathrm{d}x$ 为广义积分, 所以

$$\int_0^1 \frac{1}{\sqrt{x}}\mathrm{d}x = \lim_{\varepsilon\to 0^+}\int_{0+\varepsilon}^1 \frac{1}{\sqrt{x}}\mathrm{d}x = \lim_{\varepsilon\to 0^+} 2\sqrt{x}\ |_\varepsilon^1 = 2\lim_{\varepsilon\to 0^+}(1-\sqrt{\varepsilon}) = 2.$$

例 6.39　求定积分 $\int_0^1 \dfrac{1}{\sqrt{1-x^2}}\mathrm{d}x$.

解　由于极限 $\lim\limits_{x\to 1}\dfrac{1}{\sqrt{1-x^2}} = +\infty$,说明 $\int_0^1 \dfrac{1}{\sqrt{1-x^2}}\mathrm{d}x$ 为广义积分,所以

$$\int_0^1 \frac{1}{\sqrt{1-x^2}}\mathrm{d}x = \lim_{\varepsilon\to 0^+}\int_0^{1-\varepsilon} \frac{1}{\sqrt{1-x^2}}\mathrm{d}x = \lim_{\varepsilon\to 0^+}\arcsin x\ |_0^{1-\varepsilon}$$

$$= \lim_{\varepsilon \to 0^+} \arcsin(1-\varepsilon) = \arcsin 1 = \frac{\pi}{2}.$$

例 6.40　讨论广义积分 $\displaystyle\int_{-1}^{1} \frac{1}{x^2} \mathrm{d}x$ 的敛散性.

解　当 $x=0$ 时，被积函数 $f(x) = \dfrac{1}{x^2}$ 间断，且 $\lim\limits_{x\to 0}\dfrac{1}{x^2} = \infty$. 所以

$$\int_{-1}^{0} \frac{1}{x^2} \mathrm{d}x = \lim_{\varepsilon \to 0^+}\int_{-1}^{-\varepsilon} \frac{1}{x^2}\mathrm{d}x = \lim_{\varepsilon \to 0^+}\left(-\frac{1}{x}\right)\Big|_{-1}^{-\varepsilon} = +\infty.$$

即广义积分 $\displaystyle\int_{-1}^{0} \frac{1}{x^2} \mathrm{d}x$ 发散，所以 $\displaystyle\int_{-1}^{1} \frac{1}{x^2}\mathrm{d}x = \int_{-1}^{0} \frac{1}{x^2}\mathrm{d}x + \int_{0}^{1} \frac{1}{x^2}\mathrm{d}x$ 发散.

例 6.41　广义积分 $\displaystyle\int_{0}^{1} \frac{\mathrm{d}x}{x^p}$，$p$ 为何值时积分收敛？p 为何值时积分发散？

解　当 $p=1$ 时，$\displaystyle\int_{0}^{1} \frac{\mathrm{d}x}{x^p} = \int_{0}^{1} \frac{\mathrm{d}x}{x} = \lim_{\varepsilon \to 0^+}\ln x\,\Big|_{0+\varepsilon}^{1} = +\infty$，则积分 $\displaystyle\int_{0}^{1} \frac{\mathrm{d}x}{x^p}$ 发散.

当 $p\neq 1$ 时，$\displaystyle\int_{0}^{1} \frac{\mathrm{d}x}{x^p} = \lim_{\varepsilon \to 0^+}\frac{x^{1-p}}{1-p}\,\Big|_{0+\varepsilon}^{1} = \begin{cases} \dfrac{1}{1-p}, & p < 1; \\[2mm] +\infty, & p > 1. \end{cases}$

于是，当 $p<1$ 时，广义积分收敛，其值为 $\dfrac{1}{1-p}$；当 $p\geqslant 1$ 时，广义积分发散.

习　题　6.4

习题 6.4 答案

1. 判别下列广义积分的收敛性，若收敛，求出它的值：

(1) $\displaystyle\int_{1}^{+\infty} \frac{1}{\sqrt{x}}\mathrm{d}x$；

(2) $\displaystyle\int_{-\infty}^{0} \mathrm{e}^{4x}\mathrm{d}x$；

(3) $\displaystyle\int_{-\infty}^{0} \frac{2x}{x^2+1}\mathrm{d}x$；

(4) $\displaystyle\int_{1}^{+\infty} \frac{1}{x^2(x^2+1)}\mathrm{d}x$；

(5) $\displaystyle\int_{0}^{1} \frac{x\mathrm{d}x}{\sqrt{1-x^2}}$；

(6) $\displaystyle\int_{0}^{2} \frac{\mathrm{d}x}{(1-x)^2}$.

2. 当 k 为何值时，广义积分 $\displaystyle\int_{2}^{+\infty} \frac{1}{x\,(\ln x)^k}\mathrm{d}x$ 收敛？当 k 为何值时，该广义积分发散？

6.5　定积分的应用

6.5.1　定积分的微元法

在 6.1 节求曲边梯形面积有四个步骤：分割、近似代替、求和、取极限. 在实际应用中可以把这些步骤简化为以下过程.

在 $[a,b]$ 上任取小区间 $[x,x+\mathrm{d}x]$（见图 6.5），区间 $[x,x+\mathrm{d}x]$ 上的小曲边梯形的面积 ΔA 可以近似以 $f(x)$ 为高，$\mathrm{d}x$ 为底的小矩形面积 $f(x)\mathrm{d}x$，即

$$\Delta A \approx f(x)\mathrm{d}x.$$

式中：ΔA 的近似值 $f(x)\mathrm{d}x$ 称为 A 的微元（或微分），记作

$$dA = f(x)dx.$$

把这些微元在 $[a,b]$ 上"无限累加",即 a 到 b 的定积分 $\int_a^b f(x)dx$ 就是曲边梯形的面积.

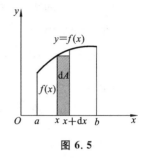

图 6.5

一般地,若所求量 Q 与 x 的变化区间 $[a,b]$ 有关,且关于区间 $[a,b]$ 具有可加性,在其上任意一个小区间 $[x,x+dx]$ 上找出所求量的一微小量的近似值 $dQ = f(x)dx$,然后把它作为被积表达式,从而得到所求量 Q 的积分表达式

$$Q = \int_a^b f(x)dx.$$

这种方法称为**微元法**,$dQ = f(x)dx$ 称为所求量 Q 的**微元**.

6.5.2 定积分在几何中的应用

1. 平面图形的面积

1) 直角坐标情形

由曲线 $y = f(x) (\geqslant 0)$,$x = a$,$x = b (a < b)$ 及 x 轴所围成的图形(见图 6.5),其面积微元 $dA = f(x)dx$,则图形的面积为

$$A = \int_a^b f(x)dx.$$

由上、下两条曲线 $y = f(x)$,$y = g(x) (f(x) \geqslant g(x))$ 及 $x = a$,$x = b (a < b)$ 所围成的图形(见图 6.6),其面积微元 $dA = [f(x) - g(x)]dx$,则图形的面积为

$$A = \int_a^b [f(x) - g(x)]dx.$$

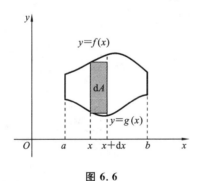

图 6.6

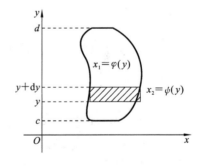

图 6.7

由左、右两条曲线 $x_1 = \varphi(y)$,$x_2 = \psi(y) (\psi(y) > \varphi(y))$ 及 $y = c$,$y = d (c < d)$ 所围成的图形(见图 6.7),其面积微元 $dA = [\psi(y) - \varphi(y)]dy$,则图形的面积为

$$A = \int_c^d [\psi(y) - \varphi(y)]dy.$$

例 6.42 求曲线 $y = 4 - x^2$ 与 x 轴所围成的平面图形面积.

解 如图 6.8 所示,取积分变量为 x,为了确定平面图形所在范围,求抛物线 $y = 4 - x^2$ 与 x 轴的交点.

解方程组 $\begin{cases} y = 4 - x^2 \\ y = 0, \end{cases}$ 得交点 $(-2,0)$ 与 $(2,0)$.

可知积分区间为 $[-2,2]$，其面积微元为 $\mathrm{d}A=(4-x^2)\mathrm{d}x$.

故所求图形面积为

$$A=\int_{-2}^{2}(4-x^2)\mathrm{d}x=2\int_{0}^{2}(4-x^2)\mathrm{d}x=\frac{32}{3}.$$

例 6.43　求两条抛物线 $y=x^2$ 与 $y^2=x$ 所围成的平面图形的面积.

解　如图 6.9 所示，取 x 为积分变量.

解方程组 $\begin{cases} y=x^2, \\ y^2=x, \end{cases}$ 得交点 $(0,0)$ 与 $(1,1)$.

可知积分区间为 $[0,1]$，其面积微元为

$$\mathrm{d}A=(\sqrt{x}-x^2)\mathrm{d}x,$$

于是所求面积为

$$A=\int_{0}^{1}(\sqrt{x}-x^2)\mathrm{d}x=\left(\frac{2}{3}x^{\frac{3}{2}}-\frac{1}{3}x^3\right)\Big|_{0}^{1}=\frac{1}{3}.$$

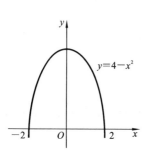

图 6.8

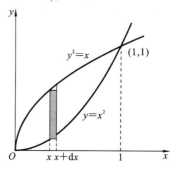

图 6.9

例 6.44　求抛物线 $y^2=2x$ 与直线 $y=x-4$ 所围成的平面图形的面积.

解　如图 6.10 所示，取 y 为积分变量.

解方程组 $\begin{cases} y^2=2x, \\ y=x-4, \end{cases}$ 得交点 $(2,-2)$ 与 $(8,4)$.

可知积分区间为 $[-2,4]$，其面积微元为

$$\mathrm{d}A=\left[(y+4)-\frac{y^2}{2}\right]\mathrm{d}y.$$

于是所求面积为

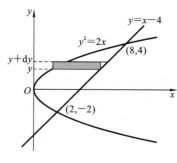

图 6.10

$$A=\int_{-2}^{4}\left[(y+4)-\frac{y^2}{2}\right]\mathrm{d}y=\left(\frac{1}{2}y^2+4y-\frac{1}{6}y^3\right)\Big|_{-2}^{4}=18.$$

2）极坐标情形

某些平面图形用极坐标来计算面积比较方便.

设由曲线 $\rho=\varphi(\theta)$ 及射线 $\theta=\alpha,\theta=\beta(\alpha<\beta)$ 围成一图形（称为曲边扇形），其中 $\varphi(\theta)$ 在 $[\alpha,\beta]$ 上连续，且 $\varphi(\theta)\geqslant 0$，现计算它的面积（见图 6.11）.

由于当 θ 在 $[\alpha,\beta]$ 上变动时，极径 $\rho=\varphi(\theta)$ 也随之变动，因此所求图形的面积不能直接利用扇形面积的公式 $A=\frac{1}{2}R^2\theta$ 来计算.

取极角 θ 为积分变量,则它的变化区间为 $[\alpha, \beta]$. 在任一小区间 $[\theta, \theta + \mathrm{d}\theta]$ 的窄曲边扇形的面积可以用半径为 $\rho = \varphi(\theta)$、中心角为 $\mathrm{d}\theta$ 的圆扇形面积来近似代替,从而得到此窄曲边扇形面积的近似值,即曲边扇形的面积微元是

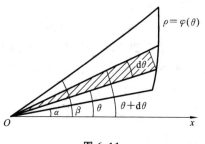

图 6.11

$$\mathrm{d}A = \frac{1}{2}\left[\varphi(\theta)\right]^2 \mathrm{d}\theta.$$

则以 $\dfrac{1}{2}\left[\varphi(\theta)\right]^2 \mathrm{d}\theta$ 为被积表达式,在 $[\alpha, \beta]$ 上作定积分,便得到所求曲边扇形的面积为

$$A = \int_{\alpha}^{\beta} \frac{1}{2}\left[\varphi(\theta)\right]^2 \mathrm{d}\theta.$$

例 6.45 求心形线 $\rho = a(1 + \cos\theta)$ 所围成的图形的面积 $(a > 0)$.

解 心形线所围成的图形如图 6.12 所示. 这个图形对称于极轴(为方便,画在直角坐标系中,其中 x 轴的正半轴就是极轴)所在直线,因此所求图形的面积 A 是 x 轴以上部分面积 A_1 的 2 倍,即

$$A = 2A_1 = 2 \cdot \frac{1}{2}\int_0^\pi a^2 (1+\cos\theta)^2 \mathrm{d}\theta = a^2 \int_0^\pi (1 + 2\cos\theta + \cos^2\theta)\mathrm{d}\theta$$

$$= a^2 \int_0^\pi \left(1 + 2\cos\theta + \frac{1 + \cos2\theta}{2}\right)\mathrm{d}\theta = a^2 \left(\frac{3\theta}{2} + 2\sin\theta + \frac{1}{4}\sin2\theta\right)\Big|_0^\pi$$

$$= \frac{3}{2}\pi a^2.$$

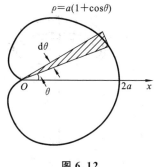

图 6.12

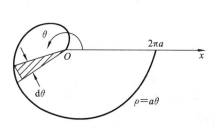

图 6.13

例 6.46 计算阿基米德螺线 $\rho = a\theta (a > 0)$ 上相应于 θ 从 0 到 2π 的一段弧与极轴所围成的图形(见图 6.13)的面积.

解 在指定的这段螺线上,θ 的变化区间为 $[0, 2\pi]$. 相应于 $[0, 2\pi]$ 上任一小区间 $[\theta, \theta + \mathrm{d}\theta]$ 的窄曲边扇形的面积近似于半径为 $a\theta$、中心角为 $\mathrm{d}\theta$ 的扇形的面积. 从而得到面积元素

$$\mathrm{d}A = \frac{1}{2}(a\theta)^2 \mathrm{d}\theta,$$

于是所求面积为

$$A = \int_0^{2\pi} \frac{1}{2}(a\theta)^2 \mathrm{d}\theta = \frac{4}{3}a^2\pi^3.$$

2. 空间立体的体积

1）平行截面面积为已知的立体的体积

如图 6.14 所示，该立体位于两个平行平面 $x=a$ 和 $x=b$ 之间，以 $S(x)$ 表示过点 x 且垂直于 x 轴的截面面积，则 $S(x)$ 是已知的连续函数.

取 x 为积分变量，积分区间为 $[a,b]$，体积微元为 $\mathrm{d}V=S(x)\mathrm{d}x$，故所求的立体体积为

$$V=\int_a^b S(x)\mathrm{d}x.$$

2）旋转体的体积

设一旋转体是由连续曲线 $y=f(x)$ 与直线 $x=a,x=b$ 及 x 轴所围成的曲边梯形绕 x 轴旋转一周而成（见图 6.15），现在用微元法求它的体积.

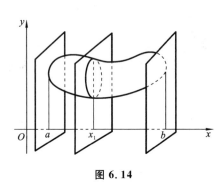

图 6.14 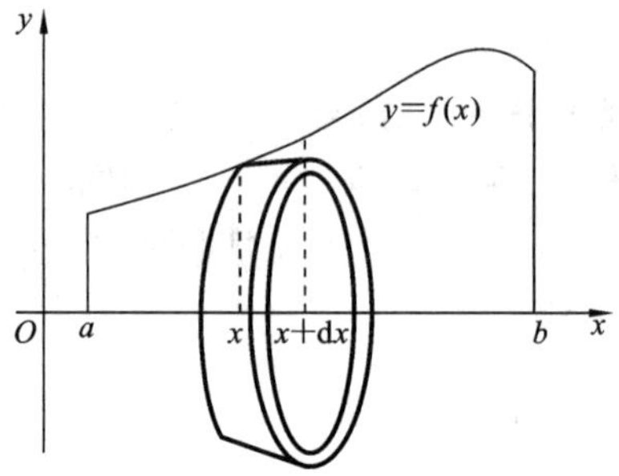　　　　　　　　　　　　图 6.15

在区间 $[a,b]$ 上任取 $[x,x+\mathrm{d}x]$，对应于该区间的小薄片体积近似于以 $f(x)$ 为半径，以 $\mathrm{d}x$ 为高的薄片圆柱体体积，从而得到体积微元为

$$\mathrm{d}V=\pi\left[f(x)\right]^2\mathrm{d}x,$$

则旋转体的体积为

$$V_x=\pi\int_a^b f^2(x)\mathrm{d}x.$$

类似地，若旋转体是由曲线 $x=\varphi(y)$ 与直线 $y=c,y=d$ 及 y 轴所围成的图形绕 y 轴旋转一周而成的旋转体（见图 6.16），则其体积为

$$V_y=\pi\int_c^d \varphi^2(y)\mathrm{d}y.$$

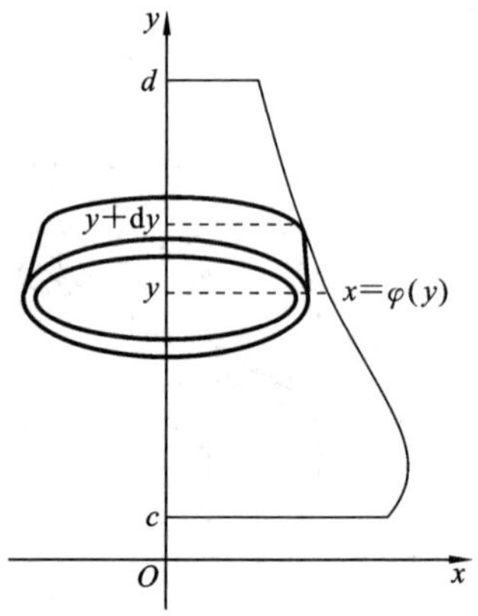

图 6.16

例 6.47 求椭圆 $\dfrac{x^2}{a^2}+\dfrac{y^2}{b^2}=1$ 绕 x 轴旋转而成的旋转体的体积.

解 这个旋转体是由 $y=\dfrac{b}{a}\sqrt{a^2-x^2}$ 绕 x 轴旋转而成，如图 6.17 所示.

取 x 为积分变量，可知积分区间为 $[-a,a]$，其体积微元为

$$\mathrm{d}V=\pi y^2\mathrm{d}x=\pi\frac{b^2}{a^2}(a^2-x^2)\mathrm{d}x.$$

故所求体积为

$$\int_{-a}^a \pi\frac{b^2}{a^2}(a^2-x^2)\mathrm{d}x=\frac{2\pi b^2}{a^2}\int_0^a(a^2-x^2)\mathrm{d}x=\frac{4}{3}\pi ab^2.$$

当 $a=b=R$ 时,得球体体积 $V=\dfrac{4}{3}\pi R^3$.

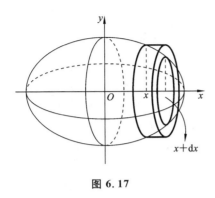

图 6.17

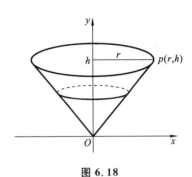

图 6.18

例 6.48 试求过点 $O(0,0)$ 和 $P(r,h)$ 的直线与直线 $y=h$ 及 y 轴围成的直角三角形绕 y 轴旋转而成圆锥体体积(见图 6.18).

解 过 OP 的直线方程为 $y=\dfrac{h}{r}x$,即 $x=\dfrac{r}{h}y$.

因为绕 y 轴旋转,取 y 为积分变量,那么积分区间为 $[0,h]$,体积微元为

$$\mathrm{d}V=\pi\left(\frac{r}{h}y\right)^2\mathrm{d}y,$$

故所求体积为

$$V=\pi\int_0^h\left(\frac{r}{h}y\right)^2\mathrm{d}y=\frac{\pi r^2}{h^2}\left(\frac{1}{3}y^3\right)\bigg|_0^h=\frac{1}{3}\pi r^2h.$$

6.5.3 经济应用问题举例

我们已经知道,对一已知经济函数 $F(x)$,它的边际函数就是它的导函数 $F'(x)$. 作为导数(或微分)的逆运算,若对已知的边际函数 $F'(x)$ 求不定积分,则可求得原经济函数

$$F(x)+C=\int F'(x)\mathrm{d}x,$$

其中的常数 C 可由经济函数的具体条件确定.

也可利用牛顿-莱布尼兹公式

$$\int_0^x F'(x)\mathrm{d}x=F(x)-F(0)$$

求得原经济函数

$$F(x)=\int_0^x F'(x)\mathrm{d}x+F(0),$$

并可求出原经济函数从 a 到 b 的变动值(或增量),即

$$\Delta F=F(b)-F(a)=\int_0^b F'(x)\mathrm{d}x.$$

例如,设某产品的边际收入为 $R'(x)$,边际成本为 $C'(x)$,则总收入为

$$R(x)=\int_0^x R'(t)\mathrm{d}t,$$

其中

$$R(0)=0.$$

总成本为

$$C(x) = \int_0^x C'(t)\mathrm{d}t + C_0,$$

其中,$C(0)=C_0$ 为固定成本.

边际利润为

$$L'(x) = R'(x) - C'(x),$$

则总利润为

$$L(x) = R(x) - C(x) = \int_0^x R'(t)\mathrm{d}t - \left[\int_0^x C'(t)\mathrm{d}t + C_0\right]$$

$$= \int_0^x \left[R'(t) - C'(t)\right]\mathrm{d}t - C_0,$$

或

$$L(x) = \int_0^x L'(t)\mathrm{d}t - C_0,$$

其中,$\int_0^x L'(t)\mathrm{d}t$ 称为产销量为 x 时的毛利,毛利减去固定成本即为纯利.

例 6.49 某厂生产某种产品 x 百台,总成本为 C(单位:万元),边际成本 $C'=2$,固定成本为 0,收入函数为 R,边际收入为 $R'(x)=7-2x$.

求:(1) 当产量为多少时,总利润最大;(2) 在利润最大的产量基础上又生产 50 台,总利润减少了多少?

解 (1) 已知固定成本为 0,于是生产 x 百台总成本函数为

$$C(x) = \int_0^x C'(t)\mathrm{d}t = \int_0^x 2\mathrm{d}t = 2x.$$

同理可得总收入函数为

$$R(x) = \int_0^x R'(t)\mathrm{d}t = \int_0^x (7-2t)\mathrm{d}t = 7x - x^2.$$

于是得到总利润函数

$$L(x) = R(x) - C(x) = 7x - x^2 - 2x = 5x - x^2.$$

易知

$$L'(x) = R'(x) - C'(x) = 7 - 2x - 2 = 5 - 2x.$$

令 $L'(x)=0$ 得唯一驻点 $x=2.5$(百台),又知 $L''(x)=-2<0$,因此 $x=250$ 台时,$L(x)$ 有最大值,并且 $L(2.5)=6.25$(万元).

(2) 若从 2.5 百台又生产 0.5 百台,利润为

$$L(3) = 5 \times 3 - 3^2 = 6 \text{(万元)},$$

而最大利润

$$L(2.5) = 6.25 \text{(万元)},$$

因此总利润减少了

$$L(2.5) - L(3) = 6.25 - 6 = 0.25 \text{(万元)}.$$

答:(1) 当产量为 250 台时,总利润最大;(2) 在利润最大产量基础上又生产 50 台,总利润减少了 0.25 万元.

例 6.50 某产品总产量的变化率是时间 t 的函数(边际产量),即 $f(t)=30+5t-0.3t^2$(吨/月),试确定总产量函数,并计算出第一季度的总产量.

解 因为总产量 $F(t)$ 是它的变化率 $f(t)$ 的原函数,所以

$$F(t) = \int_0^t f(x)dx = \int_0^t (30 + 5x - 0.3x^2)dx = 30t + \frac{5}{2}t^2 - 0.1t^3.$$

第一季度的总产量为

$$\int_0^3 (30 + 5t - 0.3t^2)dt = \left(30t + \frac{5}{2}t^2 - 0.1t^3\right)\Big|_0^3 = 109.8 \text{（吨）}$$

答:此产品的总产量函数 $F(t) = 30t + \frac{5}{2}t^2 - 0.1t^3$,第一季度的总产量为 109.8 吨.

例 6.51 已知某商品每周生产 x 单位时,总费用的变化(边际成本)为 $f(x) = 0.4x - 12$（元/单位),求总费用 $F(x)$;若商品销售单价为 20 元,求总利润. 并求每周生产多少个单位时,获最大利润,最大利润是多少?

解 总费用 $F(x)$ 就是边际成本在 $[0, x]$ 上的定积分,所以

$$F(x) = \int_0^x (0.4t - 12)dt = 0.2x^2 - 12x.$$

又知销售单价为 20 元,于是销售 x 个单位商品得到的总收入 $R(x)$ 为

$$R(x) = 20x.$$

于是总利润函数 $L(x)$ 为

$$L(x) = R(x) - F(x) = 20x - 0.2x^2 + 12x = 32x - 0.2x^2.$$

由 $L'(x) = 32 - 0.4x = 0$,得唯一驻点 $x = 80$ 单位,而 $L''(80) = -0.4 < 0$,故 $L(x)$ 在 $x = 80$ 个单位时取得最大值,最大利润为

$$L(80) = 32 \times 80 - 0.2 \times 80^2 = 1280 \text{（元）}.$$

答:总费用函数 $F(x) = 0.2x^2 - 12x$;总利润函数 $L(x) = 32x - 0.2x^2$;每周生产 80 个单位时,获最大利润,最大利润为 1280 元.

习 题 6.5

习题 6.5 答案

1. 求正弦曲线 $y = \sin x, x \in \left[0, \frac{3\pi}{2}\right]$ 和直线 $x = \frac{3}{2}\pi$ 及 x 轴所围成的平面图形的面积.

2. 设曲线 $y = \sqrt{2x}$,

(1) 求过曲线上点 $(2, 2)$ 处的切线方程;

(2) 求由曲线、切线、x 轴所围成的平面图形的面积.

3. 求对数螺线 $\rho = ae^\theta (-\pi \leqslant \theta \leqslant \pi)$ 及射线 $\theta = \pi$ 所围成的图形的面积.

4. 求位于曲线 $y = e^x$ 下方,该曲线过原点的切线的左方以及 x 轴上方之间的图形的面积.

5. 设有一截锥体,其高为 h,上、下底均为椭圆,椭圆的轴长分别为 $2a$、$2b$ 和 $2A$、$2B$,求该截锥体的体积.

6. 求由抛物线 $y = \frac{x^2}{10}, y = \frac{x^2}{10} + 1$ 与直线 $y = 10$ 所围成的图形绕 y 轴旋转而成的旋转体的体积.

7. 设生产某产品的固定成本为 100,当产量为 x 时的边际成本为 $C'(x) = 3x^2 - x + 30$,求

总成本函数.

8. 已知生产某产品的边际成本为 $C'(x)=150-0.2x$（x 为产量），求产量从 200 增加到 300 时需要追加的成本.

9. 设某产品生产 x 单位时的边际收入是 $R'(x)=100-\dfrac{x}{200}$.

（1）求生产 100 单位时的总收入；

（2）如果已经生产了 200 单位，求再生产 200 单位的总收入.

10. 已知生产某产品 x 百台的边际成本和边际收入分别为

$$C'(x)=3+\frac{1}{3}x\ （万元/百台），$$

$$R'(x)=7-x\quad （万元/百台），$$

其中，$C(x)$ 和 $R(x)$ 分别是总成本函数和总收入函数.

（1）若固定成本 $C_0=1$ 万元，求总成本函数、总收入函数和总利润函数.

（2）产量为多少时，总利润最大？最大总利润是多少？

11. 已知某产品在时刻 t 总产量的变化率是 $f(t)=100+12t-0.6t^2$（单位/小时），求从 $t=2$ 到 $t=4$ 的总产量（t 的单位是小时）.

实验六　一元函数积分的 Python 实现

实 验 目 的

1. 掌握用 Python 计算不定积分与定积分的方法.

2. 理解广义积分的概念，提高应用定积分解决实际问题的能力.

实 验 内 容

一、一元函数积分的计算

在 Python 的 Sympy 库中，求函数积分的函数为 integrate()，其具体格式如实验表 6.1 所示.

实验表 6.1　integrate( ) 函数

Python 命令	含　义
integrate(f(x),x)	$\displaystyle\int f(x)\,\mathrm{d}x$
integrate(f(x),(x,a,b))	$\displaystyle\int_a^b f(x)\,\mathrm{d}x$
integrate(f(x),(x,a,oo))	$\displaystyle\int_a^{+\infty} f(x)\,\mathrm{d}x$
integrate(f(x),(x,-oo,b))	$\displaystyle\int_{-\infty}^b f(x)\,\mathrm{d}x$
integrate(f(x),(x,-oo,oo))	$\displaystyle\int_{-\infty}^{+\infty} f(x)\,\mathrm{d}x$

注:利用 Python 计算不定积分时,其结果中省略了任意常数 C.

1. 不定积分的计算

【示例 6.1】 计算下列不定积分:

(1) $\int x\arctan x\,\mathrm{d}x$;   (2) $\int \sqrt{4-x^2}\,\mathrm{d}x$.

解 在单元格中按如下操作:

```
In    from sympy import*
      x=symbols('x')
      y_1=x*atan(x)
      y_2=sqrt(4-x**2)
      jf_1=integrate(y_1,x)
      jf_2=integrate(y_2,x)
      print("y_1 的原函数为",jf_1)
      print("y_2 的原函数为",jf_2)
```

运行程序,命令窗口显示所得结果:

y_1 的原函数为 x**2*atan(x)/2-x/2+atan(x)/2
y_2 的原函数为 x*sqrt(4-x**2)/2+2*asin(x/2)

即

$$\int x\arctan x\,\mathrm{d}x = \frac{1}{2}\left(x^2\arctan x + \arctan x - x\right) + C,$$

$$\int \sqrt{4-x^2}\,\mathrm{d}x = \frac{x\sqrt{4-x^2}}{2} + 2\arcsin\left(\frac{x}{2}\right) + C.$$

2. 定积分的计算

【示例 6.2】 计算下列定积分:

(1) $\int_0^1 \mathrm{e}^{\sqrt{x}}\,\mathrm{d}x$;   (2) $\int_0^{\frac{\pi}{2}} x^2\sin x\,\mathrm{d}x$.

解 在单元格中按如下操作:

```
in    from sympy import*
      x=symbols('x')
      y_1=esp(sqrt(x))
      y_2=x**2*sin(x)
      jf_1=integrate(y_1,(x,0,1))
      jf_2=integrate(y_2,(x,0,pi/2))
      print("y_1 的定积分为",jf_1)
      print("y_2 的定积分为",jf_2)
```

运行程序,命令窗口显示所得结果:

y_1 的定积分为 2
y_2 的定积分为 -2+pi

即

$$\int_0^1 e^{\sqrt{x}} dx = 2 ; \quad \int_0^{\frac{\pi}{2}} x^2 \sin x dx = \pi - 2.$$

3. 广义积分的计算

【示例 6.3】　计算积分限为无穷的广义积分：

(1) $\int_0^{+\infty} x e^{-x} dx$；　　　　　　(2) $\int_{-\infty}^{-1} \frac{1}{x^3} dx$；　　　　　　(3) $\int_1^{+\infty} \frac{1}{\sqrt{x}} dx$.

解　在单元格中按如下操作：

in
```
from sympy import*
x=symbols('x')
f_1=x*exp(-x)
f_2=1/x**3
f_3=1/sqrt(x)
jf_1=integrate(f_1,(x,0,oo))
jf_2=integrate(f_2,(x,-1,-oo))
jf_3=integrate(f_3,(x,1,oo))
print("(1)广义积分为",jf_1)
print("(2)广义积分为",jf_2)
print("(3)广义积分为",jf_3)
```

运行程序,命令窗口显示所得结果：

(1) 广义积分为 1

(2) 广义积分为 1/2

(3) 广义积分为 oo

即

$$\int_0^{+\infty} x e^{-x} dx = 1 ; \quad \int_{-\infty}^{-1} \frac{1}{x^3} dx = \frac{1}{2} ; \quad \int_1^{+\infty} \frac{1}{\sqrt{x}} dx = \infty \ (\text{发散的}).$$

【示例 6.4】　计算函数有无穷型间断点的广义积分：

(1) $\int_0^1 \frac{x^3}{\sqrt{1-x^2}} dx$；　　　　　　(2) $\int_0^2 \frac{1}{1-x} dx$.

解　在单元格中按如下操作：

in
```
from sympy import*
x=symbols('x')
f_1=x**3/sqrt(1-x**2)
f_2=1/(1-x)
jf_1=integrate(f_1,(x,0,1))
jf_2=integrate(f_2,(x,0,2))
print("(1)广义积分为",jf_1)
print("(2)广义积分为",jf_2)
```

运行程序,命令窗口显示所得结果：

(1) 广义积分为 2/3

(2) 广义积分为 nan

即

$$\int_0^1 \frac{x^3}{\sqrt{1-x^2}} \mathrm{d}x = \frac{2}{3};$$

"nan" 说明广义积分 $\int_0^2 \frac{1}{1-x} \mathrm{d}x$ 是发散的.

二、定积分的应用

现在通过一些自定义函数来演示定积分的定义,从而使同学们加深对定积分定义的理解.

【示例 6.5】 计算由两条抛物线 $y^2 = x$ 和 $y = x^2$ 所围成的图形的面积.

解 为确定所围的图形,在单元格中按如下操作:

```
in    import matplotlib. pyplot as plt
      from numpy import*
      x=arange(0,1.2,0.01)
      y_1=sqrt(x)
      y_2=x**2
      plt.figure()
      plt.plot(x,y_1,color='r',label='y**2=x')
      plt.plot(x,y_2,color='b',label='y= x**2')
      plt.legend()
      plt.grid(True)
      plt.show()
```

运行程序,输出图形如实验图 6.1 所示.

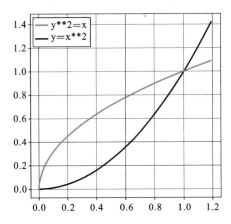

实验图 6.1 示例 6.5 的图形

为计算封闭图形面积,在单元格中输入如下代码:

```
in    from sympy import*
      x=symbols('x')
      y_1=sqrt(x)
      y_2=x**2
      jf=integrate(y_1-y_2,(x,0,1))
      print("面积为",jf)
```

运行程序,命令窗口显示所得结果:

　　　　面积为 1/3

即所围成的图形面积为 $\dfrac{1}{3}$.

实 验 作 业

1. 计算不定积分:

(1) $\displaystyle\int \dfrac{\ln x^3}{x^2}\mathrm{d}x$;

(2) $\displaystyle\int \dfrac{1}{\sqrt{(1+x^2)^3}}\mathrm{d}x$;

(3) $\displaystyle\int x^2\cos\left(\dfrac{x}{2}\right)^2\mathrm{d}x$;

(4) $\displaystyle\int \cos\ln x\,\mathrm{d}x$.

2. 计算定积分:

(1) $\displaystyle\int_0^1 x\arctan x\,\mathrm{d}x$;

(2) $\displaystyle\int_1^4 \dfrac{\ln x}{\sqrt{x}}\mathrm{d}x$;

(3) $\displaystyle\int_0^\pi (x\sin x)^2\,\mathrm{d}x$;

(4) $\displaystyle\int_1^2 x\log_2 x\,\mathrm{d}x$.

3. 计算广义积分:

(1) $\displaystyle\int_1^2 \dfrac{x}{\sqrt{x-1}}\mathrm{d}x$;

(2) $\displaystyle\int_2^{+\infty} x\mathrm{e}^{x-(x-2)^2}\,\mathrm{d}x$.

4. 求曲线 $y=\sqrt{x}$ 与直线 $x=1$,$x=4$,$y=0$ 所围成的图形的面积.

复习题六

复习题六答案

1. 选择题

(1) $\dfrac{\mathrm{d}}{\mathrm{d}x}\displaystyle\int_a^b \arctan x\,\mathrm{d}x = ($ 　　 $)$.

A. $\arctan x$　　　　　　　　　　B. $\dfrac{1}{1+x^2}$

C. $\arctan b - \arctan a$　　　　　D. 0

(2) 设函数 $f(x) = \displaystyle\int_0^x (t-1)(t+2)\mathrm{d}t$,则 $f'(-2) = ($ 　　 $)$.

A. 0　　　　　　B. 1　　　　　　C. 2　　　　　　D. -1

(3) $\displaystyle\int_0^x f(t)\mathrm{d}t = \mathrm{e}^{2x}$,则 $f(x) = ($ 　　 $)$.

A. $2\mathrm{e}^{2x}$　　　　B. e^{2x}　　　　C. $2x\mathrm{e}^{2x}$　　　　D. $2x\mathrm{e}^{2x-1}$

(4) $\displaystyle\int_1^\mathrm{e} \dfrac{\ln x}{x}\mathrm{d}x = ($ 　　 $)$.

A. $\dfrac{1}{2}$　　　　　B. $\dfrac{\mathrm{e}^2}{2}-\dfrac{1}{2}$　　　　C. $\dfrac{1}{2\mathrm{e}^2}-\dfrac{1}{2}$　　　　D. -1

(5) 若 $\displaystyle\int_0^1 (2x+k)\mathrm{d}x = 2$,则 $k = ($ 　　 $)$.

A. 0　　　　　　B. 1　　　　　　C. 2　　　　　　D. -1

(6) 若 $\int_0^1 e^x f(e^x)dx = \int_a^b f(u)du$，则（　　）.

A. $a=0, b=1$　　B. $a=0, b=e$　　C. $a=1, b=10$　　D. $a=1, b=e$

(7) 设 $\Phi(x) = \int_0^{x^2} te^{-t}dt$，则 $\Phi'(x) = $（　　）.

A. xe^{-x}　　B. $-xe^{-x}$　　C. $2x^3 e^{-x^2}$　　D. $-2x^3 e^{-x^2}$

(8) 下列反常积分中收敛的是（　　）.

A. $\int_e^{+\infty} \frac{\ln x}{x}dx$　　B. $\int_e^{+\infty} \frac{1}{x\ln x}dx$

C. $\int_e^{+\infty} \frac{1}{x(\ln x)^2}dx$　　D. $\int_e^{+\infty} \frac{1}{x\sqrt[3]{\ln x}}dx$

2. 填空题

(1) 函数 $y = \frac{1}{\sqrt[3]{x}}$ 在区间 $[1,8]$ 上的平均值为 _____.

(2) $\left[\int_{x^2}^a f(t)dt\right]' = $ _____.

(3) $\int_0^x (e^{t^2})'dt = $ _____.

(4) $\lim\limits_{x\to 0} \dfrac{\int_0^x \cos^2 t dt}{x} = $ _____.

(5) $\int_0^a x^2 dx = 9$，则 $a = $ _____.

(6) 设 $f(x) = \begin{cases} x, & x\geqslant 0, \\ 1, & x<0, \end{cases}$ 则 $\int_{-1}^2 f(x)dx = $ _____.

(7) $\int_{-\frac{\pi}{2}}^{\frac{\pi}{2}} \frac{\sin x}{2+\cos x}dx = $ _____.

(8) 已知 $f(0)=2, f(2)=3, f'(2)=4$，则 $\int_0^2 xf''(x)dx = $ _____.

(9) 反常积分 $\int_{-\infty}^\infty \frac{A}{1+x^2}dx = 1$，则 $A = $ _____.

(10) $\int_0^{\frac{\pi^2}{4}} \cos\sqrt{x}dx = $ _____.

3. 计算下列定积分

(1) $\int_0^4 \frac{1}{1+\sqrt{x}}dx$；　　(2) $\int_0^{\frac{\pi}{4}} \ln(1+\tan x)dx$；

(3) $\int_0^a \frac{dx}{x+\sqrt{a^2-x^2}}(a>0)$；　　(4) $\int_0^\pi x^2 |\cos x|dx$.

4. 求函数 $\Phi(x) = \int_0^x te^{-t^2}dt$ 的极值点.

5. 证明：若在区间 $[0,+\infty)$ 上有连续函数 $f(x)>0$，则当 $x>0$ 时，$\varphi(x) = \dfrac{\int_0^x tf(t)dt}{\int_0^x f(t)dt}$ 为

单调增加函数.

6. 设函数 $f(x) = \begin{cases} \sqrt{x+1}, & |x| \leqslant 1, \\ \dfrac{1}{1+x^2}, & 1 \leqslant |x| \leqslant \sqrt{3}, \end{cases}$ 计算 $\displaystyle\int_{-\sqrt{3}}^{\sqrt{3}} f(x)\,\mathrm{d}x$.

7. 求由曲线 $y = x^3$ 及 $y = \sqrt{x}$ 所围图形的面积.

8. 求由 $y = x^2$ 及 $x = y^2$ 所围图形绕 x 轴旋转而成的旋转体体积.

【拓展阅读】

莱布尼兹使微积分更加简洁和准确

　　牛顿从物理学出发,运用集合方法研究微积分,其应用上更多地结合了运动学,造诣高于莱布尼兹. 莱布尼兹则从几何问题出发,运用分析学方法引进微积分概念,得出运算法则,其数学的严密性与系统性是牛顿所不及的. 莱布尼兹认识到好的数学符号能节省思维劳动,运用符号的技巧是数学成功的关键之一. 因此,他发明了一套适用的符号系统,如引入 $\mathrm{d}x$ 表示 x 的微分,$\displaystyle\int$ 表示积分等. 这些符号既简洁又准确地揭示出微积分的实质,正像阿拉伯数码促进了算术与代数发展一样,进一步促进了微积分学的发展. 莱布尼兹是数学史上最杰出的符号创造者之一.

第7章 微分方程

人们在研究自然科学、工程技术及经济学等许多问题时,常常需要求出所研究量之间的函数关系,但是在研究某些问题时,往往不能直接得到反映问题规律的函数关系,而是可以根据实际问题的意义及已知的定律或公式等条件,建立含有自变量、未知函数及未知函数的导数(或微分)的关系式,这种关系式就是微分方程.通过求解微分方程,便可得到所要寻找的函数关系.本章将介绍微分方程的一些基本概念,讨论几种常见的微分方程的解法.

7.1 微分方程的基本概念

7.1.1 引例

例 7.1 一曲线通过点 $(1,2)$,且该曲线上任意点 $P(x,y)$ 处的切线斜率为 $3x^2$,求此曲线的方程.

解 设所求曲线的方程为 $y=y(x)$. 由导数的几何意义知,曲线 $y=y(x)$ 上任一点 $P(x,y)$ 处的切线斜率为 $\dfrac{\mathrm{d}y}{\mathrm{d}x}$. 于是按题意可得

$$\frac{\mathrm{d}y}{\mathrm{d}x}=3x^2,$$

即
$$\mathrm{d}y=3x^2\,\mathrm{d}x. \tag{1}$$

又因曲线通过点 $(1,2)$,故 $y=y(x)$ 应满足条件:
$$y|_{x=1}=2 \quad (或\ y(1)=2), \tag{2}$$

把式(1)两端求不定积分,得
$$y=\int 3x^2\,\mathrm{d}x=x^3+C, \tag{3}$$

其中 C 为任意常数.

把条件式(2)代入式(3),有 $2=1^3+C$,即 $C=1$.
于是,所求曲线方程为
$$y=x^3+1. \tag{4}$$

例 7.2 设有一质量为 m 的物体从某高处由静止状态做自由落体运动,试求物体的运动规律,即物体经过的路程 s 与时间 t 的函数关系.

解 设物体在时刻 t 所经过的路程为 $s=s(t)$. 根据牛顿第二定律可知,物体受重力 $F=mg$ 的作用做自由落体运动,则物体运动的加速度为 $\dfrac{\mathrm{d}^2 s}{\mathrm{d}t^2}$. 于是得

$$m\frac{\mathrm{d}^2 s}{\mathrm{d}t^2}=mg.$$

即
$$\frac{\mathrm{d}^2 s}{\mathrm{d}t^2}=g. \tag{5}$$

对式(5)两端关于 t 求不定积分,得

$$\frac{\mathrm{d}s}{\mathrm{d}t} = \int g\,\mathrm{d}t = gt + C_1, \tag{6}$$

再对上式两端积分,得

$$s = \int (gt + C_1)\,\mathrm{d}t = \frac{1}{2}gt^2 + C_1 t + C_2, \tag{7}$$

其中 C, C_2 是两个任意常数.

由于物体由静止状态自由降落,所以 $s = s(t)$ 还应满足条件:

$$s(0) = 0, \quad \frac{\mathrm{d}s}{\mathrm{d}t}\bigg|_{t=0} = 0, \tag{8}$$

把式(8)中的两个条件分别代入式(6)和式(7),可得

$$C_1 = 0, \quad C_2 = 0.$$

于是,所求的自由落体的运动规律为

$$s = \frac{1}{2}gt^2. \tag{9}$$

在上面的两个例子中,都无法直接找出每个问题中两个变量之间的函数关系,而是通过题设条件、利用导数的几何或物理意义等,首先建立了含有未知函数的导数的方程(1)和(5),然后通过积分等手段求出满足该方程和附加条件的未知函数.这类问题及其解决问题的过程具有普遍意义,下面从数学上加以抽象,引进有关微分方程的一般概念.

7.1.2　微分方程的基本概念

1. 微分方程及微分方程的阶

含未知函数的导数(或微分)的方程称为**微分方程**.如例 7.1 中的式(1)和例 7.2 中的式(5)都是微分方程.

微分方程中未知函数的导数的最高阶数,称为**微分方程的阶**.如例 7.1 中微分方程(1)是一阶的,例 7.2 中微分方程(5)是二阶的.

2. 微分方程的解、通解与特解

如果把某个函数代入微分方程中,能使该方程成为恒等式,则称此函数为该**微分方程的解**.例如,函数(3)和(4)都是微分方程(1)的解;函数(7)和(9)都是微分方程(5)的解.

微分方程的解有两种形式.如果微分方程的解中包含任意常数,且独立的(即不可合并而使个数减少的)任意常数的个数与微分方程的阶数相同,这样的解称为微分方程的**通解**;而不包含任意常数的解,称为微分方程的**特解**.例如,函数(3)和(8)分别是微分方程(1)和微分方程(5)的通解,而函数(4)和(9)分别是微分方程(1)和微分方程(5)的特解.

3. 微分方程的初值条件及其提法

从上面二例看到,通解中的任意常数一旦由某种特定条件确定后,就得到微分方程的特解.通常,用以确定通解中任意常数的特定条件,如例 7.1 中的条件(2)和例 7.2 中的条件(8),都是初值条件.一般地,当自变量取定某个特定值时,给出未知函数及其导数的已知值,这种特定条件称为微分方程的初值条件.

由于一阶微分方程的通解只含一个任意常数,所以对于一阶微分方程,只需给出一个初值条件便可确定通解中的任意常数.这种初值条件的提法是:当 $x = x_0$ 时,$y = y_0$,记作

$$y|_{x=x_0}=y_0 \text{ 或 } y(x_0)=y_0.$$

其中 $x=x_0, y=y_0$ 都是已知值.

同理可知,对于二阶微分方程需给出两个初值条件,它们的提法是:当 $x=x_0$ 时,$y=y_0, y'=y_0'$,记作

$$y|_{x=x_0}=y_0, \quad y'|_{x=x_0}=y_0' \quad \text{或} \quad y(x_0)=y_0, \quad y'(x_0)=y_0'.$$

其中 $x=x_0, y_0$ 和 y_0' 都是已知值.

一般地,对于 n 阶微分方程需给出 n 个初值条件:

$$y(x_0)=y_0, \cdots, y^{(n-1)}(x_0)=y_0^{(n-1)}.$$

4. 微分方程的几何意义

微分方程的解的图形称为微分方程的积分曲线. 由于微分方程的通解中含有任意常数,当任意常数取不同的值时,就得到不同的积分曲线,所以通解的图形是一族积分曲线,称为微分方程的积分曲线族. 微分方程的某个特解的图形就是积分曲线族中满足给定的初值条件的某一条特定的积分曲线. 例如,在例 1 中,微分方程(1)的积分曲线族是 $y=x^3+C$,而满足初值条件 (2)的特解 $y=x^3+1$ 就是过点 $(1,2)$ 的立方抛物线(见图 7.1). 这族曲线的共性是:在点 x_0 处,每条曲线的切线是平行的,它们的斜率都是 $y'(x_0)=3x_0^2$.

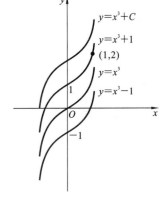

图 7.1

例 7.3 验证函数 $y=C_1 e^{2x}+C_2 e^{-2x}$(C_1、C_2 为任意常数)是二阶微分方程

$$y''-4y=0 \tag{10}$$

的通解,并求此微分方程满足初值条件:

$$y|_{x=0}=0, \quad y'|_{x=0}=1 \tag{11}$$

的特解.

解 要验证一个函数是否是一个微分方程的通解,只需将该函数及其导数代入微分方程中,看是否使方程成为恒等式,再看通解中所含独立的任意常数的个数是否与方程的阶数相同.

将函数 $y=C_1 e^{2x}+C_2 e^{-2x}$ 分别求一阶及二阶导数,得

$$y'=2C_1 e^{2x}-2C_2 e^{-2x}, \quad y''=4C_1 e^{2x}+4C_2 e^{-2x}. \tag{12}$$

把它们代入微分方程(10)的左端,得

$$y''-4y=4C_1 e^{2x}+4C_2 e^{-2x}-4C_1 e^{2x}-4C_2 e^{-2x}=0.$$

所以函数 $y=C_1 e^{2x}+C_2 e^{-2x}$ 是所给微分方程(10)的解. 又因这个解中含有两个独立的任意常数,任意常数的个数与微分方程(10)的阶数相同,所以它是该方程的通解.

要求微分方程满足所给初值条件的特解,只要把初值条件代入通解中,定出通解中的任意常数后,便可得到所需求的特解.

把式(11)中的条件:

$$y|_{x=0}=0, \quad y'|_{x=0}=1$$

分别代入

$$y=C_1 e^{2x}+C_2 e^{-2x} \quad \text{及} \quad y'=2C_1 e^{2x}-2C_2 e^{-2x}$$

中,得

$$\begin{cases} C_1 + C_2 = 0, \\ 2C_1 - 2C_2 = 1. \end{cases}$$

解得

$$C_1 = \frac{1}{4}, \quad C_2 = -\frac{1}{4}.$$

于是所求微分方程满足初值条件的特解为

$$y = \frac{1}{4}(e^{2x} - e^{-2x}).$$

习　题　7.1

习题 7.1 答案

1. 求下列微分方程的阶数:

(1) $y'' + 2y' + 3y = x$;

(2) $x^2 y'' + y' - y = 0$;

(3) $dy = (x+3)dx$;

(4) $\dfrac{dM}{dt} = \cos t^2$;

(5) $(x+y)dx + (6x-y)dy = 0$.

2. 指出下列题目中的函数是否是所给微分方程的解:

(1) $y' = x^2, y = \dfrac{1}{3}x^3 - 1$;

(2) $xy' = 2y, y = x^2$;

(3) $y'' - 3y' + 2y = 0, y = e^x + 3e^{2x}$;

(4) $y'' + y = 0, y = 3\sin x - 4\cos x$;

3. 验证 $y = Ce^{-x} + x - 1$(其中 C 是任意常数)是微分方程 $\dfrac{dy}{dx} + y = x$ 的通解,并求出满足初始条件 $y|_{x=0} = 1$ 的特解.

4. 写出下列条件确定的曲线所满足的微分方程:

(1) 曲线在点 (x,y) 处的切线斜率等于该点横坐标的平方;

(2) 曲线上点 $P(x,y)$ 处的法线与 x 轴的交点为 Q,且线段 PQ 被 y 轴平分.

5. 一质点由原点开始($t=0$)沿直线运动,已知质点在任意时刻 t 的加速度为 $a = t^2 - 1$ m/s^2, $t=1$ 时速度为 $\dfrac{1}{3}$ m/s,求位移 x 与时间 t 之间的关系.

7.2　可分离变量的微分方程

一阶微分方程的一般形式是

$$F(x,y,y') = 0 \quad 或 \quad F\left(x, y, \frac{dy}{dx}\right) = 0. \tag{1}$$

如果能从这个方程解出未知函数的导数 $y' = \dfrac{dy}{dx}$,那么就可得到如下的形式:

$$y' = f(x, y) \quad \text{或} \quad \frac{\mathrm{d}y}{\mathrm{d}x} = f(x, y). \tag{2}$$

一阶微分方程的形式很多，本节先讨论变量可分离的微分方程.

如果一阶微分方程(2)的右端 $f(x, y) = \dfrac{g(x)}{h(y)}(h(y) \neq 0)$，则方程(2)可以表示为

$$h(y)\mathrm{d}y = g(x)\mathrm{d}x \tag{3}$$

的形式，则称此一阶微分方程为**可分离变量的微分方程**. 它的特点是，方程的两端分别只含有变量 x 或变量 y 及其微分. 把原方程变形化为方程(3)的形式，这种过程称为**分离变量**.

设方程(3)中的函数 $g(x)$, $h(y)$ 都是连续函数，则将式(3)两端同时积分，便得微分方程(3)的通解为

$$\int h(y)\mathrm{d}y = \int g(x)\mathrm{d}x + C,$$

其中 C 是任意常数.

例 7.4 求微分方程 $\dfrac{\mathrm{d}y}{\mathrm{d}x} = 2xy$ 的通解.

解 将所给方程两端同除以 y 和同乘以 $\mathrm{d}x$，即得可分离变量方程

$$\frac{\mathrm{d}y}{y} = 2x\mathrm{d}x.$$

两端同时积分

$$\int \frac{\mathrm{d}y}{y} = \int 2x\mathrm{d}x.$$

得

$$\ln|y| = x^2 + C_1,$$

即

$$|y| = \mathrm{e}^{x^2 + C_1} = \mathrm{e}^{C_1}\mathrm{e}^{x^2} \quad \text{或} \quad y = \pm \mathrm{e}^{C_1}\mathrm{e}^{x^2}.$$

若记 $C = \pm \mathrm{e}^{C_1}$，它仍是任意常数且可正可负，便得所给微分方程的通解为

$$y = C\mathrm{e}^{x^2}.$$

注意：为了使运算方便起见，可把 $\ln|y|$ 写成 $\ln y$，只要记住最后得到的任意常数 C 可正可负就是了. 但当 $y < 0$ 时，仍应写成 $\ln|y|$ 才有意义.

例 7.5 求微分方程 $x(1 + y^2)\mathrm{d}x - (1 + x^2)y\mathrm{d}y = 0$ 的通解.

解 由原式移项得 $(1 + x^2)y\mathrm{d}y = x(1 + y^2)\mathrm{d}x$. 两端同除以 $(1 + x^2)(1 + y^2)$，得可分离变量方程

$$\frac{y}{1 + y^2}\mathrm{d}y = \frac{x}{1 + x^2}\mathrm{d}x,$$

对上式两端积分，有

$$\int \frac{y}{1 + y^2}\mathrm{d}y = \int \frac{x}{1 + x^2}\mathrm{d}x,$$

积分后得

$$\frac{1}{2}\ln(1 + y^2) = \frac{1}{2}\ln(1 + x^2) + C_1.$$

由于积分后出现了对数函数，为了便于利用对数运算性质来化简结果，可把任意常数 C_1 表示为 $\dfrac{1}{2}\ln C$，即

$$\frac{1}{2}\ln(1+y^2)=\frac{1}{2}\ln(1+x^2)+\frac{1}{2}\ln C \quad (C>0).$$

化简得

$$1+y^2=C(1+x^2),$$

这就是所要求的微分方程的通解.

例 7.6　求微分方程 $2x\sin y\,\mathrm{d}x+(1+x^2)\cos y\,\mathrm{d}y=0$ 满足初值条件 $y\big|_{x=1}=\dfrac{\pi}{6}$ 的特解.

解　第一步:先求所给方程的通解.移项并同除以 $(1+x^2)\sin y(\sin y\neq0)$,即得可分离变量方程

$$\frac{\cos y}{\sin y}\mathrm{d}y=-\frac{2x}{x^2+1}\mathrm{d}x,$$

两端积分,有

$$\int\frac{\cos y}{\sin y}\mathrm{d}y=-\int\frac{2x}{x^2+1}\mathrm{d}x,$$

积分后得

$$\ln\sin y=-\ln(1+x^2)+\ln C,$$

化简后便得所给方程的通解为

$$(1+x^2)\sin y=C,$$

其中 C 是任意常数.

第二步:求满足初值条件的特解.把初值条件 $y\big|_{x=1}=\dfrac{\pi}{6}$ 代入通解中,得

$$(1+1^2)\sin\frac{\pi}{6}=C, \quad \text{即}\ C=1.$$

于是,所求方程满足初值条件的特解为

$$(1+x^2)\sin y=1.$$

习　题　7.2

习题 7.2 答案

1. 求解下列微分方程:

(1) $y'=\mathrm{e}^{2x-y}$;

(2) $3x^2+5x-5y'=0$;

(3) $y'=x\sqrt{1-y^2}$;

(4) $y\ln x\,\mathrm{d}x+x\ln y\,\mathrm{d}y=0$;

(5) $\cos x\sin y\,\mathrm{d}x+\sin x\cos y\,\mathrm{d}y=0$;

(6) $(y+1)^2\dfrac{\mathrm{d}y}{\mathrm{d}x}+x^3=0$.

2. 求下列齐次方程的通解:

(1) $xy'-y-\sqrt{y^2-x^2}=0$;

(2) $\dfrac{\mathrm{d}y}{\mathrm{d}x}=\dfrac{y}{x}(\ln y-\ln x)$;

(3) $(x^2+y^2)\mathrm{d}x-xy\,\mathrm{d}y=0$;

(4) $(x^3+y^3)\mathrm{d}x-3xy^3\,\mathrm{d}y=0$;

(5) $\left(x+y\cos\dfrac{y}{x}\right)\mathrm{d}x-x\cos\dfrac{y}{x}\mathrm{d}y=0$;

(6) $(1+2\mathrm{e}^{\frac{x}{y}})\mathrm{d}x+2\mathrm{e}^{\frac{x}{y}}\left(1-\dfrac{x}{y}\right)\mathrm{d}y=0$.

3. 求下列微分方程满足所给初始条件的特解:

(1) $y'=\mathrm{e}^{2x-y},y\big|_{x=0}=0$;

(2) $y'\sin(x)=y\ln y,\ y\big|_{x=\frac{\pi}{2}}=\mathrm{e}$;

(3) $\cos y\mathrm{d}x+(1+\mathrm{e}^{-x})\sin y\mathrm{d}y=0,\ y\big|_{x=0}=\dfrac{\pi}{4}$;

(4) $x\mathrm{d}y+2y\mathrm{d}x=0,\ y\big|_{x=2}=1$.

4. 有一盛满了水的圆锥形漏斗,高为 10 cm,顶角为 $60°$,漏斗下面有面积为 0.5 cm² 的孔,求水面高度变化的规律及水流完所需要的时间.

5. 镭的衰变有如下规律:镭的衰变速度与它的现存量 R 成正比,有经验材料得知,镭经过 1600 年后,只为原始量 R_0 的一半,试求镭的量 R 与时间 t 的关系.

6. 一曲线通过点 $(2,3)$,它在两坐标轴间的任一切线线段均被切点所平分,求该曲线方程.

7.3 一阶线性微分方程

如果一阶微分方程可化为形如

$$\frac{\mathrm{d}y}{\mathrm{d}x}+P(x)y=Q(x) \tag{1}$$

的方程,则称此方程为**一阶线性微分方程**. 方程(1)是它的标准形式,其中 $P(x)$ 和 $Q(x)$ 为已知的连续函数,$P(x)$ 是未知函数 y 的系数,$Q(x)$ 称为自由项.

线性微分方程的特点是:方程中关于未知函数及未知函数的导数都是一次的. 如果 $Q(x)\neq 0$,则称方程(1)为一阶线性非齐次方程;如果 $Q(x)=0$,即

$$\frac{\mathrm{d}y}{\mathrm{d}x}+P(x)y=0, \tag{2}$$

则称方程(2)为**一阶齐次线性方程**,也称(2)为方程(1)所对应的一阶齐次线性方程.

例如,方程 $\dfrac{\mathrm{d}y}{\mathrm{d}x}+\dfrac{1}{x}y=\sin x$ 中关于未知函数 y 及其导数 $\dfrac{\mathrm{d}y}{\mathrm{d}x}$ 是一次的,所以它是一阶线性微分方程;而右端 $Q(x)=\sin x\neq 0$,因此它是一阶非齐次线性方程. 它所对应的齐次方程就是 $\dfrac{\mathrm{d}y}{\mathrm{d}x}+\dfrac{1}{x}y=0$. 而方程 $\dfrac{\mathrm{d}y}{\mathrm{d}x}=x^2+y^2$,$(y')^2+xy=\mathrm{e}^x$,$2yy'=x\ln x$ 等,虽然都是一阶微分方程,但不是线性方程.

下面来讨论一阶非齐次线性方程(1)的解法.

(i) 先求非齐次线性方程(1)所对应的齐次方程

$$\frac{\mathrm{d}y}{\mathrm{d}x}+P(x)y=0 \tag{3}$$

的通解.

方程(2)是可分离变量的微分方程,分离变量后得

$$\frac{\mathrm{d}y}{y}=-P(x)\mathrm{d}x.$$

两端积分并把任意常数写成 $\ln C$ 的形式,得

$$\ln y=-\int P(x)\mathrm{d}x+\ln C,$$

化简后即得齐次线性方程(2)的通解为

$$y = C \mathrm{e}^{-\int P(x)\mathrm{d}x},$$

其中 C 为任意常数.

(ii) 利用"常数变易法"求非齐次线性方程(1)的通解.

由于方程(1)与(2)的左边相同,只是右边不相同,因此,如果我们猜想方程(1)的通解也具有(3)的形式,那么其中的 C 不可能是常数,而必定是一个关于 x 的函数,记作 $C(x)$. 于是,可设

$$y = C(x)\mathrm{e}^{-\int P(x)\mathrm{d}x} \tag{4}$$

是非齐次线性方程(1)的解,其中 $C(x)$ 是待定函数.

下面来设法求出待定函数 $C(x)$. 为此,把式(4)求其对 x 的导数,得

$$\frac{\mathrm{d}y}{\mathrm{d}x} = C'(x)\mathrm{e}^{-\int P(x)\mathrm{d}x} - P(x)C(x)\mathrm{e}^{-\int P(x)\mathrm{d}x},$$

代入方程(1)中,得

$$C'(x)\mathrm{e}^{-\int P(x)\mathrm{d}x} - P(x)C(x)\mathrm{e}^{-\int P(x)\mathrm{d}x} + P(x)C(x)\mathrm{e}^{-\int P(x)\mathrm{d}x} = Q(x),$$

化简后,得

$$C'(x) = Q(x)\mathrm{e}^{\int P(x)\mathrm{d}x}.$$

将上式积分,得

$$C(x) = \int Q(x)\mathrm{e}^{\int P(x)\mathrm{d}x}\mathrm{d}x + C, \tag{5}$$

其中 C 是任意常数.

把式(5)代入式(4)中,即得非齐次线性方程(1)的通解为

$$y = \mathrm{e}^{-\int P(x)\mathrm{d}x}\left[\int Q(x)\mathrm{e}^{\int P(x)\mathrm{d}x}\mathrm{d}x + C\right], \tag{6}$$

这就是一阶非齐次线性方程(1)的**通解公式**.

上面第(ii)步中,通过把对应的齐次线性方程通解中的任意常数变易为待定函数,然后求出非齐次线性方程的通解,这种方法称为**常数变易法**.

下面来分析非齐次线性方程(1)的通解结构. 由于方程(1)的通解公式(6)也可改写为

$$y = C\mathrm{e}^{-\int P(x)\mathrm{d}x} + \mathrm{e}^{-\int P(x)\mathrm{d}x}\int Q(x)\mathrm{e}^{\int P(x)\mathrm{d}x}\mathrm{d}x.$$

容易看出,通解中的第一项就是方程(1)所对应的齐次线性方程(2)的通解;第二项就是原非齐次线性方程(1)的一个特解(它可从通解(6)中,取 $C=0$ 得到). 由此可知,一阶非齐次线性方程的通解是由对应的齐次方程的通解与非齐次方程的一个特解相加而构成的. 这个结论揭示了一阶非齐次线性微分方程的**通解结构**.

例 7.7　求微分方程 $\dfrac{\mathrm{d}y}{\mathrm{d}x} + 2xy = 2x\mathrm{e}^{-x^2}$ 的通解.

解　这是一阶非齐次线性微分方程,下面用两种方法求解.

解法 1　按常数变易法的思路求解.

(i) 先求对应齐次方程 $\dfrac{\mathrm{d}y}{\mathrm{d}x} + 2xy = 0$ 的通解.

分离变量得

$$\frac{\mathrm{d}y}{y} = -2x\mathrm{d}x.$$

两端积分得

$$\ln y = -x^2 + \ln C,$$

即

$$y = Ce^{-x^2}.$$

这就是所求对应齐次方程的通解.

(ii) 设 $y = C(x)e^{-x^2}$ 为原线性非齐次方程的解, 其中 $C(x)$ 为待定函数, 则

$$\frac{\mathrm{d}y}{\mathrm{d}x} = C'(x)e^{-x^2} - 2xC(x)e^{-x^2},$$

将 y 及 $\frac{\mathrm{d}y}{\mathrm{d}x}$ 代入原线性非齐次方程, 得

$$C'(x)e^{-x^2} - 2xC(x)e^{-x^2} + 2xC(x)e^{-x^2} = 2xe^{-x^2},$$

化简后得

$$C'(x) = 2x.$$

积分得 $C(x) = \displaystyle\int 2x\mathrm{d}x = x^2 + C.$ 其中 C 为任意常数. 故得原线性非齐次方程的通解为

$$y = (x^2 + C)e^{-x^2}.$$

解法 2 直接利用通解公式(6).

现在, $P(x) = 2x, Q(x) = 2xe^{-x^2}$, 代入式(6), 得所求线性非齐次方程的通解为

$$y = e^{-\int 2x\mathrm{d}x}\left[\int 2xe^{-x^2}e^{\int 2x\mathrm{d}x}\mathrm{d}x + C\right]$$

$$= e^{-x^2}\left(\int 2x\mathrm{d}x + C\right) = e^{-x^2}(x^2 + C)$$

注意: 使用一阶线性非齐次方程的通解公式(6)时, 必须首先把方程化为形如式(1)的标准形式, 再确定未知函数 y 的系数 $P(x)$ 及自由项 $Q(x)$.

例 7.8 求微分方程 $x\dfrac{\mathrm{d}y}{\mathrm{d}x} + y = xe^x$ 的通解.

解 所给方程变形. 当 $x \neq 0$ 时, 化为 $\dfrac{\mathrm{d}y}{\mathrm{d}x} + \dfrac{1}{x}y = e^x$.

这是一阶非齐次线性方程. 未知函数 y 的系数 $P(x) = \dfrac{1}{x}$, 自由项 $Q(x) = e^x$. 代入一阶线性非齐次方程的通解公式(6), 得所求线性非齐次方程的通解为

$$y = e^{-\int \frac{1}{x}\mathrm{d}x}\left(\int e^x \cdot e^{\int \frac{1}{x}\mathrm{d}x}\mathrm{d}x + C\right) = e^{-\ln x}\left(\int e^x \cdot e^{\ln x}\mathrm{d}x + C\right)$$

$$= e^{\ln \frac{1}{x}}\left(\int x \cdot e^x \mathrm{d}x + C\right) = \frac{1}{x}(x \cdot e^x - e^x + C), \quad x \neq 0,$$

或写成

$$y = e^x - \frac{e^x}{x} + \frac{C}{x}, \quad x \neq 0.$$

例 7.9 求微分方程 $y'\cos x - y\sin x = 1$ 满足初值条件 $y(0) = 0$ 的特解.

解 把所给方程化为形如(1)的标准形式

$$y' - y\tan x = \sec x,$$

这里 $P(x) = -\tan x, Q(x) = \sec x$. 直接代入通解公式（6），得所给方程的通解为

$$y = e^{-\int -\tan x dx}\left(\int \sec x \cdot e^{\int -\tan x dx} dx + C\right) = e^{-\ln\cos x}\left(\int \sec x \cdot e^{\ln\cos x} dx + C\right)$$

$$= e^{\ln\frac{1}{\cos x}}\left(\int \sec x \cdot \cos x dx + C\right) = \frac{1}{\cos x}\left(\int dx + C\right)$$

$$= \frac{1}{\cos x}(x + C).$$

把初值条件 $y(0) = 0$ 代入通解中，得 $C = 0$. 故得所求特解为

$$y = \frac{x}{\cos x} = x\sec x.$$

习　题　7.3

习题 7.3 答案

1. 求下列一阶线性微分方程的通解：

(1) $\dfrac{dy}{dx} + y = e^{-x}$;

(2) $y' + xy = 4x$;

(3) $(x^2 - 1)y' + 2xy - \cos x = 0$;

(4) $xy' + y = xe^x$;

(5) $\dfrac{d\rho}{d\theta} + 3\rho = 2$;

(6) $y\ln y dx + (x - \ln y)dy = 0$;

(7) $(y^2 - 6x)\dfrac{dy}{dx} + 2y = 0$.

2. 求下列微分方程满足所给初始条件的特解：

(1) $y'\sin x = y\ln y$, $y\big|_{x=\frac{\pi}{2}} = e$;

(2) $xdy + 2ydx = 0$, $y\big|_{x=2} = 1$;

(3) $e^x\cos y dx + (e^x + 1)\sin y dy = 0$, $y\big|_{x=0} = \dfrac{\pi}{4}$;

(4) $(y^2 - 3x^2)dy + 2xy dx = 0$, $y\big|_{x=0} = 1$;

(5) $y' = \dfrac{x}{y} + \dfrac{y}{x}$, $y\big|_{x=1} = 2$;

(6) $\dfrac{dy}{dx} - y\tan x = \sec x$, $y\big|_{x=0} = 0$;

(7) $\dfrac{dy}{dx} + \dfrac{y}{x} = \dfrac{\sin x}{x}$, $y\big|_{x=\pi} = 1$;

(8) $\dfrac{dy}{dx} + 3y = 8$, $y\big|_{x=0} = 2$.

3. 求一曲线方程，这一曲线过原点，并且它在 (x, y) 处的斜率等于 $2x + y$.

4. 设 $f(x)$ 可微且满足关系式 $\displaystyle\int_0^x [2f(t) - 1]dt = f(x) - 1$，求 $f(x)$.

5. 验证形如 $yf(xy)dx + xg(xy)dy = 0$ 的微分方程，可经变量代换 $v = xy$ 化为可分离变量的方程，并求其通解.

6. 用适当的变量代换将下列方程化为可分离变量的方程，然后求其通解.

(1) $\dfrac{\mathrm{d}y}{\mathrm{d}x}=(x+y)^2$;　　　(2) $\dfrac{\mathrm{d}y}{\mathrm{d}x}=\dfrac{1}{x-y}+1$;

(3) $xy'+y=y(\ln x+\ln y)$;　　(4) $y(xy+1)\mathrm{d}x+x(1+xy+x^2y^2)\mathrm{d}y=0$.

7.4　可降阶的高阶微分方程

二阶及二阶以上的微分方程统称为高阶微分方程. 本节将介绍两种特殊类型的高阶微分方程,它们可以通过积分或变量代换,降为较低阶的微分方程来求解. 这种求解方法也称为降阶法.

7.4.1　$y^{(n)}=f(x)$型

微分方程

$$y^{(n)}=f(x) \tag{1}$$

的右端只含有自变量 x,由于 $y^{(n)}=\dfrac{\mathrm{d}}{\mathrm{d}x}(y^{(n-1)})$,所以方程(1)可改写为

$$\dfrac{\mathrm{d}}{\mathrm{d}x}(y^{(n-1)})=f(x) \quad 或 \quad \mathrm{d}(y^{(n-1)})=f(x)\mathrm{d}x.$$

将上式两端分别积分一次,便得一个 $(n-1)$ 阶微分方程

$$y^{(n-1)}=\int f(x)\mathrm{d}x+C_1.$$

再积分一次,便得到一个 $n-2$ 阶微分方程

$$y^{(n-2)}=\int\left[\int f(x)\mathrm{d}x+C_1\right]\mathrm{d}x+C_2.$$

依次积分 n 次,即可得到方程(1)的含有 n 个任意常数的通解.

例 7.10　求微分方程 $y'''=2x+\sin x$ 的通解.

解　对所给方程依次积分三次,得

$$y''=\int(2x+\sin x)\mathrm{d}x=x^2-\cos x+C_1',$$

$$y'=\int(x^2-\cos x+C_1')\mathrm{d}x=\dfrac{1}{3}x^3-\sin x+C_1'x+C_2,$$

$$y=\int\left(\dfrac{1}{3}x^3-\sin x+C_1'x+C_2\right)\mathrm{d}x=\dfrac{1}{12}x^4+\cos x+\dfrac{C_1'}{2}x^2+C_2x+C_3.$$

记 $\dfrac{C_1'}{2}=C_1$,即得所给微分方程的通解为

$$y=\dfrac{1}{12}x^4+\cos x+C_1x^2+C_2x+C_3,$$

其中 C_1,C_2,C_3 都是任意常数.

7.4.2　$y''=f(x,y')$型

微分方程

$$y''=f(x,y') \tag{2}$$

的右端不显含未知函数,在这种情形中,可通过变量代换,把方程(2)降为一阶微分方程求解.

令 $y'=p$, 则 $y''=\dfrac{\mathrm{d}p}{\mathrm{d}x}$. 代入方程(2), 得

$$\frac{\mathrm{d}p}{\mathrm{d}x}=f(x,p),$$

这是关于变量 x 和 p 的一阶微分方程, 设其通解为

$$p=\varphi(x,C_1),$$

而 $y'=p$, 即有

$$\frac{\mathrm{d}y}{\mathrm{d}x}=\varphi(x,C_1) \quad 或 \quad \mathrm{d}y=\varphi(x,C_1)\mathrm{d}x,$$

对上式两端积分, 得所给微分方程(2)的通解为

$$y=\int\varphi(x,C_1)\mathrm{d}x+C_2.$$

例 7.11 求微分方程 $y''=\dfrac{1}{x}y'+x\mathrm{e}^{-x}$ 的通解.

解 所给方程中不含未知函数 y, 可设 $y'=p$, 则 $y''=\dfrac{\mathrm{d}p}{\mathrm{d}x}$. 代入原方程后, 得

$$\frac{\mathrm{d}p}{\mathrm{d}x}-\frac{p}{x}=x\mathrm{e}^{-x}.$$

这是一阶线性非齐次方程. 利用通解公式(见 7.3 节公式(6)), 可得

$$\begin{aligned}
p &= \mathrm{e}^{-\int\left(-\frac{1}{x}\right)\mathrm{d}x}\left[\int x\mathrm{e}^{-x}\cdot\mathrm{e}^{\int\left(-\frac{1}{x}\right)\mathrm{d}x}\mathrm{d}x+C_1'\right] \\
&= \mathrm{e}^{\ln x}\left(\int x\mathrm{e}^{-x}\cdot\mathrm{e}^{-\ln x}\mathrm{d}x+C_1'\right) \\
&= x\left(\int\mathrm{e}^{-x}\mathrm{d}x+C_1'\right)=x(-\mathrm{e}^{-x}+C_1').
\end{aligned}$$

于是有

$$\frac{\mathrm{d}y}{\mathrm{d}x}=x(-\mathrm{e}^{-x}+C_1').$$

再积分一次, 便得原方程的通解为

$$y=\int x(-\mathrm{e}^{-x}+C_1')\mathrm{d}x=\int(-x\mathrm{e}^{-x}+C_1'x)\mathrm{d}x=(x+1)\mathrm{e}^{-x}+\frac{C_1'}{2}x^2+C_2$$

$$=(x+1)\mathrm{e}^{-x}+C_1x^2+C_2, \quad C_1=\frac{C_1'}{2}.$$

例 7.12 求微分方程 $y''=\dfrac{2x}{1+x^2}y'$, 满足初值条件: $y|_{x=0}=1, y'|_{x=0}=3$ 的特解.

解 所给方程中不含未知数函数 y, 可设 $y'=P$, 则 $y''=\dfrac{\mathrm{d}p}{\mathrm{d}x}$. 代入原方程得

$$\frac{\mathrm{d}p}{\mathrm{d}x}=\frac{2x}{1+x^2}p.$$

这是可分离变量的一阶微分方程, 分离变量得

$$\frac{\mathrm{d}p}{p}=\frac{2x}{1+x^2}\mathrm{d}x.$$

两端积分后, 得

$$\ln p = \ln(1+x^2) + \ln C_1,$$

化简得

$$p = C_1(1+x^2),$$

即

$$y' = C_1(1+x^2).$$

将初值条件：$y'\big|_{x=0}=3$ 代入上式，得 $C_1=3$．故得

$$y' = 3(1+x^2),$$

这是一阶微分方程，积分一次，得

$$y = 3\int (1+x^2)\mathrm{d}x = 3x + x^3 + C_2.$$

再将初值条件：$y\big|_{x=0}=1$ 代入上式，得 $C_2=1$．于是，所求特解为

$$y = x^3 + 3x + 1.$$

注意：利用降阶法求特解时，应像本例中的解法那样，对积分过程中出现的任意常数，应及时用初值条件定出，这样可使计算简便些．

7.4.3　$y'' = f(y, y')$ 型的不显含 x 的方程

此类题的求解方法为：$y' = p(y)$，则 $y'' = p'(y)y' = p'(y)p(y)$，这样方程变为关于 p 和 y 的一阶微分方程，进而用一阶微分方程的求解方法来求解．

例 7.13　求微分方程 $2yy'' = 1 + y'^2$ 的通解．

解　令 $y' = p(y)$，则 $y'' = p'(y)y' = p'(y)p(y)$，代入方程得

$$2yp'p = 1 + p^2,$$

或

$$2y\frac{\mathrm{d}p}{\mathrm{d}y}p = 1 + p^2.$$

分离变量得

$$\frac{2p}{1+p^2}\mathrm{d}p = \frac{\mathrm{d}y}{y}.$$

两端积分得

$$\ln(1+p^2) = \ln y + \ln C_1 = \ln(C_1 y),$$

即

$$1 + p^2 = C_1 y.$$

于是

$$y' = p = \pm\sqrt{C_1 y - 1}.$$

再分离变量得

$$\frac{\mathrm{d}y}{\pm\sqrt{C_1 y - 1}} = \mathrm{d}x.$$

两端再积分得通解

$$\pm\frac{2}{C_1}\sqrt{C_1 y - 1} = x + C_2,$$

或 $$\frac{4}{C_1^2}(C_1 y-1)=(x+C_2)^2 \quad (C_1, C_2 \text{ 为任意常数}).$$

习 题 7.4

习题7.4答案

1. 求下列各微分方程的通解：

(1) $y''=x+\sin x$； (2) $y''=xe^x$；

(3) $y''=1+y'^2$； (4) $y''=y'+x$；

(5) $xy''+y'=0$； (6) $y^3 y''-1=0$；

(7) $y''=(y')^3+y'$.

2. 求下列微分方程满足所给初始条件的特解：

(1) $y''-ay'^2=0$, $y|_{x=0}=0$, $y'|_{x=0}=-1$；

(2) $y''=e^{2y}$, $y|_{x=0}=y'|_{x=0}=0$；

(3) $x^2 y''+xy'=1$, $y|_{x=1}=0$, $y'|_{x=1}=1$；

(4) $y''+(y')^2=1$, $y|_{x=0}=0$, $y'|_{x=0}=0$.

3. 试求 $xy''=y'+x^2$ 经过点 $(1,0)$ 且在此点的切线与直线 $y=3x-3$ 垂直的积分曲线.

4. 设有一质量为 m 的物体，在空中由静止开始下落，如果空气阻力为 $R=cv$（其中 c 为常数，v 为物体运动的速度），试求物体下落的距离 s 与时间 t 的函数关系.

7.5 二阶常系数齐次线性微分方程

一般的二阶线性微分方程形如

$$\frac{d^2 y}{dx^2}+p(x)\frac{dy}{dx}+Q(x)y=f(x), \tag{1}$$

当 $f(x)\equiv 0$ 时，此方程叫**二阶齐次线性微分方程**；当 $f(x)\neq 0$ 时，此方程叫二阶非齐次线性微分方程.

如果 y' 和 y 的系数分别为常数 p 和 q，则方程

$$y''+py'+qy=0 \tag{2}$$

称为**二阶常系数齐次线性微分方程**.

对于一般的二阶齐次线性微分方程的解的结构有如下定理.

定理 7.1 设 y_1，y_2 是齐次方程

$$\frac{d^2 y}{dx^2}+p(x)\frac{dy}{dx}+Q(x)y=0 \tag{3}$$

的两个解，则

（ⅰ）对于任意常数 C_1，C_2，函数 $y=C_1 y_1+C_2 y_2$ 也是方程式(3)的解；

（ⅱ）若 $y_1\neq 0$，且 y_2 不是 y_1 的常数倍，则 $y=C_1 y_1+C_2 y_2$ 就是方程式(3)的**通解** （其中 C_1，C_2 为任意常数）.

定理证明略.

注意：(1) 定理中（ⅰ）所述事实常称为叠加原理，表达式 $C_1 y_1+C_2 y_2$ 称为函数 y_1 与 y_2 的

线性组合,叠加原理表明方程式(3)的解的任意线性组合仍是方程式(3)的解.

(2) 定理中(ⅱ)告诉我们,只要知道方程式(3)的两个线性无关解(所谓线性无关解是指其中任意一个解都不是另一个的常数倍),也就知道了它的全部解,其他任何解都能表示成这两个线性无关解的线性组合.

(3) 定理对方程式(2)也成立.

现在二阶常系数齐次线性微分方程的求解问题已转化为求方程式(2)的两个线性无关的解 y_1 和 y_2,我们已经知道,一阶方程 $y'+py=0$ 可由公式求得它的通解 $y=Ce^{-px}$,它的特点是 y 和 y' 都是指数函数,因此可以设想方程式(2)的解也是一个指数函数,并且设想其解为一个指数函数 $y=e^{rx}$(r 为常数)是合理的. 此时将 $y'=re^{rx}$,$y''=r^2e^{rx}$ 代入方程(2)得

$$e^{rx}(r^2+pr+q)=0.$$

容易看出,当且仅当 $r^2+pr+q=0$ 时,$y=e^{rx}$ 是方程式(2)的解.

把上述以 r 为未知数的代数方程

$$r^2+pr+q=0$$

称为微分方程(2)的**特征方程**,其中 r^2 和 r 的系数以及常数项恰好依次是方程(2)中 y''、y' 及 y 的系数. 特征方程的根 r_1 和 r_2 称为**特征根**,它们可以用二次方程的求根公式

$$r_{1,2}=\frac{-p\pm\sqrt{p^2-4q}}{2}.$$

求出特征根 r_1 和 r_2 有三种不同情形,相应地微分方程的通解也有三种不同的情形.

情形 1:当 $p^2-4q>0$ 时,r_1 和 r_2 是两个不相等的实根,则 $y_1=e^{r_1x}$ 和 $y_2=e^{r_2x}$ 是微分方程式(2)的两个解,且 $\dfrac{y_1}{y_2}=\dfrac{e^{r_1x}}{e^{r_2x}}=e^{(r_1-r_2)x}$ 不是常数,因此微分方程式(2)的通解为

$$y=C_1e^{r_1x}+C_2e^{r_2x}.$$

情形 2:当 $p^2-4q=0$ 时,r_1 和 r_2 是两个相等的实根. 设 $r_1=r_2=r$,这时我们只得到方程式(2)的一个解 $y_1=e^{rx}$. 为了求出方程式(2)的通解,还需求出它的另一个特解 y_2,且要求 $\dfrac{y_2}{y_1}\neq$ 常数,所以可设 $\dfrac{y_2}{y_1}=u(x)$,即 $y_2=e^{rx}u(x)$,其中 $u(x)$ 是待定函数,为了确定 $u(x)$,由 $y_2=e^{rx}u(x)$ 得

$$y_2'=u'(x)e^{rx}+ru(x)e^{rx},$$
$$y_2''=u''(x)e^{rx}+2ru'(x)e^{rx}+r^2u(x)e^{rx},$$

把 y_2,y_2',y_2'' 代入方程(2),得

$$\{[u''(x)+2ru'(x)+r^2u(x)]+p[u'(x)+ru(x)]+qu(x)\}e^{rx}=0,$$

式中 $e^{rx}\neq0$,整理得

$$u''(x)+(2r+p)u'(x)+(r^2+pr+q)u(x)=0.$$

由于 r 是二重特征根,故 $r^2+pr+q=0$ 且 $2r+p=0$,于是

$$u''(x)=0.$$

解上述方程得 $u(x)=C_1x+C_2$.

只需要求出一个与 y_1 线性无关的解即可. 不妨取 $u(x)=x$,这样得到方程式(2)的另一个特解为 $y_2=xe^{rx}$.从而得到方程式(2)的通解为

$$y = (C_1 + C_2 x) \mathrm{e}^{rx}.$$

情形 3:当 $p^2 - 4q < 0$ 时,有一对共轭复根:$r_1 = \alpha + \mathrm{i}\beta, r_2 = \alpha - \mathrm{i}\beta (\beta \neq 0, \alpha, \beta$ 是实数). 这时 $y_1 = \mathrm{e}^{(\alpha + \mathrm{i}\beta)x}, y_2 = \mathrm{e}^{(\alpha - \mathrm{i}\beta)x}$ 是微分方程式(2)的两个解,但它们都是复数形式,不便于应用,为了得到微分方程式(2)的不含有复数的解,先利用欧拉公式 $\mathrm{e}^{\mathrm{i}\theta} = \cos\theta + \mathrm{i}\sin\theta$ 把 y_1 和 y_2 改写为

$$y_1 = \mathrm{e}^{(\alpha + \mathrm{i}\beta)x} = \mathrm{e}^{\alpha x}\mathrm{e}^{\mathrm{i}\beta x} = \mathrm{e}^{\alpha x}(\cos\beta x + \mathrm{i}\sin\beta x),$$

$$y_2 = \mathrm{e}^{(\alpha - \mathrm{i}\beta)x} = \mathrm{e}^{\alpha x}\mathrm{e}^{-\mathrm{i}\beta x} = \mathrm{e}^{\alpha x}(\cos\beta x - \mathrm{i}\sin\beta x).$$

可以看到 $\overline{y_1} = \dfrac{1}{2}(y_1 + y_2) = \mathrm{e}^{\alpha x}\cos\beta x, \overline{y_2} = \dfrac{1}{2\mathrm{i}}(y_1 - y_2) = \mathrm{e}^{\alpha x}\sin\beta x$ 也是方程式(2)的解,且 $\dfrac{\mathrm{e}^{\alpha x}\cos\beta x}{\mathrm{e}^{\alpha x}\sin\beta x} = \cot\beta x$ 不是常数 $\left(\text{这里 } x \neq \dfrac{n\pi}{\beta}\right)$,所以微分方程式(2)的通解为

$$y = \mathrm{e}^{\alpha x}(C_1\cos\beta x + C_2\sin\beta x).$$

综上所述,求二阶常系数齐次线性微分方程

$$y'' + py' + qy = 0$$

的通解的步骤如下:

第一步:写出微分方程的特征方程 $r^2 + pr + q = 0$.

第二步:求出特征方程的根 r_1、r_2.

第三步:按 r_1、r_2 的三种不同情况,按照表 7.1 写出方程的通解.

表 7.1

特征方程 $r^2 + pr + q = 0$ 的两根 r_1、r_2	微分方程 $y'' + py' + qy = 0$ 的通解
$r_1 \neq r_2$	$y = C_1\mathrm{e}^{r_1 x} + C_2\mathrm{e}^{r_2 x}$
$r_1 = r_2$	$y = (C_1 + C_2 x)\mathrm{e}^{rx}$
$r_1 = \alpha + \mathrm{i}\beta, r_2 = \alpha - \mathrm{i}\beta$	$y = \mathrm{e}^{\alpha x}(C_1\cos\beta x + C_2\sin\beta x)$

例 7.14 求微分方程 $y'' + 2y' - 8y = 0$ 的通解.

解 所给方程的特征方程为

$$r^2 + 2r - 8 = 0,$$

特征根为 $r_1 = -4, r_2 = 2$,因为 $r_1 \neq r_2$,所以方程的通解为

$$y = C_1\mathrm{e}^{-4x} + C_2\mathrm{e}^{2x}.$$

例 7.15 求方程 $s'' + 4s' + 4s = 0$ 满足初始条件 $s|_{t=0} = 1$ 和 $s'|_{t=0} = 0$ 的特解.

解 所给方程的特征方程为

$$r^2 + 4r + 4 = 0,$$

特征根为 $r_1 = r_2 = -2$,因此方程的通解为

$$s = (C_1 + C_2 t)\mathrm{e}^{-2t}.$$

为确定满足初始条件的特解,对 s 求导,得

$$s' = (C_2 - 2C_1 - 2C_2 t)\mathrm{e}^{-2t}.$$

将初始条件 $s|_{t=0} = 1$ 和 $s'|_{t=0} = 0$ 代入以上两式,得

$$\begin{cases} C_1 = 1, \\ C_2 - 2C_1 = 0, \end{cases}$$

解得 $C_1=1$，$C_2=2$．因此，方程满足所给初始条件的特解为

$$s=(1+2t)\mathrm{e}^{-2t}.$$

例 7.16 求方程 $y''+2y'+5y=0$ 的通解．

解 所给方程的特征方程为

$$r^2+2r+5=0,$$

特征根为 $r_1=-1+2\mathrm{i}$，$r_1=-1-2\mathrm{i}$．所以方程的通解为

$$y=\mathrm{e}^{-x}(C_1\cos 2x+C_2\sin 2x).$$

习 题 7.5

习题 7.5 答案

1. 求下列微分方程的通解：

(1) $y''-2y'-3y=0$；

(2) $y''+2y'+y=0$；

(3) $y''-2y'+5y=0$；

(4) $y''+y=0$；

(5) $y''+6y'+13y=0$；

(6) $y''-4y'=0$；

(7) $y''-4y'+5=0$；

(8) $4\dfrac{\mathrm{d}^2x}{\mathrm{d}t^2}-20\dfrac{\mathrm{d}x}{\mathrm{d}t}+25x=0.$

2. 求下列微分方程满足初始条件的特解：

(1) $y''-4y'+3y=0$，$y\big|_{x=0}=6$，$y'\big|_{x=0}=10$；

(2) $4y''+4y'+y=0$，$y\big|_{x=0}=2$，$y'\big|_{x=0}=0$；

(3) $y''+4y'+29y=0$，$y\big|_{x=0}=0$，$y'\big|_{x=0}=15$；

(4) $y''-3y'-4y=0$，$y\big|_{x=0}=0$，$y'\big|_{x=0}=-5$；

(5) $y''-4y'+13y=0$，$y\big|_{x=0}=0$，$y'\big|_{x=0}=3$；

(6) $y''+25y=0$，$y\big|_{x=0}=2$，$y'\big|_{x=0}=5$.

3. 圆柱形浮筒的直径为 0.5 m，铅直放在水中，当稍向下压后突然放开，浮筒在水中上下振动的周期为 2 s，求浮筒的质量．

7.6 二阶常系数非齐次线性微分方程

定理 7.2 设 y^* 是二阶非齐次线性微分方程

$$y''+P(x)y'+Q(x)y=f(x) \tag{1}$$

的一个**特解**，$f(x)\neq 0$，Y 是方程式(1)所对应的齐次方程的通解，那么 $y=Y+y^*$ 是方程式(1)的**通解**．

此定理称为二阶非齐次线性微分方程的**通解结构定理**．（证明略）

二阶常系数非齐次线性微分方程的一般形式是

$$y''+py'+qy=f(x), \tag{2}$$

式中：p 和 q 都是常数，$f(x)\neq 0$.

7.5 节中，我们已经讨论了方程式(2)对应的齐次方程 $y''+py'+qy=0$ 的通解，所以在这里只讨论如何求非齐次方程式(2)的一个特解就可以了．对于这个问题，我们只对 $f(x)$ 取以下两种常见形式进行讨论．

1. $f(x) = P_n(x)e^{\alpha x}$ 型（其中 α 是常数，$P_n(x)$ 是 x 的一个 n 次多项式）

这时，方程式（2）成为

$$y'' + py' + qy = P_n(x)e^{\alpha x}. \tag{3}$$

易知多项式与指数函数的乘积的导数还是这种类型的函数. 因此，我们假设方程式（3）有形如 $y^* = Q(x)e^{\alpha x}$ 的解，将 y^* 及

$$y^{*'} = e^{\alpha x}[\alpha Q(x) + Q'(x)],$$
$$y^{*''} = e^{\alpha x}[\alpha^2 Q(x) + 2\alpha Q'(x) + Q''(x)]$$

代入方程式（3）并消 $e^{\alpha x}$ 得

$$Q''(x) + (2\alpha + p)Q'(x) + (\alpha^2 + p\alpha + q)Q(x) = P_n(x). \tag{4}$$

下面分三种情况讨论：

(i) 如果 α 不是特征根，即 $\alpha^2 + p\alpha + q \neq 0$.

由于 $P_n(x)$ 是 n 次多项式，要使式（4）恒等，可令 $Q(x)$ 为 n 次多项式

$$Q_n(x) = a_0 x^n + a_1 x^{n-1} + , \cdots, + a_{n-1}x + a_n.$$

然后，代入式（4），比较等式两端 x 的同次幂的系数，就得到关于 $a_0, a_1, \cdots, a_{n-1}, a_n$ 的 $n+1$ 个方程的联立方程组. 解方程组确定出 $a_i (i=0,1,\cdots,n)$，从而得到所求的特解 $y^* = Q_n(x)e^{\alpha x}$.

(ii) 如果 α 是特征单根，即 $\alpha^2 + p\alpha + q = 0, 2\alpha + p \neq 0$.

这时，由式（4）可知，要使式（4）恒等，必须要求 $Q'(x)$ 为 n 次多项式，那么 $Q(x)$ 为 $n+1$ 次多项式，此时可令

$$Q(x) = xQ_n(x),$$

用与(i)同样的方法可确定出 $Q_n(x)$ 中的系数 $a_i (i=0,1,\cdots,n)$.

(iii) 如果 α 是特征重根，即 $\alpha^2 + p\alpha + q = 0, 2\alpha + p = 0$.

由式（4）可知，这时应令

$$Q(x) = x^2 Q_n(x),$$

用同样的方法可确定出 $Q_n(x)$ 中的系数 $a_i (i=0,1,\cdots,n)$.

综上所述，对于 $f(x) = P_n(x)e^{\alpha x}$ 型的非齐次线性方程式（3），具有形如

$$y^* = x^k Q_n(x)e^{\alpha x}$$

的特解，其中 $Q_n(x)$ 是 x 的一个 n 次多项式，而 k 的取值方法如下：

当 α 不是特征单根时，$k=0$；当 α 是特征单根时，$k=1$；当 α 是特征重根时，$k=2$.

例 7.17 求方程 $y'' + y = 2x^2 - 3$ 的一个特解.

解 易知 $\alpha = 0$ 不是特征方程 $\alpha^2 + 1 = 0$ 单根，所以 $k=0$，故方程的一个特解为 $y^* = a_0 x^2 + a_1 x + a_2$，代入原方程，得

$$a_0 x^2 + a_1 x + (2a_0 + a_2) = 2x^2 - 3$$

上式应是一个恒等式，所以两边的同次项系数必须相等，即

$$\begin{cases} a_0 = 2, \\ a_1 = 0, \\ 2a_0 + a_2 = -3. \end{cases}$$

解此方程组，得 $a_0 = 2, a_1 = 0, a_2 = -7$. 于是得到所求方程的一个特解为

$$\bar{y} = 2x^2 - 7.$$

例 7.18 求 $y'' + y' = x$ 的通解.

解 所给方程对应的齐次方程 $y'' + y' = 0$ 的特征方程为
$$r^2 + r = 0,$$
特征根为 $r_1 = -1, r_2 = 0$，于是方程 $y'' + y' = 0$ 的通解为 $y = C_1 e^{-x} + C_2$.

因为原方程中 $P_n(x) = x$ 是一个一次多项式，$\alpha = 0$ 是特征方程的单根，所以特解应是一个二次多项式，设为 $y^* = Ax^2 + Bx + C$，则
$$y^{*'} = 2Ax + B, \quad y^{*''} = 2A.$$
然后代入原方程，整理得
$$2A + (2Ax + B) = x.$$
比较两边同次幂的系数，得
$$\begin{cases} 2A = 1, \\ 2A + B = 0. \end{cases}$$
解得 $A = \dfrac{1}{2}, B = -1$. 这里 C 的值可任意选取，为简单起见，可取 $C = 0$，因此得到原方程的一个特解为
$$\bar{y} = \frac{1}{2}x^2 - x.$$
于是得到原方程的通解为
$$y = C_1 e^{-x} + C_2 + \frac{1}{2}x^2 - x.$$

2. $f(x) = a\cos\omega x + b\sin\omega x$ 型 （其中 a、b、ω 是常数）

这时，方程式(2)成为
$$y'' + py' + qy = a\cos\omega x + b\sin\omega x. \tag{4}$$
可以证明方程式(4)的特解的形式为
$$\bar{y} = x^k(A\cos\omega x + B\sin\omega x),$$
式中：A 和 B 是待定常数，k 是一个整数.

① 当 $\pm\omega i$ 不是特征根时，$k = 0$；

② 当 $\pm\omega i$ 是特征根时，$k = 1$.（证明从略）

例 7.19 求方程 $y'' + 2y' - 3y = 4\sin x$ 的一个特解.

解 因为 $\omega = 1$，而 $\omega i = i$ 不是特征方程 $r^2 + 2r - 3 = 0$ 的根，所以 $k = 0$，因此可设方程的特解为
$$\bar{y} = A\cos x + B\sin x.$$
求导数得
$$\bar{y}' = B\cos x - A\sin x,$$
$$\bar{y}'' = -A\cos x - B\sin x.$$
代入原方程，得
$$(-4A + 2B)\cos x + (-2A - 4B)\sin x = 4\sin x.$$
比较上式两端同类项的系数，得

$$\begin{cases} -4A+2B=0, \\ -2A-4B=4. \end{cases}$$

解得

$$A=-\frac{2}{5}, \quad B=-\frac{4}{5}.$$

于是,原方程的特解为

$$\bar{y}=-\frac{2}{5}\cos x-\frac{4}{5}\sin x.$$

习　题　7.6

习题 7.6 答案

1. 求下列微分方程的通解:

(1) $2y''+5y'=5x^2-2x-1$;

(2) $y''-2y'+5y=e^x\sin 2x$;

(3) $y''+5y'+4y=3-2x$;

(4) $2y''+y'-y=2e^x$;

(5) $y''+3y'+2y=3xe^x$;

(6) $y''-6y'+9y=(x+1)e^{3x}$;

(7) $y''-y=\sin^2 x$;

(8) $y''+y=e^x+\cos x$.

2. 求下列微分方程满足初始条件的特解:

(1) $y''+y+\sin x=0, y|_{x=\pi}=1, y'|_{x=\pi}=1$;

(2) $y''-3y'+2y=5, y|_{x=0}=1, y'|_{x=0}=2$;

(3) $y''-y=4xe^x, y|_{x=0}=0, y'|_{x=0}=1$;

(4) $y''-4y'=5, y|_{x=0}=1, y'|_{x=0}=0$.

3. 大炮以仰角 α,初速度 v_0 发射炮弹,若不计空气阻力,求弹道曲线.

4. 设函数满足 $\varphi(x)$ 连续,且满足

$$\varphi(x)=e^x+\int_0^x t\varphi(t)\,dt-x\int_0^x \varphi(t)\,dt.$$

求 $\varphi(x)$.

7.7　微分方程的应用举例

运用微分方程解决实际问题的一般步骤如下:

(i) 结合问题的实际情况与已知的公式或定律,建立描述该问题的微分方程并确定初值条件;

(ii) 判别所建立的微分方程的类型,求出该微分方程的通解;

(iii) 利用初值条件,定出通解中的任意常数,求得微分方程满足初值条件的特解;

(iv) 根据某些问题的需要,利用所求得的特解来解释问题的实际意义或求得其他所需的结果.

例 7.20　一曲线通过点 $(1,2)$,它在两坐标轴间的任意切线线段均被切点所平分,求该曲线的方程.

解　(i) 建立微分方程并确定初值条件.

设所求曲线的方程为 $y=y(x)$.由导数的几何意义可知,曲线上任一点 $p(x,y)$ 处的切线

斜率为 y',切线方程为
$$Y-y=y'(X-x).$$

令 $Y=0$,得切线在 x 轴上的截距为
$$X_0=x-\frac{y}{y'},$$

按题意,$X_0=2x$,故得
$$x-\frac{y}{y'}=2x,$$

即得曲线 $y=y(x)$ 应满足的微分方程为
$$y'=-\frac{y}{x} \quad \text{或} \quad \frac{\mathrm{d}y}{\mathrm{d}x}=-\frac{y}{x}. \tag{1}$$

由于曲线过点 $(1,2)$,故得初值条件为
$$y\big|_{x=1}=2 \quad \text{或} \quad y(1)=2. \tag{2}$$

(ii) 求通解.

将方程(1)分离变量,得
$$\frac{\mathrm{d}y}{y}=-\frac{\mathrm{d}x}{x},$$

两端积分,得
$$\ln y=-\ln x+\ln C,$$

即得方程(1)的通解为
$$xy=C,$$

其中 C 是任意常数.

(iii) 求特解.

把初值条件(2)代入通解中,得
$$C=2,$$

故得所求
$$xy=2.$$

这就是所要求的曲线方程.

例 7.21 设质量为 m 的降落伞从飞机上下落后,所受空气阻力与速度成正比,并设降落伞离开飞机 $(t=0)$ 时速度为零.求降落伞下落的速度与时间的函数关系.

解 (i) 建立微分方程并确定初值条件.

设降落伞下落速度为 $v(t)$.降落伞在空中下落时,同时受到重力 p 与阻力 R 的作用(见图 7.2).重力大小为 mg 方向与 v 一致;阻力大小为 $kv(k>0$ 为比例系数),方向与 v 相反,于是降落伞所受外力为
$$F=mg-kv,$$

根据牛顿第二运动定律:$F=ma$ $\left(\text{其中 } a \text{ 为运动加速度} \dfrac{\mathrm{d}v}{\mathrm{d}t}\right)$,可得函数 $v(t)$ 应满足的方程为
$$m\frac{\mathrm{d}v}{\mathrm{d}t}=mg-kv. \tag{3}$$

按题意,初值条件为

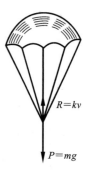

图 7.2

$$v|_{t=0}=0. \tag{4}$$

（ii）求通解.

解法 1　按可分离变量方程求解.

将方程式（3）分离变量后得

$$\frac{\mathrm{d}v}{mg-kv}=\frac{\mathrm{d}t}{m},$$

两端积分，有

$$\int\frac{\mathrm{d}v}{mg-kv}=\int\frac{\mathrm{d}t}{m},$$

积分后，得

$$-\frac{1}{k}\ln(mg-kv)=\frac{t}{m}-\frac{1}{k}\ln C_1,$$

化简得

$$mg-kv=C_1\mathrm{e}^{-\frac{k}{m}t},$$

即得

$$v=\frac{mg}{k}-\frac{C_1}{k}\mathrm{e}^{-\frac{k}{m}t},$$

记 $C=-\dfrac{C_1}{k}$，即得所求通解为

$$v=\frac{mg}{k}+C\mathrm{e}^{-\frac{k}{m}t}, \tag{5}$$

其中 C 为任意常数.

解法 2　按一阶线性微分方程求解. 将方程式（3）变形为

$$\frac{\mathrm{d}v}{\mathrm{d}t}+\frac{k}{m}v=g,$$

这是一阶非齐次线性方程，这里 $P(t)=\dfrac{k}{m}$，$Q(t)=g$. 利用 7-3 节中公式（6），可得所求方程式（3）的通解为

$$v=\mathrm{e}^{-\int p(t)\mathrm{d}t}\left[\int Q(t)\mathrm{e}^{\int p(t)\mathrm{d}t}\mathrm{d}t+C\right]=\mathrm{e}^{-\int\frac{k}{m}\mathrm{d}t}\left[\int g\cdot\mathrm{e}^{\int\frac{k}{m}\mathrm{d}t}\mathrm{d}t+C\right]$$

$$=\mathrm{e}^{-\frac{k}{m}t}\left(g\int\mathrm{e}^{\frac{k}{m}t}\mathrm{d}t+C\right)=\mathrm{e}^{-\frac{k}{m}t}\left(\frac{mg}{k}\mathrm{e}^{\frac{k}{m}t}+C\right)$$

$$=\frac{mg}{k}+C\mathrm{e}^{-\frac{k}{m}t}.$$

与式（5）对照，可见，以上两种解法所得通解结果相同.

（iv）求特解.

把初值条件（4）代入上面的通解中，得 $C=-\dfrac{mg}{k}$，故得所求特解为

$$v=\frac{mg}{k}(1-\mathrm{e}^{-\frac{k}{m}t}),\quad 0\leqslant t\leqslant T, \tag{6}$$

其中 T 为降落伞着地时间.

（v）特解的物理意义解释.

由式(6)可以看到，当 $t \to +\infty$ 时，$e^{-\frac{k}{m}t} \to 0$，$v \to \dfrac{mg}{k}$. 速度 v 随时间 t 的变化曲线如图 7.3 所示. 可见，降落伞在降落过程中，开始阶段是加速运动，随着时间的增大，后来逐渐接近于匀速运动动. 因此，跳伞者从高空驾伞跳下或从飞机上空降物品到地面上，从理论上讲都是有安全保障的.

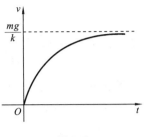

图 7.3

例 7.22　把温度为 100 ℃ 的沸水注入杯中，放在室温为 20 ℃ 的环境中自然冷却，经过 5 min 后测得水温为 60 ℃. 试求：

（1）水温 T(℃)与时间 t(min)之间的函数关系；

（2）问水温自 100 ℃ 降至 30 ℃ 所需经过的时间.

解　（1）这是一个热力学中的冷却问题. 取 $t=0$ 为沸水冷却开始的时刻，设经 t 分钟时水温为 T ℃，即 $T=T(t)$，此时水温下降的速度为 $\dfrac{\mathrm{d}T}{\mathrm{d}t}$.

根据牛顿冷却定律，物体冷却的速度与当时物体和周围介质的温差成正比，从而得水温函数 $T(t)$ 应满足的微分方程为

$$\frac{\mathrm{d}T}{\mathrm{d}t} = -k(T-20), \tag{7}$$

其中比例常数 $k>0$，等号右端添上负号是因为当时间 t 增大时，水温 $T(t)$ 下降，$\dfrac{\mathrm{d}T}{\mathrm{d}t}<0$ 的缘故.

按题意，当开始冷却($t=0$)时，水温为 100 ℃，即有初值条件：

$$T|_{t=0} = 100, \tag{8}$$

将方程式(7)分离变量，得

$$\frac{\mathrm{d}T}{T-20} = -k\mathrm{d}t,$$

两端积分，有

$$\int \frac{\mathrm{d}T}{T-20} = -\int k\mathrm{d}t,$$

积分后，得

$$\ln(T-20) = -kt + \ln C,$$

即

$$\ln(T-20) = \ln e^{-kt} + \ln C = \ln(Ce^{-kt}).$$

即得所求通解为

$$T = 20 + Ce^{-kt}, \tag{9}$$

其中 C 是任意常数.

把初值条件(8)代入通解(9)中，得 $C=80$. 于是，所求特解为

$$T = 20 + 80e^{-kt}. \tag{10}$$

下面来确定比例常数 k. 由已知条件："经过 5 min 后测得水温为 60 ℃"，即当 $t=5$ 时，$T=60$，把它代入式(10)，得 $60 = 20 + 80e^{-5k}$.

由此解得

$$k = -\frac{1}{5}\ln\frac{1}{2} \approx 0.1386.$$

所以水温 T 与时间 t 之间的函数关系约为

$$T(t) = 20 + 80e^{-0.1386t} \tag{11}$$

水温 T 随时间 t 的变化曲线如图 7.4 所示. 由式(11)可知,当 $t \to +\infty$ 时,$T \to 20$. 这表示随着时间 t 无限增大,水温将接近(略高于)室温. 从图 7.4 可以看出,大约经 50 分钟后水温已接近室温. 实用上,可以认为这种沸水的冷却过程至此已基本结束.

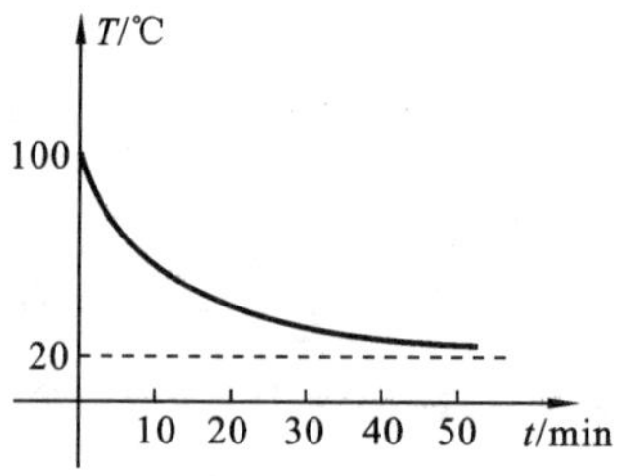

图 7.4

(2) 求水温自 100 ℃降至 30 ℃所需经过的时间.

在式(11)中,令 $T = 30$,代入得

$$30 = 20 + 80e^{-0.1386t},$$

从而解得所需经过的时间

$$t = \frac{3\ln 2}{0.1386}\ \text{min} \approx 15\ \text{min}.$$

习　题　7.7

1. 设曲线上任一点的切线在第一象限内的线段恰好被切点所平分,已知该曲线通过点 $(2,3)$,求该曲线的方程.

2. 将温度为 100 ℃的开水倒进热水瓶且塞塞子后放在温度为 20 ℃的室内,24 小时后,瓶内热水温度降为 50 ℃,问倒进开水 12 小时后瓶内热水的温度是多少?(设瓶内热水冷却的速度与水的温度和室温之差成正比).

3. 一颗子弹以速度 $v_0 = 200$ m/s 打进一块厚度为 0.1 m 的板,然后穿过板,以速度 $v_1 = 80$ m/s 离开板,该板对子弹运动的阻力与运动速度平方成正比,问子弹穿过板用了多少时间?

实验七　利用 Python 求解微分方程

实 验 目 的

学会用 Python 软件包求解常微分方程的分析解.

实 验 内 容

SymPy 库提供了 dsolve(eq, y(x)) 函数求常微分方程的符号解. 在声明时,可以使用 Function() 函数,比如 y=Function('y'),或者 y=symbols('y', cls = Function),将符号变量声明为函数类型.

一、一阶微分方程

1. 可分离变量的微分方程

【示例 7.1】 求下列微分方程的通解:

（1）$y'=2xy$；（2）$x\mathrm{d}y-y\ln y\mathrm{d}x=0$.

解　（2）可以先转化为

$$\frac{\mathrm{d}y}{\mathrm{d}x}-\frac{y\ln y}{x}=0.$$

在单元格中按如下操作：

```
In    from sympy import*
      x=symbols('x')
      y=symbols('y',cls=Function)
      eq1=diff(y(x),x,1)-2*x*y(x)
      eq2=diff(y(x),x,1)-y(x)*ln(y(x))/x
      print("微分方程(1)的解为:",dsolve(eq1,y(x)))
      print("微分方程(2)的解为:",dsolve(eq2,y(x)))
```

运行结果：

微分方程（1）的解为：

```
    Eq(y(x), C1*exp(x**2)).
```

微分方程（2）的解为：

```
    Eq(y(x), exp(C1*x)).
```

即微分方程（1）的通解为 $y=ce^{x^2}$，微分方程（2）的通解为 $y=e^{cx}$.

2. 齐次方程

【示例 7.2】　求微分方程 $xy'=y\ln\dfrac{y}{x}$ 的通解.

解　（方法一）在单元格中按如下操作：

```
In    from sympy import*
      x=symbols('x')
      y=symbols('y',cls=Function)
      eq=x*diff(y(x),x,1)-y(x)*ln(y(x)/x)
      print(dsolve(eq,y(x)))
```

（方法二）令 $u=\dfrac{y}{x}$，则 $\dfrac{\mathrm{d}y}{\mathrm{d}x}=x\dfrac{\mathrm{d}u}{\mathrm{d}x}+u$，原方程化为可分离变量方程

$$\frac{\mathrm{d}u}{\mathrm{d}x}=\frac{u(\ln u-1)}{x}.$$

在单元格中按如下操作：

```
In    from sympy import*
      x=symbols('x')
      u=symbols('u',cls=Function)
      eq=diff(u(x),x,1)-u(x)*(ln(u(x))-1)/x
      print(dsolve(eq,u(x)))
```

由两种解法均解得微分方程的通解为 $y=xe^{cx+1}$.

3. 一阶线性微分方程

【示例 7.3】　求微分方程 $y' - \dfrac{y}{x} = x^2$ 的通解.

解　在单元格中按如下操作：

```
In    from sympy import*
      x=symbols('x')
      y=symbols('y',cls=Function)
      eq=diff(y(x),x,1)-y(x)/x-x**2
      print(factor(dsolve(eq,y(x))))
```

运行结果：

　　Eq(y(x), x*(2*C1+x**2)/2).

得微分方程的通解为 $y = cx + \dfrac{1}{2}x^3$.

【示例 7.4】　求伯努利方程 $\dfrac{\mathrm{d}y}{\mathrm{d}x} + y = y^2(\cos x - \sin x)$ 满足初始条件 $y(0) = 1$ 的特解.

解　在单元格中按如下操作：

```
In    from sympy import*
      x=symbols('x')
      y=symbols('y',cls=Function)
      eq=diff(y(x),x,1)+y(x)-y(x)**2*(cos(x)-sin(x))
      print("初值问题的解为:{}".format(dsolve(eq,y(x),ics={y(0):1})))
```

运行结果：

初值问题的解为：

　　Eq(y(x), 1/(exp(x)-sin(x)))

即 $y\big|_{x=0} = \dfrac{1}{\mathrm{e}^x - \sin x}$.

二、可降阶的高阶微分方程

1. $y^{(n)} = f(x)$ 型的微分方程

【示例 7.5】　求解微分方程 $y'' = 2x + \mathrm{e}^x$.

解　在单元格中按如下操作：

```
In    from sympy import*
      x=symbols('x')
      y=symbols('y',cls=Function)
      eq=diff(y(x),x,2)-2*x-exp(x)
      print(dsolve(eq,y(x)))
```

运行结果：

　　Eq(y(x), C1+C2*x+x**3/3+exp(x)).

即微分方程的通解为 $y=C_1+C_2x+e^x+\dfrac{x^3}{3}$.

2. $y''=f(y,y')$ 型的微分方程

【示例 7.6】 　 求微分方程 $yy''-(y')^2=0$ 的通解.

解 　 令 $p=y'$,原方程化为关于 y 的一阶微分方程 $yp\dfrac{\mathrm{d}p}{\mathrm{d}y}-p^2=0$.

在单元格中按如下操作:

```
from sympy import*
y=symbols('y')
p=symbols('p',cls=Function)
eq_1=y*p(y)*diff(p(y),y,1)-p(y)**2
print(dsolve(eq_1,p(y)))
```

运行结果:

```
Eq(p(y), C1*y)
```

即 $y'=p(y)=cy$.

再次操作如下:

```
from sympy import*
x,c=symbols('x,c')
y=symbols('y',cls=Function)
eq_2=diff(y(x),x,1)-c*y(x)
print(dsolve(eq_2,y(x)))
```

运行结果:

```
Eq(y(x), C1*exp(c*x))
```

即微分方程的通解为 $y=c_1e^{cx}$.

3. $y''=f(x,y')$ 型的微分方程

【示例 7.7】 　 求方程 $(1+x^2)y''=2xy'$ 满足初始条件 $y(0)=1,y'(0)=3$ 的特解.

　　解 　 在单元格中按如下操作:

```
from sympy import*
x=symbols('x')
y=symbols('y',cls=Function)
eq=(1+x**2)*diff(y(x),x,2)-2*x*diff(y(x),x,1)
y=dsolve(eq,y(x),ics={y(0):1,diff(y(x),x).subs(x,0):3})
print("初值问题的解为:{}".format(y))
```

运行结果:

初值问题的解为:

```
Eq(y(x), 3*x*(x**2/3+1)+1)
```

即微分方程的特解为 $y=3x+x^3+1$.

4. 常系数线性微分方程

【示例 7.8】 求解下列微分方程的通解.

(1) 齐次方程 $y'' - 5y' + 6y = 0$；

(2) 非齐次方程 $y'' - 5y' + 6y = xe^{2x}$.

解 在单元格中按如下操作：

```
In    from sympy import*
      x=symbols('x')
      y=symbols('y',cls=Function)
      eq1=diff(y(x),x,2)-5*diff(y(x),x)+6*y(x)
      eq2=diff(y(x),x,2)-5*diff(y(x),x)+6*y(x)-x*exp(2*x)
      print("齐次方程的解为:",dsolve(eq1,y(x)))
      print("非齐次方程的解为:",dsolve(eq2,y(x)))
```

运行结果：

齐次方程的解为：

```
Eq(y(x), (C1+C2*exp(x))*exp(2*x))
```

非齐次方程的解为：

```
Eq(y(x), (C1+C2*exp(x)-x**2/2-x)*exp(2*x))
```

即齐次微分方程的通解为

$$y(x) = (c_1 + c_2 e^x) e^{2x};$$

非齐次微分方程的通解为

$$y(x) = \left(c_1 + c_2 e^x - \frac{x^2}{2} - x \right) e^{2x}.$$

【示例 7.9】 求下列微分方程的初值问题.

(1) 齐次方程 $y'' - 5y' + 6y = 0, y(0) = 1, y'(0) = 0$；

(2) 非齐次方程 $y'' - 5y' + 6y = xe^{2x}, y(0) = 1, y(2) = 0$.

解 在单元格中按如下操作：

```
In    from sympy import*
      x=symbols('x')
      y=symbols('y',cls=Function)
      eq1=diff(y(x),x,2)-5*diff(y(x),x)+6*y(x)
      eq2=diff(y(x),x,2)-5*diff(y(x),x)+6*y(x)-x*exp(2*x)
      y1=dsolve(eq1,y(x),ics={y(0):1,diff(y(x),x).subs(x,0):0})
      y2=dsolve(eq2,y(x),ics={y(0):1,y(2):0})
      print("齐次方程初值问题的解为:{}".format(y1))
      print("非齐次方程边值问题的解为:{}".format(y2))
```

运行结果：

齐次方程初值问题的解为：

```
Eq(y(x), (3-2*exp(x))*exp(2*x))
```

非齐次方程边值问题的解为：

Eq(y(x), (-x**2/2-x+3*exp(x)/(-1+exp(2))+(- 4+exp(2))/(-1+exp(2)))*exp(2*x))

即齐次方程初值问题的解为

$$y(x)=(3-2\mathrm{e}^x)\mathrm{e}^{2x};$$

非齐次方程边值问题的解为

$$y(x)=\left(\frac{\mathrm{e}^2-4}{\mathrm{e}^2-1}+\frac{3}{\mathrm{e}^2-1}\mathrm{e}^x-\frac{x^2}{2}-x\right)\mathrm{e}^{2x}.$$

三、欧拉方程

【示例 7.10】　求方程 $x^3y'''+x^2y''-4xy'=3x^2$ 的通解.

解　在单元格中按如下操作：

```
In
from sympy import*
x=symbols('x')
y=symbols('y',cls=Function)
eq=x**3*diff(y(x),x,3)+x**2*diff(y(x),x,2)-4*x*diff(y(x),x,1)-3*x**2
print("欧拉方程的通解为:",dsolve(eq,y(x)))
```

运行结果：

欧拉方程的通解为：

Eq(y(x), C1+C2/x+C3*x**3-x**2/2)

即欧拉方程的通解为

$$y=C_1+\frac{C_2}{x}+C_3x^3-\frac{1}{2}x^2.$$

实 验 作 业

1. 求下列一阶微分方程的通解：

(1) $y'=\dfrac{x}{y\sqrt{1-x^2}}$;　　　　(2) $y'+y=x\mathrm{e}^x$.

2. 求下列微分方程的通解：

(1) $y''-6y'+8y=3x+1$;　(2) $x^2y''-4xy'+6y=x$.

3. 求下列微分方程满足初始条件的特解并画出积分曲线：

(1) $xy'+y=\sin x,y(\pi)=1$;

(2) $y''+2y'+10y=0,y(0)=1,y'(0)=2$.

复 习 题 七

一、填空题

1. $xy'''+2x^2y'^2+x^3y=x^4+1$ 是_____阶微分方程；

2. 一阶线性微分方程 $y'+P(x)y=Q(x)$ 的通解为_____；

复习题七答案

3. 与积分方程 $y = \int_{x_0}^{x} f(x,y)\mathrm{d}x$ 等价的微分方程初值问题是_____；

4. 设 $f(x) = \int_{0}^{2x} f\left(\dfrac{t}{2}\right)\mathrm{d}t + \ln 2$，则 $f(x) = $ _____.

二、求下列微分方程的通解

1. $xy' + y = 2\sqrt{xy}$；

2. $xy'\ln x + y = ax(\ln x + 1)$；

3. $y'' + y'^2 + 1 = 0$；

4. $yy'' - y'^2 - 1 = 0$；

5. $y' + x = \sqrt{x^2 + y}$.

三、求下列微分方程满足所给初始条件的特解

1. $y'' - ay'^2 = 0$，$x = 0$ 时，$y = 0$，$y' = -1$；

2. $2y'' - \sin 2y = 0$，$x = 0$ 时，$y = \dfrac{\pi}{2}$，$y' = 1$；

3. $y'' + 2y' + y = \cos x$，$x = 0$ 时，$y = 0$，$y' = \dfrac{3}{2}$.

四、求解下列方程

1. 已知某曲线经过点 $(1,1)$，它的切线在纵轴上的截距等于切点的横坐标，求它的方程.

2. 设可导函数 $\varphi(x)$ 满足

$$\varphi(x)\cos x + 2\int_{0}^{x}\varphi(t)\sin t\,\mathrm{d}t = x + 1$$

求 $\varphi(x)$.

3. 设光滑曲线 $y = \varphi(x)$ 过原点，且当 $x > 0$ 时，$\varphi(x) > 0$. 对应于 $[0,x]$ 一段曲线的弧长为 $\mathrm{e}^x - 1$，求 $\varphi(x)$.

4. 设 $y = f(x)$ 满足方程 $y'' + 2y' + y = 3x\mathrm{e}^{-x}$ 及条件 $y(0) = \dfrac{1}{3}$，$y'(0) = -2$，求广义积分 $\int_{0}^{+\infty} f(x)\mathrm{d}x$.

【拓展阅读】

微分方程的发展史

常微分方程中含有导数是方程最大的特点，所以常微分方程是伴随着微积分的产生而逐渐发展完善起来的. 常微分方程的形成与发展也是和力学、天文学、物理学，以及其他科学技术的发展密切相关的. 17 世纪，牛顿研究天体力学和机械力学的时候，利用了微分方程这个工具，从理论上得到了行星运动规律. 后来，法国天文学家勒维烈和英国天文学家亚当斯使用微分方程各自计算出那时尚未发现的海王星的位置. 这些都使数学家更加深信微分方程在认识自然、改造自然方面的巨大力量.

进入 18 世纪,出现了以欧拉、克莱罗、拉格朗日等著名数学家,对于微分方程的发展起到了推波助澜的作用. 欧拉给出了恰当方程的定义以及判别恰当方程的方法,解决了线性齐次微分方程以及非齐次 n 阶线性方程的求解问题. 另外,欧拉将复数指数幂与三角函数联系起来,用复值函数与复指数函数的基本理论,解决了常系数线性微分方程求解问题,最后将欧拉方程运用变量代换的方法转化为这一类微分方程.

19 世纪是微分方程发展的解析理论和定性理论时期,数学家柯西、维尔斯特拉斯等人建立了严格的数学分析基础,将新的方法用于微分方程的求解,并由实数域扩展到了复数域,开创了微分方程的解析理论,对方程的初值问题进行研究,得到了解的唯一存在性理论,奠定了微分方程研究的理论基础. 庞加莱连续发表了四篇论文,开创了常微分方程实域定性理论,通过考察微分方程本身找到关于稳定性等问题的方法,为微分方程定性理论奠定了坚实的基础. 刘维尔给出了黎卡提方程的通解在绝大多数情况下不能用初等函数表示的证明. 其实对于绝大多数的微分方程来说,其通解都不存在,这迫使人们从用初等函数求解转变为求近似解或者解的性质. 斯图姆和刘维尔研究了确定带边界条件的常微分方程的特征值与特征函数,索菲斯·李研究连续变换群即解析变换群,阐明了微分方程的解,皮卡给出了逐次逼近法的普遍形式,逐步形成了微分方程的一般理论,西格尔创立了周期系统的线性齐次微分方程数学理论.

20 世纪,常微分方程在理论与应用中得到重大发展,拓扑学、函数论、泛论等数学学科的深入发展,为进一步研究常微分方程提供了有力的数学工具. 由于实际问题需要解析形式的解,而一般非线性问题没有精确形式的解析解,就由此产生了近似的解析形式的解的求法. 计算机的出现和发展为微分方程的定性研究提供了技术支持,此外,常微分方程向高维数、抽象化方面发展.

现在,常微分方程在很多学科领域有着重要的应用,如自动控制、各种电子学装置的设计、弹道的计算、飞机和导弹飞行稳定性的研究、化学反应过程稳定性的研究等. 这些问题都可以化为求常微分方程的解,或者化为研究解的性质的问题. 应该说应用常微分方程理论已经取得了很大的成就,但是它的现有理论还远远不能满足需要,还有待于进一步的发展,使这门学科的理论更加完善.

第8章 向量代数与空间解析几何

学生在初中阶段对空间直角坐标系和空间向量有了初步了解,本章将系统地介绍空间直角坐标系与向量的运算,在此基础上利用坐标讨论空间的几何图形.解析几何,就是用代数的方法研究几何问题,使"数"与"形"密切地结合起来,而这种结合是通过坐标法建立点与有序数组的对应,图形与方程的对应来实现的.

8.1 向量与空间直角坐标系

8.1.1 向量概念

客观世界中有这样一类量,它们既有大小,又有方向,如位移、速度、加速度、力、力矩等,这一类量称为**向量**(也称矢量),如图 8.1 所示.

数学上常用有向线段来表示向量,有向线段的长度表示向量的大小,有向线段的方向表示向量的方向,以 A 为起点、B 为终点的有向线段所表示的向量记作$\overrightarrow{AB}$(见图 8.1).有时也用一个黑体字母(书写时,在字母上面加箭头)来表示向量,如 a,r,u,F 或 $\vec{a},\vec{r},\vec{u},\vec{F}$ 等.

图 8.1

这里我们只研究与起点无关的向量,即**自由向量**(以后简称为向量),所以如果两个向量 a 和 b 的大小相等,且方向相同,我们就说向量 a 和 b 是**相等**的,记作 $a=b$. 这就是说,经过平行移动后能完全重合的向量是相等的.

向量的大小称为**向量的模**.向量 $\overrightarrow{M_1M_2}$、a、$\vec{a}$ 的模依次记作 $|\overrightarrow{M_1M_2}|$、$|a|$、$|\vec{a}|$. 模等于 1 的向量称为单位向量.模等于零的向量称为**零向量**,记作 $\mathbf{0}$ 或 $\vec{0}$.零向量的起点和终点重合,它的方向可以看作是任意的.

如果两个非零向量的方向相同或者相反,就称这两个向量**平行**.向量 a 与 b 平行,记作 $a/\!/b$. 由于零向量的方向可以看作是任意的,因此可以认为零向量与任意向量都平行.

当两个平行向量的起点放在同一点时,它们的终点和公共起点应在一条直线上,因此,两向量平行,又称两向量**共线**.

类似还有向量共面的概念,设有 $k(k\geqslant 3)$ 个向量,当把它们的起点放在同一点时,如果 k 个终点和公共起点在一个平面上,就称 k 个向量**共面**.

8.1.2 向量的线性运算

1. 向量的加法运算

定义 8.1 设有两个向量 a 与 b,任意取一点 A,作$\overrightarrow{AB}=a$,再以 B 为起点,作$\overrightarrow{BC}=b$ 连接 AC,那么向量$\overrightarrow{AC}=c$ 称为向量 a 与 b 的和,记作 $a+b$,即 $c=a+b$.

上述作出两向量之和的方法称为向量相加的**三角形法则**,如图 8.2 所示.

力学上有求合力的平行四边形法则,因此,我们也有向量相加的**平行四边形法则**. 当向量 a 与 b 不平行时,作 $\overrightarrow{AB}=a,\overrightarrow{AD}=b$,以 $\overrightarrow{AB}$、$\overrightarrow{AD}$ 为边作一平行四边形 $ABCD$,连接对角线 $\overrightarrow{AC}$,显然向量 $\overrightarrow{AC}$ 即等于向量 a 与 b 的和 $a+b$,如图 8.3 所示.

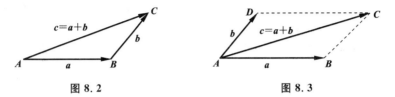

图 8.2   图 8.3

向量的加法符合下列运算规律:

(1) 交换律 $a+b=b+a$;

(2) 结合律 $(a+b)+c=a+(b+c)$.

设 a 为一向量,与 a 的模相同而方向相反的向量称为 a 的**负向量**,记作 $-a$. 由此,我们规定两个向量 b 与 a 的差

$$b-a=b+(-a).$$

即把向量 $-a$ 加到向量 b 上,便得 b 与 a 的差 $b-a$,如图 8.4 所示.

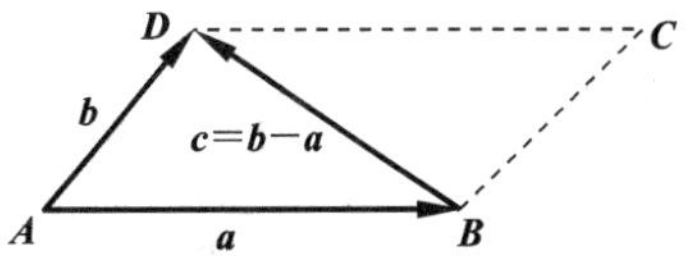

特别地,当 $b=a$ 时,有

$$a-a=a+(-a)=\mathbf{0}.$$

图 8.4

2. 向量的数乘运算

定义 8.2 向量 a 与实数 λ 的乘积记作 λa,规定 λa 是一个向量,它的模为 $|\lambda a|=|\lambda||a|$,它的方向当 $\lambda>0$ 时与 a 相同,当 $\lambda<0$ 时与 a 相反. 当 $\lambda=0$ 时,$|\lambda a|=0$,即 λa 为零向量,这时它的方向可以是任意的.

特别地,当 $\lambda=\pm1$ 时,有 $1a=a,(-1)a=-a$.

向量与数的乘积符合下列运算规律:

(1) 结合律 $\lambda(\mu a)=\mu(\lambda a)=(\lambda\mu)a$;

(2) 分配律 $(\lambda+\mu)a=\lambda a+\mu a$;

$$\lambda(a+b)=\lambda a+\lambda b.$$

向量相加及数乘向量统称为**向量的线性运算**.

定理 8.1 非零向量 a 与 b 平行的充分必要条件是存在唯一的实数 λ,使得 $b=\lambda a$.

证明略.

8.1.3 空间直角坐标系

1. 空间直角坐标系的建立

如图 8.5 所示,在空间取定一点 O 和三个两两垂直的单位向量 i,j,k,就确定了三条都以 O 为原点的两两垂直的数轴,依次记为 x 轴(横轴)、y 轴(纵轴)、z 轴(竖轴),统称坐标轴,它们组成一个空间直角坐标系 O-xyz.

建立空间直角坐标系时,习惯上取右手系,即 x、y、z 三条坐标轴的方向符合右手规则,也就是以右手握住 z 轴,当右手的四个手指从正向 x 轴以 $\dfrac{\pi}{2}$ 角度转向正向 y 轴时,大拇指的指向

就是 z 轴的正向.

三条坐标轴中的任意两条可以确定一个平面,这样定出的三个平面统称为**坐标面**. x 轴与 y 轴所确定的坐标面称为 xOy 面,另两个由 y 轴与 z 轴和由 z 轴与 x 轴所确定的坐标面,分别称为 yOz 面及 zOx 面,三个坐标面把空间分成八个部分,每一个部分称为**卦限**,由 x 轴、y 轴与 z 轴正半轴确定的卦限称为第一卦限,其他第二、第三、第四卦限在 xOy 面的上方,第一卦限之下的第五卦限,按逆时针方向确定,这八个卦限分别用字母Ⅰ、Ⅱ、Ⅲ、Ⅳ、Ⅴ、Ⅵ、Ⅶ、Ⅷ表示(见图 8.6).

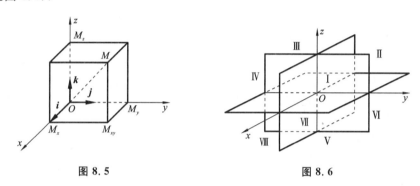

图 8.5   图 8.6

建立了空间坐标系,就可以使空间曲线、曲面与关于 x、y、z 的代数方程建立起联系,因而我们可以用代数的方法来研究几何问题.

类似于平面上两点间的距离公式,空间两点 $M_1(x_1,y_1,z_1)$、$M_2(x_2,y_2,z_2)$ 之间的距离公式为

$$d=|M_1M_2|=\sqrt{(x_2-x_1)^2+(y_2\quad y_1)^2+(z_2-z_1)^2}.$$

例 8.1　在 z 轴上求与点 $A(-4,1,7)$ 和点 $B(3,5,-2)$ 等距离的点.

解　因为所求的点 M 在 z 轴上,所以设该点为 $M(0,0,z)$. 依题意有

$$|MA|=|MB|,$$

即

$$\sqrt{(-4-0)^2+(1-0)^2+(7-z)^2}=\sqrt{(3-0)^2+(5-0)^2+(-2-z)^2}.$$

两边平方,解得

$$z=\frac{14}{9},$$

所以,所求的点为 $M\left(0,0,\dfrac{14}{9}\right)$.

2. 向量的坐标表示

如图 8.5 所示,在空间直角坐标系 $O\text{-}xyz$ 下,对空间任一点 M 作 xOy 的垂线(垂足为 M_{xy}),在 xOy 平面上过点 M_{xy} 作 x 轴的垂线(垂足为 M_x),过 M 作平面与 z 轴垂直(垂足为 M_z),有

$$\overrightarrow{OM}=\overrightarrow{OM_x}+\overrightarrow{M_xM_{xy}}+\overrightarrow{M_{xy}M},$$

因为 $|\overrightarrow{M_{xy}M}|=|\overrightarrow{OM_z}|$,$|\overrightarrow{M_xM_{xy}}|=|\overrightarrow{OM_y}|$,设 $|\overrightarrow{OM_x}|=x\boldsymbol{i}$,$|\overrightarrow{OM_y}|=y\boldsymbol{j}$,$|\overrightarrow{OM_z}|=z\boldsymbol{k}$,便有

$$\overrightarrow{OM}=x\boldsymbol{i}+y\boldsymbol{j}+z\boldsymbol{k}=\{x,y,z\}.$$

若 $\boldsymbol{r}=x\boldsymbol{i}+y\boldsymbol{j}+z\boldsymbol{k}$,则 $\boldsymbol{r}=\{x,y,z\}$ 称为向量 $\boldsymbol{r}$ 的坐标表示式,其中坐标 x,y,z 称为向量 $\boldsymbol{r}$

在三个坐标轴上的分量；$xi+yj+zk$ 称为向量 r 的坐标分解式，而向量 xi,yj,zk 称为向量 r 在三个坐标轴上的分向量.

可见，在空间直角坐标系下，原点为起点的向量与三元有序组是一一对应的. 由"向量相等"的含义可知，向量与起点的选择无关，于是我们可以把任何向量的起点置于原点，这样一来，所有的向量组成的几何与由所有的三元有序实数组成的集合之间建立了一一对应的关系. 这就是向量的坐标表示，在坐标表示下，向量加减法和数乘运算只需对向量的各个分量进行相应的加减运算和数乘运算.

利用向量的坐标表示式，可以将向量的几何运算转化为其坐标的代数运算.

设 $a=\{a_x,a_y,a_z\}$，$b=\{b_x,b_y,b_z\}$，则
$$a+b=\{a_x+b_x,a_y+b_y,a_z+b_z\},$$
$$a-b=\{a_x-b_x,a_y-b_y,a_z-b_z\},$$
$$\lambda a=\{\lambda a_x,\lambda a_y,\lambda a_z\}\quad(\lambda\text{ 为数}).$$

事实上，$a=a_x i+a_y j+a_z k$，$b=b_x i+b_y j+b_z k$. 利用向量加法的交换律与结合律，以及向量与数的结合律与分配律，有
$$a+b=(a_x+b_x)i+(a_y+b_y)j+(a_z+b_z)k,$$
$$a-b=(a_x-b_x)i+(a_y-b_y)j+(a_z-b_z)k,$$
$$\lambda a=(\lambda a_x)i+(\lambda a_y)j+(\lambda a_z)k.$$

可见，对向量进行加、减及与数相乘，只需对向量的各个坐标分别进行相应的数量运算即可.

由定理 8.1 可知，当向量 $a\neq0$ 时，向量 $b\ /\!/\ a$，相当于 $b=\lambda a$，按坐标表示式即为 $\{b_x,b_y,b_z\}=\lambda\{a_x,a_y,a_z\}$. 这也就相当于向量 b 与 a 对应的坐标成比例：
$$\frac{b_x}{a_x}=\frac{b_y}{a_y}=\frac{b_z}{a_z}.$$

3. 向量的方向角与方向余弦

设有两个非零向量 a,b，任取空间一点 O，作 $\overrightarrow{OA}=a$，$\overrightarrow{OB}=b$，规定不超过 π 的 $\angle AOB$（设 $\varphi=\angle AOB,0\leqslant\varphi\leqslant\pi$）称为向量 a 与 b 的**夹角**（见图 8.7），记作 $(\widehat{a,b})$ 或 $(\widehat{b,a})$，即 $(\widehat{a,b})=\varphi$. 如果向量 a 与 b 中有一个是零向量，规定它们的夹角可在 0 与 π 之间任意取值.

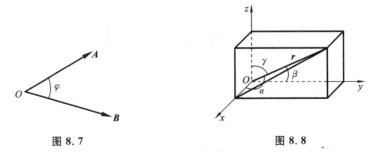

图 8.7　　　　　　　　　　图 8.8

定义 8.3　设非零向量 r 与 x 轴、y 轴、z 轴的夹角分别为 α、β、γ，则称 α、β、γ 为向量 r 的方向角，方向角的余弦 $\cos\alpha$、$\cos\beta$、$\cos\gamma$ 称为向量 r 的**方向余弦**，如图 8.8 所示.

设 $r=\{x,y,z\}$，简单分析可得
$$\cos\alpha=\frac{x}{|r|}=\frac{x}{\sqrt{x^2+y^2+z^2}},$$

$$\cos\beta=\frac{y}{|\boldsymbol{r}|}=\frac{y}{\sqrt{x^2+y^2+z^2}},$$

$$\cos\gamma=\frac{z}{|\boldsymbol{r}|}=\frac{z}{\sqrt{x^2+y^2+z^2}}.$$

从而 $\{\cos\alpha,\cos\beta,\cos\gamma\}=\left\{\dfrac{x}{|\boldsymbol{r}|},\dfrac{y}{|\boldsymbol{r}|},\dfrac{z}{|\boldsymbol{r}|}\right\}=\dfrac{1}{|\boldsymbol{r}|}\{x,y,z\}=\dfrac{\boldsymbol{r}}{|\boldsymbol{r}|}=\boldsymbol{e}_r.$

上式表明,以向量 $\boldsymbol{r}$ 的方向余弦为坐标的向量就是与 $\boldsymbol{r}$ 方向一致的单位向量 $\boldsymbol{e}_r$. 并由此可得

$$\cos^2\alpha+\cos^2\beta+\cos^2\gamma=1.$$

例 8.2 已知两点 $A(2,2,\sqrt{2})$ 和 $B(1,3,0)$,求向量 $\overrightarrow{AB}$ 的模、方向余弦和方向角.

解 因为 $\overrightarrow{AB}=\overrightarrow{OB}-\overrightarrow{OA}=\{1,3,0\}-\{2,2,\sqrt{2}\}=\{-1,1,-\sqrt{2}\}$. 所以,

$$|\overrightarrow{AB}|=\sqrt{1+1+2}=\sqrt{4}=2;$$

$$\cos\alpha=-\frac{1}{2},\quad \cos\beta=\frac{1}{2},\quad \cos\gamma=-\frac{\sqrt{2}}{2};$$

于是

$$\alpha=\frac{2\pi}{3},\quad \beta=\frac{\pi}{3},\quad \gamma=\frac{3\pi}{4}.$$

习 题 8.1

习题 8.1 答案

1. 求点 $P(3,-1,2)$ 关于原点、各坐标轴、各坐标平面的对称点的坐标.

2. 设 P 在 x 轴上,它到点 $P_1(0,\sqrt{2},3)$ 的距离为到点 $P_2(0,1,-1)$ 的距离的 2 倍,求点 P 的坐标.

3. 在平行四边形 $ABCD$ 中,设 $\overrightarrow{AB}=\boldsymbol{a}$,$\overrightarrow{AD}=\boldsymbol{b}$. 试用 $\boldsymbol{a}$ 和 $\boldsymbol{b}$ 表示向量 $\overrightarrow{MA}$、$\overrightarrow{MB}$、$\overrightarrow{MC}$、$\overrightarrow{MD}$,其中 M 是平行四边形对角线的交点.

4. 已知两点 $M_1(2,2,\sqrt{2})$、$M_2(1,3,0)$,计算向量 $\overrightarrow{M_1M_2}$ 的模、方向余弦、方向角以及与 $\overrightarrow{M_1M_2}$ 同向的单位向量.

5. 已知向量 $\boldsymbol{a}=m\boldsymbol{i}+5\boldsymbol{j}-\boldsymbol{k}$ 与向量 $\boldsymbol{b}=3\boldsymbol{i}+\boldsymbol{j}+n\boldsymbol{k}$ 平行,求 m 与 n.

8.2 数量积与向量积

向量除了 8.1 节中介绍的加减运算和数乘运算,还有数量积和向量积两个重要的运算.

8.2.1 两向量的数量积

设一物体在常力 F 作用下从点 O 移动到点 P. 以 $\boldsymbol{s}$ 表示位移 $\overrightarrow{OP}$. 由物理学知道,力 F 所做的功为 $W=|F||\boldsymbol{s}|\cos\theta$,其中 θ 为 F 与 $\boldsymbol{s}$ 的夹角(见图 8.9).

从这个问题可以抽象出向量数量积的概念.

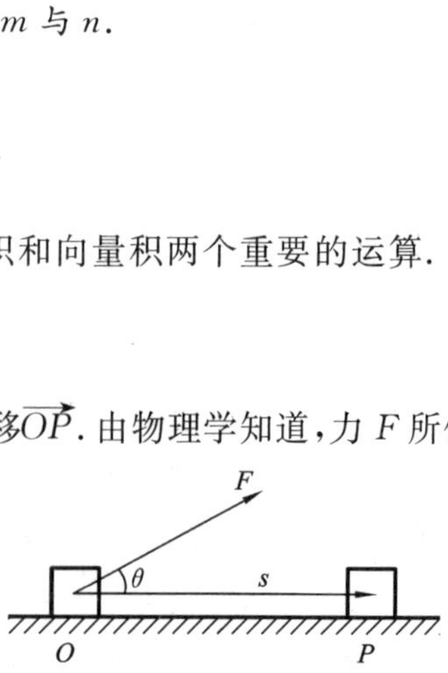

定义 8.4 两个向量 $\boldsymbol{a}$ 和 $\boldsymbol{b}$ 的模与它们夹角 $\theta(0\leqslant\theta\leqslant\pi)$ 的余弦的乘积称为向量 $\boldsymbol{a}$ 与 $\boldsymbol{b}$ **数量积**,也称点积或者内积,记作 $\boldsymbol{a}\cdot\boldsymbol{b}$,即

图 8.9

$$a \cdot b = |a| \, |b| \cos\theta.$$

由数量积的定义可以推得如下两个结论:

(1) $a \cdot a = |a|^2$.

(2) 向量 $a \perp b$ 的充分必要条件是 $a \cdot b = 0$.

这是因为如果 $a \cdot b = 0$, 由于 $|a| \neq 0$, $|b| \neq 0$, 所以 $\cos\theta = 0$, 从而 $\theta = \dfrac{\pi}{2}$, 即 $a \perp b$; 反之, 如果 $a \perp b$, 那么 $\theta = \dfrac{\pi}{2}$, $\cos\theta = 0$, 于是 $a \cdot b = |a| \, |b| \cos\theta = 0$. 由于零向量的方向可以看作是任意的, 故可以认为零向量与任何向量都垂直.

(3) 交换律 $a \cdot b = b \cdot a$.

(4) 分配律 $(a+b) \cdot c = a \cdot c + b \cdot c$.

(5) 结合律 $(\lambda a) \cdot b = a \cdot (\lambda b) = \lambda(a \cdot b)$ (λ 为常数).

下面我们来推导数量积的坐标表达式.

设 $a = a_x i + a_y j + a_z k$, $b = b_x i + b_y j + b_z k$, 按数量积运算规律可得

$$
\begin{aligned}
a \cdot b &= (a_x i + a_y j + a_z k)(b_x i + b_y j + b_z k)\\
&= a_x i \cdot (b_x i + b_y j + b_z k) + a_y j \cdot (b_x i + b_y j + b_z k) + a_z k \cdot (b_x i + b_y j + b_z k)\\
&= a_x b_x i \cdot i + a_x b_y i \cdot j + a_x b_z i \cdot k + a_y b_x j \cdot i + a_y b_y j \cdot j + a_y b_z j \cdot k\\
&\quad + a_z b_x k \cdot i + a_z b_y k \cdot j + a_z b_z k \cdot k.
\end{aligned}
$$

由于 i, j, k 互相垂直, 所以

$$i \cdot j = j \cdot k = k \cdot i = 0; \quad j \cdot i = k \cdot j = i \cdot k = 0.$$

又由于 i, j, k 的模均为 1, 所以 $i \cdot i = j \cdot j = k \cdot k = 1$. 因而得

$$a \cdot b = a_x b_x + a_y b_y + a_z b_z.$$

这就是两个向量的数量积的坐标表达式.

由于 $a \cdot b = |a| \, |b| \cos\theta$, 所以当 a, b 都不是零向量时, 有

$$\cos\theta = \frac{a \cdot b}{|a| \, |b|}.$$

以数量积的坐标表达式及向量的模的表达式代入上式, 就得

$$\cos\theta = \frac{a_x b_x + a_y b_y + a_z b_z}{\sqrt{a_x^2 + a_y^2 + a_z^2} \, \sqrt{b_x^2 + b_y^2 + b_z^2}}.$$

这就是两向量**夹角余弦的坐标表达式**.

例 8.3 已知三点 $M(1,1,1)$、$A(2,2,1)$ 和 $B(2,1,2)$, 求 $\angle AMB$.

解 作向量 $\overrightarrow{MA}$ 及 $\overrightarrow{MB}$, $\angle AMB$ 就是向量 $\overrightarrow{MA}$ 与 $\overrightarrow{MB}$ 的夹角. 这里

$$\overrightarrow{MA} = \{1,1,0\}, \quad \overrightarrow{MB} = \{1,0,1\},$$

从而

$$\overrightarrow{MA} \cdot \overrightarrow{MB} = 1 \times 1 + 1 \times 0 + 0 \times 1 = 1,$$

$$|\overrightarrow{MA}| = \sqrt{1^2 + 1^2 + 0^2} = \sqrt{2},$$

$$|\overrightarrow{MB}| = \sqrt{1^2 + 0^2 + 1^2} = \sqrt{2}.$$

代入两向量夹角余弦的表达式, 得

$$\cos\angle AMB = \frac{\overrightarrow{MA} \cdot \overrightarrow{MB}}{|\overrightarrow{MA}| \cdot |\overrightarrow{MB}|} = \frac{1}{\sqrt{2} \cdot \sqrt{2}} = \frac{1}{2}.$$

由此得
$$\angle AMB = \frac{\pi}{3}.$$

8.2.2　两向量的向量积

在研究物体转动问题时,不但要考虑物体所受的力,还要分析这些力所产生的力矩.下面就举一个简单的例子来表达力矩的方法.

如图 8.10 所示,有一个力 F 作用于这杠杆 L 上 P 点处绕支点 O 转动,F 与 $\overrightarrow{OP}$ 的夹角为 θ.由力学规定,力 F 对支点 O 的力矩是一向量 M,则它的模为
$$|M| = |\overrightarrow{OQ}||F| = |\overrightarrow{OP}||F|\sin\theta,$$
而 M 的方向垂直于 $\overrightarrow{OP}$ 与 F 所决定的平面,M 的指向是按右手规则从 $\overrightarrow{OP}$ 以不超过 π 的角转向 F 来确定的,即当右手的四个手指从 $\overrightarrow{OP}$ 以不超过 π 的角转向力 F 握拳时,大拇指的指向就是 M 的指向,如图 8.11 所示.

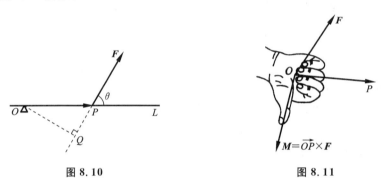

图 8.10   图 8.11

从上述实例中可以抽象出两个向量的向量积概念.

定义 8.5　两个向量 a 与 b 的**向量积**(也称**叉积**或者**外积**)是一个向量 c,记作 $a \times b$.它的大小与方向作如下规定:

(1) c 的模 $|c| = |a||b|\sin\theta$,其中 θ 为 a,b 间的夹角;

(2) c 的方向垂直于 a 与 b 所决定的平面(即 c 既垂直于 a,又垂直于 b),c 的指向按右手规则从 a 转向 b 来确定(见图 8.12).

由向量积的定义可以推得向量积有如下结论:

(1) $a \times a = 0$;

(2) 向量 $a // b$ 的充分必要条件是 $a \times b = 0$;

(3) 向量积 $a \times b$ 的模 $|a \times b|$ 等于以向量 a 与 b 为邻边的平行四边形的面积.这就是向量积的几何意义(见图 8.12).

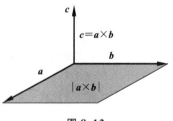

图 8.12

(4) 反交换律　$b \times a = -a \times b$;

(5) 分配律　$(a + b) \times c = a \times c + b \times c$;

(6) 结合律　$(\lambda a) \times b = a \times (\lambda b) = \lambda(a \times b)$($\lambda$ 为常数).

下面来推导向量积的坐标表达式.

设 $a = a_x i + a_y j + a_z k, b = b_x i + b_y j + b_z k$,那么,按上述运算规律计算如下:

$$
\begin{aligned}
\boldsymbol{a}\times\boldsymbol{b} &= (a_x\boldsymbol{i}+a_y\boldsymbol{j}+a_z\boldsymbol{k})\times(b_x\boldsymbol{i}+b_y\boldsymbol{j}+b_z\boldsymbol{k})\\
&= a_x\boldsymbol{i}\times(b_x\boldsymbol{i}+b_y\boldsymbol{j}+b_z\boldsymbol{k})+a_y\boldsymbol{j}\times(b_x\boldsymbol{i}+b_y\boldsymbol{j}+b_z\boldsymbol{k})+a_z\boldsymbol{k}\times(b_x\boldsymbol{i}+b_y\boldsymbol{j}+b_z\boldsymbol{k})\\
&= a_xb_x(\boldsymbol{i}\times\boldsymbol{i})+a_xb_y(\boldsymbol{i}\times\boldsymbol{j})+a_xb_z(\boldsymbol{i}\times\boldsymbol{k})+a_yb_x(\boldsymbol{j}\times\boldsymbol{i})+a_yb_y(\boldsymbol{j}\times\boldsymbol{j})\\
&\quad +a_yb_z(\boldsymbol{j}\times\boldsymbol{k})+a_zb_x(\boldsymbol{k}\times\boldsymbol{i})+a_zb_y(\boldsymbol{k}\times\boldsymbol{j})+a_zb_z(\boldsymbol{k}\times\boldsymbol{k}).
\end{aligned}
$$

由于

$$
\boldsymbol{i}\times\boldsymbol{i}=\boldsymbol{j}\times\boldsymbol{j}=\boldsymbol{k}\times\boldsymbol{k}=\boldsymbol{0},\quad \boldsymbol{i}\times\boldsymbol{j}=\boldsymbol{k},\quad \boldsymbol{j}\times\boldsymbol{k}=\boldsymbol{i},\quad \boldsymbol{k}\times\boldsymbol{i}=\boldsymbol{j},
$$
$$
\boldsymbol{j}\times\boldsymbol{i}=-\boldsymbol{k},\quad \boldsymbol{k}\times\boldsymbol{j}=-\boldsymbol{i},\quad \boldsymbol{i}\times\boldsymbol{k}=-\boldsymbol{j},
$$

所以

$$
\boldsymbol{a}\times\boldsymbol{b}=(a_yb_z-a_zb_y)\boldsymbol{i}+(a_zb_x-a_xb_z)\boldsymbol{j}+(a_xb_y-a_yb_x)\boldsymbol{k}.
$$

为了帮助记忆,利用三阶行列式,上式可写成

$$
\boldsymbol{a}\times\boldsymbol{b}=\begin{vmatrix} \boldsymbol{i} & \boldsymbol{j} & \boldsymbol{k}\\ a_x & a_y & a_z\\ b_x & b_y & b_z \end{vmatrix}.
$$

例 8.4　三角形 ABC 的顶点分别是 $A(3,0,2)$、$B(5,3,1)$ 和 $C(0,-1,3)$,求三角形 ABC 的面积.

解　根据向量积的定义,可知三角形 ABC 的面积

$$
S_{\triangle ABC}=\frac{1}{2}\,|\overrightarrow{AB}|\,|\overrightarrow{AC}|\sin\angle A=\frac{1}{2}\,|\overrightarrow{AB}\times\overrightarrow{AC}|.
$$

由于

$$
\overrightarrow{AB}=\{2,3,-1\},\overrightarrow{AC}=\{-3,-1,1\},
$$

因此

$$
\begin{aligned}
\overrightarrow{AB}\times\overrightarrow{AC} &= \begin{vmatrix} \boldsymbol{i} & \boldsymbol{j} & \boldsymbol{k}\\ 2 & 3 & -1\\ -3 & -1 & 1 \end{vmatrix}=\boldsymbol{i}\begin{vmatrix} 3 & -1\\ -1 & 1 \end{vmatrix}-\boldsymbol{j}\begin{vmatrix} 2 & -1\\ -3 & 1 \end{vmatrix}+\boldsymbol{k}\begin{vmatrix} 2 & 3\\ -3 & -1 \end{vmatrix}\\
&= 2\boldsymbol{i}+\boldsymbol{j}+7\boldsymbol{k}.
\end{aligned}
$$

于是

$$
S_{\triangle ABC}=\frac{1}{2}\,|2\boldsymbol{i}+\boldsymbol{j}+7\boldsymbol{k}|=\frac{1}{2}\sqrt{2^2+1^2+7^2}=\frac{\sqrt{54}}{2}.
$$

习　题　8.2

习题 8.2 答案

1. 下列结论是否成立,为什么?

(1) 如果 $\boldsymbol{a}\cdot\boldsymbol{b}=0$,那么 $\boldsymbol{a}=\boldsymbol{0}$ 或 $\boldsymbol{b}=\boldsymbol{0}$;

(2) $(\boldsymbol{a}\cdot\boldsymbol{b})^2=\boldsymbol{a}^2\cdot\boldsymbol{b}^2$;

(3) $(\boldsymbol{a}\cdot\boldsymbol{b})\cdot\boldsymbol{c}=\boldsymbol{a}\cdot(\boldsymbol{b}\cdot\boldsymbol{c})$;

(4) $\sqrt{\boldsymbol{a}^2}=\boldsymbol{a}$;

(5) 如果 $\boldsymbol{a}\neq\boldsymbol{0}$,且 $\boldsymbol{a}\cdot\boldsymbol{b}=\boldsymbol{a}\cdot\boldsymbol{c}$,那么 $\boldsymbol{b}=\boldsymbol{c}$;

(6) 如果 $\boldsymbol{a}\neq\boldsymbol{0}$,且 $\boldsymbol{a}\times\boldsymbol{b}=\boldsymbol{a}\times\boldsymbol{c}$,那么 $\boldsymbol{b}=\boldsymbol{c}$.

2．已知 $a=\{1,-2,1\}$，$b=\{1,1,2\}$，计算：

（1）$a\times b$；（2）$(2a-b)\cdot(a+b)$；（3）$|a-b|^2$．

3．求与 $a=\{1,-3,1\}$，$b=\{2,-1,3\}$ 都垂直的单位向量．

4．已知 $\overrightarrow{OA}=i+3k$，$\overrightarrow{OB}=j+3k$，求 $\triangle OAB$ 的面积．

8.3 平面与直线

8.3.1 平面及其方程

初中几何学习中，我们已经认识了平面．下面以向量为工具来建立平面方程．

1. 平面的点法式方程

如果一非零向量垂直于一平面，该向量就称为该平面的**法线向量**．容易知道，平面上的任一向量均与该平面的法线向量垂直．

因为过空间一点可以作而且只能作一平面垂直于已知直线，所以当平面 Π 上的一点 M_0 (x_0,y_0,z_0) 和它的一个法线向量 $n=\{A,B,C\}$ 为已知时，平面 Π 的位置就可以完全确定．下面我们来建立平面 Π 的方程．

如图 8.13 所示，在平面 Π 上任取一点 $M(x,y,z)$，法线向量 $n=\{A,B,C\}$，则

$$\overrightarrow{M_0M}\perp n,\quad 即 \overrightarrow{M_0M}\cdot n=0.$$

由于 $n=\{A,B,C\}$，$\overrightarrow{M_0M}=\{x-x_0,y-y_0,z-z_0\}$，所以有

$$A(x-x_0)+B(y-y_0)+C(z-z_0)=0.$$

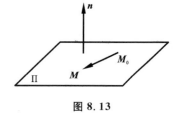

图 8.13

这就是平面 Π 上任一点 M 的坐标 x,y,z 所满足的方程，该方程是由平面 Π 上的一点 $M_0(x_0,y_0,z_0)$ 及它的一个法线向量 $n=\{A,B,C\}$ 确定的，所以该方程称为平面的点法式方程．

例 8.5 求过点 $(2,-3,0)$ 且以 $n=(1,-2,3)$ 为法线向量的平面的方程．

解 根据平面的点法式方程得

$$(x-2)-2(y+3)+3z=0.$$

即

$$x-2y+3z-8=0.$$

2. 平面的一般方程

由平面的点法式方程 $A(x-x_0)+B(y-y_0)+C(z-z_0)=0$ 变形可得

$$Ax+By+Cz-Ax_0-By_0-Cz_0=0.$$

令 $D=-(Ax_0+By_0+Cz_0)$，则平面方程的一般形式为

$$Ax+By+Cz+D=0.$$

因此，任一平面都可以用三元一次方程来表示．反过来，任给一个关于 x、y、z 的三元一次方程 $Ax+By+Cz+D=0(A,B,C$ 不全为零$)$ 的图形，都是法线向量为 $n=\{A,B,C\}$ 的平面．

例如，方程 $3x-4y-9=0$ 表示法线向量 $n=\{3,-4,0\}$ 的平面．

对于一些特殊的三元一次方程，应该熟悉它们的图形的特点．

（1）当 $D=0$ 时，方程 $Ax+By+Cz=0$ 表示一个通过原点的平面．

(2) 当 $A=0$ 时,方程 $By+Cz+D=0$ 表示法线向量 $\boldsymbol{n}=\{0,B,C\}$ 垂直于 x 轴,方程表示一个平行于 x 轴的平面.

同样,方程 $Ax+Cz+D=0$ 和 $Ax+By+D=0$ 分别表示一个平行于 y 轴和 z 轴的平面.

(3) 当 $A=B=0$ 时,方程 $Cz+D=0$ 或 $z=-\dfrac{D}{C}$,法线向量 $\boldsymbol{n}=\{0,0,C\}$ 同时垂直于 x 轴和 y 轴,方程表示平行于 xOy 面的平面.

同样,方程 $Ax+D=0$ 和 $By+D=0$ 分别表示一个平行于 yOz 面和 xOz 面的平面.

例 8.6　求通过 x 轴和点 $(4,-3,-1)$ 的平面的方程.

解　由于平面通过 x 轴,且通过原点,则 $A=0,D=0$.因此可设这平面的方程为
$$By+Cz=0.$$
又因该平面通过点 $(4,-3,-1)$,所以有 $-3B-C=0$ 或 $C=-3B$.

以此代入所设方程并除以 $B(B\neq 0)$,便得所求的平面方程为
$$y-3z=0.$$

3. 两平面的夹角

两平面法线向量的夹角(通常指锐角)称为**两平面的夹角**.

设平面 Π_1 和 Π_2 的法线向量依次为 $\boldsymbol{n}_1=\{A_1,B_1,C_1\}$ 和 $\boldsymbol{n}_2=\{A_2,B_2,C_2\}$,那么平面 Π_1 和 Π_2 的夹角 θ(见图 8.14)可由

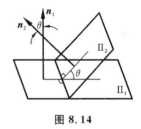

图 8.14

$$\cos\theta=\frac{|\boldsymbol{n}_1\cdot\boldsymbol{n}_2|}{|\boldsymbol{n}_1|\cdot|\boldsymbol{n}_2|}=\frac{|A_1A_2+B_1B_2+C_1C_2|}{\sqrt{A_1^2+B_1^2+C_1^2}\cdot\sqrt{A_2^2+B_2^2+C_2^2}}$$

来确定.

从两向量垂直、平行的充分必要条件立即推得下列结论:

(1) Π_1 和 Π_2 互相垂直相当于 $A_1A_2+B_1B_2+C_1C_2=0$;

(2) Π_1 和 Π_2 互相平行或重合相当于 $\dfrac{A_1}{A_2}=\dfrac{B_1}{B_2}=\dfrac{C_1}{C_2}$.

例 8.7　求两平面 $x-y+5=0$ 和 $x-2y+2z-3=0$ 的夹角.

解　易知两平面的法线向量分别为
$$\boldsymbol{n}_1=\{1,-1,0\}\text{ 和 }\boldsymbol{n}_2=\{1,-2,2\}.$$

设两平面的夹角为 θ,因为 θ 为锐角,则
$$\cos\theta=\frac{|\boldsymbol{n}_1\cdot\boldsymbol{n}_2|}{|\boldsymbol{n}_1|\cdot|\boldsymbol{n}_2|}=\frac{|1\times 1-1\times(-2)+0\times 2|}{\sqrt{1^2+(-1)^2+0^2}\cdot\sqrt{1^2+(-2)^2+2^2}}=\frac{\sqrt{2}}{2},$$
因此,所求夹角 $\theta=\dfrac{\pi}{4}$.

8.3.2　空间直线及其方程

1. 一般方程

设平面 Π_1 和 Π_2 的方程分别为 $A_1x+B_1y+C_1z+D_1=0$ 和 $A_2x+B_2y+C_2z+D_2=0$,若平面 Π_1 和 Π_2 在不平行时必相交,其交线是空间中的一条直线,称方程组
$$\begin{cases}A_1x+B_1y+C_1z+D_1=0,\\A_2x+B_2y+C_2z+D_2=0\end{cases}$$

为空间直线的**一般方程**,方程表示的直线简记为 L. 其中两平面的法线向量 $\boldsymbol{n}_1 = \{A_1, B_1, C_1\}$ 和 $\boldsymbol{n}_2 = \{A_2, B_2, C_2\}$ 相交,即不平行.

通过空间一直线 L 的平面有无限多个,只要在这无限多个平面中任意选取两个,把它们的方程联系起来,所得的方程组就表示空间直线 L 的一般方程.

2. 点向式方程与参数方程

与直线平行的任一非零向量称为该直线的方向向量. 很显然,直线上任一向量都平行于该直线的方向向量.

如果在空间中给定一个点和一个方向,就可以确定一条过该定点并与所给方向一致的直线. 下面,我们建立已知定点和方向的直线方程.

已知直线 L 上一点 $M_0(x_0, y_0, z_0)$ 和它的一方向向量 $\boldsymbol{s} = \{m, n, p\}$,若点 $M(x, y, z)$ 是直线 L 上的任意一点,那么 $\overrightarrow{M_0M} /\!/ \boldsymbol{s}$,即两向量的对应坐标成比例,由于 $\overrightarrow{M_0M} = \{x - x_0, y - y_0, z - z_0\}$,从而有

$$\frac{x - x_0}{m} = \frac{y - y_0}{n} = \frac{z - z_0}{p},$$

该方程称为直线 L 的**点向式方程**或**对称式方程**.

设

$$\frac{x - x_0}{m} = \frac{y - y_0}{n} = \frac{z - z_0}{p} = t,$$

则有

$$\begin{cases} x = x_0 + mt, \\ y = y_0 + nt, \\ z = z_0 + pt. \end{cases}$$

该方程组称为直线 L 的**参数方程**.

直线的三种方程在应用上各有方便之处,因此需掌握它们相互转化的方法. 上面已经指出,由直线的点向式方程容易导出参数方程,反之,由参数方程显然能直接写出点向式方程. 要把点向式方程转化为一般方程也很方便,只要把点向式方程的连等式写成两个方程

$$\begin{cases} \dfrac{x - x_0}{m} = \dfrac{y - y_0}{n}, \\ \dfrac{y - y_0}{n} = \dfrac{z - z_0}{p}, \end{cases} \quad \text{即} \quad \begin{cases} n(x - x_0) - m(y - y_0) = 0, \\ p(y - y_0) - n(z - z_0) = 0, \end{cases}$$

便是直线的一般方程.

把直线的一般方程转化为点向式方程稍为麻烦,下面通过例子来说明这一转化的方法.

例 8.8 用点向式方程和参数式表示直线 $\begin{cases} 2x - 3y + z - 7 = 0, \\ 3x + 2y - z + 1 = 0. \end{cases}$

解 先找出该直线上的一点 (x_0, y_0, z_0). 可以取 $x_0 = 1$,代入方程组得

$$\begin{cases} -3y + z = 5, \\ 2y - z = -4. \end{cases}$$

解这个二元一次方程组,得 $y_0 = -1, z_0 = 2$,即 $(1, -1, 2)$ 是该直线上的一定点.

再找出该直线的方向向量 s. 由于两平面的交线与这两平面的法线向量 $n_1 = \{2, -3, 1\}$，$n_2 = \{3, 2, -1\}$ 都垂直，所以

$$s = n_1 \times n_2 = \begin{vmatrix} i & j & k \\ 2 & -3 & 1 \\ 3 & 2 & -1 \end{vmatrix} = i + 5j + 13k.$$

因此，所给直线的点向式方程为

$$\frac{x-1}{1} = \frac{y+1}{5} = \frac{z-2}{13}.$$

令 $\dfrac{x-1}{1} = \dfrac{y+1}{5} = \dfrac{z-2}{13} = t$，得直线的参数式方程为

$$\begin{cases} x = 1 + t, \\ y = -1 + 5t, \\ z = 2 + 13t. \end{cases}$$

3. 两直线的夹角

两直线的方向向量的夹角（通常指锐角）称为**两直线的夹角**.

设直线 L_1 和 L_2 的方向向量依次为 $s_1 = \{m_1, n_1, p_1\}$ 和 $s_2 = \{m_2, n_2, p_2\}$，则两直线的夹角 φ 可由两直线的方向向量夹角余弦

$$\cos\varphi = \frac{|s_1 \cdot s_2|}{|s_1| \cdot |s_2|} = \frac{|m_1 m_2 + n_1 n_2 + p_1 p_2|}{\sqrt{m_1^2 + n_1^2 + p_1^2} \cdot \sqrt{m_2^2 + n_2^2 + p_2^2}}$$

来确定.

由两向量垂直、平行的充分必要条件立即推得下列结论：

(1) 两直线 L_1、L_2 互相垂直相当于 $m_1 m_2 + n_1 n_2 + p_1 p_2 = 0$；

(2) 两直线 L_1、L_2 互相平行或重合相当于 $\dfrac{m_1}{m_2} = \dfrac{n_1}{n_2} = \dfrac{p_1}{p_2}$.

例 8.9　求直线 $L_1: \dfrac{x-1}{1} = \dfrac{y}{-4} = \dfrac{z+3}{1}$ 和 $L_2: \dfrac{x}{2} = \dfrac{y+2}{-2} = \dfrac{z}{-1}$ 的夹角.

解　直线 L_1 的方向向量为 $s_1 = \{1, -4, 1\}$；直线 L_2 的方向向量为 $s_2 = \{2, -2, -1\}$. 设直线 L_1 和 L_2 的夹角为 φ，则

$$\cos\varphi = \frac{|1 \times 2 + (-4) \times (-2) + 1 \times (-1)|}{\sqrt{1^2 + (-4)^2 + 1^2} \cdot \sqrt{2^2 + (-2)^2 + (-1)^2}} = \frac{1}{\sqrt{2}} = \frac{\sqrt{2}}{2}.$$

所以 $\varphi = \dfrac{\pi}{4}$.

4. 直线与平面的夹角

当直线与平面不垂直时，直线和它在平面上的投影直线的夹角 $\theta\left(0 \leqslant \theta < \dfrac{\pi}{2}\right)$ 称为**直线与平面的夹角**（见图 8.15），当直线与平面垂直时，规定直线与平面的夹角为 $\dfrac{\pi}{2}$.

设直线的方向向量为 $s = \{m, n, p\}$，平面的法线向量为 $n = \{A, B, C\}$，直线与平面的夹角为 θ，那么 $\theta = \left| \dfrac{\pi}{2} - (\widehat{s, n}) \right|$，因此

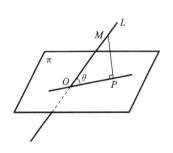

图 8.15

$\sin\theta=\left|\cos(\overset{\frown}{\boldsymbol{s},\boldsymbol{n}})\right|.$ 按两向量夹角余弦的坐标表示式,有

$$\sin\theta=\left|\cos(\overset{\frown}{\boldsymbol{s},\boldsymbol{n}})\right|=\frac{|Am+Bn+Cp|}{\sqrt{A^2+B^2+C^2}\sqrt{m^2+n^2+p^2}}.$$

因为直线与平面垂直相当于直线的方向向量与平面的法线向量平行,所以直线与平面垂直相当于 $\dfrac{A}{m}=\dfrac{B}{n}=\dfrac{C}{p}$.

因为直线与平面平行或直线在平面上相当于直线的方向向量与平面的法线向量垂直,所以直线与平面平行或直线在平面上相当于 $Am+Bn+Cp=0$.

例 8.10　求过点 $(1,2,-3)$ 且与平面 $5x-6y+7z=0$ 垂直的直线的方程.

解　因为所求直线垂直于已知平面,所以可以取已知平面的法线向量 $\{5,-6,7\}$ 作为所求直线的方向向量.由此可得所求直线的方程为

$$\frac{x-1}{5}=\frac{y-2}{-6}=\frac{z+3}{7}.$$

习　题　8.3

习题 8.3 答案

1. 求满足下列条件的平面方程:

(1) 过原点及点 $(6,-3,2)$,且与平面 $4x-y+2z=8$ 垂直;

(2) 过点 $(-1,2,1)$ 且与两平面 $x-y+z-1=0$ 和 $2x+y+z+1=0$ 都垂直.

2. 研究以下各组中两平面的位置关系:

(1) $-x+2y-z+1=0,y+3z-1=0$;

(2) $2x-y+z-1=0,-4x+2y-2z-1=0$;

(3) $2x-y-z+1=0,-4x+2y+2z-2=0$.

3. 用对称式方程及参数式方程表示直线 $\begin{cases}x+y+z+1=0,\\2x-y+3z+4=0.\end{cases}$

4. 求满足以下条件的直线方程:

(1) 过点 $(3,2,-1)$ 和 $(-2,3,5)$;

(2) 过点 $(0,-3,2)$ 且平行于平面 $x+2z=1$ 和 $y-3z=2$;

(3) 过点 $(2,-3,1)$ 且垂直于平面 $2x+3y-z-1=0$.

5. 求直线 $\dfrac{x}{2}=\dfrac{y-1}{3}=\dfrac{z}{-6}$ 与直线 $\begin{cases}x=2t,\\y=3+3t,\\z=-6+t\end{cases}$ 夹角的余弦.

8.4　曲面与空间曲线

8.4.1　曲面方程的概念

前边已经学习了平面方程的一般式是三元一次方程,可以看成特殊的曲面.与在平面解析

几何中建立平面曲线与二元方程 $F(x,y)=0$ 的对应关系一样,在空间直角坐标系中可以建立空间曲面与三元方程 $F(x,y,z)=0$ 之间的对应关系.

如果曲面 S 上任一点的坐标都满足方程 $F(x,y,z)=0$,而满足该方程的点在曲面 S 上,则称 $F(x,y,z)=0$ 为**曲面 S 的方程**,或称曲面 S 是方程 $F(x,y,z)=0$ 的**图形**(见图 8.16).

例 8.11　求球心在点 $M_0(x_0,y_0,z_0)$,半径为 R 的球面方程.

解　设 $M(x,y,z)$ 是球面上任一点(见图 8.17),则有 $|M_0M|=R$,由两点间距离公式得

$$\sqrt{(x-x_0)^2+(y-y_0)^2+(z-z_0)^2}=R.$$

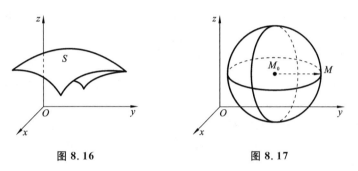

图 8.16　　　　　　　　　　图 8.17

两边平方,得

$$(x-x_0)^2+(y-y_0)^2+(z-z_0)^2=R^2.$$

所以,该方程是以点 $M_0(x_0,y_0,z_0)$ 为球心、R 为半径的球面方程.

特别地,若球心在原点,那么 $x_0=y_0=z_0=0$,此时球面方程为 $x^2+y^2+z^2=R^2$.

8.4.2　柱面

动直线 L 沿给定曲线 C 平行移动所形成的曲面称为**柱面**.曲线 C 称为柱面的**准线**,动直线 L 称为柱面的**母线**.

如果母线是平行于 z 轴的直线,准线 C 是 xOy 平面上的曲线 $F(x,y)=0$,则此柱面的方程为

$$F(x,y)=0. \tag{3}$$

这是因为,对柱面上任一点 $M(x,y,z)$,过点 M 作直线平行于 z 轴,该直线就是过点 M 的母线,直线上任何点的 x、y 坐标都相等,只有 z 坐标不同,它与 xOy 平面的交点 $N(x,y,0)$ 必在准线 C 上,点 N 的 x、y 坐标满足方程 $F(x,y)=0$,故点 $M(x,y,z)$ 的坐标满足方程 $F(x,y)=0$;反之满足 $F(x,y)=0$ 的点 $M(x,y,z)$ 一定在过点 $N(x,y,0)$ 且平行于 z 轴的母线上,即在柱面上.

同样,仅含 y、z 的方程 $F(y,z)=0$ 表示母线平行于 x 轴的柱面;仅含 z、x 的方程 $F(z,x)=0$ 表示母线平行于 y 轴的柱面.

例如,方程 $x^2+y^2=a^2$ 表示一个圆柱面,它的准线是 xOy 平面上的圆 $x^2+y^2=a^2$,母线平行于 z 轴.同理,方程 $\dfrac{x^2}{a^2}+\dfrac{y^2}{b^2}=1$,$-\dfrac{x^2}{a^2}+\dfrac{y^2}{b^2}=1$ 和 $y^2=2px(p>0)$ 分别表示母线平行于 z 轴的椭圆柱面(见图 8.18),双曲柱面(见图 8.19)和抛物柱面(见图 8.20).

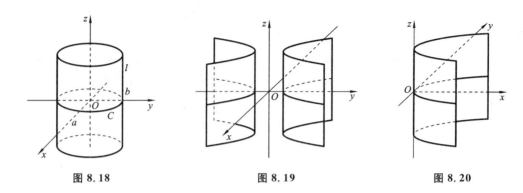

图 8.18　　　　　　　　图 8.19　　　　　　　　图 8.20

8.4.3　旋转曲面

平面曲线 C 绕同一平面上的定直线 L 旋转一周所成的曲面称为**旋转曲面**,定直线 L 称为**旋转曲面的轴**.

设在 yOz 平面上有一已知曲线 $C:F(y,z)=0$,将这条曲线绕 z 轴旋转一周,得到一个以 z 轴为轴的旋转曲面(见图 8.21),下面来求此旋转曲面的方程.

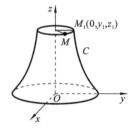

图 8.21

设 $M_1(0,y_1,z_1)$ 为曲线 C 上的任一点,那么有 $F(y_1,z_1)=0$. 当曲线 C 绕 z 轴旋转时,点 M_1 也绕 z 轴旋转到另一点 $M(x,y,z)$,这时 $z=z_1$ 保持不变,且点 M 到 z 轴的距离为 $|y_1|=\sqrt{x^2+y^2}$,即得 $y_1=\pm\sqrt{x^2+y^2}$. 因此,我们得到所求旋转曲面的方程为

$$F(\pm\sqrt{x^2+y^2},z)=0.$$

同理,曲线 C 绕 y 轴旋转一周所成的旋转曲面的方程为 $F(y,\pm\sqrt{x^2+z^2})=0$.

例 8.12　将 xOz 坐标平面上的双曲线 $\dfrac{x^2}{a^2}-\dfrac{z^2}{c^2}=1$ 分别绕 x 轴和 z 轴旋转一周,求所生成的旋转曲面的方程.

解　绕 x 轴旋转:将方程中的 z 用 $\pm\sqrt{y^2+z^2}$ 代替,得旋转曲面的方程

$$\frac{x^2}{a^2}-\frac{y^2+z^2}{c^2}=1.$$

同理,所给双曲线绕 z 轴旋转一周形成的旋转曲面的方程为

$$\frac{x^2+y^2}{a^2}-\frac{z^2}{c^2}=1.$$

这两种曲面都称为**旋转双曲面**. 类似地,我们还可以得旋转椭球面和旋转抛物面.

8.4.4　空间曲线

1. 空间曲线的方程

空间直线是最简单的空间曲线,它可以看作是两个平面的交线,而一般的空间曲线可看作是两个曲面的交线.

设曲面 $S_1:F(x,y,z)=0$,$S_2:G(x,y,z)=0$ 的交线为 C(见图 8.22).

因为曲线 C 上的任一点的坐标应同时满足这两个曲面的方程,所以应满足方程组

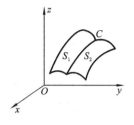

$$\begin{cases} F(x,y,z)=0, \\ G(x,y,z)=0. \end{cases}$$

上述方程组称为空间曲线 C 的**一般方程**.

　　空间曲线 C 的方程除了一般方程之外,也可以用参数形式表示,只要将 C 上动点的坐标 x、y、z 表示为 t 的函数:

$$\begin{cases} x=f(t), \\ y=g(t), \\ z=h(t). \end{cases}$$

图 8.22

　　当给定 $t=t_0$ 时,就得到 C 上的一个点 (x_0,y_0,z_0),随着 t 的变动便可得到曲线 C 上的全部点,上述方程组成为空间曲线的**参数方程**.

　　例如,方程

$$\begin{cases} x=\sin t, \\ y=2\cos t, \\ z=\dfrac{t}{2}, \end{cases} \quad t\in[0,12]$$

表示的是一条螺旋线,图见实验图 8.1.

2. 空间曲线在坐标面上的投影

　　现在讨论空间曲线 C 在 xOy 面上的投影曲线. 由空间曲线 C 一般方程消去变量 z,得到一个不含 z 的方程,设其为

$$f(x,y)=0.$$

此方程表示以曲线 C 为准线,母线平行于 z 轴的柱面,即为曲线 C 关于 xOy 面的投影柱面,它与 xOy 面的交线就是曲线 C 在 xOy 面上的**投影曲线**,简称**投影**,由于 xOy 面的方程为 $z=0$,所以曲线 C 在 xOy 面上的投影曲线的方程为

$$\begin{cases} f(x,y)=0, \\ z=0. \end{cases}$$

　　同理,如果要得到曲线 C 在 yOz 面和 zOx 面上的投影,可分别从空间曲线 C 一般方程消去变量 x 和 y,得到曲线 C 关于 yOz 面和 zOx 面的投影柱面分别为

$$g(y,z)=0 \quad 和 \quad h(x,z)=0.$$

从而,曲线 C 在 yOz 面和 zOx 面上的投影分别为

$$\begin{cases} g(y,z)=0, \\ x=0 \end{cases} \quad 和 \quad \begin{cases} h(x,z)=0 \\ y=0. \end{cases}$$

习　题　8.4

习题 8.4 答案

1. 求下列旋转曲面的方程:

(1) xOy 面上的曲线 $\dfrac{x^2}{4}+\dfrac{y^2}{9}=1$ 绕 x 轴旋转;

(2) yOz 面上的曲线 $-\dfrac{y^2}{4}+z^2=1$ 绕 y 轴旋转.

2. 指出下列方程在平面解析几何中和空间解析几何中分别表示什么图形:

(1) $x=2$; (2) $y=x+1$; (3) $x^2+y^2=4$; (4) $x^2-y^2=1$.

3. 求下列空间曲线在 xOy 面的投影曲线的方程:

(1) $\begin{cases} x^2+y^2=z, \\ z=x+1; \end{cases}$ (2) $\begin{cases} x^2+y^2+z^2=9, \\ x+z=1. \end{cases}$

4. 分别求母线平行于 x 轴和 y 轴而且过曲线 $\begin{cases} 2x^2+y^2+z^2=16, \\ x^2+z^2-y^2=0 \end{cases}$ 的柱面方程.

实验八　利用 Python 绘制空间曲线与曲面

实 验 目 的

通过运用 Python 的绘图语句或作图方法,观察空间曲线和空间曲面图形的特点.

实 验 内 容

1. 三维绘图函数 Axes3D

(1) mpl_toolkits. mplot3d 是 Matplotlib 中专门用来画三维图的工具包.

(2) Axes3D 是 mpl_toolkits. mplot3d 中的一个绘图函数.

(3) 创建 Axes3D 主要有两种方式:一种是利用关键字 projection='3d' 来实现;另一种则是通过从 mpl_toolkits. mplot3d 导入对象 Axes3D 来实现,目的都是生成具有三维格式的对象 Axes3D.

2. 常用 Python 命令

Python 命令	含　义
from mpl_toolkits. mplot3d import Axes3D	定义图像和三维格式坐标轴
fig. gca(projection='3d')	设置三维图形模式
ax. plot(x, y, z, label='curve')	绘制空间曲线
ax. plot_surface(x,y,f(x,y),rstride=1, cstride=1,cmap=plt. cm. cool)	绘制对应的曲面,rstride 值越大,图像越粗糙,通过修改 camp 修改曲面颜色

一、空间曲线的绘制

绘制空间曲线时一般使用曲线的参数方程.

【示例 8.1】 绘制函数 $\begin{cases} x=\sin t, \\ y=2\cos t, \\ z=\dfrac{t}{2}, \end{cases} t\in[0,12]$ 的图形.

解　为确定所围的图形,在单元格中按如下操作:

In
```
import matplotlib. pyplot as plt
from mpl_toolkits.mplot3d import Axes3D    # 定义图像和三维格式坐标轴
mpl.rcParams['legend.fontsize']=10         # 设置图例字号
fig=plt.figure()
ax=fig.gca(projection= '3d')               # 设置三维图形模式
t=np.linspace(0,12,100)                     # 测试数据
x=np.sin(t)
y=2*np.cos(t)
z=t/2
ax.plot(x, y, z, label='parametric curve') # 绘制图形
ax.legend()                                 # 显示图例
plt.show()                                  # 显示图形
```

运行程序,输出图形如实验图 8.1 所示.

【示例 8.2】　画出旋转抛物面与上半球面 $z=1+\sqrt{1-x^2-y^2}$ 交线的图形.

解　它们的交线为平面 $z=1$ 上的圆 $x^2+y^2=1$,化为参数方程为

$$\begin{cases} x=\cos t, \\ y=\sin t, \quad t\in[0,2\pi]. \\ z=1, \end{cases}$$

为确定两个曲面围的交线图形,在单元格中按如下操作:

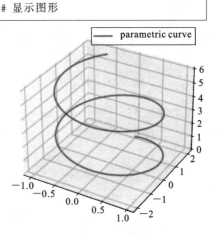

实验图 8.1　示例 8.1 的图形

In
```
import matplotlib. pyplot as plt
from mpl_toolkits.mplot3d import Axes3D
mpl.rcParams['legend.fontsize']=10
fig=plt.figure()
ax=fig.gca(projection='3d')
t=np.linspace(0,2*np.pi,100)
x=np.cos(t)
y=np.sin(t)
z=1
ax.plot(x, y, z, label='circular curve')
ax.legend()
plt.show()
```

运行程序,所得曲线如实验图 8.2 所示.

在这里说明一点,要作空间曲线的图形,必须先求出该曲线的参数方程. 如果曲线为一般式 $\begin{cases} F(x,y,z)=0, \\ G(x,y,z)=0, \end{cases}$ 其在 xOy 面上的投影柱面的准线方程为 $H(x,y)=0$,可先将 $H(x,y)=0$

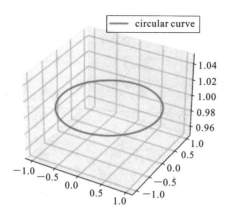

实验图 8.2　示例 8.2 的图形

化为参数方程 $\begin{cases} x = x(t), \\ y = y(t), \end{cases}$ 再代入 $G(x,y,z)=0$ 或 $F(x,y,z)=0$ 中,解出 $z=z(t)$ 即可.

二、空间曲面的绘制

【**示例 8.3**】　已知 $z = \cos(x+y)$,画出它的图形.

解　为确定所围的图形,在单元格中按如下操作:

```
In    import matplotlib as mpl
      from mpl_toolkits.mplot3d import Axes3D
      import numpy as np
      import matplotlib.pyplot as plt
      fig=plt.figure()                    # 使用 figure 对象
      ax=Axes3D(fig)                      # 创建 3D 轴对象
      X=np.arange(-2,2,0.1)               # X 坐标数据
      Y=np.arange(-2,2,0.1)               # Y 坐标数据
      X,Y=np.meshgrid(X,Y)                # 计算三维曲面分格线坐标
      def f(x,y):                         # 用于计算 X/Y 对应的 Z 值
          return np.cos(x+ y)
      ax.plot_surface(X,Y,f(X,Y),rstride=1,cstride=1,cmap=plt.cm.cool) # plot_
      surface 函数
      可绘制对应的曲面,rstride 值越大,图像越粗糙,通过修改 camp 修改曲面颜色
      ax.view_init(elev=30,azim=125)      # 旋转
      plt.show()                          # 显示
```

运行程序,输出图形如实验图 8.3 所示.

【**示例 8.4**】　已知 $z = -xy\mathrm{e}^{-x^2-y^2}$,画出它的图形.

在直角坐标下绘制三叶玫瑰线图.

```
In    在单元格中应该如何编写程序呢?
      ……
      自己试一下,验证实验图 8.4.
```

示例 8.4 的曲面
Python **程序**

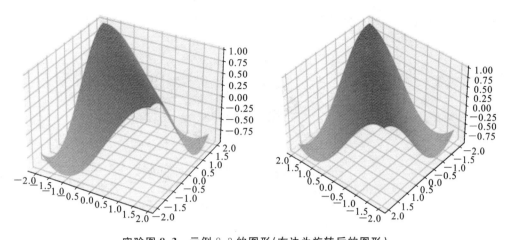

实验图 8.3　示例 8.3 的图形(右边为旋转后的图形)

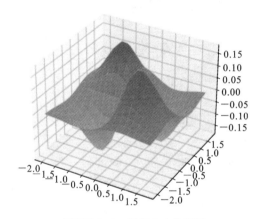

实验图 8.4　示例 8.4 的图形

【示例 8.5】　已知球面参数方程 $\begin{cases} x = \sin v \cos u, \\ y = \sin v \sin u, \\ z = \cos v, \end{cases} u \in [0, 2\pi], v \in [0, \pi]$，画出图形.

解　为确定所围的图形,在单元格中按如下操作:

```
import matplotlib as mpl
from mpl_toolkits.mplot3d import Axes3D
import numpy as np
import matplotlib.pyplot as plt
fig=plt.figure()                # 使用 figure 对象
ax=Axes3D(fig)                  # 创建 3D 轴对象
u=np.linspace(0,2*np.pi,10)
v=np.linspace(0,np.pi,5)
x=10*np.outer(np.cos(u), np.sin(v))
y=10*np.outer(np.sin(u), np.sin(v))
z=10*np.outer(np.ones(np.size(u)), np.cos(v))
ax.plot_surface(x,y,z,cmap='rainbow',rcount=1000, ccount=1000)
plt.show()
```

运行程序,输出图形如实验图 8.5 所示.

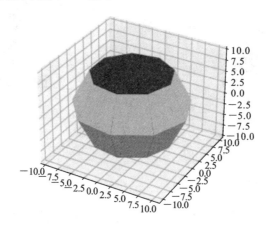

实验图 8.5　示例 8.5 的图形

实 验 作 业

1. 作出下列函数的图形,并对两个图形进行比较.

(1) $x^2 + y^2 + z^2 = r^2$;　　　　　(2) $\begin{cases} x = r\cos u \sin v, \\ y = r\cos u \cos v, \\ z = r\sin u. \end{cases}$

2. 画出曲面 $z = 2 - x^2 - y^2$ 的图形.

3. 画出下列曲面的图形:

(1) 平面:$\begin{cases} x = au, \\ y = bv, \\ z = -au - bv + d \end{cases}$　　　(a,b,c,d 为常数,应自设定数值);

(2) 椭圆抛物面:$\begin{cases} x = Ru\sin v, \\ y = Ru\cos v, \quad u \in (0,a), v \in (0,2\pi)(R \text{ 自定}). \\ z = Ru^2, \end{cases}$

复习题八

复习题八答案

一、填空题

1. 已知向量 $\boldsymbol{a} = \{3, -1, 1\}, \boldsymbol{b} = \{-6, y-2, -2\}$,若 $\boldsymbol{a} \parallel \boldsymbol{b}$,则 $y = $ _____.

2. 已知 $A(2,0,1), B(-4,2,3)$,点 C 分 $\overrightarrow{AB}$ 所成定比为 -3,则点 C 的坐标为 _____.

3. 点 $A(2, -1, 3)$ 在第 _____ 卦限.

4. 若平面 $\lambda_1(2x - 2y + z - 1) + \lambda_2(x - 3y - z) = 0$ 与平面 $x + y + 2z + 1 = 0$ 平行,则 $\lambda_1 : \lambda_2 = $ _____,该平面方程为 _____.

5. 直线 $\dfrac{x-2}{3} = \dfrac{y+2}{1} = \dfrac{z-3}{-4}$ 与平面 $x + y + z - 3 = 0$ 的位置关系是 _____.

6. 经过点 $A(4, -3, -1)$ 和 x 轴的平面是 _____.

二、选择题(每个小题给出的选项中,只有一项符合要求)

1. 若两非零向量 a,b 满足 $a \times b = b \times a$,则一定有(　　　).

A. $a \perp b$　　　　　　B. $a \parallel b$　　　　　　C. a,b 同向　　　　　　D. a,b 反向

2. 点 $A(-2,1,-3)$ 关于 xOz 面的对称点 N 的坐标为(　　　).

A. $(-2,1,3)$　　　B. $(-2,-1,-3)$　　C. $(-2,-1,-1)$　　　D. $(2,-1,3)$

3. 经过 $p_0(x_0,y_0,z_0)$ 与 xOz 面平行的平面方程是(　　　).

A. $x=x_0$　　　　　　B. $y=y_0$　　　　　　C. $z=z_0$　　　　　　D. $x+z=x_0+z_0$

4. 平面 $\dfrac{x}{a}+\dfrac{y}{b}+\dfrac{z}{c}=1$ 与三个坐标面围成的四面体的体积是(　　　).

A. abc　　　　　　B. $\dfrac{1}{6}|abc|$　　　　　　C. $\dfrac{1}{3}|abc|$　　　　　　D. $\dfrac{4}{3}|abc|$

5. 直线 $\dfrac{x-1}{0}=\dfrac{y}{2}=\dfrac{z}{-1}$ 与直线 $\begin{cases}2x+3y+z=0,\\3x+6y+2z=0\end{cases}$ 的位置关系是(　　　).

A. 相交　　　　　　B. 平行　　　　　　C. 重合　　　　　　D. 异面

6. 经过 $p_0(x_0,y_0,z_0)$ 且与 y 轴平行的直线方程是(　　　).

A. $\begin{cases}x=x_0\\y=y_0\end{cases}$　　　　B. $\begin{cases}x=x_0\\z=z_0\end{cases}$　　　　C. $\begin{cases}y=y_0\\z=z_0\end{cases}$　　　　D. $y=y_0$

7. 方程 $xy=a^2(a>0)$ 的图形是(　　　).

A. 双曲线　　　　　　B. 抛物线　　　　　　C. 双曲柱面　　　　　　D. 抛物柱面

8. 曲线 $\begin{cases}5x=y^2,\\z=0\end{cases}$ 绕 y 轴旋转所得的旋转曲面的方程是(　　　).

A. $5x=y^2$　　　　B. $5x=y^2+z^2$　　　C. $\pm5\sqrt{x^2+z^2}=y^2$　　D. $5x=z^2$

三、判断题

1. 零向量与任何向量都平行.　　　　　　　　　　　　　　　　　　　　　　(　　　)

2. $x^2+\dfrac{y^2}{4}=z$ 表示的曲面是椭圆抛物面.　　　　　　　　　　　　　　(　　　)

3. 不共线向量 a,b,c 可构成三角形的充要条件是 $a+b+c=0$.　　　　　　　(　　　)

4. 在空间直角坐标系 $O\text{-}xyz$ 中,方程 $y=5x+2$ 表示一条直线.　　　　　　(　　　)

四、计算题

1. 求点 $M(2,1,-1)$ 到 y 轴的距离.

2. 在平行四边形 $ABCD$ 中,设 $\overrightarrow{AB}=a$,$\overrightarrow{AD}=b$.

试用 a 和 b 表示向量 $\overrightarrow{MA}$、$\overrightarrow{MB}$、$\overrightarrow{MC}$、$\overrightarrow{MD}$,其中 M 是平行四边形对角线的交点.

3. 求解以向量为未知元的线性方程组 $\begin{cases}5x-3y=a,\\3x-2y=b,\end{cases}$ 其中 $a=\{2,1,2\}$,$b=\{-1,1,-2\}$.

4. 已知两点 $A(x_1,y_1,z_1)$ 和 $B(x_2,y_2,z_2)$ 以及实数 $\lambda\neq-1$,在直线 AB 上求一点 M,使 $\overrightarrow{AM}=\lambda\overrightarrow{MB}$.

5. 已知三角形 ABC 的顶点分别是 $A(1,2,3)$,$B(3,4,5)$,$C(2,4,7)$,求三角形 ABC 的面积.

6. 已知三个不共面的向量 $\{1,0,1\}$,$\{2,-1,3\}$,$\{4,3,0\}$,求它们所做的四面体的体积.

7. 设一平面与 x,y,z 轴的交点依次为 $P(a,0,0),Q(0,b,0),R(0,0,c)$ 三点,求该平面的方程(其中 $a\neq 0,b\neq 0,c\neq 0$).

8. 设 $P_0(x_0,y_0,z_0)$ 是平面 $Ax+By+Cz+D=0$ 外一点,求 P_0 到该平面的距离.

9. 求直线 $L_1:\dfrac{x-1}{1}=\dfrac{y}{-4}=\dfrac{z+3}{1}$ 和 $L_2:\dfrac{x}{2}=\dfrac{y+2}{-2}=\dfrac{z}{-1}$ 的夹角.

10. 求与两平面 $x-4z=3$ 和 $2x-y-5z=1$ 的交线平行且过点 $(-3,2,5)$ 的直线的方程.

11. 求直线 $\dfrac{x-2}{1}=\dfrac{y-3}{1}=\dfrac{z-4}{2}$ 与平面 $2x+y+z-6=0$ 的交点.

12. 求过点 $(2,1,3)$ 且与直线 $\dfrac{x+1}{3}=\dfrac{y-1}{2}=\dfrac{z}{-1}$ 垂直相交的直线的方程.

【拓展阅读】

解析几何奠定了微积分的创立基础

解析几何包括平面解析几何和立体解析几何两部分.平面解析几何通过平面直角坐标系,建立点与实数对之间的一一对应关系,以及曲线与方程之间的一一对应关系,运用代数方法研究几何问题,或用几何方法研究代数问题.17 世纪以来,由于航海、军事的发展,以及初等几何和初等代数的迅速发展,促进了解析几何的建立,并被广泛应用于数学的各个分支.在解析几何创立以前,几何与代数是彼此独立的两个分支.解析几何的建立第一次真正实现了几何方法与代数方法的结合,使形与数统一起来,这是数学发展史上的一次重大突破.

勒内·笛卡尔 1596 年出生于法国,哲学家、数学家、物理学家.他对现代数学的发展做出了重要的贡献,因将几何坐标体系公式化而被认为是解析几何之父.他于 1637 年发表了《科学中正确运用理性和追求真理的方法论》,从而确立了解析几何,表明了几何问题不仅可以归结为代数形式,而且可以通过代数变换来发现几何性质,并证明几何性质.他不仅用坐标表示点的位置,而且把点的坐标运用到曲线上.他认为点移动成线,所以方程不仅可表示已知数与未知数之间的关系,表示变量与变量之间的关系,还可以表示曲线,于是方程与曲线之间建立起对应关系.

解析几何在数学发展中起了推动作用.恩格斯对此曾经作过评价:"数学中的转折点是笛卡尔的变数,有了变数,运动进入了数学;有了变数,辩证法进入了数学;有了变数,微分和积分也就立刻成为必要的了."解析几何的建立对于微积分的诞生有着不可估量的作用.

第9章 多元函数的微积分学及其应用

我们在以前研究的函数都只有一个自变量,这种只含一个自变量的函数称为一元函数.但无论在理论上还是在实践中,经常遇到许多量的变化并不是由单个因素决定的,而是受到多个因素的影响,这就提出了多元函数以及多元函数的微分和积分问题.本章将在一元函数微分学的基础上,讨论多元函数的微分法及其应用.讨论中以二元函数为主,这是因为从一元函数到二元函数会产生新的问题和不同的结果,而从二元函数到二元以上的多元函数则可以类推.

9.1 多元函数的基本概念

9.1.1 邻域与区域

在一元函数的讨论中,邻域及区间是经常用到的概念.类似地,讨论多元函数时,经常用到邻域及区域概念.邻域及区域都是符合一定条件的点集.为简单和直观起见,我们就平面点集来说明邻域和区域概念,同时也要涉及其他一些有关概念.

1. 邻域

定义 9.1 与点 $P_0(x_0, y_0)$ 距离小于 δ 的点 $P(x, y)$ 的全体,称为点 P_0 的 δ **邻域**,记作 $U(P_0, \delta)$,即

$$U(P_0, \delta) = \{P \mid \| PP_0 \| < \delta\},$$

也就是

$$U(P_0, \delta) = \{(x, y) \mid \sqrt{(x-x_0)^2 + (y-y_0)^2} < \delta\}.$$

如图 9.1 所示,$U(P_0, \delta)$ 就是以点 $P_0(x_0, y_0)$ 为中心、$\delta > 0$ 为半径的圆内部的点 $P(x, y)$ 的全体.如果不需要强调邻域半径 δ,则用 $U(P_0)$ 表示 P_0 的 δ 邻域.

点 P_0 的 δ **去心邻域**,记作 $\overset{\circ}{U}(P_0, \delta)$,即

图 9.1

$$\overset{\circ}{U}(P_0, \delta) = \{P \mid 0 < |P_0 P| < \delta\} = \{(x, y) \mid 0 < \sqrt{(x-x_0)^2 + (y-y_0)^2} < \delta\}.$$

2. 区域

定义 9.2 设 E 是平面上的一个点集,P 是平面上的任意一点.则点 P 与点集 E 存在如下三种关系之一.

(1) 如果存在点 P 的一个邻域 $U(P)$,使 $U(P) \subset E$,则称 P 为 E 的**内点**,如图 9.2(a)所示.显然,若 P 为 E 的内点,则 $P \in E$.

(2) 存在点 P 的一个邻域 $U(P)$,使 $U(P) \bigcap E = \varnothing$,则称 P 为 E 的外点,如图 9.2(b)所示.

(3) 如果点 P 的任一邻域内既有属于 E 的点,也有不属于 E 的点,此时称 P 为 E 的边界点.E 的边界点的全体,称为 E 的边界,如图 9.2(c)所示.

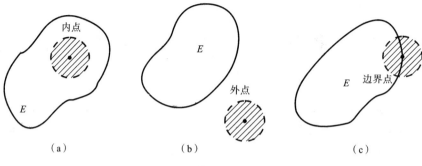

图 9.2

E 的内点必属于 E，E 的外点必定不属于 E；而 E 的边界点可能属于 E，也可能不属于 E. 例如，设平面点集

$$E = \{(x, y) \mid 1 \leqslant x^2 + y^2 < 4\},$$

满足 $1 < x^2 + y^2 < 4$ 的一切点 (x, y) 都是 E 的内点；满足 $x^2 + y^2 = 4$ 的一切点 (x, y) 都是 E 的边界点，它们都不属于 E；满足 $x^2 + y^2 = 1$ 的一切点 (x, y) 也都是 E 的边界点，它们都属于 E.

定义 9.3 如果点集 E 的点都是 E 的内点，则称 E 为**开集**. 若开集 D 内的任何两点，都可以用完全位于 D 内的折线连接起来，则称开集 D 是**连通的**. 连通的开集称为**区域**或**开区域**. 区域连同它的边界一起，称为**闭区域**.

例如，

$$D_1 = \{(x, y) \mid x + y > 0\}, \quad E_1 = \{(x, y) \mid 1 < x^2 + y^2 < 4\}$$

都是区域.

$$D_2 = \{(x, y) \mid x + y \geqslant 0\}, \quad E_2 = \{(x, y) \mid 1 \leqslant x^2 + y^2 \leqslant 4\}$$

都是闭区域.

对于点集 E，如果存在正数 K，使一切点 $P \in E$ 与某一固定点 A 间的距离不超过 K，即对一切 $P \in E$，$|AP| \leqslant K$ 成立，则称 E 为**有界点集**，否则称为**无界点集**.

例如，上述集合 E_1 是有界开区域，E_2 是有界闭区域；D_1 是无界开区域，D_2 是无界闭区域.

9.1.2　二元函数的概念

在很多自然现象以及实际问题中，经常会遇到多个变量之间的依赖关系，举例如下：

例 9.1 圆柱体的体积 V 和它的底半径 r、高 h 之间具有关系

$$V = \pi r^2 h.$$

这里，当 r、h 在一定范围 $(r > 0, h > 0)$ 内取定一对数值 (r, h) 时，V 就有唯一确定的值与之对应.

上述这种关系，我们就可以称 V 是以 r 和 h 为自变量的二元函数. 由此，可以抽象出二元函数的定义.

定义 9.4 设 D 是 $\mathbf{R}^2$ 上的一个点集，若对于每个点 $P(x, y) \subset D$，变量 z 按照一定法则 f，总有确定的值和它对应，则称 z 为变量 x、y 的**二元函数**，记为

$$z = f(x, y), (x, y) \in D.$$

称 D 为该函数的**定义域**, x、y 为**自变量**, z 为因变量, 数集 $\{z \mid z = f(x,y), (x,y) \in D\}$ 为该函数的**值域**.

类似地, 可以定义三元函数 $u = f(x,y,z)$ 以及三元以上的函数.

在定义 9.4 中, 我们把自变量 x、y 排了序, 使它们所取的值成为有序数组 (x,y). 这样, 自变量 x、y 的每一对值就对应 xOy 平面上的一个点 $P(x,y)$, 于是函数 $z = f(x,y)$ 可看作平面上点 P **的函数**, 并简记为 $z = f(P)$.

类似地, 可用空间内的点 $P(x,y,z)$ 来表示有序数组 (x,y,z), 于是三元函数

$$u = f(x,y,z)$$

也可看作空间内的点 P 的函数, 并简记为 $u = f(P)$.

我们曾利用平面直角坐标系来表示一元函数 $y = f(x)$ 的图形, 一般来说, 它是平面上的一条曲线. 对于二元函数 $z = f(x,y)$, 我们可以利用空间直角坐标系来表示它的图形. 设函数

$$z = f(x,y)$$

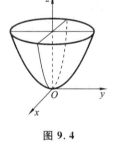

的定义域是 xOy 坐标面上某一点集 D. 对于 D 上每一点 $P(x,y)$, 在空间可以作出一点 $M(x,y,f(x,y))$ 与它对应. 当点 $P(x,y)$ 在 D 上变动时, 点 $M(x,y,f(x,y))$ 就相应地在空间变动, 一般来说, 它的轨迹是一个曲面(见图 9.3).

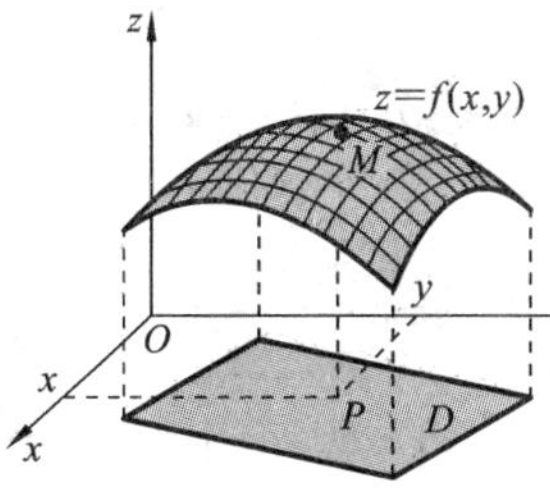

这个曲面就称为二元函数 $z = f(x,y)$ 的图形. 因此, 二元函数可用曲面作为它的几何表示.

图 9.3

例如, 二元函数 $z = \dfrac{x^2}{2p} + \dfrac{y^2}{2q}$ $(p>0, q>0)$ 表示中心在原点的椭圆抛物面(见图 9.4), 它的定义域是 $\mathbf{R}^2$.

关于函数的定义域, 与一元函数相类似, 我们作如下约定: 在讨论用算式表达的多元函数时, 就以使这个算式有确定值的自变量的变化范围所确定的点集为这个函数的定义域. 例如, 函数 $z = \ln(x+y)$ 的定义域为适合 $x+y>0$ 的点 (x,y) 的全体(见图 9.5), 即平面点集

$$\{(x,y) \mid x+y>0\}.$$

图 9.4

又如, 函数 $z = \arcsin(x^2+y^2)$ 的定义域为适合 $x^2+y^2 \leqslant 1$ 的点 (x,y) 的全体(见图 9.6), 即平面点集

$$\{(x,y) \mid x^2+y^2 \leqslant 1\}.$$

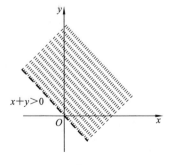

图 9.5

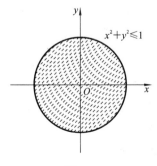

图 9.6

9.1.3 多元函数的极限

现在讨论二元函数 $z=f(x,y)$ 当 $(x,y)\to(x_0,y_0)$，即点 $P(x,y)\to P_0(x_0,y_0)$ 时的极限. 与一元函数的极限概念类似，如果在 $P(x,y)\to P_0(x_0,y_0)$ 的过程中，对应的函数值 $f(x,y)$ 无限接近于一个确定的常数 A，就称 A 是函数的极限. 下面用"$\varepsilon-\delta$"语言描述这个极限概念.

定义 9.5 设函数 $f(x,y)$ 的定义域为 D，点 $P_0(x_0,y_0)$ 是 $f(x,y)$ 的某个定义区域的内点或边界点. 如果存在常数 A，使得对于任意给定的正数 ε（不论它多么小），总存在正数 δ，只要 D 内的点 $P(x,y)$ 适合不等式

$$0<|PP_0|=\sqrt{(x-x_0)^2+(y-y_0)^2}<\delta,$$

对应的函数值 $f(x,y)$ 就都满足不等式

$$|f(x,y)-A|<\varepsilon,$$

那么，就称常数 A 为函数 $f(x,y)$ 当 $(x,y)\to(x_0,y_0)$ 时的极限，记作

$$\lim_{(x,y)\to(x_0,y_0)}f(x,y)=A \quad 或 \quad \lim_{\substack{x\to x_0\\y\to y_0}}f(x,y)=A.$$

也可记作 $f(x,y)\to A(\rho\to0)$，这里 $\rho=|PP_0|$.

为了区别于一元函数的极限，我们把二元函数的极限称为**二重极限**.

例 9.2 设 $f(x,y)=(x^2+y^2)\sin\dfrac{1}{x^2+y^2}(x^2+y^2\neq0)$. 证明 $\lim\limits_{(x,y)\to(0,0)}f(x,y)=0$.

证 因为

$$\left|(x^2+y^2)\sin\frac{1}{x^2+y^2}-0\right|=|x^2+y^2|\cdot\left|\sin\frac{1}{x^2+y^2}\right|\leqslant x^2+y^2,$$

可见，对任意给定的 $\varepsilon>0$，取 $\delta=\sqrt{\varepsilon}$，则当 $0<\sqrt{(x-0)^2+(y-0)^2}<\delta$ 时，总有

$$\left|(x^2+y^2)\sin\frac{1}{x^2+y^2}-0\right|<\varepsilon$$

成立，所以

$$\lim_{(x,y)\to(0,0)}f(x,y)=0.$$

注意：所谓二重极限存在，是指 $P(x,y)$ 以任何方式趋向 $P_0(x_0,y_0)$ 时，函数都趋向同一个数值 A. 因此，如果 $P(x,y)$ 以某一特殊方式，如沿着一条定直线或定曲线趋向 $P_0(x_0,y_0)$ 时，即使函数无限接近于某一确定值，我们还不能由此断定函数的极限存在. 但是，如果当 $P(x,y)$ 以不同方式趋向 $P_0(x_0,y_0)$ 时，函数趋向不同的值，那么就可以断定该函数当 $P\to P_0$ 时的极限不存在. 下面用例子来说明这种情形.

考察函数

$$f(x,y)=\begin{cases}\dfrac{xy}{x^2+y^2}, & x^2+y^2\neq0,\\0, & x^2+y^2=0.\end{cases}$$

显然，当点 $P(x,y)$（即固定 $y=0$）趋向点 $(0,0)$ 时，

$$\lim_{x\to0}f(x,0)=\lim_{x\to0}0=0;$$

又当点 $P(x,y)$（即固定 $x=0$）趋向点 $(0,0)$ 时，

$$\lim_{y\to0}f(0,y)=\lim_{x\to0}0=0;$$

虽然点 $P(x,y)$ 以上述两种特殊方式(沿 x 轴或沿 y 轴)趋向原点时,函数的极限存在并且相等,但是极限 $\lim\limits_{(x,y)\to(0,0)}f(x,y)$ 并不存在. 这是因为当点 $P(x,y)$ 沿直线 $y=kx$ 趋向点 $(0,0)$ 时,有

$$\lim_{\substack{x\to 0\\y=kx\to 0}}\frac{xy}{x^2+y^2}=\lim_{x\to 0}\frac{kx^2}{x^2+k^2x^2}=\frac{k}{1+k^2}.$$

显然它是随着 k 值的不同而改变的.

以上关于二元函数的极限的概念,可相应地推广到一般的 n 元函数 $u=f(P)$ 即 $u=f(x_1,x_2,\cdots,x_n)$ 上去.

关于多元函数的极限运算,有与一元函数类似的运算法则.

例 9.3　求 $\lim\limits_{(x,y)\to(0,2)}\dfrac{\sin(xy)}{x}$.

解　记 $f(x,y)=\dfrac{\sin(xy)}{x}$,则 $P_0(0,2)$ 为 $f(x,y)$ 的定义区域 $D_1=\{(x,y)|x>0\}$ 或 $D_2=\{(x,y)|x<0\}$ 的边界点. 由于在 $P_0(0,2)$ 的充分小的邻域内 $y\neq 0$,故有

$$\lim_{(x,y)\to(0,2)}\frac{\sin(xy)}{x}=\lim_{xy\to 0}\frac{\sin(xy)}{x\cdot y}\cdot\lim_{y\to 2}y=1\cdot 2=2.$$

9.1.4　多元函数的连续性

与一元函数的情形一样,利用函数的极限就可以说明多元函数在一点处连续的概念.

定义 9.6　设函数 $f(x,y)$ 在区域(或闭区域) D 内有定义, $P_0(x_0,y_0)$ 是 D 的内点或边界点且 $P_0\in D$. 如果

$$\lim_{(x,y)\to(x_0,y_0)}f(x,y)=f(x_0,y_0),$$

则称函数 $f(x,y)$ 在点 $P_0(x_0,y_0)$ **连续**.

如果函数 $f(x,y)$ 在区域(或闭区域) D 内的每一点连续,那么就称函数 $f(x,y)$ 在 D 内连续,或者称 $f(x,y)$ 是 D 内的**连续函数**.

以上关于二元函数的连续性概念,可相应地推广到一般的 n 元函数上去.

与闭区间上一元连续函数的性质相类似,在有界闭区域上多元连续函数也有如下性质.

性质 9.1(最大值和最小值定理)　在有界闭区域 D 上的多元连续函数 $f(P)$,在该区域上至少取得它的最大值和最小值各一次. 这就是说,在 D 上至少有一点 P_1 及一点 P_2,使得 $f(P_1)$ 为最大值,而 $f(P_2)$ 为最小值,即

$$f(P_2)\leqslant f(P)\leqslant f(P_1).$$

性质 9.2(介值定理)　在有界闭区域 D 上的多元连续函数 $f(P)$,如果取得两个不同的函数值,则它在该区域上取得介于这两个值之间的任何值至少一次. 特殊地,如果 μ 是在函数的最小值 m 和最大值 M 之间的一个数,则在 D 上至少有一点 Q,使得

$$f(Q)=\mu.$$

前边有关一元函数的极限运算法则,对于多元函数仍然适用. 根据极限运算法则,可以证明多元连续函数的和、差、积均为连续函数;在分母不为零处,连续函数的商也是连续函数;多元连续函数的复合函数也是连续函数.

与一元初等函数相类似,多元初等函数也是可由一个式子所表示的多元函数,而这个式子

是由常数及具有不同自变量的一元基本初等函数经过有限次的四则运算和复合步骤所构成的.例如,

$$\frac{\sqrt{xy+1}-1}{xy},\ \sin(x+y),\ \frac{\ln(x+e^y)}{\sqrt{x^2+y^2}}$$

等都是多元初等函数.

　　根据上面指出的连续函数的和、差、积、商的连续性以及连续函数的复合函数的连续性,以及基本初等函数的连续性,我们进一步可得出如下结论:

　　一切多元初等函数在其定义区域内是连续的.

　　由以上结论,如 $f(P)$ 是多元初等函数,P_0 是 $f(P)$ 的某个定义区域内的一点,则 $f(P)$ 在点 P_0 处连续,从而有

$$\lim_{P\to P_0}f(P)=f(P_0).$$

例 9.4　求 $\lim\limits_{(x,y)\to(0,0)}\dfrac{\sqrt{xy+1}-1}{xy}$.

解　$\lim\limits_{(x,y)\to(0,0)}\dfrac{\sqrt{xy+1}-1}{xy}=\lim\limits_{(x,y)\to(0,0)}\dfrac{xy+1-1}{xy(\sqrt{xy+1}+1)}$

$$=\lim_{(x,y)\to(0,0)}\frac{1}{\sqrt{xy+1}+1}=\frac{1}{2}.$$

以上运算的最后一步用到了二元函数 $\dfrac{1}{\sqrt{xy+1}+1}$ 在点 $(0,0)$ 处的连续性.

习 题 9.1

习题 9.1答案

　　1. 判定下列平面点集中哪些是开集、闭集、区域、有界集、无界集? 并分别指出点集的边界.

　　(1) $\{(x,y)\,|\,x\neq0,y\neq0\}$;　　　　(2) $\{(x,y)\,|\,x^2+y^2<2\}$;

　　(3) $\{(x,y)\,|\,y>x^2\}$;

　　(4) $\{(x,y)\,|\,x^2+(y-2)^2\geqslant1\}\bigcap\{(x,y)\,|\,x^2+(y-3)^2\leqslant4\}$.

　　2. 求下列各函数的定义域:

　　(1) $y=\ln(x^2-y+1)$;　　　　(2) $z=\dfrac{1}{\sqrt{x+y}}+\dfrac{1}{\sqrt{x-y}}$.

　　3. 已知函数 $f(u,v,w)=u^w+w^{u+v}$,试求 $f(x+y,x-y,xy)$.

　　4. 求下列各极限:

　　(1) $\lim\limits_{(x,y)\to(0,1)}\dfrac{1-xy}{x^2+y^2}$;　　　　(2) $\lim\limits_{(x,y)\to(1,0)}\dfrac{\ln(x+e^y)}{\sqrt{x^2+y^2}}$;

　　(3) $\lim\limits_{(x,y)\to(0,0)}\dfrac{xy}{\sqrt{xy+1}-1}$;　　　　(4) $\lim\limits_{(x,y)\to(0,0)}\dfrac{x\sin(x^2+y^2)}{x^2+y^2}$.

　　*5. 证明极限 $\lim\limits_{(x,y)\to(0,0)}\dfrac{xy^2}{x^3-y^3}$ 不存在.

　　6. 函数 $z=\dfrac{y^2+2x}{y^2-2x}$ 在何处间断?

9.2　偏　导　数

9.2.1　偏导数的定义及其计算法

大家知道,一元函数的导数定义为函数增量与自变量增量之比当自变量增量趋于零时的极限,它刻画了函数在一点处的变化率.对于多元函数来说,由于自变量个数的增多,函数关系就更为复杂,但是仍然可以考虑函数对于某一个自变量的变化率,也就是在其中一个自变量发生变化,而其余自变量都保持不变的情形下,考虑函数对于该自变量的变化率.例如,由物理学可知,一定量理想气体的体积 V、压强 p 与热力学温度 T 之间存在着某种联系.我们可以考察在等温条件下(即将 T 视为常数)体积对于压强的变化率,也可以分析在等压条件下(即将 p 视为常数)体积对于温度的变化率.由多元函数对某一个自变量的变化率就引出了多元函数的偏导数的概念.

定义 9.7　设函数 $z=f(x,y)$ 在点 (x_0,y_0) 的某一邻域内有定义,当 y 固定在 y_0,而 x 在 x_0 处有增量 Δx 时,相应地函数有增量

$$f(x_0+\Delta x,y_0)-f(x_0,y_0),$$

如果极限

$$\lim_{\Delta x \to 0}\frac{f(x_0+\Delta x,y_0)-f(x_0,y_0)}{\Delta x}$$

存在,则称此极限为函数 $z=f(x,y)$ 在点 (x_0,y_0) 处对 x 的**偏导数**,记作

$$\frac{\partial z}{\partial x}\bigg|_{\substack{x=x_0\\y=y_0}},\quad \frac{\partial f}{\partial x}\bigg|_{\substack{x=x_0\\y=y_0}},\quad z_x\bigg|_{\substack{x=x_0\\y=y_0}}\quad 或 \quad f_x(x_0,y_0),$$

即

$$f_x(x_0,y_0)=\lim_{\Delta x \to 0}\frac{f(x_0+\Delta x,y_0)-f(x_0,y_0)}{\Delta x}. \tag{1}$$

类似地,函数 $z=f(x,y)$ 在点 (x_0,y_0) 处对 y 的偏导数 $f_y(x_0,y_0)$ 定义为

$$f_y(x_0,y_0)=\lim_{\Delta y \to 0}\frac{f(x_0,y_0+\Delta y)-f(x_0,y_0)}{\Delta y}. \tag{2}$$

这个偏导数也可记作

$$\frac{\partial z}{\partial y}\bigg|_{\substack{x=x_0\\y=y_0}},\quad \frac{\partial f}{\partial y}\bigg|_{\substack{x=x_0\\y=y_0}},\quad z_y\bigg|_{\substack{x=x_0\\y=y_0}}\quad 或 \quad f_y(x_0,y_0).$$

如果函数 $z=f(x,y)$ 在区域 D 内的每一点 (x,y) 处对 x 的偏导数都存在,那么 D 内的每个点 (x,y),对应着 $z=f(x,y)$ 在该点处对 x 的偏导数,这样就在 D 内定义了一个新的函数,该函数称为 $z=f(x,y)$ 对 x 的**偏导函数**,记作

$$\frac{\partial z}{\partial x},\quad \frac{\partial f}{\partial x},\quad z_x\quad 或\quad f_x(x,y).$$

在式(1)中把 x_0 换成 x,y_0 换成 y,便得函数 $z=f(x,y)$ 对 x 的偏导函数的定义式

$$f_x(x,y)=\lim_{\Delta x \to 0}\frac{f(x+\Delta x,y)-f(x,y)}{\Delta x}.$$

类似地,可得函数 $z=f(x,y)$ 对 y 的偏导函数的定义式

$$f_y(x,y) = \lim_{\Delta y \to 0} \frac{f(x, y + \Delta y) - f(x, y)}{\Delta y}.$$

记作

$$\frac{\partial z}{\partial y}, \quad \frac{\partial f}{\partial y}, \quad z_y \quad 或 \quad f_y(x,y).$$

偏导函数也简称为**偏导数**.

由偏导数的概念可知，$z = f(x, y)$ 在点 (x_0, y_0) 处对 x 的偏导数 $f_x(x_0, y_0)$ 显然就是偏导函数 $f_x(x,y)$ 在点 (x_0, y_0) 处的函数值，$f_y(x_0, y_0)$ 就是偏导函数 $f_y(x,y)$ 在点 (x_0, y_0) 处的函数值.

由于从偏导函数的定义可得

$$f_x(x,y) = \frac{\mathrm{d}}{\mathrm{d}x} f(x,y), \quad f_y(x,y) = \frac{\mathrm{d}}{\mathrm{d}y} f(x,y),$$

因此，在求 $z = f(x, y)$ 的偏导函数时，并不需要新的方法，只要应用一元函数求导法就可以了. 例如，求 $\frac{\partial z}{\partial x}$ 时，只要把 y 看作常量而对 x 求导数；求 $\frac{\partial z}{\partial y}$ 时，则只要把 x 看作常量而对 y 求导数.

偏导数的概念可以推广到二元以上的函数. 例如，三元函数

$$w = f(x, y, z),$$

对 x 的偏导函数定义为

$$f_x(x,y,z) = \lim_{\Delta x \to 0} \frac{f(x + \Delta x, y, z) - f(x, y, z)}{\Delta x}.$$

实际上，这是把函数 $w = f(x, y, z)$ 中的 y 和 z 看作常量而对 x 求导数. 它的求法也还是一元函数的求导问题.

例 9.5 求 $z = x^2 + 3xy + y^2$ 在点 $(1, 2)$ 处的偏导数.

解 把 y 看作常量，得

$$\frac{\partial z}{\partial x} = 2x + 3y;$$

把 x 看作常量，得

$$\frac{\partial z}{\partial y} = 3x + 2y.$$

将 $x = 1, y = 2$ 代入上面的结果，就得

$$\frac{\partial z}{\partial x}\bigg|_{\substack{x=1\\y=2}} = 2 \times 1 + 3 \times 2 = 8,$$

$$\frac{\partial z}{\partial y}\bigg|_{\substack{x=1\\y=2}} = 3 \times 1 + 2 \times 2 = 7.$$

例 9.6 求 $z = x^2 \sin 2y$ 的偏导数.

解

$$\frac{\partial z}{\partial x} = 2x \sin 2y,$$

$$\frac{\partial z}{\partial y} = 2x^2 \cos 2y.$$

例 9.7 设 $z = x^y \, (x > 0, x \neq 1, y$ 为任意实数$)$. 求证：

$$\frac{x}{y} \frac{\partial z}{\partial x} + \frac{1}{\ln x} \frac{\partial z}{\partial y} = 2z.$$

证　因为

$$\frac{\partial z}{\partial x}=yx^{y-1},\frac{\partial z}{\partial y}=x^{y}\ln x,$$

所以

$$\frac{x}{y}\frac{\partial z}{\partial x}+\frac{1}{\ln x}\frac{\partial z}{\partial y}=\frac{x}{y}yx^{y-1}+\frac{1}{\ln x}x^{y}\ln x=x^{y}+x^{y}=2z.$$

例 9.8　求 $r=\sqrt{x^{2}+y^{2}+z^{2}}$ 的偏导数.

解　把 y 和 z 都看作常量,得

$$\frac{\partial r}{\partial x}=\frac{x}{\sqrt{x^{2}+y^{2}+z^{2}}}=\frac{x}{r};$$

类似地,有

$$\frac{\partial r}{\partial y}=\frac{y}{r},\frac{\partial r}{\partial z}=\frac{z}{r}.$$

我们知道,对一元函数来说,$\dfrac{\mathrm{d}y}{\mathrm{d}x}$ 可看作函数的微分 $\mathrm{d}y$ 与自变量的微分 $\mathrm{d}x$ 之商.而上式表明,偏导数的记号是一个整体记号,其中的横线没有相除的意义.

二元函数 $z=f(x,y)$ 在点 (x_{0},y_{0}) 处的偏导数有下述几何意义:

设 $M_{0}(x_{0},y_{0},f(x_{0},y_{0}))$ 为曲面 $z=f(x,y)$ 上的一点,过 M_{0} 作平面截此曲面得一曲线,此曲线在平面 $y=y_{0}$ 上的方程为 $z=f(x,y_{0})$,而导数

$$\frac{\mathrm{d}}{\mathrm{d}x}f(x,y_{0})\Big|_{x=x_{0}}$$

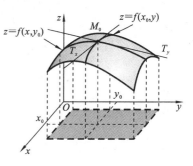

图 9.7

即偏导数 $f_{x}(x_{0},y_{0})$,就是该曲线在点 M_{0} 处的切线 $M_{0}T_{x}$ 对 x 轴的斜率(见图 9.7).同样,偏导数 $f_{y}(x_{0},y_{0})$ 的几何意义是,曲面 $z=f(x,y)$ 被平面 $x=x_{0}$ 所截得的曲线在点 M_{0} 处的切线 $M_{0}T_{y}$ 对 y 轴的斜率.

我们知道,如果一元函数在某点具有导数,则它在该点必定连续.但对于多元函数来说,即使它在某点的各个偏导数都存在,也不能保证它在该点连续.

例如,函数

$$z=f(x,y)=\begin{cases}\dfrac{xy}{x^{2}+y^{2}},&x^{2}+y^{2}\neq 0,\\[2mm]0,&x^{2}+y^{2}=0\end{cases}$$

在点 $(0,0)$ 处对 x 的偏导数为

$$f_{x}(0,0)=\lim_{\Delta x\to 0}\frac{f(0+\Delta x,0)-f(0,0)}{\Delta x}=\lim_{\Delta x\to 0}0=0,$$

同样有

$$f_{y}(0,0)=\lim_{\Delta y\to 0}\frac{f(0,0+\Delta y)-f(0,0)}{\Delta y}=\lim_{\Delta y\to 0}0=0.$$

但是,我们在 9.1 节中已经知道,该函数当 $(x,y)\to(0,0)$ 时的极限不存在,因此该函数在点 $(0,0)$ 处不连续.

9.2.2 高阶偏导数

定义 9.8 设函数 $z=f(x,y)$ 在区域 D 内具有偏导数

$$\frac{\partial z}{\partial x}=f_x(x,y), \quad \frac{\partial z}{\partial y}=f_y(x,y),$$

那么,这两个偏导数在 D 内都是 x,y 的函数.如果这两个函数的偏导数也存在,则称这两个函数的偏导数为原来函数 $z=f(x,y)$ 的**二阶偏导数**.依照对变量求导的次序不同而有下列四个二阶偏导数.

(1) $f(x,y)$ 对 x 的二阶偏导数:$\dfrac{\partial}{\partial x}\left(\dfrac{\partial z}{\partial x}\right)=\dfrac{\partial^2 z}{\partial x^2}=z_{xx}(x,y)=f_{xx}(x,y)$.

(2) $f(x,y)$ 对 x、y 的混合二阶偏导数:$\dfrac{\partial}{\partial y}\left(\dfrac{\partial z}{\partial x}\right)=\dfrac{\partial^2 z}{\partial x\partial y}=f_{xy}(x,y)$.

(3) $f(x,y)$ 对 y、x 的混合二阶偏导数:$\dfrac{\partial}{\partial x}\left(\dfrac{\partial z}{\partial y}\right)=\dfrac{\partial^2 z}{\partial y\partial x}=f_{yx}(x,y)$.

(4) $f(x,y)$ 对 y 的二阶偏导数:$\dfrac{\partial}{\partial y}\left(\dfrac{\partial z}{\partial y}\right)=\dfrac{\partial^2 z}{\partial y^2}=f_{yy}(x,y)$.

如果二阶偏导数也具有偏导数,则所得偏导数称为原来函数的**三阶偏导数**,如此等等.一般地,$z=f(x,y)$ 的 $n-1$ 阶偏导数的偏导数称为 $z=f(x,y)$ 的 n **阶偏导数**.二阶及二阶以上的偏导数统称为**高阶偏导数**.

例 9.9 设 $z=x^3 y^2-3xy^3-xy+1$,求 $\dfrac{\partial^2 z}{\partial x^2}$、$\dfrac{\partial^2 z}{\partial x\partial y}$、$\dfrac{\partial^2 z}{\partial y\partial x}$ 及 $\dfrac{\partial^2 z}{\partial y^2}$.

解 易知
$$\frac{\partial z}{\partial x}=3x^2 y^2-3y^3-y, \quad \frac{\partial z}{\partial y}=2x^3 y-9xy^2-x,$$

所以
$$\frac{\partial^2 z}{\partial x^2}=6xy^2, \quad \frac{\partial^2 z}{\partial x\partial y}=6x^2 y-9y^2-1,$$

$$\frac{\partial^2 z}{\partial y\partial x}=6x^2 y-9y^2-1, \quad \frac{\partial^2 z}{\partial y^2}=2x^3-18xy.$$

注意到,例 9.9 中两个二阶混合偏导数相等,即 $\dfrac{\partial^2 z}{\partial x\partial y}=\dfrac{\partial^2 z}{\partial y\partial x}$,这不是偶然的.事实上有下述定理.

定理 9.1 如果函数 $z=f(x,y)$ 的两个二阶混合偏导数

$$\frac{\partial^2 z}{\partial x\partial y}\,\text{及}\,\frac{\partial^2 z}{\partial y\partial x}$$

在区域 D 内连续,那么在该区域内这两个二阶混合偏导数必相等.

换句话说,二阶混合偏导数在连续条件下与求偏导的次序无关.该定理的证明略.

上述定理还可推广到更高阶的混合偏导数的情形.对此有下列结论:

如果函数 $z=f(x,y)$ 的直到某阶为止的一切偏导数在区域 D 内都存在且连续,那么所出现的同阶混合偏导数均与求偏导次序无关.例如,在连续条件下,

$$f_{xxy}=f_{xyx}=f_{yxx},$$

上式表示,只要对 x 求偏导两次,对 y 求偏导一次,不论求偏导次序如何,结果是一样的.

对于二元以上的函数,也可以类似地定义高阶偏导数,而且高阶混合偏导数在偏导数连续的条件下也与求偏导的次序无关.

例 9.10　验证函数 $z=\ln\sqrt{x^2+y^2}$ 满足方程

$$\frac{\partial^2 z}{\partial x^2}+\frac{\partial^2 z}{\partial y^2}=0.$$

证　因为 $z=\ln\sqrt{x^2+y^2}=\dfrac{1}{2}\ln(x^2+y^2)$，所以

$$\frac{\partial z}{\partial x}=\frac{x}{x^2+y^2},\quad \frac{\partial z}{\partial y}=\frac{y}{x^2+y^2};$$

$$\frac{\partial^2 z}{\partial x^2}=\frac{(x^2+y^2)-x\cdot 2x}{(x^2+y^2)^2}=\frac{y^2-x^2}{(x^2+y^2)^2},$$

$$\frac{\partial^2 z}{\partial y^2}=\frac{(x^2+y^2)-y\cdot 2y}{(x^2+y^2)^2}=\frac{x^2-y^2}{(x^2+y^2)^2}.$$

因此

$$\frac{\partial^2 z}{\partial x^2}+\frac{\partial^2 z}{\partial y^2}=\frac{y^2-x^2}{(x^2+y^2)^2}+\frac{x^2-y^2}{(x^2+y^2)^2}=0.$$

习　题　9.2

习题 9.2 答案

1. 已知 $f(x,y)=\mathrm{e}^{x+y}\sin(xy)+3xy-1$，求 $f_x(1,0),f_x(0,1)$.

2. 求下列函数的偏导数：

(1) $z=x^3y-y^3x$；　　　　　　　　　(2) $z=(1+xy)^y$；

(3) $z=\sqrt{\ln(xy)}$；　　　　　　　　(4) $z=\sin(xy)+\cos^2(xy)$；

(5) $z=\dfrac{x\mathrm{e}^y}{y^2}$；　　　　　　　　　　(6) $u=x^{\frac{y}{z}}$.

3. 曲线 $\begin{cases}z=\sqrt{1+x^2+y^2},\\ x=1\end{cases}$ 在点 $(1,1,\sqrt{3})$ 处的切线与正向 y 轴所成的倾角是多少？

4. 求下列函数的偏导数 $\dfrac{\partial z}{\partial x},\dfrac{\partial z}{\partial y},\dfrac{\partial^2 z}{\partial x^2},\dfrac{\partial^2 z}{\partial y^2},\dfrac{\partial^2 z}{\partial x\partial y}$.

(1) $z=\arctan\dfrac{y}{x}$；　　　　　　　(2) $z=y^x$.

9.3　全　微　分

对于一元函数 $y=f(x)$，曾讨论过用自变量增量的线性函数 $A\Delta x$ 近似代替函数增量 Δy 的问题. 现在对于二元函数也要讨论类似的问题.

设函数 $z=f(x,y)$ 在区域 D 内有定义，点 $P(x,y)\in D$. 当自变量 x 取得增量 Δx，自变量 y 取得增量 Δy 时，得到点 $P'(x+\Delta x,y+\Delta y)$，假设点 P' 也属于 D. 函数在点 P 及点 P' 处的函数值之差 $f(x+\Delta x,y+\Delta y)-f(x,y)$ 称为函数在点 P 对应于自变量增量 Δx、Δy 的**全增量**，记作 Δz，即

$$\Delta z=f(x+\Delta x,y+\Delta y)-f(x,y). \tag{1}$$

例如，设一圆柱体的底半径为 r，高为 h，当底半径和高各自获得增量 Δr 和 Δh 时，为了了

解圆柱体体积 V 的改变量,就要计算如下的全增量

$$\Delta V = \pi (r+\Delta r)^2 \cdot (h+\Delta h) - \pi r^2 h$$
$$= 2\pi rh\Delta r + \pi r^2 \Delta h + 2\pi r\Delta r\Delta h + \pi h (\Delta r)^2 + \pi (\Delta r)^2 \Delta h.$$

一般来说,多元函数全增量的计算是比较复杂的. 但是从上面这个例子可以看到,当 Δr 与 Δh 很小时,圆柱体体积的全增量 ΔV 可以用 $2\pi rh\Delta r + \pi r^2 \Delta h$ 来近似表示,它是自变量增量 Δr 与 Δh 的线性函数(这里 r、h 视为常数),而由此产生的误差的每一项均是 Δr 和 Δh 的二次或三次函数,故当 Δr 和 Δh 趋于零时,误差趋于零的速度要比 $2\pi rh\Delta r + \pi r^2 \Delta h$ 趋于零的速度快得多. 也就是说,这种近似的精确度是比较高的. 多元函数全增量的这种局部线性近似性质引出了多元函数的可微性概念.

定义 9.9　如果函数 $z = f(x, y)$ 在点 (x, y) 的全增量

$$\Delta z = f(x+\Delta x, y+\Delta y) - f(x, y)$$

可表示为

$$\Delta z = A\Delta x + B\Delta y + o(\rho), \tag{2}$$

其中 A、B 不依赖于 Δx、Δy 而仅与 x、y 有关,$\rho = \sqrt{(\Delta x)^2 + (\Delta y)^2}$,则称函数 $z = f(x, y)$ 在点 (x, y) 可微分,而 $A\Delta x + B\Delta y$ 称为函数 $z = f(x, y)$ 在点 (x, y) 的**全微分**,记作 dz,即

$$\mathrm{d}z = A\Delta x + B\Delta y.$$

由式(2)可知,如果函数 $z = f(x, y)$ 在点 (x, y) 可微分,则当 $\rho \to 0$ 时(当然同时有 $\Delta x \to 0$,$\Delta y \to 0$),就有 $\Delta z \to 0$,于是由式(1)得

$$\lim_{\rho \to 0} f(x+\Delta x, y+\Delta y) = \lim_{\rho \to 0}[f(x, y) + \Delta z] = f(x, y),$$

从而函数 $z = f(x, y)$ 在点 (x, y) 处连续. 因此,如果函数在点 (x, y) 处不连续,则函数在该点一定不可微.

我们知道,一元函数在某点的导数存在是微分存在的充分必要条件. 但对于二元函数来说,情形就不同了. 当二元函数的两个偏导数都存在时,虽然能形式地写出

$$\frac{\partial z}{\partial x}\Delta x + \frac{\partial z}{\partial y}\Delta y,$$

但它与 Δz 之差并不一定是 ρ 的高阶无穷小,因此它不一定是函数的全微分. 换句话说,**偏导数存在只是全微分存在的必要条件,而不是充分条件**.

例如,在前面已看到,函数

$$f(x, y) = \begin{cases} \dfrac{xy}{x^2+y^2}, & x^2+y^2 \neq 0, \\ 0, & x^2+y^2 = 0 \end{cases}$$

在点 $(0, 0)$ 处有 $f_x(0, 0) = 0$,$f_y(0, 0) = 0$,但该函数在点 $(0, 0)$ 处不连续,因此是不可微分的,从而全微分不存在.

但是,如果再假定函数的各个偏导数连续,则可保证全微分存在,即有下面的定理.

定理 9.2　如果函数 $z = f(x, y)$ 的偏导数 $\dfrac{\partial z}{\partial x}$,$\dfrac{\partial z}{\partial y}$ 在点 (x, y) 连续,则函数在该点的全微分存在(证明略).

习惯上,我们将自变量的增量 Δx,Δy 分别记作 dx,dy,并分别称为自变量 x、y 的微分. 这样,函数 $z = f(x, y)$ 的全微分就可写为

$$dz = \frac{\partial z}{\partial x}dx + \frac{\partial z}{\partial y}dy.$$

如果函数在一个区域 D 内各点处都可微分,则称该函数在 D 内可微分.

以上关于二元函数全微分的定义,全微分存在的必要条件和充分条件,以及全微分存在时的表达式等,可以完全类似地推广到三元和三元以上的多元函数. 例如,如果函数

$$w = f(x, y, z)$$

的全微分存在,那么必定有

$$dw = \frac{\partial w}{\partial x}dx + \frac{\partial w}{\partial y}dy + \frac{\partial w}{\partial z}dz.$$

例 9.11　求函数 $z = x^2 y + y^2$ 的全微分.

解　因为

$$\frac{\partial z}{\partial x} = 2xy, \frac{\partial z}{\partial y} = x^2 + 2y;$$

所以

$$dz = 2xy\,dx + (x^2 + 2y)\,dy.$$

例 9.12　计算函数 $z = e^{xy}$ 在点 $(2,1)$ 处的全微分.

解　因为

$$\frac{\partial z}{\partial x} = ye^{xy}, \quad \frac{\partial z}{\partial y} = xe^{xy}.$$

则

$$\frac{\partial z}{\partial x}\bigg|_{\substack{x=2\\y=1}} = e^2, \quad \frac{\partial z}{\partial y}\bigg|_{\substack{x=2\\y=1}} = 2e^2.$$

所以

$$dz = e^2\,dx + 2e^2\,dy.$$

例 9.13　求函数 $w = x + \sin\frac{y}{2} + e^{yz}$ 的全微分.

解　因为

$$\frac{\partial w}{\partial x} = 1, \quad \frac{\partial w}{\partial y} = \frac{1}{2}\cos\frac{y}{2} + ze^{yz}, \quad \frac{\partial w}{\partial z} = ye^{yz},$$

所以

$$dw = dx + \left(\frac{1}{2}\cos\frac{y}{2} + ze^{yz}\right)dy + ye^{yz}\,dz.$$

习　题　9.3

习题 9.3 答案

1. 求下列函数的全微分:

(1) $z = xy + \dfrac{x}{y}$;　　　　　　(2) $z = \dfrac{y}{\sqrt{x^2 + y^2}}$;

(3) $u = e^x(x^2 + y^2 + z^2)$;　　　(4) $u = x^{yz}$.

2. 求函数 $z = \ln(1 + x^2 + y^2)$ 当 $x = 1, y = 2$ 时的全微分.

3. 求函数 $z = \dfrac{y}{x}$ 当 $x = 2, y = 1, \Delta x = 0.1, \Delta y = -0.2$ 时的全增量和全微分.

4. 求函数 $z = e^{xy}$ 当 $x = 1, y = 1, \Delta x = 0.15, \Delta y = 0.1$ 时的全微分.

9.4　多元复合函数与隐函数的求导法则

9.4.1　多元复合函数的求导法则

我们已经学习了一元复合函数求导的链式法则:如果函数 $x=g(t)$ 在点 t 可导,函数 $y=f(x)$ 在对应点 x 可导,则复合函数 $y=f(g(t))$ 在点 t 可导,且有

$$\frac{\mathrm{d}y}{\mathrm{d}t}=\frac{\mathrm{d}y}{\mathrm{d}x}\cdot\frac{\mathrm{d}x}{\mathrm{d}t}.$$

现在将这一重要法则推广到多元复合函数.

多元复合函数的求导法则在不同的函数复合情况下,表达形式有所不同,下面归纳成三种典型情形加以讨论.

情形 1:复合函数的中间变量均为一元函数的情形.

定理 9.3　如果函数 $u=\varphi(t)$,$v=\psi(t)$ 都在点 t 可导,函数 $z=f(u,v)$ 在对应点 (u,v) 具有连续导数,则复合函数 $z=f[\varphi(t),\psi(t)]$ 在点 t 可导,且有

$$\frac{\mathrm{d}z}{\mathrm{d}t}=\frac{\partial z}{\partial u}\frac{\mathrm{d}u}{\mathrm{d}t}+\frac{\partial z}{\partial v}\frac{\mathrm{d}v}{\mathrm{d}t}.　　　　　　　(1)$$

上述公式中的 $\dfrac{\mathrm{d}z}{\mathrm{d}t}$ 称为**函数 z 的全导数**.

复合函数的结构能够用"树图"形象地表示出来,定理 9.3 中的函数关系如图 9.8 所示.这样把树图和公式(1)结合起来有利于正确求出复合函数导数.

图 9.8

事实上,设 t 取得增量 Δt,则 u 和 v 相应取得增量 Δu 和 Δv,由于 $z=f(u,v)$ 可微,故知 z 的全增量

$$\Delta z=\frac{\partial z}{\partial u}\Delta u+\frac{\partial z}{\partial v}\Delta v+o(\rho),$$

将上式两端同除以 Δt,得

$$\frac{\Delta z}{\Delta t}=\frac{\partial z}{\partial u}\frac{\Delta u}{\Delta t}+\frac{\partial z}{\partial v}\frac{\Delta v}{\Delta t}+\frac{o(\rho)}{\Delta t},$$

并令 $\Delta t\to 0$,则有

$$\frac{\Delta u}{\Delta t}\to\frac{\mathrm{d}u}{\mathrm{d}t},\quad\frac{\Delta v}{\Delta t}\to\frac{\mathrm{d}v}{\mathrm{d}t}.$$

并可证明

$$\frac{o(\rho)}{\Delta t}\to 0.$$

从而得

$$\frac{\mathrm{d}z}{\mathrm{d}t}=\lim_{\Delta t\to 0}\frac{\Delta z}{\Delta t}=\frac{\partial z}{\partial u}\frac{\mathrm{d}u}{\mathrm{d}t}+\frac{\partial z}{\partial v}\frac{\mathrm{d}v}{\mathrm{d}t}.$$

用同样的证明方法,可把式(1)推广到复合函数的中间变量多于两个的情形.例如,设

$$z=f(u,v,w),\quad u=\varphi(t),\quad v=\psi(t),\quad w=w(t)$$

复合而得复合函数

$$z=f[\varphi(t),\psi(t),w(t)],$$

变量之间的依赖关系如图 9.9 所示,则在类似的条件下,其导数
存在且可用下列公式计算:

$$\frac{\mathrm{d}z}{\mathrm{d}t}=\frac{\partial z}{\partial u}\frac{\mathrm{d}u}{\mathrm{d}t}+\frac{\partial z}{\partial v}\frac{\mathrm{d}v}{\mathrm{d}t}+\frac{\partial z}{\partial w}\frac{\mathrm{d}w}{\mathrm{d}t}. \qquad (2)$$

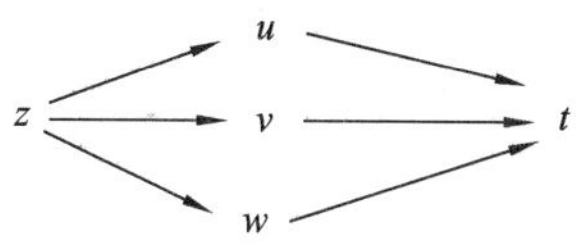

图 9.9

复合函数　　　　$z=f[\varphi(t),\psi(t),w(t)]$

只是一个自变量 t 的函数,对 t 的导数 $\dfrac{\mathrm{d}z}{\mathrm{d}t}$ 称为全导数.

例 9.14　设 $z=u^2v+3uv^4$,$u=\mathrm{e}^x$,$v=\sin x$,求全导数 $\dfrac{\mathrm{d}z}{\mathrm{d}x}$.

解
$$\frac{\mathrm{d}z}{\mathrm{d}x}=\frac{\partial z}{\partial u}\frac{\mathrm{d}u}{\mathrm{d}x}+\frac{\partial z}{\partial v}\frac{\mathrm{d}v}{\mathrm{d}x}=(2uv+3v^4)\mathrm{e}^x+(u^2+12uv^3)\cos x$$

$$=(2\mathrm{e}^x\sin x+3\sin^4 x)\mathrm{e}^x+(\mathrm{e}^{2x}+12\mathrm{e}^x\sin^3 x)\cos x.$$

例 9.15　设 $z=u^v(u>0,u\neq1)$,而 $u=u(x)$ 及 $v=v(x)$ 均可导,根据复合函数求导法则,
复合函数 $z=u(x)^{v(x)}$ 关于 x 的导数.

解
$$\frac{\mathrm{d}z}{\mathrm{d}x}=\frac{\partial z}{\partial u}\cdot\frac{\mathrm{d}u}{\mathrm{d}x}+\frac{\partial z}{\partial v}\cdot\frac{\mathrm{d}v}{\mathrm{d}x}=vu^{v-1}\cdot\frac{\mathrm{d}u}{\mathrm{d}x}+u^v\ln u\cdot\frac{\mathrm{d}v}{\mathrm{d}x}$$

$$=u^v\left(\frac{v}{u}\frac{\mathrm{d}u}{\mathrm{d}x}+\ln u\frac{\mathrm{d}v}{\mathrm{d}x}\right).$$

过去我们曾用对数求导法获得过这个结果,现在用多元复合函数求导法来做显得更方
便些.

情形 2:复合函数的中间变量均为多元函数的情形.

定理 9.4　如果函数 $u=\varphi(x,y)$,$v=\psi(x,y)$ 都在点 (x,y) 具有对 x 及对 y 的偏导数,函
数 $z=f(u,v)$ 在对应点 (u,v) 具有连续偏导数,则复合函数

$$z=f[\varphi(x,y),\psi(x,y)]$$

在点 (x,y) 的两个偏导数存在,且有

$$\frac{\partial z}{\partial x}=\frac{\partial z}{\partial u}\frac{\partial u}{\partial x}+\frac{\partial z}{\partial v}\frac{\partial v}{\partial x}, \qquad (3)$$

$$\frac{\partial z}{\partial y}=\frac{\partial z}{\partial u}\frac{\partial u}{\partial y}+\frac{\partial z}{\partial v}\frac{\partial v}{\partial y}. \qquad (4)$$

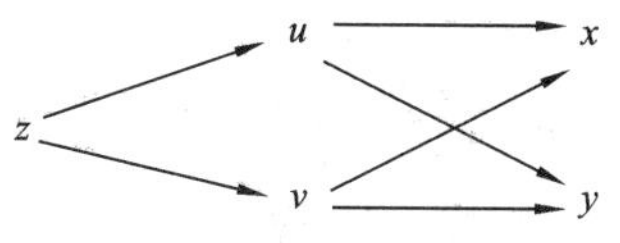

图 9.10

其中,复合函数 $z=f[\varphi(x,y),\psi(x,y)]$ 变量间的依赖关系如图
9.10 所示.

事实上,这里求 $\dfrac{\partial z}{\partial x}$ 时,y 看作常量,因此中间变量 u 和 v 仍可看作一元函数而应用式(1).
但由于

$$z=f[\varphi(x,y),\psi(x,y)]$$

以及 $u=\varphi(x,y)$,$v=\psi(x,y)$ 都是 x,y 的二元函数,所以应把式(1)中的导数符号换成偏导符
号,这样便由式(1)得式(3).同理由式(1)可得式(4).

类似地,设 $z=f(u,v,w)$ 具有连续偏导数,而

$$u=\varphi(x,y), \quad v=\psi(x,y), \quad w=w(x,y)$$

都具有偏导数,则复合函数 $z=f[\varphi(x,y),\psi(x,y),w(x,y)]$ 在点 (x,y) 的两个偏导数存在,且有

$$\frac{\partial z}{\partial x}=\frac{\partial z}{\partial u}\frac{\partial u}{\partial x}+\frac{\partial z}{\partial v}\frac{\partial v}{\partial x}+\frac{\partial z}{\partial w}\frac{\partial w}{\partial x} \tag{5}$$

$$\frac{\partial z}{\partial y}=\frac{\partial z}{\partial u}\frac{\partial u}{\partial y}+\frac{\partial z}{\partial v}\frac{\partial v}{\partial y}+\frac{\partial z}{\partial w}\frac{\partial w}{\partial y}. \tag{6}$$

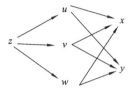

图 9.11

其中,复合函数 $z=f[\varphi(x,y),\psi(x,y),w(x,y)]$ 变量间的依赖关系如图 9.11 所示. 以上得到的复合函数求导公式均统称为**链式法则**,并且通过**树图**可以直观描述变量之间的关系,帮助我们理解和记忆相应的公式.

例 9.16　设 $z=\mathrm{e}^u\sin v$,而 $u=xy,v=x+y$,求 $\dfrac{\partial z}{\partial x}$ 和 $\dfrac{\partial z}{\partial y}$.

解　由公式(3)及公式(4)得

$$\frac{\partial z}{\partial x}=\frac{\partial z}{\partial u}\frac{\partial u}{\partial x}+\frac{\partial z}{\partial v}\frac{\partial v}{\partial x}=\mathrm{e}^u\sin v \cdot y+\mathrm{e}^u\cos v \cdot 1$$
$$=\mathrm{e}^{xy}[y\sin(x+y)+\cos(x+y)],$$
$$\frac{\partial z}{\partial y}=\frac{\partial z}{\partial u}\frac{\partial u}{\partial y}+\frac{\partial z}{\partial v}\frac{\partial v}{\partial y}=\mathrm{e}^u\sin v \cdot x+\mathrm{e}^u\cos v \cdot 1$$
$$=\mathrm{e}^{xy}[x\sin(x+y)+\cos(x+y)].$$

情形 3:复合函数的中间变量既有一元函数,又有多元函数的情形.

定理 9.5　设 $z=f(u,v)$,复合成二元函数 $z=f[\varphi(x,y),\psi(y)]$,那么在与情形 2 类似的条件下,$z$ 关于 x 和 y 的偏导数均存在,且有

$$\frac{\partial z}{\partial x}=\frac{\partial z}{\partial u}\frac{\partial u}{\partial x}; \tag{7}$$

$$\frac{\partial z}{\partial y}=\frac{\partial z}{\partial u}\frac{\partial u}{\partial y}+\frac{\partial z}{\partial v}\frac{\mathrm{d}v}{\mathrm{d}y}. \tag{8}$$

只需注意到 v 与 x 无关,并在一元函数求导时,将记号 ∂ 改成记号 d,就能从(3)、(4)两式分别得到式(7)和式(8).

例 9.17　设 $z=\arcsin xy,x=s\mathrm{e}^t,y=t^2$,求 $\dfrac{\partial z}{\partial s}$ 和 $\dfrac{\partial z}{\partial t}$.

解
$$\frac{\partial z}{\partial s}=\frac{\partial z}{\partial x}\frac{\partial x}{\partial s}=\frac{y}{\sqrt{1-x^2y^2}}\mathrm{e}^t=\frac{t^2\mathrm{e}^t}{\sqrt{1-s^2t^4\mathrm{e}^{2t}}};$$

$$\frac{\partial z}{\partial t}=\frac{\partial z}{\partial x}\frac{\partial x}{\partial t}+\frac{\partial z}{\partial y}\frac{\mathrm{d}y}{\mathrm{d}t}=\frac{y}{\sqrt{1-x^2y^2}}\cdot s\mathrm{e}^t+\frac{x}{\sqrt{1-x^2y^2}}\cdot 2t=\frac{(t+2)st\mathrm{e}^t}{\sqrt{1-s^2t^4\mathrm{e}^{2t}}}.$$

在情形 3 中往往会遇到这样的情况:某个变量同时出现于构成复合函数的两个函数中,这时特别要注意防止记号的混淆.

例 9.18　设 $u=\mathrm{e}^{x^2+y^2+z^2},z=x^2\sin y$,求 $\dfrac{\partial u}{\partial x}$ 和 $\dfrac{\partial u}{\partial y}$.

解　为避免记号的混淆,先引入记号 $f(x,y,z)$,即令

$$u = f(x,y,z) = \mathrm{e}^{x^2+y^2+z^2},$$

于是，

$$\frac{\partial u}{\partial x} = f_x + f_z \frac{\partial z}{\partial x} = 2x\mathrm{e}^{x^2+y^2+z^2} + 2z\mathrm{e}^{x^2+y^2+z^2} \cdot 2x\sin y$$

$$= 2x(1+2x^2\sin^2 y)\mathrm{e}^{x^2+y^2+x^4\sin^2 y};$$

$$\frac{\partial u}{\partial y} = f_y + f_z \frac{\partial z}{\partial y} = 2y\mathrm{e}^{x^2+y^2+z^2} + 2z\mathrm{e}^{x^2+y^2+z^2} \cdot x^2\cos y$$

$$= 2(y+x^4\sin y\cos y)\mathrm{e}^{x^2+y^2+x^4\sin^2 y}.$$

9.4.2 隐函数的求导公式

在一元函数微分法中,我们知道如果方程 $F(x,y)=0$ 确定一个隐函数 $y=f(x)$,将 $y=f(x)$ 代入 $F(x,y)=0$,得恒等式 $F(x,f(x))=0$,恒等式两边同时对 x 求导,得

$$\frac{\partial F}{\partial x} + \frac{\partial F}{\partial y} \cdot \frac{\mathrm{d}y}{\mathrm{d}x} = 0.$$

当 F_y 连续,且 $F_y(x,y)\neq 0$ 时,存在 (x,y) 的一个邻域,在这个邻域内 $F_y\neq 0$,于是得

$$\frac{\mathrm{d}y}{\mathrm{d}x} = -\frac{F_x}{F_y}. \tag{9}$$

类似地,如果三元方程 $F(x,y,z)=0$ 能确定一个二元隐函数 $z=f(x,y)$,将 $z=f(x,y)$ 代入 $F(x,y,z)=0$ 中,得

$$F(x,y,f(x,y))=0.$$

上式两端分别对 x 和 y 求导,得

$$F_x + F_z \cdot \frac{\partial z}{\partial x} = 0, \quad F_y + F_z \cdot \frac{\partial z}{\partial y} = 0.$$

当 F_z 连续,且 $F_z\neq 0$ 时,存在点 (x,y,z) 的某个邻域,在该邻域内 $F_z\neq 0$,则有

$$\frac{\partial z}{\partial x} = -\frac{F_x}{F_z}, \quad \frac{\partial z}{\partial y} = -\frac{F_y}{F_z}. \tag{10}$$

顺便指出,上面关于公式(9)和公式(10)的推导过程,本身就是隐函数的一种求导方法.

例 9.19 设 $x^2+y^2+z^2-4z=0$,求 $\dfrac{\partial z}{\partial x}, \dfrac{\partial z}{\partial y}$.

解 方法一 设 $F(x,y,z)=x^2+y^2+z^2-4z$,则由公式(10)得

$$\frac{\partial z}{\partial x} = -\frac{F_x}{F_z} = -\frac{2x}{2z-4} = \frac{x}{2-z},$$

$$\frac{\partial z}{\partial y} = -\frac{F_y}{F_z} = -\frac{2y}{2z-4} = \frac{y}{2-z}.$$

方法二 设 $F(x,y,z)=x^2+y^2+z^2-4z$. 对 $F(x,y,z)=0$ 两边分别对 x 和 y 求导,得

$$2x+(2z-4)\frac{\partial z}{\partial x}=0, \quad 2y+(2z-4)\frac{\partial z}{\partial y}=0.$$

解得

$$\frac{\partial z}{\partial x} = \frac{x}{2-z}, \quad \frac{\partial z}{\partial y} = \frac{y}{2-z}.$$

习　题　9.4

习题 9.4 答案

1. 设 $z = \mathrm{e}^{x-2y}, x = \sin t, y = t^3$，求 $\dfrac{\mathrm{d}z}{\mathrm{d}t}$.

2. 设 $z = \arctan(xy)$，而 $y = \mathrm{e}^x$，求 $\dfrac{\mathrm{d}z}{\mathrm{d}x}$.

3. 设 $u = \dfrac{\mathrm{e}^{ax}(y-z)}{a^2+1}$，而 $y = a\sin x, z = \cos x$，求 $\dfrac{\mathrm{d}u}{\mathrm{d}x}$.

4. 设 $z = u^2 v - uv^2, u = x\cos y, v = x\sin y$，求 $\dfrac{\partial z}{\partial x}, \dfrac{\partial z}{\partial y}$.

5. 设 $z = (x+y)^{(x+y)}$，求 $\dfrac{\partial z}{\partial x}$，$(x^x)' = x^x(1+\ln x)$.

6. 设 $\sin y + \mathrm{e}^x - xy^2 = 0$，求 $\dfrac{\mathrm{d}y}{\mathrm{d}x}$.

7. 设 $x + 2y + z - 2\sqrt{xyz} = 0$，求 $\dfrac{\partial z}{\partial x}, \dfrac{\partial z}{\partial y}$.

8. 设 $\dfrac{x}{z} = \ln\dfrac{z}{y}$，求 $\dfrac{\partial z}{\partial x}, \dfrac{\partial z}{\partial y}$.

9. 设 $2\sin(x+2y-3z) = x+2y-3z$，证明 $\dfrac{\partial z}{\partial x} + \dfrac{\partial z}{\partial y} = 1$.

10. 设 $\mathrm{e}^z - xyz = 0$，求 $\dfrac{\partial z}{\partial x}$.

11. 设 $z^3 - 3xyz = a^3$，求 $\dfrac{\partial^2 z}{\partial x \partial y}$.

9.5　二元函数的极值及其求法

9.5.1　二元函数的极值

定义 9.10　如果二元函数 $z = f(x,y)$ 对于点 (x_0, y_0) 的某一空心邻域内的所有点，总有 $f(x_0, y_0) > f(x,y)$，则称 $f(x_0, y_0)$ 是函数 $f(x,y)$ 的**极大值**，点 (x_0, y_0) 是函数 $f(x,y)$ 的**极大值点**；如果总有 $f(x_0, y_0) < f(x,y)$，则称 $f(x_0, y_0)$ 是函数 $f(x,y)$ 的**极小值**，点 (x_0, y_0) 是函数 $f(x,y)$ 的**极小值点**.

函数的极大值或极小值统称为**函数的极值**，使函数取得极值的点叫**极值点**.

定理 9.6　如果函数 $f(x,y)$ 在点 (x_0, y_0) 处有极值，且两个一阶偏导数存在，则有

$$f_x(x_0, y_0) = 0, \quad f_y(x_0, y_0) = 0.$$

此定理是二元函数取得极值的必要条件.

定义 9.11　使函数 $f(x,y)$ 的各偏导数同时为 0 的点，称为**驻点**.

由上述定理可知，极值点可能在驻点处取得，但驻点不一定是极值点. 极值点也可能是使偏导数不存在的点.

定理 9.7(极值的判别法)　如果函数 $f(x,y)$ 在点 (x_0, y_0) 的某一邻域内有连续的一阶与

二阶偏导数,且(x_0,y_0)是它的驻点,设

$$A=f_{xx}(x_0,y_0),\quad B=f_{xy}(x_0,y_0),\quad C=f_{yy}(x_0,y_0),$$

(1) 如果 $AC-B^2>0$,则函数在点 (x_0,y_0) 处取得极值,且当 $A<0$ 时 $f(x_0,y_0)$ 是 $f(x,y)$ 的极大值,当 $A>0$ 时 $f(x_0,y_0)$ 是 $f(x,y)$ 的极小值;

(2) 如果 $AC-B^2<0$,则 $f(x_0,y_0)$ 不是极值;

(3) 如果 $AC-B^2=0$,则 $f(x_0,y_0)$ 可能是极值,也可能不是极值,需用另外方法判别.

例 9.20　求函数 $z=x^3-4x^2+2xy-y^2+4$ 的极值.

解　令
$$\begin{cases} z_x(x,y)=3x^2-8x+2y=0, \\ z_y(x,y)=2x-2y=0, \end{cases}$$

得驻点$(0,0),(2,2)$.求二阶偏导数

$$\frac{\partial^2 z}{\partial x^2}=6x-8,\quad \frac{\partial^2 z}{\partial x \partial y}=2,\quad \frac{\partial^2 z}{\partial y^2}=-2.$$

在驻点$(0,0)$处有 $A=-8<0,B=2,C=-2$,所以 $AC-B^2=12>0$. 根据极值的判别法得,点$(0,0)$是极大值点,极大值 $f(0,0)=4$.

在驻点$(2,2)$处有 $A=4,B=2,C=-2$,所以 $AC-B^2=-12<0$. 根据极值的判别法得,点$(2,2)$不是函数的极值点.

例 9.21　某厂生产甲,乙两种产品,其销售单价分别为 10 万元和 9 万元,若生产 x 件甲种产品和 y 件乙种产品的总成本为:$C=400+2x+3y+0.01(3x^2+xy+3y^2)$,求企业获得最大利润时两种产品的产量各为多少?

解　设总利润为点 $L(x,y)$,则
$$\begin{aligned} L(x,y)&=(10x+9y)-[400+2x+3y+0.01(3x^2+xy+3y^2)] \\ &=8x+6y-0.01(3x^2+xy+3y^2)-400. \end{aligned}$$

由
$$L_x(x,y)=8-0.01(6x+y)=0,\quad L_y(x,y)=6-0.01(x+6y)=0$$

得驻点$(120,80)$.

再由　$L_{xx}(x,y)=-0.06<0,\quad L_{xy}(x,y)=-0.01,\quad L_{yy}(x,y)=-0.06$,

有　　　　　　　　　　　　$AC-B^2=35\times10^{-4}>0.$

所以,当 $x=120,y=80$ 时,$L(120,80)=320$ 是极大值.

答:获得最大利润时,甲种产品生产 120 件,乙种产品生产 80 件.

9.5.2　条件极值与拉格朗日乘数法

在前面所讨论的函数值问题中,两个自变量是相互独立的,没有其他附加条件.通常把这种极值问题称为**无条件极值**.而在实际问题中,对所讨论的函数的自变量还有附加条件约束.像这样的极值问题称为**条件极值**,而附加条件称为**约束条件**(或约束方程).下面我们讨论带有一等式约束条件的二元函数极值问题.

我们介绍求条件极值的一个常用方法——**拉格朗日乘数法**.

设函数 $z=f(x,y)$,求其在附加条件 $g(x,y)=0$ 下的极值.

如果能从条件 $g(x,y)=0$ 中解出 $y=h(x)$,代入 $z=f(x,y)$,就化成单变量的函数,条件极值问题化为无条件极值问题.但是,通常 $h(x)$ 很难解出,因此采用新的方法.

作一个辅助函数,即拉格朗日函数

$$F(x,y)=f(x,y)+\lambda g(x,y),$$

其中 λ 是参数,由方程组

$$\begin{cases} F_x(x,y)=0, \\ F_y(x,y)=0, \\ F_\lambda(x,y)=0, \end{cases}$$

解出 x,y,λ,则 (x,y) 可能就是函数 $f(x,y)$ 的**极值点**. 在实际问题中往往以实际意义来确定 (x,y) 是否是极值点.

对于含有两个以上自变量的多元函数,条件极值可仿此法去求.

例 9.22　求函数 $z=x^2+2y^2-xy$ 在 $x+y=8$ 条件时的条件极值.

解法一　作拉格朗日函数

$$F(x,y)=x^2+2y^2-xy+\lambda(x+y-8),$$

解方程组

$$\begin{cases} F_x(x,y)=0, \\ F_y(x,y)=0, \\ F_\lambda(x,y)=0, \end{cases}$$

得

$$x=5, \quad y=3, \quad \lambda=-7.$$

由题意可知,点 $(5,3)$ 是函数的极值点,极值是

$$z(5,3)=28.$$

任取定义域中满足条件 $x+y=8$ 的且不为 $(5,3)$ 的点,如点 $(4,4)$,则由 $z(4,4)=32$,知 $z(4,4)>z(5,3)$,于是函数 $z=x^2+2y^2-xy$ 在点 $(5,3)$ 处取得极小值,极小值 $z(5,3)=28$.

解法二　将条件 $y=8-x$ 代入函数 $z=x^2+2y^2-xy$ 为

$$z=x^2+2(8-x)^2-x(8-x)=4x^2-40x+128.$$

令 $z_x=8x-40=0$,得 $x=5$,且 $z_{xx}(5)=8>0$,即 $x=5$ 是 $z=4x^2-40x+128$ 的极小值点.

当 $x=5$ 时,$y=3$. 所以函数 $z=x^2+2y^2-xy$ 在条件 $x+y=8$ 下的极小值是 $z(5,3)=28$.

例 9.23　在例 9.21 中增加一个附加条件,两种产品的总产量为 100 件,企业获得最大利润时两种产品的产量各为多少?

解　设利润函数 $L=10x+9y-C$,又 $x+y=100$,依据拉格朗日乘数法,作

$$F(x,y)=8x+6y-400-0.01(3x^2+xy+3y^2)-\lambda(x+y-100),$$

解方程组

$$\begin{cases} F_x(x,y)=0, \\ F_y(x,y)=0, \\ F_\lambda(x,y)=0, \end{cases}$$

得,$x=70,y=30$.

答:获得最大利润时,甲种产品生产 70 件,乙种产品生产 30 件.

习　题　9.5

习题 9.5 答案

1. 求函数 $f(x,y)=x^4+y^4-x^2-2xy-y^2$ 的极值.

2. 求函数 $f(x,y)=(6x-x^2)(4y-y^2)$ 的极值.

3. 求函数 $f(x,y)=\mathrm{e}^{2x}(x+y^2+2y)$ 的极值.

4. 求函数 $z=xy$ 在附加条件 $x+y=1$ 下的极大值.

5. 从斜边之长为 l 的一切直角三角形中,求有最大周界的直角三角形.

6. 在平面 xOy 上求一点,使它到 $x=0,y=0$ 及 $x+2y-16=0$ 三直线距离平方之和为最小.

7. 将周长为 $2p$ 的矩形绕它的一边旋转而构成一个圆柱体,问矩形的边长各为多少时,才可使圆柱体的体积为最大?

9.6　二重积分及其应用

9.6.1　二重积分的概念

二重积分与一元函数的定积分类似,在本质上也是某种和式的极限. 它实际上是一元函数定积分的推广. 现在,我们来考虑与一元函数的定积分中的曲边梯形面积概念类似的所谓曲顶柱体的体积计算问题.

引例 1　求曲顶柱体的体积.

所谓曲顶柱体是指以 xOy 平面上的区域 D 为底,以通过区域 D 的边界母线并与 z 轴平行的柱面为侧面和由定义在区域 D 上的曲面 $z=f(x,y)$ 为顶的柱体. 这里的 $f(x,y)\geqslant 0$ 且在 D 连续,如图 9.12 所示.

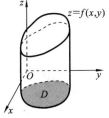

下面采用类似于处理曲边梯形面积的方法来考虑曲顶柱体体积的计算问题. 具体步骤如下:

图 9.12

（1）**分割**　将区域 D 任意分成 n 个小区域

$$\Delta\sigma_1,\Delta\sigma_2,\cdots,\Delta\sigma_n,$$

$\Delta\sigma_i$ 表示第 i 个小区域的面积.这样就把曲顶柱体分成 n 个小曲顶柱体. ΔV_i 表示以 $\Delta\sigma_i$ 为底的第 i 个小曲顶柱体的体积,如图 9.13 所示. 设 V 表示以区域 D 为底的曲顶柱体的体积,则有

$$V=\sum_{i=1}^{n}\Delta V_i.$$

（2）**近似代替**　由于 $f(x,y)$ 是连续的,在分割相当细的情况下,$\Delta\sigma_i$ 很小,因而曲顶的变化也就很小,于是可以把小曲顶柱体的体积用底面积为 $\Delta\sigma_i$、高为 $f(\xi_i,\eta_i)$ 的平顶柱体的体积 $f(\xi_i,\eta_i)\Delta\sigma_i$ 来近似地代替.其中 (ξ_i,η_i) 为小区域 $\Delta\sigma_i$ 中任意一点,如图 9.13 所示,即

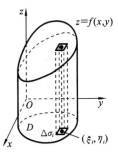

图 9.13

$$\Delta V_i\approx f(\xi_i,\eta_i)\Delta\sigma_i.$$

（3）**求和**　这 n 个平顶柱体的体积之和

$$V_n = \sum_{i=1}^{n} f(\xi_i, \eta_i) \Delta\sigma_i$$

是曲顶柱体体积 V 的近似值.

（4）**取极限**　当对区域 D 的分割越来越细，使得 n 无限地增大，小区域 $\Delta\sigma_i$ 越来越小，并且这个区域 $\Delta\sigma_i (i=1,\cdots,n)$ 中的最大直径（区域的直径是指有界闭区域上任意两点间的最大值）$\lambda \to 0$ 时，和式 V_n 极限存在，就把这个极限定义为曲顶柱体的体积 V，即

$$V = \lim_{\lambda \to 0} \sum_{i=1}^{n} f(\xi_i, \eta_i) \Delta\sigma_i.$$

引例 2　求平面薄片的质量

设有一平面薄片位于 xOy 面上的有界闭区域 D 上，它的面密度为 $\rho(x,y) > 0$ 且在 D 上连续．求该薄片的质量 M.

分析　若平面薄片是均匀的，即面密度是常数，则薄片的质量可用公式

$$质量＝面密度×面积$$

计算，现在面密度 $\rho(x,y)$ 是变量，薄片的质量就不能直接用上式来计算，但是上面用来处理曲顶柱体体积的方法完全适用于本问题．简洁叙述解法如下：

先对区域 D 做任意分割，分割出的小区域为 $\Delta\sigma_i (i=1, 2,\cdots,n)$，由于 $\rho(x,y)$ 连续，把薄片分成小区域后，只要小区域 $\Delta\sigma_i$ 的直径很小，这些小区域块就可以近似地看作均匀薄片，在 $\Delta\sigma_i$ 上任取一点 (ξ_i, η_i)，则

$$\rho(\xi_i, \eta) \Delta\sigma_i \quad (i=1,2,\cdots,n)$$

就是第 i 个小块的质量的近似值（见图 9.14）.

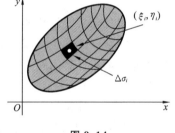

图 9.14

再通过求和，取极限，便得到平面薄片的质量为

$$M = \lim_{\lambda \to 0} \sum_{i=1}^{n} \rho(\xi_i, \eta_i) \Delta\sigma_i,$$

其中 λ 是 n 个小闭区域的直径中的最大值.

由此具体问题给出二重积分的定义.

定义 9.12　设 $f(x,y)$ 是定义在有界区域 D 上的二元有界函数，将 D 任意分成 n 个小区域

$$\Delta\sigma_1, \Delta\sigma_2, \cdots, \Delta\sigma_n,$$

在每个小区域 $\Delta\sigma_i$ 中任取一点 (x_i, y_i)，作积分和

$$\sum_{i=1}^{n} f(x_i, y_i) \Delta\sigma_i.$$

记 $\lambda = \max\{d_i\}$（d_i 表示 $\Delta\sigma_i$ 的直径），当 $\lambda \to 0$ 时，这个和式的极限存在，且与小区域的分割及点 (x_i, y_i) 的取法无关，则称此极限值为函数 $f(x,y)$ 在区域 D 上的二重积分，记作 $\iint\limits_D f(x,y)\mathrm{d}\sigma$，即

$$\iint\limits_D f(x,y)\mathrm{d}\sigma = \lim_{\lambda \to 0} \sum_{i=1}^{n} f(x_i, y_i) \Delta\sigma_i,$$

式中：D 称为积分区域；$f(x,y)$ 称为被积函数；$\mathrm{d}\sigma$ 称为面积元素.

曲顶柱体的体积 V 就是曲面 $z = f(x,y) \geqslant 0$ 在区域 D 上的二重积分.

若函数 $f(x,y)$ 在区域 D 上的二重积分存在,则称 $f(x,y)$ 在区域 D 上可积.

由定义可知,如果 $f(x,y)$ 在 D 上可积,则积分和的极限存在,且与 D 的分法无关. 因此,在直角坐标系中可以用平行于 x 轴和 y 轴的两组直线分割 D,此时小区域的面积为

$$\Delta\sigma_i = \Delta x_i \Delta y_i \ (i=1,\cdots,n),$$

取极限后,面积元素为 $\mathrm{d}\sigma = \mathrm{d}x\mathrm{d}y$,所以在直角坐标系中有

$$\iint\limits_D f(x,y)\mathrm{d}\sigma = \iint\limits_D f(x,y)\mathrm{d}x\mathrm{d}y.$$

二重积分与一元函数定积分具有相应的性质(证明略). 下面讨论的函数均假定在 D 上可积.

性质 9.3　函数代数和的积分等于各函数积分的代数和,即

$$\iint\limits_D [f(x,y)\pm g(x,y)]\mathrm{d}\sigma = \iint\limits_D f(x,y)\mathrm{d}\sigma \pm \iint\limits_D g(x,y)\mathrm{d}\sigma.$$

性质 9.4　常数因子可提到积分号外面,即

$$\iint\limits_D kf(x,y)\mathrm{d}\sigma = k\iint\limits_D f(x,y)\mathrm{d}\sigma \quad (k \text{ 为常数}).$$

性质 9.5　二重积分的积分区域可加性:若区域 D 被分成 D_1,D_2 两个区域,则

$$\iint\limits_D f(x,y)\mathrm{d}\sigma = \iint\limits_{D_1} f(x,y)\mathrm{d}\sigma + \iint\limits_{D_2} f(x,y)\mathrm{d}\sigma.$$

性质 9.6　若在区域 D 上有 $f(x,y)\leqslant g(x,y)$,则

$$\iint\limits_D f(x,y)\mathrm{d}\sigma \leqslant \iint\limits_D g(x,y)\mathrm{d}\sigma.$$

特别地,$\left|\iint\limits_D f(x,y)\mathrm{d}\sigma\right| \leqslant \iint\limits_D |g(x,y)|\mathrm{d}\sigma.$

性质 9.7　若在区域 D 上有 $f(x,y)=1$,A 是 D 的面积,则

$$\iint\limits_D f(x,y)\mathrm{d}\sigma = \iint\limits_D \mathrm{d}\sigma = A.$$

性质 9.8　设 M 与 m 分别是函数 $f(x,y)$ 在 D 上的最大值与最小值,A 是 D 的面积,则

$$mA \leqslant \iint\limits_D f(x,y)\mathrm{d}\sigma \leqslant MA.$$

性质 9.9(二重积分的中值定理)　若 $f(x,y)$ 在闭区域 D 上连续,A 是 D 的面积,则在 D 内至少存在一点 (ξ,η),使得

$$\iint\limits_D f(x,y)\mathrm{d}\sigma = f(\xi,\eta)A.$$

9.6.2　二重积分的计算

1. 利用直角坐标计算二重积分

二重积分的计算可以转化为求两次定积分. 这里,我们只考虑在直角坐标系下的二重积分的计算.

下面用几何观点讨论二重积分 $\iint\limits_D f(x,y)\mathrm{d}\sigma$ 的计算问题.

在讨论中我们假定 $f(x,y) \geqslant 0$，设积分区域 D 由直线 $x=a$，$x=b$ 和曲线 $y=\varphi_1(x)$，$y=\varphi_2(x)$ 所围成，如图 9.15 所示，即

$$D = \{(x,y) \mid a \leqslant x \leqslant b, \varphi_1(x) \leqslant y \leqslant \varphi_2(x)\}.$$

其中函数 $y=\varphi_1(x)$，$y=\varphi_2(x)$ 在区间 $[a,b]$ 上连续．则二重积分 $\iint\limits_D f(x,y)\mathrm{d}\sigma$ 是区域 D 上以曲面 $z=f(x,y)$ 为顶的曲顶柱体的体积．

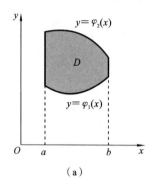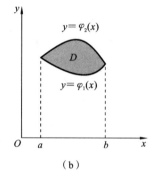

（a）　　　　　　　　　　　（b）

图 9.15

下面我们应用 6.5 节中计算"平行截面面积为已知的立体的体积"的方法，来计算这个曲顶柱体的体积．

先计算截面面积．为此，在区间 $[a,b]$ 上任意取定一点 x_0，作平行于 yOz 面的平面 $x=x_0$．该平面截曲顶柱体所得截面是一个以区间 $[\varphi_1(x_0),\varphi_2(x_0)]$ 为底，曲线 $z=f(x_0,y)$ 为曲边的曲边梯形，如图 9.16 所示．所以这截面的面积为

$$A(x_0) = \int_{\varphi_1(x_0)}^{\varphi_2(x_0)} f(x_0,y)\mathrm{d}y.$$

一般地，过区间 $[a,b]$ 上任一点 x，且平行于 yOz 面的平面截曲顶柱体所得截面的面积为

$$A(x) = \int_{\varphi_1(x)}^{\varphi_2(x)} f(x,y)\mathrm{d}y.$$

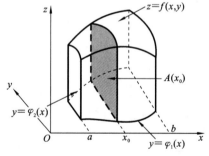

于是，应用计算平行截面面积为已知的立体体积的方法，得曲顶柱体体积为

图 9.16

$$V = \int_a^b A(x)\mathrm{d}x = \int_a^b \left[\int_{\varphi_1(x)}^{\varphi_2(x)} f(x,y)\mathrm{d}y\right]\mathrm{d}x.$$

这个体积也就是所求二重积分的值，所以有

$$\iint\limits_D f(x,y)\mathrm{d}\sigma = \int_a^b \left[\int_{\varphi_1(x)}^{\varphi_2(x)} f(x,y)\mathrm{d}y\right]\mathrm{d}x.$$

上边右端的积分称为先对 y，后对 x 的二次积分．就是说，先把 x 看作常数，把 $f(x,y)$ 只看作 y 的函数，并对 y 计算从 $\varphi_1(x)$ 到 $\varphi_2(x)$ 的定积分，然后把算得的结果（是 x 的函数）再对 x 计算在区间 $[a,b]$ 上的定积分．这个先对 y 后对 x 的二次积分也常记作

$$\iint\limits_D f(x,y)\mathrm{d}\sigma = \int_a^b \mathrm{d}x \int_{\varphi_1(x)}^{\varphi_2(x)} f(x,y)\mathrm{d}y.$$

如果去掉上面讨论中的 $f(x,y) \geqslant 0$ 的限制，上式仍然成立．

　　类似地，如果积分区域 D 是由直线 $y=c, y=d$ 和曲线 $x=\varphi_1(y), x=\varphi_2(y)$ 所围成，如图 9.17 所示，即

$$D=\{(x,y) \mid c \leqslant y \leqslant d, \varphi_1(y) \leqslant x \leqslant \varphi_2(y)\}.$$

用平行于 xOz 面的平面去截曲顶柱体，则可以得到

$$\iint\limits_{D} f(x,y)\,d\sigma = \int_c^d \left[\int_{\varphi_1(y)}^{\varphi_2(y)} f(x,y)\,dx\right]dy.$$

通常写成

$$\iint\limits_{D} f(x,y)\,d\sigma = \int_c^d dy \int_{\varphi_1(y)}^{\varphi_2(y)} f(x,y)\,dx.$$

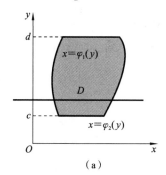 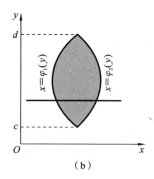

(a)　　　　　　　　　　　　　　　(b)

图 9.17

　　这就是把二重积分化为先对 x 后对 y 的二次积分．特别地，若区域 D 是一矩形，即

$$D=\{(x,y) \mid a \leqslant x \leqslant b, c \leqslant y \leqslant d\}$$

则有

$$\iint\limits_{D} f(x,y)\,d\sigma = \int_a^b dx \int_c^d f(x,y)\,dy = \int_c^d dy \int_a^b f(x,y)\,dx.$$

　　如果 $D=\{(x,y) \mid a \leqslant x \leqslant b, c \leqslant y \leqslant d\}$ 且函数 $f(x,y)=f_1(x)f_2(y)$ 可积，则

$$\iint\limits_{D} f(x,y)\,d\sigma = \int_a^b f_1(x)\,dx \int_c^d f_2(y)\,dy.$$

　　上面讲的积分区域的几种情况，其区域的边界与平行于坐标轴的直线至多交于两点．如果平行于坐标轴的直线与积分区域 D 的交点超过两点，如图 9.18 所示，则需要将 D 分成 n 个小区域，使每个小区域的边界线与平行于坐标轴的直线的交点不多于两个，然后再应用积分对区域的可加性计算，即

$$\iint\limits_{D} f(x,y)\,d\sigma = \iint\limits_{I} f(x,y)\,d\sigma + \iint\limits_{II} f(x,y)\,d\sigma + \iint\limits_{III} f(x,y)\,d\sigma.$$

图 9.18

　　根据上述讨论，计算二重积分可归结为计算二次定积分，关键是如何根据积分区域确定积分的上下限和适当选择积分次序．一般地先要画出积分区域的图形，再写出区域 D 内的点所满足的不等式，即找出 x、y 在区域 D 上的变化范围，从而确定积分的上下限．

　　例 9.24　计算 $\iint\limits_{D} e^{x+y}\,dxdy$，其中区域 D 是由 $x=0, x=2, y=0, y=1$ 围成的矩形．

解法一　因为 $D=\{(x,y)\,|\,0\leqslant x\leqslant 2,0\leqslant y\leqslant 1\}$ 是矩形区域,有

$$\iint\limits_{D}\mathrm{e}^{x+y}\mathrm{d}x\mathrm{d}y=\int_{0}^{2}\mathrm{d}x\int_{0}^{1}\mathrm{e}^{x+y}\mathrm{d}y=\int_{0}^{2}\mathrm{e}^{x+y}\,|_{0}^{1}\mathrm{d}x$$

$$=(\mathrm{e}-1)\int_{0}^{2}\mathrm{e}^{x}\mathrm{d}x=(\mathrm{e}-1)^{2}(\mathrm{e}+1).$$

解法二　因为 D 是矩形区域,且 $\mathrm{e}^{x+y}=\mathrm{e}^{x}\mathrm{e}^{y}$,所以

$$\iint\limits_{D}\mathrm{e}^{x+y}\mathrm{d}x\mathrm{d}y=\left(\int_{0}^{2}\mathrm{e}^{x}\mathrm{d}x\right)\left(\int_{0}^{1}\mathrm{e}^{y}\mathrm{d}y\right)=(\mathrm{e}+1)(\mathrm{e}-1)^{2}.$$

例 9.25　计算 $\iint\limits_{D}x^{2}y\mathrm{d}x\mathrm{d}y$,其中区域 D 是由 $y^{2}=x$ 与 $y=x^{2}$ 所围成的图形.

解法一　易知 $y^{2}=x$ 与 $y=x^{2}$ 的交点是 $(0,0)$ 与 $(1,1)$.

如果先对 y 后对 x 积分,作平行于 y 轴的直线,如图 9.19 所示,则入口曲线是 $y=x^{2}$,出口曲线是 $y^{2}=x$,那么

$$D=\{(x,y)\,|\,0\leqslant x\leqslant 1,x^{2}\leqslant y\leqslant\sqrt{x}\}.$$

因此

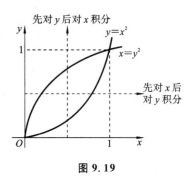

图 9.19

$$\iint\limits_{D}x^{2}y\mathrm{d}x\mathrm{d}y=\int_{0}^{1}\mathrm{d}x\int_{x^{2}}^{\sqrt{x}}x^{2}y\mathrm{d}y=\int_{0}^{1}\left(\frac{1}{2}x^{2}y^{2}\right)\bigg|_{x^{2}}^{\sqrt{x}}\mathrm{d}x$$

$$=\frac{1}{2}\int_{0}^{1}x^{2}(x-x^{4})\mathrm{d}x=\frac{3}{56}.$$

解法二　如果先对 x 后对 y 积分,作平行于 x 轴的直线,则入口曲线是 $x=y^{2}$,出口曲线是 $x=\sqrt{y}$,那么

$$D=\{(x,y)\,|\,0\leqslant y\leqslant 1,y^{2}\leqslant x\leqslant\sqrt{y}\},$$

因此

$$\iint\limits_{D}x^{2}y\mathrm{d}x\mathrm{d}y=\int_{0}^{1}\mathrm{d}y\int_{y^{2}}^{\sqrt{y}}x^{2}y\mathrm{d}x=\frac{1}{3}\int_{0}^{1}(yx^{3})\bigg|_{y^{2}}^{\sqrt{y}}\mathrm{d}y=\frac{3}{56}.$$

例 9.26　计算 $\iint\limits_{D}xy\mathrm{d}x\mathrm{d}y$,其中区域 D 是由 $y=x-4,y^{2}=2x$ 所围成的图形.

解　易知 $y=x-4$ 与 $y^{2}=2x$ 的交点为 $(8,4),(2,-2)$.

先对 x 后对 y 积分,则入口曲线为 $x=\dfrac{y^{2}}{2}$,出口曲线为 $x=y+4$,如图 9.20 所示.那么

$$D=\left\{(x,y)\,\bigg|\,-2\leqslant y\leqslant 4,\frac{y^{2}}{2}\leqslant x\leqslant y+4\right\}.$$

因此

$$\iint\limits_{D}xy\mathrm{d}x\mathrm{d}y=\int_{-2}^{4}\mathrm{d}y\int_{\frac{y^{2}}{2}}^{y+4}xy\mathrm{d}x=\int_{-2}^{4}\frac{y}{2}x^{2}\bigg|_{\frac{y^{2}}{2}}^{y+4}\mathrm{d}y=90.$$

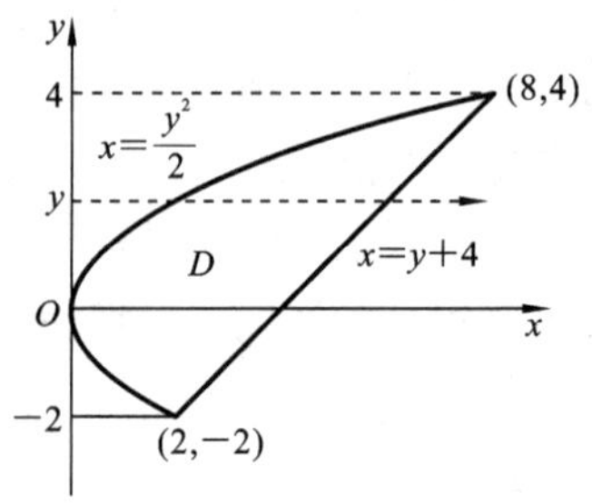

图 9.20

如果先对 y 后对 x 积分,由于入口曲线由两条曲线组成,因此需要把积分区域 D 分成两小块,要做两个二次积分,计算量要比上述做法烦琐.

例 9.27　计算 $\iint\limits_{D}\dfrac{\sin y}{y}\mathrm{d}x\mathrm{d}y$,其中区域 D 是由 $y=x$ 与 $x=y^{2}$ 所围成的图形.

解　易知 $y=x$ 与 $x=y^2$ 的交点为 $(0,0),(1,1)$.

先对 x 后对 y 积分,如图 9.21 所示,可知

$$D=\{(x,y)\,|\,0\leqslant y\leqslant 1,y^2\leqslant x\leqslant y\},$$

因此

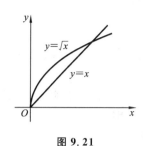

图 9.21

$$\iint\limits_{D}\frac{\sin y}{y}\mathrm{d}x\mathrm{d}y=\int_0^1\mathrm{d}y\int_{y^2}^y\frac{\sin y}{y}\mathrm{d}x=\int_0^1\left(\frac{\sin y}{y}x\right)\bigg|_{y^2}^y\mathrm{d}y$$

$$=\int_0^1\sin y\mathrm{d}y-\int_0^1 y\sin y\mathrm{d}y$$

$$=-\cos y\,\big|_0^1-(-y\cos y+\sin y)\,\big|_0^1$$

$$=1-\sin 1.$$

如果先对 y 后对 x 积分,则有

$$\iint\limits_{D}\frac{\sin y}{y}\mathrm{d}x\mathrm{d}y=\int_0^1\mathrm{d}x\int_x^{\sqrt{x}}\frac{\sin y}{y}\mathrm{d}y.$$

由于 $\dfrac{\sin y}{y}$ 的原函数不能用初等函数表示,所以积分难以进行.

2. 利用极坐标计算二重积分

有些二重积分,积分区域 D 的边界曲线用极坐标方程来表示比较方便,且被积函数用极坐标变量 ρ,θ 表达比较简单. 这时,就可以考虑利用极坐标来计算二重积分 $\iint\limits_{D}f(x,y)\mathrm{d}\sigma$.

按二重积分的定义

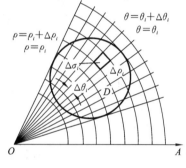

图 9.22

$$\iint\limits_{D}f(x,y)\mathrm{d}\sigma=\lim_{\lambda\to 0}\sum_{i=1}^n f(\xi_i,\eta_i)\Delta\sigma_i,$$

下面我们来研究这个和的极限在极坐标中的形式.

假定从极点 O 出发且穿过闭区域 D 内部的射线与 D 的边界曲线相交不多于两点. 我们用以极点为中心的一族同心圆:$\rho=$ 常数,把 D 分成 n 个小闭区域(见图 9.22). 除了包含边界点的一些小闭区域外,小闭区域的面积 $\Delta\sigma_i$ 可计算如下:

$$\Delta\sigma_i=\frac{1}{2}(\rho_i+\Delta\rho_i)^2\cdot\Delta\theta_i-\frac{1}{2}\rho_i^{\,2}\cdot\Delta\theta_i=\frac{1}{2}(2\rho_i+\Delta\rho_i)\Delta\rho_i\cdot\Delta\theta_i$$

$$=\frac{1}{2}[\rho_i+(\rho_i+\Delta\rho_i)]\Delta\rho_i\cdot\Delta\theta_i=\bar{\rho}_i\Delta\rho_i\cdot\Delta\theta_i.$$

其中 $\bar{\rho}_i$ 表示相邻两圆弧的半径的平均值. 在这个小闭区域内取圆周 $\rho_i=\bar{\rho}_i$ 上的一点 $(\bar{\rho}_i,\bar{\theta}_i)$,该点的直角坐标设为 ξ_i,η_i,则由直角坐标与极坐标之间的关系有 $\xi_i=\bar{\rho}_i\cos\bar{\theta}_i$,$\eta_i=\bar{\rho}_i\sin\bar{\theta}_i$. 于是

$$\iint\limits_{D}f(x,y)\mathrm{d}\sigma=\lim_{\lambda\to 0}\sum_{i=1}^n f(\xi_i,\eta_i)\Delta\sigma_i=\lim_{\lambda\to 0}\sum_{i=1}^n f(\bar{\rho}_i\cos\bar{\theta}_i,\bar{\rho}_i\sin\bar{\theta}_i)\bar{\rho}_i\Delta\rho_i\cdot\Delta\theta_i,$$

即

$$\iint\limits_{D}f(x,y)\mathrm{d}\sigma=\iint\limits_{D}f(\rho\cos\theta,\rho\sin\theta)\rho\mathrm{d}\rho\mathrm{d}\theta.$$

这里我们把点 (ρ,θ) 看作是在同一平面上的点 (x,y) 的极坐标表示,所以上式右端的积分区域仍然记作 D. 由于在直角坐标系中 $\iint\limits_{D}f(x,y)\mathrm{d}\sigma$ 也常记作 $\iint\limits_{D}f(x,y)\mathrm{d}x\mathrm{d}y$,所以上式又可写

成

$$\iint\limits_{D} f(x,y)\mathrm{d}x\mathrm{d}y = \iint\limits_{D} f(\rho\cos\theta,\rho\sin\theta)\rho\mathrm{d}\rho\mathrm{d}\theta. \tag{1}$$

这就是二重积分的变量从直角坐标变换为极坐标的变换公式,其中 $\rho\mathrm{d}\rho\mathrm{d}\theta$ 就是极坐标系中的面积元素.

公式(1)表明,要把二重积分中的变量从直角坐标变换为极坐标,只要把被积函数中的 x、y 分别换成 $\rho\cos\theta$、$\rho\sin\theta$,并把直角坐标系中的面积元素 $\mathrm{d}x\mathrm{d}y$ 换成极坐标系中的面积元素 $\rho\mathrm{d}\rho\mathrm{d}\theta$.

极坐标系中的二重积分,同样可以化为二次积分来计算.

设积分区域 D 可以用不等式

$$\varphi_1(\theta)\leqslant\rho\leqslant\varphi_2(\theta), \quad \alpha<\theta<\beta$$

来表示(见图 9.23),其中函数 $\varphi_1(\theta),\varphi_2(\theta)$ 在区间 $[\alpha,\beta]$ 上连续.

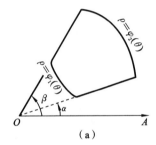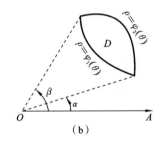

图 9.23

先在区间 $[\alpha,\beta]$ 上任意取定一个 θ 值. 对应于这个 θ 值,D 上的点在极径 ρ 从 $\varphi_1(\theta)$ 到 $\varphi_2(\theta)$ 上(如图 9.24 所示,对应的点在线段 EF 上). 又 θ 是在 $[\alpha,\beta]$ 上任意取定的,所以 θ 的变化范围是区间 $[\alpha,\beta]$.这样就可看出,极坐标系中的二重积分化为二次积分的公式为

$$\iint\limits_{D} f(x,y)\mathrm{d}x\mathrm{d}y = \int_{\alpha}^{\beta}\left[\int_{\varphi_1(\theta)}^{\varphi_2(\theta)} f(\rho\cos\theta,\rho\sin\theta)\rho\mathrm{d}\rho\right]\mathrm{d}\theta. \tag{2}$$

上式也可以写成

$$\iint\limits_{D} f(x,y)\mathrm{d}x\mathrm{d}y = \int_{\alpha}^{\beta}\mathrm{d}\theta\int_{\varphi_1(\theta)}^{\varphi_2(\theta)} f(\rho\cos\theta,\rho\sin\theta)\rho\mathrm{d}\rho. \tag{2*}$$

如果积分区域 D 是图 9.25 所示的曲边扇形,那么可以把它看作图 9.23(a)中当 $\varphi_1(\theta)\equiv 0,\varphi_2(\theta)=\varphi(\theta)$ 时的特例. 这时闭区域 D 可以用不等式来表示,而公式(2*)成为

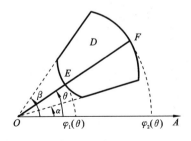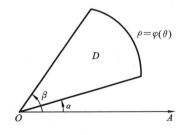

图 9.24　　　　　　　　　　　　　　**图 9.25**

$$\iint\limits_{D} f(x,y) \mathrm{d}x\mathrm{d}y = \int_{\alpha}^{\beta} \mathrm{d}\theta \int_{0}^{\varphi_2(\theta)} f(\rho\cos\theta, \rho\sin\theta) \rho \mathrm{d}\rho.$$

如果积分区域 D 如图 9.26 所示，极点在 D 的内部，那么可以把它
看作图 9.25 中当 $\alpha=0,\beta=2\pi$ 时的特例. 这时闭区域 D 可以用不等式

$$0 \leqslant \rho \leqslant \varphi(\theta), \quad 0 \leqslant \theta \leqslant 2\pi$$

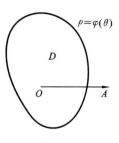

图 9.26

来表示，而公式 (2^*) 成为

$$\iint\limits_{D} f(x,y) \mathrm{d}x\mathrm{d}y = \int_{0}^{2\pi} \mathrm{d}\theta \int_{0}^{\varphi(\theta)} f(\rho\cos\theta, \rho\sin\theta) \rho \mathrm{d}\rho.$$

由二重积分的性质，闭区域 D 的面积 σ 可以表示为 $\sigma = \iint\limits_{D} \mathrm{d}\sigma$. 在极坐标系中，面积元素 $\mathrm{d}\sigma$
$= \rho\mathrm{d}\rho\mathrm{d}\theta$，上式成为 $\sigma = \iint\limits_{D} \rho\mathrm{d}\rho\mathrm{d}\theta$.

如果闭区域如图 9.23(a)所示，则由公式 (2^*) 有

$$\sigma = \iint\limits_{D} \rho\mathrm{d}\rho\mathrm{d}\theta = \int_{\alpha}^{\beta} \mathrm{d}\theta \int_{\varphi_1(\theta)}^{\varphi_2(\theta)} \rho\mathrm{d}\rho = \frac{1}{2}\int_{\alpha}^{\beta}\left[\varphi_2^2(\theta) - \varphi_1^2(\theta)\right]\mathrm{d}\theta.$$

特别地，如果闭区域如图 9.25 所示，则 $\sigma = \dfrac{1}{2}\displaystyle\int_{\alpha}^{\beta}\varphi^2(\theta)\mathrm{d}\theta$.

例 9.28 计算 $\iint\limits_{D} \mathrm{e}^{-x^2-y^2}\mathrm{d}x\mathrm{d}y$，其中 D 是由中心在原点，半径为 a 的圆周所围成的闭区域.

解 在极坐标系中，闭区域 D 可表示为 $0 \leqslant \rho \leqslant a, 0 \leqslant \theta \leqslant 2\pi$，则

$$\iint\limits_{D} \mathrm{e}^{-x^2-y^2}\mathrm{d}x\mathrm{d}y = \iint\limits_{D} \mathrm{e}^{-\rho^2}\rho\mathrm{d}\rho\mathrm{d}\theta = \int_{0}^{2\pi}\mathrm{d}\theta\int_{0}^{a}\mathrm{e}^{-\rho^2}\rho\mathrm{d}\rho$$

$$= \int_{0}^{2\pi}\left(-\frac{1}{2}\mathrm{e}^{-\rho^2}\right)\bigg|_{0}^{a}\mathrm{d}\theta = \pi(1-\mathrm{e}^{-a^2}).$$

本题如果用直角坐标计算，由于积分 $\displaystyle\int \mathrm{e}^{-x^2}\mathrm{d}x$ 不能用初等函数表示，所以算不出来. 现在
利用上面的结果来计算反常积分 $\displaystyle\int_{0}^{+\infty}\mathrm{e}^{-x^2}\mathrm{d}x$.

设

$$D_1 = \{(x,y) \mid x^2+y^2 \leqslant R^2, x \geqslant 0, y \geqslant 0\},$$
$$D_2 = \{(x,y) \mid x^2+y^2 \leqslant 2R^2, x \geqslant 0, y \geqslant 0\},$$
$$S = \{(x,y) \mid 0 \leqslant x \leqslant R, 0 \leqslant y \leqslant R\}.$$

显然 $D_1 \subset S \subset D_2$（见图 9.27）. 由于 $\mathrm{e}^{-x^2-y^2} > 0$，从而在这些闭
区域上的二重积分之间有不等式

$$\iint\limits_{D_1} \mathrm{e}^{-x^2-y^2}\mathrm{d}x\mathrm{d}y < \iint\limits_{S} \mathrm{e}^{-x^2-y^2}\mathrm{d}x\mathrm{d}y < \iint\limits_{D_2} \mathrm{e}^{-x^2-y^2}\mathrm{d}x\mathrm{d}y,$$

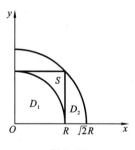

图 9.27

由上面已得到的结果有

$$\iint\limits_{D_1} \mathrm{e}^{-x^2-y^2}\mathrm{d}x\mathrm{d}y = \frac{\pi}{4}(1-\mathrm{e}^{-R^2}),$$

$$\iint\limits_{D_2} \mathrm{e}^{-x^2-y^2}\mathrm{d}x\mathrm{d}y = \frac{\pi}{4}(1-\mathrm{e}^{-2R^2}),$$

于是上面的不等式可写成

$$\pi(1-\mathrm{e}^{-R^2}) < \left(\int_0^R \mathrm{e}^{-x^2}\,\mathrm{d}x\right)^2 < \pi(1-\mathrm{e}^{-2R^2}).$$

令 $R\rightarrow+\infty$，上式两端趋于同一极限 $\dfrac{\pi}{4}$，从而

$$\int_0^{+\infty} \mathrm{e}^{-x^2}\,\mathrm{d}x = \frac{\sqrt{\pi}}{2}.$$

9.6.3　二重积分的应用

1. 体积

根据二重积分的几何意义知，曲顶柱体的体积为

$$V = \iint\limits_D f(x,y)\mathrm{d}\sigma, \quad f(x,y)\geqslant 0.$$

例 9.29　求由平面 $x=0$，$y=0$ 及 $x+y=1$ 所围成的柱体被平面 $z=0$ 及抛物面 $x^2+y^2=6-z$ 截得的几何体的体积.

解　如图 9.28 所示，该几何体可以看作以 $z=6-x^2-y^2$ 为曲顶，以区域

$$D = \{(x,y)\,|\,0\leqslant x\leqslant 1, 0\leqslant y\leqslant 1-x\}$$

为底的曲顶柱体. 所以

$$V = \iint\limits_D (6-x^2-y^2)\mathrm{d}x\mathrm{d}y = \int_0^1 \mathrm{d}x\int_0^{1-x}(6-x^2-y^2)\mathrm{d}y = \frac{17}{6}.$$

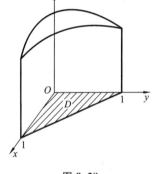

图 9.28

2. 平面薄片的质量

由二重积分的引例 2 可知，质量不均匀分布的平面薄片的质量为

$$M = \iint\limits_D \rho(x,y)\mathrm{d}x\mathrm{d}y, \quad \rho(x,y)\text{为面密度.}$$

例 9.30　一薄板被 $x^2+4y^2=12$ 及 $x=4y^2$ 所围，面密度 $\mu(x,y)=5x$，求薄板的质量.

解　画出 D 的图形，如图 9.29 所示.

解方程组 $\begin{cases} x^2+4y^2=12, \\ x=4y^2, \end{cases}$ 得交点 $\left(3,-\dfrac{\sqrt{3}}{2}\right)$ 和 $\left(3,\dfrac{\sqrt{3}}{2}\right)$.

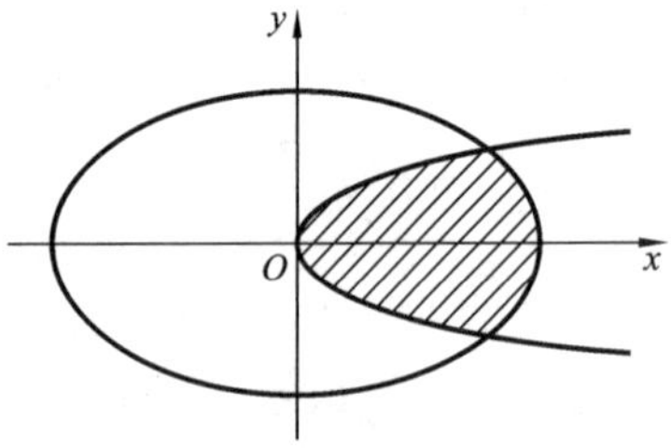

先对 x 后对 y 积分，易知积分区域为

$$D = \left\{(x,y)\,\middle|\,-\frac{\sqrt{3}}{2}\leqslant y\leqslant \frac{\sqrt{3}}{2}, 4y^2\leqslant x\leqslant\sqrt{12-4y^2}\right\}.$$

因此

图 9.29

$$M = \iint\limits_D 5x\mathrm{d}x\mathrm{d}y = \int_{-\frac{\sqrt{3}}{2}}^{\frac{\sqrt{3}}{2}}\mathrm{d}y\int_{4y^2}^{\sqrt{12-4y^2}}5x\mathrm{d}x = \frac{5}{2}\int_{-\frac{\sqrt{3}}{2}}^{\frac{\sqrt{3}}{2}}x^2\,\bigg|_{4y^2}^{\sqrt{12-4y^2}}\mathrm{d}y$$

$$= \frac{5}{2}\int_{-\frac{\sqrt{3}}{2}}^{\frac{\sqrt{3}}{2}}(12-4y^2-16y^4)\mathrm{d}y = 10\left(6y-\frac{2}{3}y^3-\frac{8}{5}y^5\right)\bigg|_0^{\frac{\sqrt{3}}{2}} = 23\sqrt{3}.$$

3. 平面薄片的质心

设一平面薄片 D，其上点 (x,y) 处的面密度为 $\mu(x,y)$，平面薄片的质心坐标公式为

$$\bar{x} = \frac{\iint\limits_{D} x\mu(x,y)\mathrm{d}x\mathrm{d}y}{\iint\limits_{D} \mu(x,y)\mathrm{d}x\mathrm{d}y}, \quad \bar{y} = \frac{\iint\limits_{D} y\mu(x,y)\mathrm{d}x\mathrm{d}y}{\iint\limits_{D} \mu(x,y)\mathrm{d}x\mathrm{d}y}$$

例 9.31　设平面薄片由 $x^2 + y^2 = a^2\ (x \geqslant 0, y \geqslant 0)$ 围成,如图 9.30 所示,质量均匀分布 $(\mu = 1)$ 求该薄片的质心.

解　　　　$$\iint\limits_{D} 1\mathrm{d}x\mathrm{d}y = \int_0^a \mathrm{d}x \int_0^{\sqrt{a^2-x^2}} \mathrm{d}y = \frac{\pi a^2}{4}.$$

$$\iint\limits_{D} x\,\mathrm{d}x\mathrm{d}y = \int_0^a \mathrm{d}x \int_0^{\sqrt{a^2-x^2}} x\mathrm{d}y = \int_0^a x\sqrt{a^2-x^2}\,\mathrm{d}x$$

$$= -\frac{1}{2} \times \frac{2}{3}(a^2-x^2)^{\frac{3}{2}}\Big|_0^a = \frac{1}{3}a^3.$$

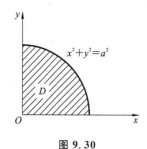

图 9.30

同样

$$\iint\limits_{D} y\,\mathrm{d}x\mathrm{d}y = \frac{1}{3}a^3.$$

所以

$$\bar{x} = \frac{\iint\limits_{D} x\,\mathrm{d}x\mathrm{d}y}{\iint\limits_{D} \mathrm{d}x\mathrm{d}y} = \frac{4a}{3\pi}, \quad \bar{y} = \frac{\iint\limits_{D} y\,\mathrm{d}x\mathrm{d}y}{\iint\limits_{D} \mathrm{d}x\mathrm{d}y} = \frac{4a}{3\pi}.$$

习　题　9.6

习题 9.6 答案

1. 根据二重积分的性质,比较下列积分的大小:

(1) $\iint\limits_{D} (x+y)\mathrm{d}\sigma$ 和 $\iint\limits_{D} (x+y)^3 \mathrm{d}\sigma$,其中 $D: 0 \leqslant x \leqslant \frac{1}{2}, 0 \leqslant y \leqslant \frac{1}{2}$.

(2) $\iint\limits_{D} \ln(x+y)\mathrm{d}\sigma$ 和 $\iint\limits_{D} [\ln(x+y)]^2 \mathrm{d}\sigma$,其中 D 是以 $A(1,0)$、$B(1,1)$、$C(2,0)$ 为顶点的三角形闭区域.

2. 不求二重积分的值,根据性质估计下列积分的值:

(1) $I = \iint\limits_{D} \sin^2 x \sin^2 y \mathrm{d}\sigma$,其中 $D: 0 \leqslant x \leqslant \pi, 0 \leqslant y \leqslant \pi$;

(2) $I = \iint\limits_{D} (x+y+1)\mathrm{d}\sigma$,其中 $D: 0 \leqslant x \leqslant 1, 0 \leqslant y \leqslant 2$.

3. 利用直角坐标计算下列二重积分:

(1) $\iint\limits_{D} \left(1 - \frac{x}{3} - \frac{y}{4}\right)\mathrm{d}\sigma$,其中 $D = \{(x,y)\,|\,-1 \leqslant x \leqslant 1, -2 \leqslant y \leqslant 2\}$;

(2) $\iint\limits_{D} (x^2 + y^2)\mathrm{d}x\mathrm{d}y$,其中 $D = \{(x,y)\,|\,-1 \leqslant x \leqslant 1, -1 \leqslant y \leqslant 1\}$;

(3) $\iint\limits_{D}(4-y^2)\mathrm{d}x\mathrm{d}y$，其中 $D = \{(x,y)\,|\,0 \leqslant x \leqslant 3, 0 \leqslant y \leqslant 2\}$；

(4) $\iint\limits_{D}(x+y)y^2\mathrm{d}x\mathrm{d}y$，其中 $D = \{(x,y)\,|-1 \leqslant x \leqslant 1, 1 \leqslant y \leqslant 2\}$.

4. 利用直角坐标计算下列二重积分：

(1) $\iint\limits_{D}(3x+2y)\mathrm{d}\sigma$，其中 D 是由两坐标轴及直线 $x+y=2$ 所围成的闭区域；

(2) $\iint\limits_{D}x^2y^2\mathrm{d}\sigma$，其中 D 由抛物线 $x=y^2$ 和 $y=x^2$ 所围成的区域；

(3) $\iint\limits_{D}(x^2+y^2-x)\mathrm{d}\sigma$，其中 D 由直线 $y=2, y=x, y=2x$ 所围成的区域.

(4) $\iint\limits_{D}x\mathrm{d}x\mathrm{d}y$，其中 D 由曲线 $y=x^3$ 和直线 $y=x$ 所围成的区域；

(5) $\iint\limits_{D}\dfrac{y^2}{x^2}\mathrm{d}x\mathrm{d}y$，其中 D 由直线 $y=x, y=2$ 及双曲线 $xy=1$ 所围成的区域.

5. 改变下列二次积分的积分次序：

(1) $\int_1^{\mathrm{e}}\mathrm{d}x\int_{-1}^2 f(x,y)\mathrm{d}y$；   (2) $\int_0^1\mathrm{d}y\int_0^y f(x,y)\mathrm{d}x$；

(3) $\int_0^2\mathrm{d}y\int_{y^2}^{2y} f(x,y)\mathrm{d}x$.

6. 计算下列曲线围成的平面图形的面积：

(1) $y=x^2, y=x, y=2x$；   (2) $y=x^2, y=x+2$.

*7. 把二重积分 $\iint\limits_{D}f(x,y)\mathrm{d}\sigma$ 化为极坐标形式，积分区域 D 是：

(1) $D=\{(x,y)\,|\,x^2+y^2 \leqslant a^2\}(a>0)$；   (2) $D=\{(x,y)\,|\,x^2+y^2 \leqslant 2x\}$.

8. 利用极坐标计算下列二重积分：

(1) $\iint\limits_{D}\mathrm{e}^{x^2+y^2}\mathrm{d}\sigma$，其中积分区域 D 是圆形闭区域：$x^2+y^2 \leqslant 4$；

(2) $\iint\limits_{D}xy^2\mathrm{d}\sigma$，其中积分区域 D 是半圆形闭区域：$x^2+y^2 \leqslant 4, x \geqslant 0$.

9. 用适当的坐标计算下列二重积分：

(1) $\iint\limits_{D}\sqrt{x^2+y^2}\mathrm{d}\sigma$，其中 D 是环形闭区域：$a^2 \leqslant x^2+y^2 \leqslant b^2$；

(2) $\iint\limits_{D}\sin\sqrt{x^2+y^2}\mathrm{d}\sigma$，其中 D 是由 $x^2+y^2 \leqslant 4\pi^2, x^2+y^2 \geqslant \pi^2$ 所围成的闭区域.

10. 应用二重积分，求在 xOy 平面上由 $y=x^2$ 与 $y=4x-x^2$ 所围成的区域的面积.

11. 计算由曲面 $z=1-4x^2-y^2$ 与 xOy 平面所围成的体积.

12. 求面密度 $\mu(x,y)=x^2+y^2$，由 $x=0, y=0, x+y=1$ 所围的平面薄板的质量.

13. 设平面薄片所占的闭区域 D 由抛物线 $y=x^2$ 及直线 $y=x$ 所围成，它的面密度 $\mu(x,y)=x^2y$，求此薄片的质心.

实验九　多元函数微积分的 Python 实现

实 验 目 的

1. 掌握利用 Python 计算多元函数偏导数和全微分的方法.
2. 掌握运用 Python 计算二重积分.

实 验 内 容

一、求多元函数的偏导数与全微分

【示例 9.1】　设 $z = \sin(xy) + \cos^2(xy)$，求 $\dfrac{\partial z}{\partial x}, \dfrac{\partial z}{\partial y}, \dfrac{\partial^2 z}{\partial x^2}, \dfrac{\partial^2 z}{\partial x \partial y}$.

解　在单元格中按如下操作：

```
from sympy import*
x,y=symbols('x y')
z=sin(x* y)+(cos(x*y))**2
zx=diff(z, x)
zy=diff( z, y)
zxx=diff( z, x,2)
zxy=diff( z, x,1,y,1)
print(zx)
print(zy)
print(zxx)
print(zxy)
```

运行程序,命令窗口显示所得结果：

```
-2* y* sin(x* y)* cos(x* y)+y* cos(x* y)
-2* x* sin(x* y)* cos(x* y)+x* cos(x* y)
y** 2* (2* sin(x* y)** 2- sin(x* y)-2* cos(x* y)** 2)
2* x* y* sin(x* y)** 2-x* y* sin(x* y)-2* x* y* cos(x* y)** 2-2* sin(x* y)* cos(x* y)+cos(x* y)
```

即

$$\frac{\partial z}{\partial x} = y\cos(xy) - 2y\cos(xy)\sin(xy);$$

$$\frac{\partial z}{\partial y} = x\cos(xy) - 2x\cos(xy)\sin(xy);$$

$$\frac{\partial^2 z}{\partial x^2} = y^2\left[2\sin^2(xy) - \sin(xy) - 2\cos^2(xy)\right];$$

$$\frac{\partial^2 z}{\partial xy} = 2xy\sin^2(xy) - xy\sin(xy) - 2xy\cos^2(xy) - 2\sin(xy)\cos(xy) + \cos(xy).$$

【示例 9.2】　设 $z = x^2 + y^3$，求 $\dfrac{\partial z}{\partial x}\bigg|_{x=3, y=1}$.

解　在单元格中按如下操作：

In
```
from sympy import*
x,y=symbols('x y', real=True)
z=x**2+y**3
diff(z, x).subs({x:3, y:1})    #用 subs 属性进行变量的替换可自动求出对应值
```

运行程序,命令窗口显示所得结果:

6

即

$$\left.\frac{\partial z}{\partial x}\right|_{x=3,y=1}=6.$$

【示例 9.3】 设 $z=(1+xy)^y$,求 $\dfrac{\partial z}{\partial x}$,$\dfrac{\partial z}{\partial y}$ 和全微分 dz.

解　在单元格中按如下操作:

In
```
from sympy import*
x, y,dx,dy=symbols('x y dx dy')
z=(1+x*y)**y
zx=diff(z, x)
zy=diff(z, y)
dz=diff(z, x)*dx+diff(z, y)*dy
print(zx)
print(zy)
print(dz)
```

运行程序,命令窗口显示所得结果:

```
y**2*(x*y+1)**y/(x*y+1)
(x*y+1)**y*(x*y/(x*y+1)+log(x*y+1))
dx*y**2*(x*y+1)**y/(x*y+1)+dy*(x*y+1)**y*(x*y/(x*y+1)+log(x*y+1))
```

即

$$\frac{\partial z}{\partial x}=y^2(1+xy)^{-1+y};$$

$$\frac{\partial z}{\partial y}=(1+xy)^y\left[\frac{xy}{1+xy}+\log(1+xy)\right];$$

$$\mathrm{d}z=y^2(1+xy)^{y-1}\mathrm{d}x+\left[xy(1+xy)^{y-1}+(1+xy)^y\log(1+xy)\right]\mathrm{d}y.$$

二、多重积分的计算

使用 SciPy 库中的函数 dblquad 可以计算二重积分,函数 tplquad 可以计算三重积分,关于 $f(x_1,x_2,\cdots,x_n)$ 的多重积分可以使用 nquad 函数来计算. dblquad 的调用格式为

```
dblquad(func,a,b,gfun,hfun)
```

其中,被积函数 func 的格式为 func(y,x),最外层 x 的积分区间为[a,b],内层 y 的积分区间为 [gfun(x),hfun(x)].

tplquad 的调用格式为

```
tplquad(func,a,b,gfun,hfun,qfun,rfun)
```

其中,被积函数 func 的格式为 func(z,y,x),最外层 x 的积分区间为$[a,b]$,中间层 y 的积分区间为$[gfun(x),hfun(x)]$,最内层 z 的积分区间为$[qfun(x,y),rfun(x,y)]$.

【示例 9.4】　分别求解下列二重积分.

$$(1) \int_0^2 \mathrm{d}x \int_0^1 xy^2 \mathrm{d}y; \qquad (2) \iint\limits_{x^2+y^2\leqslant 1} \mathrm{e}^{-\frac{1}{2}}\sin(x^2+y)\mathrm{d}x\mathrm{d}y.$$

解　对于(2)中的二重积分,结合实验三中的【示例 3.5】的图形可知(2)的积分区域,先要化成累次积分

$$I = \int_{-1}^1 \mathrm{d}x \int_{-\sqrt{1-x^2}}^{\sqrt{1-x^2}} \mathrm{e}^{-\frac{1}{2}}\sin(x^2+y)\mathrm{d}x\mathrm{d}y.$$

解　在单元格中按如下操作:

```
import numpy as np
from scipy. integrate import dblquad
f1=lambda y,x:x*y**2    # 第一个被积函数
print("I1:",dblquad(f1,0,2,0,1))
f2=lambda y, x: np.exp(-x**2/2)*np.sin(x**2+y)    # 第二个被积函数
bd=lambda x: np.sqrt(1-x**2)
print("I2:",dblquad(f2,-1,1,lambda x:-bd(x),bd))
```

运行结果:

```
I1: (0.6666666666666667, 7.401486830834377e-15)
I2: (0.5368603826989582, 3.6961556038050958e-09)
```

即第一个积分值为 0.6667,第二个积分值为 0.5369.

【示例 9.5】　计算三重积分 $\iiint\limits_{\Omega} z\sqrt{x^2+y^2+1}\mathrm{d}x\mathrm{d}y\mathrm{d}z$,其中 Ω 为柱面 $x^2+y^2-2x=0$ 与 $z=0,z=6$ 两平面所围成的空间区域.

解　先把三重积分化成累次积分

$$I = \int_0^2 \mathrm{d}x \int_{-\sqrt{2x-x^2}}^{\sqrt{2x-x^2}} \mathrm{d}y \int_0^6 z\sqrt{x^2+y^2+1}\mathrm{d}z.$$

在单元格中按如下操作:

```
import numpy as np
from scipy. integrate import tplquad
f=lambda z, y, x: z*np. sqrt(x**2+y**2+1)
ybd=lambda x: np.sqrt(2*x-x**2)
print("I=",tplquad(f,0,2,lambda x:-ybd(x),ybd,0,6))
```

运行结果:

```
I= (87.45019779526702, 8.742463819544355e-08)
```

即求得的积分值为 87.4502.

上述三重积分中,被积函数的定义必须严格按照积分次序书写匿名函数的自变量顺序,如积分顺序为先对 z 积分,再对 y 积分,最后对 x 积分,则被积函数的匿名函数定义中函数的写法为 $f(z,y,z)$,不能写成 $f(x,y,z)$ 等其他写法.

实 验 作 业

1. 设 $z = e^{\frac{y}{x}}$，求 dz.

2. 设 $z = f(xy, y)$，求 $\dfrac{\partial^2 z}{\partial x^2}, \dfrac{\partial^2 z}{\partial y^2}, \dfrac{\partial^2 z}{\partial x \partial y}$.

3. 设 $g(x, y) = e^{-(x^2+y^2)/8}(\cos^2 x + \sin^2 y)$，求 $\dfrac{\partial z}{\partial x}, \dfrac{\partial z}{\partial y}, \dfrac{\partial^2 z}{\partial x \partial y}$.

4. 求函数 $z = x^3 + y^3 - xy + 9x - 6y + 20$ 的全微分.

5. 计算二重积分 $\displaystyle\iint\limits_{D} x \sin y \, dx dy$，其中 $D: 1 \leqslant x \leqslant 2, 0 \leqslant y \leqslant \dfrac{\pi}{2}$.

6. 计算三重积分 $\displaystyle\iiint\limits_{\Omega} (x+y+z) \, dv$，其中 $\Omega: 0 \leqslant x \leqslant a, 0 \leqslant y \leqslant b, 0 \leqslant z \leqslant c$.

复 习 题 九

复习题九答案

一、填空题

1. 函数 $z = \ln(8 - x^2 - y^2) + \sqrt{x^2 + y^2 - 1}$ 的定义域为 _____.

2. 函数 $z = \dfrac{1}{\sqrt{x+y}} + \dfrac{1}{\sqrt{x-y}}$ 的定义域为 _____.

3. 设函数 $f(x, y) = x^2 + y^2 + xy \ln\left(\dfrac{y}{x}\right)$，则 $f(kx, ky) =$ _____.

4. 设函数 $f(x, y) = x^2 + y^2, \varphi(x, y) = xy$，则 $f[f(x, y), \varphi(x, y)] =$ _____.

5. 设函数 $z = z(x, y)$ 由方程 $xy^2 z = x + y + z$ 所确定，则 $\dfrac{\partial z}{\partial y} =$ _____.

6. 由方程 $\cos^2 x + \cos^2 y + \cos^2 z = 1$ 所确定的函数 $z = z(x, y)$ 的全微分 $dz =$ _____.

7. 设积分区域 D 的面积为 S，则 $\displaystyle\iint\limits_{D} 2 \, d\sigma =$ _____.

8. 设平面薄片占有平面区域 D，其上点 (x, y) 处的面密度为 $\mu(x, y)$，如果 $\mu(x, y)$ 在 D 上连续，则薄片的质量 $m =$ _____.

9. 若 D 是以 $(0,0), (1,0)$ 及 $(0,1)$ 为顶点的三角形区域，由二重积分的几何意义知 $\displaystyle\iint\limits_{D} d\sigma =$ _____.

10. 设 $z = f(x, y)$ 在闭区域 D 上连续，且 $f(x, y) > 0$，则 $\displaystyle\iint\limits_{D} f(x, y) \, d\sigma$ 的几何意义是 _____.

二、选择题

1. $f(x, y)$ 在 (x_0, y_0) 处有极值，则（　　　）.

A. $f_x(x_0, y_0) = 0, f_y(x_0, y_0) = 0$

B. (x_0, y_0) 是 D 内唯一驻点，则必为最大值点，且 $f_{xx}(x_0, y_0) < 0$

C. $f_{xx}(x_0, y_0) \cdot f_{yy}(x_0, y_0) - f_{xy}^2(x_0, y_0) > 0$

D. 以上结论都不对

2. 函数 $z=f(x,y)$ 在点 (x_0,y_0) 处具有偏导数是它在该点存在全微分的(   ).

A. 必要而非充分条件　　　　　　　　B. 充分而非必要条件

C. 充分必要条件　　　　　　　　　　D. 既非充分又非必要条件

3. 函数 $z=f(x,y)$ 在点 $P_0(x_0,y_0)$ 可微,是函数 $z=f(x,y)$ 在点 P_0 处两个一阶偏导数存在的(   ).

A. 必要条件　　　　　　　　　　　　B. 充分条件

C. 充要条件　　　　　　　　　　　　D. 既非充分又非必要条件

4. 函数 $z=f(x,y)$ 在有界闭域 D 上连续是二重积分 $\iint\limits_{D}f(x,y)\mathrm{d}\sigma$ 存在的(   ).

A. 充分必要条件　　　　　　　　　　B. 充分而非必要条件

C. 必要而非充分条件　　　　　　　　D. 既非充分又非必要条件

5. 函数 $z=f(x,y)$ 在有界闭域 D 上有界是二重积分 $\iint\limits_{D}f(x,y)\mathrm{d}\sigma$ 存在的(   ).

A. 充分必要条件　　　　　　　　　　B. 充分而非必要条件

C. 必要而非充分条件　　　　　　　　D. 既非充分又非必要条件

三、计算题

1. 求函数 $z=\sqrt{4-x^2-y^2}\ln(x^2+y^2-1)$ 的定义域,并画出定义域的图形.

2. 求 $\lim\limits_{\substack{x\to 0 \\ y\to 2}}\dfrac{\sin xy}{x}$.

3. 设 $f(x,y)=x^2+xy+y^2$,求 $f(1,2)$.

4. 已知 $f(x,y)=3x+2y$,求 $f[xy,f(x,y)]$.

5. $f(x,y)=2x+3y$,求 $f_x(1,0)$.

6. $z=x^y$,求 $\dfrac{\partial z}{\partial x},\dfrac{\partial z}{\partial y}$.

7. $z=\ln xy$,求 $\dfrac{\partial z}{\partial x},\dfrac{\partial z}{\partial y}$.

8. $z=x^8\mathrm{e}^y$,求 $\dfrac{\partial z}{\partial x},\dfrac{\partial^2 z}{\partial x^2},\dfrac{\partial z}{\partial y}$.

9. 若 $z=(1+x)^{xy}$,求 $\dfrac{\partial z}{\partial x},\dfrac{\partial z}{\partial y}$.

10. $z=\mathrm{e}^{xy}\cos xy$,求 $\dfrac{\partial z}{\partial x},\dfrac{\partial z}{\partial y}$.

11. $u=(x+2y+3z)^2$,求 $\dfrac{\partial u}{\partial x},\dfrac{\partial u}{\partial y},\dfrac{\partial u}{\partial z}$.

12. 设 $z=\dfrac{y}{x}$,当 $x=2,y=1,\Delta x=0.1,\Delta y=-0.2$,求 Δz 及 $\mathrm{d}z$.

13. 求 $u=\ln(2x+3y+4z^2)$ 的全微分.

14. 求 $\iint\limits_{D}(x^2+y^2)\mathrm{d}\sigma$,其中 D 是矩形闭区域:$|x|\leqslant 1,|y|\leqslant 1$.

15. 求 $\iint\limits_{D}(3x+2y)\mathrm{d}\sigma$，其中 D 是由两坐标轴及直线 $x+y=2$ 所围成的闭区域.

16. 求 $\iint\limits_{D}(x^3+3x^2y+y^3)\mathrm{d}\sigma$，其中 D 是矩形闭区域：$0{\leqslant}x{\leqslant}1,0{\leqslant}y{\leqslant}1$.

17. 求 $\iint\limits_{D}x\cos(x+y)\mathrm{d}\sigma$，其中 D 是顶点分别为 $(0,0)$、$(\pi,0)$ 和 (π,π) 的三角形闭区域.

18. 求 $\iint\limits_{D}(1+x)\sin y\mathrm{d}\sigma$，其中 D 是顶点分别为 $(0,0)$、$(1,0)$、$(1,2)$ 和 $(0,1)$ 的梯形闭区域.

19. 求 $\iint\limits_{D}(x^2+y^2-x)\mathrm{d}\sigma$，其中 D 是由直线 $y=2,y=x$ 和 $y=2x$ 的所围成的闭区域.

第10章 无穷级数

无穷级数简称级数,它可看作是数列与极限的另一种表现形式,因此可以借助数列极限的理论来研究它. 另外,级数也是表示函数、研究函数性质及进行数值计算的有力工具. 本章先讨论常数项级数,介绍级数的一些基本知识,然后讨论含数项级数,着重讨论幂级数及如何将函数展开成幂级数的问题.

10.1 常数项级数的概念与性质

10.1.1 常数项级数的概念

定义 10.1 设 $\{u_n\}$ 是一个无穷数列,把它的各项依次相加构成的表达式

$$u_1 + u_2 + \cdots + u_n + \cdots \tag{1}$$

称为(常数项)**无穷级数**,简称(常数项)**级数**. 其中第 n 项 u_n 为该级数的一般项. 通常也记作 $\sum\limits_{n=1}^{\infty} u_n$. 前 n 项之和

$$s_n = u_1 + u_2 + \cdots + u_n = \sum_{i=1}^{n} u_i,$$

称为级数(1)的**前 n 项部分和**.

当 n 依次取 $1,2,3,\cdots$ 时,它们构成一个新的数列 $\{s_n\}$,即

$$s_1 = u_1, s_2 = u_1 + u_2, \cdots, s_n = \sum_{i=1}^{n} u_i, \cdots.$$

如果部分和数列 $\{s_n\}$ 有极限 s,即 $\lim\limits_{n\to\infty} s_n = s$,则称级数(1)收敛,极限 s 称为级数(1)的和,并写作 $\sum\limits_{n=1}^{\infty} u_n = s$;如果部分和数列 $\{s_n\}$ 没有极限,则称级数(1)**发散**,或称级数(1)没有和.

当级数(1)收敛时,其部分和 s_n 是和 s 的近似值,它们之间的差

$$r_n = s - s_n = u_{n+1} + u_{n+2} + \cdots = \sum_{k=n+1}^{\infty} u_k$$

称为级数(1)的**余项**. 显然,用部分和 s_n 近似表示和 s 所产生的误差为 $|r_n|$.

由上述定义可知,给定级数 $\sum\limits_{n=1}^{\infty} u_n$,就有部分和数列 $s_n = \sum\limits_{i=1}^{n} u_i$;反之,给定数列 $\{s_n\}$,就有以 $\{s_n\}$ 为部分和数列的级数

$$s_1 + (s_2 - s_1) + \cdots + (s_n - s_{n-1}) + \cdots = s_1 + \sum_{n=2}^{\infty} (s_n - s_{n-1}) = \sum_{n=1}^{\infty} u_n,$$

其中 $u_1 = s_1, u_n = s_n - s_{n-1} (n \geq 2)$. 按定义 10.1,级数 $\sum\limits_{i=1}^{\infty} u_n$ 与数列 $\{s_n\}$ 同时收敛或同时发散,且在收敛时有

$$\sum_{n=1}^{\infty} u_n = \lim_{n \to \infty} s_n, \quad 即 \sum_{n=1}^{\infty} u_n = \lim_{n \to \infty} \sum_{i=1}^{n} u_i.$$

下面我们直接根据定义来判定两个级数的收敛性.

例 10.1 级数

$$\sum_{n=0}^{\infty} aq^n = a + aq + aq^2 + \cdots + aq^n + \cdots, \tag{2}$$

叫**等比级数**（又称几何级数），其中 $a \neq 0$，q 称为级数的公比. 试讨论级数（2）的收敛性.

解 如果 $q \neq 1$，则部分和

$$s_n = a + aq + \cdots + aq^{n-1} = \frac{a - aq^n}{1-q} = \frac{a(1-q^n)}{1-q}.$$

当 $|q| < 1$ 时，$\lim\limits_{n \to \infty} q^n = 0$，从而 $\lim\limits_{n \to \infty} s_n = \dfrac{a}{1-q}$，这时级数（2）收敛，其和为 $\dfrac{a}{1-q}$；

当 $|q| > 1$ 时，$\lim\limits_{n \to \infty} q^n = \infty$，从而 $\lim\limits_{n \to \infty} s_n = \infty$，这时级数（2）发散；

当 $q = -1$ 时，$\lim\limits_{n \to \infty} (-1)^n$ 不存在，从而 $s_n = \dfrac{a}{2}[1 - (-1)^n]$ 的极限不存在，因此级数（2）发散.

当 $q = 1$ 时，$s_n = na \to \infty (n \to \infty)$，因此级数（2）也发散.

总之，当 $|q| < 1$ 时，等比级数 $\sum\limits_{n=0}^{\infty} aq^n (a \neq 0)$ 收敛，且其和为 $\dfrac{a}{1-q}$；当 $|q| \geqslant 1$ 时，此等比级数发散.

例 10.2 判定级数 $\sum\limits_{n=1}^{\infty} \dfrac{1}{n(n+1)} = \dfrac{1}{1 \cdot 2} + \dfrac{1}{2 \cdot 3} + \cdots + \dfrac{1}{n \cdot (n+1)} + \cdots$ 的收敛性.

解 由于 $u_n = \dfrac{1}{n(n+1)} = \dfrac{1}{n} - \dfrac{1}{n+1}$，于是级数的部分和为

$$s_n = \frac{1}{1 \cdot 2} + \frac{1}{2 \cdot 3} + \cdots + \frac{1}{n(n+1)} = \left(1 - \frac{1}{2}\right) + \left(\frac{1}{2} - \frac{1}{3}\right) + \cdots + \left(\frac{1}{n} - \frac{1}{n+1}\right) = 1 - \frac{1}{n+1},$$

因此

$$\lim_{n \to \infty} s_n = \lim_{n \to \infty} \left(1 - \frac{1}{n+1}\right) = 1,$$

从而级数收敛，且其和为 1.

10.1.2 级数的性质

根据级数收敛的定义和极限运算法则，容易证明级数的下述性质.

性质 10.1 若级数 $\sum\limits_{n=1}^{\infty} u_n$ 收敛，其和为 s，则级数 $\sum\limits_{n=1}^{\infty} ku_n$ 也收敛，且和为 ks，即

$$\sum_{n=1}^{\infty} ku_n = k \sum_{n=1}^{\infty} u_n.$$

性质 10.2 设 $\sum\limits_{n=1}^{\infty} u_n = s$，$\sum\limits_{n=1}^{\infty} v_n = \sigma$，则级数 $\sum\limits_{n=1}^{\infty} (u_n \pm v_n)$ 收敛，其和为 $s \pm \sigma$，即

$$\sum_{n=1}^{\infty} (u_n \pm v_n) = \sum_{n=1}^{\infty} u_n \pm \sum_{n=1}^{\infty} v_n. \tag{3}$$

式（3）所表述的运算规律称为**级数的逐相加（减）法则**，因此性质 10.2 也可叙述为：两个收

敛级数可逐相相加(减). 这里要注意式(3)成立是以级数 $\sum\limits_{n=1}^{\infty} u_n$ 与 $\sum\limits_{n=1}^{\infty} v_n$ 都收敛为前提条件.

当 $\sum\limits_{n=1}^{\infty} u_n$ 与 $\sum\limits_{n=1}^{\infty} v_n$ 都发散时,逐相相加(减)法则就不能用,如例 10.2,

$$\sum_{n=1}^{\infty} \frac{1}{n(n+1)} = \sum_{n=1}^{\infty} \left(\frac{1}{n} - \frac{1}{n+1}\right) = 1,$$

但级数 $u_n \geqslant k v_n (k > 0)$ 及 $\sum\limits_{n=1}^{\infty} \frac{1}{n+1}$ 都是发散的(见例 10.3),因此

$$\sum_{n=1}^{\infty} \left(\frac{1}{n} - \frac{1}{n+1}\right) \neq \sum_{n=1}^{\infty} \frac{1}{n} - \sum_{n=1}^{\infty} \frac{1}{n+1}.$$

这里,不等式左端表示收敛于 1 的级数(即左端表示数 1),而右端是发散的级数,不表示数值.

性质 10.3 级数去掉、增加或改变有限项,其收敛性不变.

证 显然级数 $\sum\limits_{n=1}^{\infty} u_n$ 与去掉首项后所得级数 $\sum\limits_{n=2}^{\infty} u_n$ 同时收敛或发散,表明级数去掉 1 项不改变收敛性,从而去掉或增加有限项也不改变收敛性. 改变有限项可看作先去掉有限项再增加有限项,因此也不改变收敛性.

性质 10.4 若级数 $\sum\limits_{n=1}^{\infty} u_n$ 收敛,则对这个级数的项任意加括号后所得的新级数仍然收敛,且其和不变.

该性质的结论反过来不一定成立. 例如,级数 $\sum\limits_{n=1}^{\infty} (-1)^{n+1}$ 加括号后得级数

$$(1-1) + (1-1) + \cdots + (1-1) + \cdots$$

显然收敛于零,但是 $\sum\limits_{n=1}^{\infty} (-1)^{n+1} = 1 - 1 + 1 - 1 + \cdots + 1 - 1 + \cdots$ 是公比为 -1 的等比级数,发散.

性质 10.5(级数收敛的必要条件) 若级数 $\sum\limits_{n=1}^{\infty} u_n$ 收敛,则必有 $\lim\limits_{n \to \infty} u_n = 0$.

证 级数 $\sum\limits_{n=1}^{\infty} u_n$ 的一般项与部分和有如下关系:

$$u_n = s_n - s_{n-1}.$$

假定该级数收敛于和 s,则

$$\lim_{n \to \infty} u_n = \lim_{n \to \infty} (s_n - s_{n-1}) = \lim_{n \to \infty} s_n - \lim_{n \to \infty} s_{n-1} = s - s = 0.$$

这条性质可以简单地表述为:收敛级数的一般项必趋于零. 由此可知,如果级数的一般项不趋于零,则级数发散. 这是判定级数发散的一种有用的方法. 例如,级数

$$\sum_{n=0}^{\infty} \frac{n}{n+1},$$

由于它的一般项 $u_n = \frac{n}{n+1}$ 极限趋于 1 而不趋于零,因此该级数发散.

注意,级数的一般项趋于零并不是收敛的充分条件. 有些级数虽然一般项趋于零,但仍然是发散的. 请看下例.

例 10.3 级数

$$1 + \frac{1}{2} + \frac{1}{3} + \cdots + \frac{1}{n} + \cdots = \sum_{n=1}^{\infty} \frac{1}{n}$$

称为**调和级数**，试证调和级数是发散的.

证 假设调和级数收敛，且 $\lim_{n \to \infty} s_n = s$，则 $\lim_{n \to \infty} s_{2n} = s$. 于是

$$\lim_{n \to \infty} (s_{2n} - s_n) = \lim_{n \to \infty} s_{2n} - \lim_{n \to \infty} s_n = s - s = 0.$$

而

$$s_{2n} - s_n = \frac{1}{n+1} + \frac{1}{n+2} + \cdots + \frac{1}{2n} > \frac{1}{2n} + \frac{1}{2n} + \cdots + \frac{1}{2n} = \frac{n}{2n} = \frac{1}{2}.$$

故 $\lim_{n \to \infty} (s_{2n} - s_n) \neq 0$，矛盾. 所以假设错误，即调和级数是发散的.

例 10.4 判定级数 $\sum\limits_{n=1}^{\infty} \left(\dfrac{2}{n} - \dfrac{1}{2^n} \right)$ 的收敛性.

解 因为调和级数 $\sum\limits_{n=1}^{\infty} \dfrac{1}{n}$ 发散，所以级数 $\sum\limits_{n=1}^{\infty} \dfrac{2}{n}$ 发散，而 $\sum\limits_{n=1}^{\infty} \dfrac{1}{2^n}$ 是公比 $q = \dfrac{1}{2}$ 的等比级数，是收敛的，根据性质 2 知原级数发散.

习　题　10.1

习题 10.1 答案

1. 写出下列级数的一般项：

(1) $1 + \dfrac{1}{3} + \dfrac{1}{5} + \dfrac{1}{7} + \cdots$；　　　　　(2) $\dfrac{1}{2} - \dfrac{2}{3} + \dfrac{3}{4} - \dfrac{4}{5} + \dfrac{5}{6}$；

(3) $\sin \dfrac{\pi}{6} + \sin \dfrac{2\pi}{6} + \cdots + \sin \dfrac{n\pi}{6} + \cdots$.

2. 用定义判别下列级数的收敛性：

(1) $\sum\limits_{n=1}^{\infty} \left(\dfrac{1}{6} \right)^n$；　　　　　　　　(2) $\sum\limits_{n=1}^{\infty} (\sqrt{n+1} - \sqrt{n})$；

(3) $\dfrac{1}{1 \cdot 3} + \dfrac{1}{3 \cdot 5} + \dfrac{1}{5 \cdot 7} + \cdots + \dfrac{1}{(2n-1)(2n+1)} + \cdots$.

3. 利用收敛级数的性质判断下列级数的收敛性：

(1) $\sum\limits_{n=1}^{\infty} \dfrac{1}{1 \cdot 3} \left(\dfrac{1}{3^n} - \dfrac{1}{5^n} \right)$；　　　(2) $\dfrac{1}{3} + \dfrac{1}{6} + \dfrac{1}{9} + \cdots + \dfrac{1}{3n} + \cdots$；

(3) $\sum\limits_{n=1}^{\infty} \dfrac{1}{1 \cdot 3} \left(\dfrac{1}{2^n} + \dfrac{1}{2n} \right)$；　　　(4) $\sum\limits_{n=1}^{\infty} \dfrac{1}{1 \cdot 3} \sqrt{\dfrac{n}{n+1}}$.

10.2　常数项级数的审敛法

在研究级数时，中心问题是判定级数的收敛性，如果级数是收敛的，就可对它进行某些运算，并设法求出它的和或和的近似值. 但是，除了少数几个特殊的级数，在一般情况下，直接考察级数的部分和数列是否有极限是很困难的，因而直接根据定义来判定级数的收敛性往往不可行，这时就需借助于一些间接的判别方法（称为审敛法）. 本节将介绍一些常用的审敛法.

10.2.1　正项级数及其审敛法

定义 10.2　如果级数 $\sum\limits_{n=1}^{\infty} u_n$ 的一般项 $u_n \geqslant 0 (n = 1, 2, \cdots)$，则称该级数为正项级数.

设正项级数 $\sum\limits_{n=1}^{\infty} u_n$ 的部分和为 s_n，由于 $s_n - s_{n-1} = u_n \geqslant 0$，所以数列 $\{s_n\}$ 单调增加，即

$$s_1 \leqslant s_2 \leqslant \cdots \leqslant s_n \leqslant \cdots.$$

如果数列 s_n 有界，即 s_n 总不大于某一常数 M，则根据单调有界数列必有极限的准则，可知级数 $\sum\limits_{n=1}^{\infty} u_n$ 必收敛. 并且若设其和为 s，则有 $s_n \leqslant s \leqslant M$. 反之，如果正数项级数 $\sum\limits_{n=1}^{\infty} u_n$ 收敛于和 s，那么根据收敛数列必有界的性质可知，数列 s_n 有界. 因此，我们得到了如下的定理.

定理 10.1　正项级数 $\sum\limits_{n=1}^{\infty} u_n$ 收敛的充分必要条件是它的部分和数列 $\{s_n\}$ 有界.

根据定理 10.1，在判定正项级数 $\sum\limits_{n=1}^{\infty} u_n$ 收敛性时，可以另取一个收敛性已知的正项级数与它作比较，从而确定它的部分和是否有界，这样也就能确定 10.1 节中级数(1)的收敛性. 按照这个想法，就可以建立正项级数的一个基本审敛法 —— **比较审敛法**.

定理 10.2(比较审敛法)　设 $\sum\limits_{n=1}^{\infty} u_n$ 及 $\sum\limits_{n=1}^{\infty} v_n$ 为两个正项级数.

(i) 如果级数 $\sum\limits_{n=1}^{\infty} v_n$ 收敛且 $u_n \leqslant v_n (n = 1, 2, \cdots)$，则级数 $\sum\limits_{n=1}^{\infty} u_n$ 也收敛；

(ii) 如果级数 $\sum\limits_{n=1}^{\infty} v_n$ 发散且 $u_n > v_n (n = 1, 2, \cdots)$，则级数 $\sum\limits_{n=1}^{\infty} u_n$ 也发散.

证　(i) 设级数 $\sum\limits_{n=1}^{\infty} v_n$ 收敛于和 $p > 1$，并且 $u_n \leqslant v_n (n = 1, 2, \cdots)$，则级数 $\sum\limits_{n=1}^{\infty} u_n$ 的部分和

$$s_n = u_1 + u_2 + \cdots + u_n \leqslant v_1 + v_2 + \cdots v_n \leqslant p \quad (n = 1, 2, \cdots),$$

即级数 $\sum\limits_{n=1}^{\infty} u_n$ 的部分和不大于常数 $p > 1$，由定理 10.1 可知级数 $\sum\limits_{n=1}^{\infty} u_n$ 收敛.

(ii) 是(i)的逆否命题，由(i)成立即知(ii)成立.

注意到级数的每一项同乘不为零的常数 k，以及去掉有限项不会影响级数的收敛性，我们可以把比较审敛法的条件适度放宽，得到如下的推论：

推论　设 $\sum\limits_{n=1}^{\infty} u_n$ 和 $\sum\limits_{n=1}^{\infty} v_n$ 都是正项级数，如果级数 $\sum\limits_{n=1}^{\infty} v_n$ 收敛，并且从某项起(如从第 N 项起)，$u_n \leqslant k v_n (n \geqslant N)$，则级数 $\sum\limits_{n=1}^{\infty} u_n$ 也收敛；如果级数 $\sum\limits_{n=1}^{\infty} v_n$ 发散，并且从某项起，$u_n \geqslant k v_n (k > 0)$，则级数 $\sum\limits_{n=1}^{\infty} u_n$ 也发散.

例 10.5　判定级数 $\sum\limits_{n=1}^{\infty} \dfrac{1}{2^n - n}$ 的收敛性.

解　因为 $2^n - n = 2^{n-1} + (2^{n-1} - n) \geqslant 2^{n-1}$，所以

$$\frac{1}{2^n-n} \leqslant \frac{1}{2^{n-1}}.$$

而级数 $\sum\limits_{n=1}^{\infty} \frac{1}{2^{n-1}}$ 是公比为 $\frac{1}{2}$ 的收敛的等比数列,由比较审敛法知所给级数收敛.

例 10.6 证明级数 $\sum\limits_{n=1}^{\infty} \frac{1}{\sqrt{n(n+1)}}$ 发散.

证 因为
$$\frac{1}{\sqrt{n(n+1)}} > \frac{1}{n+1},$$

而级数
$$\sum\limits_{n=1}^{\infty} \frac{1}{n+1} = \frac{1}{2} + \frac{1}{3} + \cdots + \frac{1}{n+1} + \cdots$$

是去掉首项的调和级数,因而是发散的,根据比较审敛法可知所给级数也是发散的.

例 10.7 级数
$$\sum\limits_{n=1}^{\infty} \frac{1}{n^p} = 1 + \frac{1}{2^p} + \frac{1}{3^p} + \cdots + \frac{1}{n^p} + \cdots \tag{2}$$

(其中 p 为常数)称为 p **级数**. 试讨论 p 级数的收敛性.

解 当 $p \leqslant 1$ 时,$\frac{1}{n^p} \geqslant \frac{1}{n}$,而调和级数 $\sum\limits_{n=1}^{\infty} \frac{1}{n}$ 是发散的,根据比较审敛法,可知级数 $\sum\limits_{n=1}^{\infty} \frac{1}{n^p}$ 发散.

当 $p > 1$ 时,对于 $k-1 \leqslant x \leqslant k$,有 $\frac{1}{x^p} \geqslant \frac{1}{k^p}$,可得
$$\frac{1}{k^p} = \int_{k-1}^{k} \frac{1}{k^p} \mathrm{d}x \leqslant \int_{k-1}^{k} \frac{1}{x^p} \mathrm{d}x \quad (k = 2, 3, \cdots).$$

从而 p 级数的部分和
$$\begin{aligned} s_n &= \sum\limits_{k=1}^{n} \frac{1}{k^p} = 1 + \sum\limits_{k=2}^{n} \frac{1}{k^p} \leqslant 1 + \sum\limits_{k=2}^{n} \int_{k-1}^{k} \frac{1}{x^p} \mathrm{d}x \\ &= 1 + \int_{1}^{n} \frac{1}{x^p} \mathrm{d}x = 1 + \frac{1}{p-1}\left(1 - \frac{1}{n^{p-1}}\right) < 1 + \frac{1}{p-1}. \end{aligned}$$

表明 s_n 有界,因此级数 $\sum\limits_{n=1}^{\infty} \frac{1}{n^p}$ 收敛.

总之,p 级数 $\sum\limits_{n=1}^{\infty} \frac{1}{n^p}$ 当 $p > 1$ 时收敛.

下面给出极限形式的比较审敛法,它在应用时更为方便些.

定理 10.3(极限形式的比较审敛法) 设 $\sum\limits_{n=1}^{\infty} u_n$ 及 $\sum\limits_{n=1}^{\infty} v_n$ 为两个正项级数,如果
$$\lim_{n\to\infty} \frac{u_n}{v_n} = l \quad (\text{或} +\infty),$$

则 (i) 当 $0 < l < +\infty$ 时,级数 $\sum\limits_{n=1}^{\infty} u_n$ 及级数 $\sum\limits_{n=1}^{\infty} v_n$ 同时收敛或同时发散;

(ii) 当 $l = 0$ 时,若级数 $\sum\limits_{n=1}^{\infty} v_n$ 收敛,则级数 $\sum\limits_{n=1}^{\infty} u_n$ 收敛;

(iii) 当 $l = +\infty$ 时,若级数 $\sum\limits_{n=1}^{\infty} v_n$ 发散,则级数 $\sum\limits_{n=1}^{\infty} u_n$ 发散.

证 (i) 由级数的定义可知,对 $\varepsilon = \dfrac{l}{2}$,存在自然数 N,当 $n > N$ 时,有不等式

$$l - \frac{l}{2} < \frac{u_n}{v_n} < l + \frac{l}{2},$$

即有不等式

$$\frac{1}{2} l v_n < u_n < \frac{3}{2} l v_n.$$

再根据比较收敛法的推论,即得所要证的结论.

(ii)和(iii)这个结论的证明并不难,请读者自己完成.

极限形式的比较收敛法,在两个正项级数的通项均趋近于零的情况下,其实是比较两个正项级数的通项作为无穷小量的阶. 它表明:当 $n \to \infty$ 时,如果 u_n 是比 v_n 高阶或是与 v_n 同阶的无穷小,而级数 $\sum\limits_{n=1}^{\infty} v_n$ 收敛,则级数 $\sum\limits_{n=1}^{\infty} u_n$ 收敛;如果 u_n 是比 v_n 低阶或是与 v_n 同阶的无穷小,而级数 $\sum\limits_{n=1}^{\infty} v_n$ 发散,则级数 $\sum\limits_{n=1}^{\infty} u_n$ 发散.

用比较审敛法审敛时,需要适当地选取一个已知其审敛性的级数 $\sum\limits_{n=1}^{\infty} v_n$ 作为比较的基准,最常选用作为基准级数的是等比级数和 p 级数.

以等比级数作为比较的基准级数,可得比值审敛法.

定理 10.4(比值审敛法或达朗贝尔审敛法) 设 $u_n > 0$,且 $\lim\limits_{n\to\infty}\dfrac{u_{n+1}}{u_n} = \rho$,则

(i) 当 $\rho < 1$ 时,级数 $\sum\limits_{n=1}^{\infty} u_n$ 收敛;

(ii) 当 $\rho > 1$(或 $\lim\limits_{n\to\infty}\dfrac{u_{n+1}}{u_n} = +\infty$)时,级数 $\sum\limits_{n=1}^{\infty} u_n$ 发散;

(iii) 当 $\rho = 1$ 时,级数 $\sum\limits_{n=1}^{\infty} u_n$ 可能收敛也可能发散.

证 (i) 设 $\rho < 1$. 取一个适当小的正数 ε,使得 $\rho + \varepsilon = r < 1$,根据极限定义,存在自然数 m,当 $n \geqslant m$ 时有不等式

$$\frac{u_{n+1}}{u_n} < \rho + \varepsilon = r.$$

因此

$$u_{m+1} < r u_m,\ u_{m+2} < r u_{m+1} < r^2 u_m,\ u_{m+3} < r u_{m+2} < r^3 u_m,\ \cdots.$$

这样,级数

$$u_{m+1} + u_{m+2} + u_{m+3} + \cdots$$

的各项就小于收敛的等比级数(公比 $r < 1$)

$$r u_m + r^2 u_m + r^3 u_m + \cdots$$

的对应项,由比较审敛法的推论可知级数 $\sum\limits_{n=1}^{\infty} u_n$ 收敛.

(ii) 设 $\rho > 1$. 取一个适当小的正数 ε,使得 $\rho - \varepsilon > 1$. 根据极限定义,存在自然数 k,当 $n \geqslant k$ 时有不等式

$$\frac{u_{n+1}}{u_n} > \rho - \varepsilon > 1,$$

即

$$u_{n+1} > u_n.$$

这就是说，当 $n \geq k$ 时，级数的一般项 u_n 是逐渐增大的，从而 $\lim\limits_{n \to \infty} u_n \neq 0$. 根据级数收敛的必要条件，可知级数 $\sum\limits_{n=1}^{\infty} u_n$ 发散.

类似地可以证明：当 $\lim\limits_{n \to \infty} \dfrac{u_{n+1}}{u_n} = +\infty$ 时，级数是发散的.

(iii) 当 $\rho = 1$ 时，级数可能收敛也可能发散. 例如，调和级数 $\sum\limits_{n=1}^{\infty} \dfrac{1}{n}$，$\lim\limits_{n \to \infty} \dfrac{u_{n+1}}{u_n} = 1$，而该级数发散；对级数 $\sum\limits_{n=1}^{\infty} \dfrac{1}{n^2}$，$\lim\limits_{n \to \infty} \dfrac{u_{n+1}}{u_n} = 1$，而该级数收敛.

例 10.8　判定级数 $\sum\limits_{n=1}^{\infty} \dfrac{n!}{10^n}$ 的收敛性.

解　易知 $\dfrac{u_{n+1}}{u_n} = \dfrac{(n+1)!}{10^{n+1}} \cdot \dfrac{10^n}{n!} = \dfrac{n+1}{10} \to +\infty \ (n \to \infty)$，所以由比值审敛法知级数 $\sum\limits_{n=1}^{\infty} \dfrac{n!}{10^n}$ 发散.

例 10.9　判定级数 $\sum\limits_{n=1}^{\infty} n^2 \sin \dfrac{\pi}{2^n}$ 的收敛性.

解　因为 $\dfrac{u_{n+1}}{u_n} = \dfrac{(n+1)^2 \sin \dfrac{\pi}{2^{n+1}}}{n^2 \sin \dfrac{\pi}{2^n}} = \left(\dfrac{n+1}{n}\right)^2 \cdot \dfrac{\sin \dfrac{\pi}{2^{n+1}}}{\dfrac{\pi}{2^{n+1}}} \cdot \dfrac{\dfrac{\pi}{2^n}}{\sin \dfrac{\pi}{2^n}} \cdot \dfrac{2^n}{2^{n+1}} \to \dfrac{1}{2} \ (n \to \infty)$，故所给级数收敛.

比值审敛法用起来很方便，但当 $\lim\limits_{n \to \infty} \dfrac{u_{n+1}}{u_n} = 1$ 或极限不存在且不是 ∞ 时，比值审敛法就无效了.

以 p 级数作为比较的基准级数，可得极限审敛法.

定理 10.5（极限审敛法）　设 $\sum\limits_{n=1}^{\infty} u_n$ 为正项级数.

(i) 如果 $\lim\limits_{n \to \infty} n u_n = l > 0$（或 $\lim\limits_{n \to \infty} n u_n = +\infty$），则级数 $\sum\limits_{n=1}^{\infty} u_n$ 发散；

(ii) 如果 $p > 1$ 而 $\lim\limits_{n \to \infty} n^p u_n = l \ (0 \leq l < \infty)$，则级数 $\sum\limits_{n=1}^{\infty} u_n$ 收敛.

证　(i) 在极限形式的比较审敛法中，取 $v_n = \dfrac{1}{n}$，由调和级数 $\sum\limits_{n=1}^{\infty} \dfrac{1}{n}$ 发散知结论成立；

(ii) 在极限形式的比较审敛法中，取 $v_n = \dfrac{1}{n^p}$，当 $p > 1$ 时，p 级数收敛，便知结论成立.

例 10.10　判定级数 $\sum\limits_{n=1}^{\infty} \dfrac{2n-1}{n^2 + 2n + 3}$ 的收敛性.

解 因为 $nu_n = \dfrac{n(2n-1)}{n^2+2n+3} \to 2 \quad (n \to \infty)$,所以根据极限审敛法知所给级数发散.

例 10.11 判定级数 $\displaystyle\sum_{n=1}^{\infty} \dfrac{1}{n^2-n+1} \sin^2 \dfrac{n\pi}{6}$ 的收敛性.

解法一 因 $0 \leqslant \dfrac{1}{n^2-n+1} \sin^2 \dfrac{n\pi}{6} \leqslant \dfrac{1}{n^2-n+1} \leqslant \dfrac{2}{n^2}$,

而级数 $\displaystyle\sum_{n=1}^{\infty} \dfrac{2}{n^2}$ 收敛,根据比较审敛法知所给级数收敛.

解法二 因为 $n^{3/2} u_n = \dfrac{\sqrt{n^3}}{n^2-n+1} \sin^2 \dfrac{n\pi}{6}$,且 $\displaystyle\lim_{n\to\infty} \dfrac{\sqrt{n^3}}{n^2-n+1} = \lim_{n\to\infty} \sqrt{\dfrac{n^3}{(n^2-n+1)^2}} = 0$,而

$\sin^2 \dfrac{n\pi}{6}$ 有界,故 $\displaystyle\lim_{n\to\infty} n^{3/2} u_n = 0$,根据极限审敛法知所给级数收敛.

10.2.2 交错级数及其审敛法

定义 10.3 设 $u_1, u_2, u_3, u_4, \cdots$ 都是正数,形如

$$u_1 - u_2 + u_3 - u_4 + \cdots \tag{3}$$

或

$$-u_1 + u_2 - u_3 + u_4 - \cdots, \tag{4}$$

各项正负交替处出现的级数称为**交错级数**.

由于交错级数(4)的各项乘以 -1 后就变成级数(3)的形式且不改变收敛性,因此不失一般性,我们只需讨论级数(3)的收敛性.

定理 10.6 交错级数审敛法(莱布尼兹定理) 如果交错级数(3)满足条件:

(i) $u_n \geqslant u_{n+1} (n=1,2,3,\cdots)$;

(ii) $\displaystyle\lim_{n\to\infty} u_n = 0$;

则级数(3)收敛,其和 s 非负且 $s \leqslant u_1$,其余项 r_n 的绝对值 $|r_n| \leqslant u_{n+1}$.

证 先证明前 $2m$ 项的和的极限 $\displaystyle\lim_{m\to\infty} s_{2m}$ 存在,为此把 s_{2m} 写成两种形式

$$s_{2m} = (u_1 - u_2) + (u_3 - u_4) + \cdots + (u_{2m-1} - u_{2m})$$

及

$$s_{2m} = u_1 - (u_2 - u_3) - (u_4 - u_5) - \cdots - (u_{2m-2} - u_{2m-1}) - u_{2m},$$

根据条件(i)可知所有括弧中的差都是非负的,由第一种形式可见 $s_{2m} \geqslant 0$ 且随 m 增大而增大,由第二种形式可见 $s_{2m} < u_1$. 于是根据单调有界数列必有极限的准则知道,数列 s_{2m} 存在极限 s,并且 s 不大于 u_1,即

$$\lim_{m\to\infty} s_{2m} = s \leqslant u_1.$$

又由于 $s_{2m} \geqslant 0$,因此 $s \geqslant 0$.

再证明前 $2m+1$ 项的和的极限 $\displaystyle\lim_{m\to\infty} s_{2m+1} = s$,事实上,我们有

$$s_{2m+1} = s_{2m} + u_{2m+1},$$

由条件(ii)知 $\displaystyle\lim_{m\to\infty} u_{2m+1} = 0$,因此

$$\lim_{m\to\infty} s_{2m} = \lim_{m\to\infty} (s_{2m} + u_{2m+1}) = s,$$

由

$$\lim_{m\to\infty} s_{2m} = \lim_{m\to\infty} s_{2m+1} = s,$$

即得

$$\lim_{n\to\infty} s_n = s.$$

亦即级数(3)收敛于和 s,且 $0 \leqslant s \leqslant u_1$.

最后,不难看出余项 r_n 可以写成

$$r_n = \pm(u_{n+1} - u_{n+2} + \cdots),$$

上式右端括弧内是一个与式(3)同一类型的交错级数,且满足收敛的两个条件,因此其和 σ 非负且不超过级数的第一项,于是

$$|r_n| = \sigma \leqslant u_{n+1}.$$

证明完毕.

例 10.12　判定交错级数 $\displaystyle\sum_{n=1}^{\infty} (-1)^{n-1} \frac{1}{n}$ 的收敛性.

解　因为 $u_n = \dfrac{1}{n}$ 满足 $u_n > u_{n+i}(n \in \mathbf{N}_+)$ 及 $\displaystyle\lim_{n\to\infty} u_n = \lim_{n\to\infty} \frac{1}{n} = 0$,根据交错级数审敛法知所给

级数收敛.

10.2.3　绝对收敛与条件收敛

前面讨论的正项级数、交错级数都是形式比较特殊的级数,下面我们讨论一般形式的数项级数的审敛法.

定义 10.4　设有级数

$$u_1 + u_2 + \cdots + u_n + \cdots, \tag{5}$$

其中 $u_n(n=1,2,\cdots)$ 可以任意地取正数、负数或零. 级数(5)通常称为**任意项级数**.

取级数(5)各项的绝对值组成正数项级数

$$|u_1| + |u_2| + \cdots |u_n| + \cdots. \tag{6}$$

下面定理说明了级数(5)与级数(6)的收敛性之间的关系.

定理 10.7　如果级数(5)的各项的绝对值所组成的级数(6)收敛,则级数(5)收敛.

证　设级数(6)收敛. 令

$$v_n = \frac{1}{2}(u_n + |u_n|) \quad (n=1,2,\cdots).$$

显然 $v_n \geqslant 0$,并且 $v_n \leqslant |u_n|$,就是说 v_n 都不大于级数(6)的对应项 $|u_n|$. 于是由比较审敛法可知,正数项级数 $\displaystyle\sum_{n=1}^{\infty} v_n$ 收敛,从而 $\displaystyle\sum_{n=1}^{\infty} 2v_n$ 也收敛,但是

$$u_n = 2v_n - |u_n|,$$

所以级数(5)是由两个收敛级数逐项相减而成,即

$$\sum_{n=1}^{\infty} u_n = \sum_{n=1}^{\infty} (2v_n - |u_n|),$$

因此,根据级数收敛的基本性质 3 可知级数(5)收敛.

我们可以用正项级数的比值审敛法、极限审敛法或比较审敛法,来判定正项级数(6)的收敛性. 定理 10.7 表明,如果正项级数(6)收敛,那么级数(5)也收敛.

定义 10.5　当级数(6)收敛时,那么称级数(5)为**绝对收敛**.

例 10.13 证明级数 $\sum\limits_{n=1}^{\infty} \dfrac{\sin na}{n^4}$ 绝对收敛.

证 因为 $\left|\dfrac{\sin na}{n^4}\right| \leqslant \dfrac{1}{n^4}$, 而级数 $\sum\limits_{n=1}^{\infty} \dfrac{1}{n^4}$ 是收敛的, 所以级数 $\sum\limits_{n=1}^{\infty} \left|\dfrac{\sin na}{n^4}\right|$ 也是收敛的. 因此所给级数绝对收敛.

注意: 虽然绝对收敛的级数都是收敛的, 但并不是每个收敛级数都是绝对收敛的, 这就是说, 绝对收敛是级数收敛的充分条件但并非必要条件.

例如, 级数

$$1 - \frac{1}{2} + \frac{1}{3} - \cdots + (-1)^{n-1}\frac{1}{n} + \cdots$$

是收敛的, 但是各项取绝对值所成的级数

$$1 + \frac{1}{2} + \frac{1}{3} + \cdots + \frac{1}{n} + \cdots$$

却是发散的.

定义 10.6 如果级数(5)收敛, 而它的各项取绝对值所成的级数(6)发散, 那么称级数(5)是**条件收敛**.

因此, 级数 $\sum\limits_{n=1}^{\infty} \dfrac{(-1)^{n-1}}{n}$ 是条件收敛.

我们把正项级数的比值审敛法应用于判定任意项级数的绝对收敛性, 可以得到下面这个定理.

定理 10.8 若级数(5)满足 $\lim\limits_{n\to\infty}\left|\dfrac{u_{n+1}}{u_n}\right| = p$, 则

(i) 当 $p<1$ 时, 级数绝对收敛;

(ii) 当 $p>1$(或 $\lim\limits_{n\to\infty}\left|\dfrac{u_{n+1}}{u_n}\right| = +\infty$)时, 级数发散;

(iii) 当 $p=1$ 时, 级数可能绝对收敛, 可能条件收敛, 也可能发散.

证 当 $p<1$ 时, 正项级数(6)收敛, 即级数(5)绝对收敛.

当 $p>1$(或 $\lim\limits_{n\to\infty}\left|\dfrac{u_{n+1}}{u_n}\right| = +\infty$)时, 由定理 10.4 比值审敛法的证明(ii)知 $|u_n|$ 不趋于零, 从而 u_n 也不趋于零. 根据级数收敛的条件可知级数(5)发散.

当 $p=1$ 时, 级数可能绝对收敛, 可能条件收敛, 也可能发散.

例如, 下面三个级数:

$$\sum_{n=1}^{\infty} \frac{(-1)^{n-1}}{n^2}, \quad \sum_{n=1}^{\infty} \frac{(-1)^{n-1}}{n} \text{ 和 } \sum_{n=1}^{\infty} (-1)^{n-1}$$

都满足 $\lim\limits_{n\to\infty}\left|\dfrac{u_{n+1}}{u_n}\right| = 1$, 但第一个级数绝对收敛, 第二个级数条件收敛, 第三个级数发散.

习 题 10.2

习题 10.2 答案

1. 用比较审敛法或极限审敛法判别下列级数的收敛性:

(1) $1 + \dfrac{1}{3} + \dfrac{1}{5} + \cdots + \dfrac{1}{2n-1} + \cdots$；

(2) $\dfrac{1}{2 \cdot 5} + \dfrac{1}{3 \cdot 6} + \cdots + \dfrac{1}{(n+1)(n+4)} + \cdots$；

(3) $\displaystyle\sum_{n=1}^{\infty} \dfrac{1+n}{n^2+2n}$；　　　(4) $\displaystyle\sum_{n=1}^{\infty} \dfrac{1}{n\sqrt{n+1}}$；　　　(5) $\displaystyle\sum_{n=1}^{\infty} \ln\left(1 + \dfrac{1}{n}\right)$；

(6) $\displaystyle\sum_{n=1}^{\infty} \sin \dfrac{\pi}{2^n}$；　　　(7) $\displaystyle\sum_{n=1}^{\infty} \tan \dfrac{1}{n^2}$；　　　(8) $\displaystyle\sum_{n=1}^{\infty} \dfrac{1}{1+a^n}(a>0)$．

2. 用比值审敛法判别下列级数的收敛性：

(1) $\displaystyle\sum_{n=1}^{\infty} \dfrac{3^n}{n!}$；　　　(2) $\displaystyle\sum_{n=1}^{\infty} \dfrac{(-1)^n}{\sqrt{n+1}}$；　　　(3) $\displaystyle\sum_{n=1}^{\infty} \dfrac{n^4}{n!}$；　　　(4) $\displaystyle\sum_{n=1}^{\infty} \dfrac{2^n n!}{n^n}$．

3. 判断下列交错级数收敛性：

(1) $\displaystyle\sum_{n=1}^{\infty} (-1)^{n-1} \dfrac{1}{n}$；　　　　　　　　(2) $\displaystyle\sum_{n=1}^{\infty} \dfrac{(-1)^n}{\sqrt{n+1}}$；

(3) $\displaystyle\sum_{n=1}^{\infty} (-1)^{n-1} \left(\dfrac{2}{3}\right)^n$；　　　　　(4) $\displaystyle\sum_{n=1}^{\infty} (-1)^n \dfrac{n}{\sqrt{n}+n}$．

4. 判断下列级数是否收敛？若收敛是绝对收敛还是条件收敛？

(1) $\displaystyle\sum_{n=1}^{\infty} (-1)^{n-1} \dfrac{1}{n+1}$；　　　　　　(2) $\displaystyle\sum_{n=1}^{\infty} \left(-\dfrac{5}{8}\right)^n$；

(3) $\displaystyle\sum_{n=1}^{\infty} \dfrac{\sin n\alpha}{\sqrt{n^3}}$；　　　　　　　　(4) $\displaystyle\sum_{n=1}^{\infty} (-1)^{n+1} \dfrac{n}{3^n}$；

(5) $\displaystyle\sum_{n=1}^{\infty} (-1)^{n+1} \dfrac{2^{n^2}}{n!}$；

(6) $\dfrac{1}{3} \cdot \dfrac{1}{2} - \dfrac{1}{3} \cdot \dfrac{1}{2^2} + \dfrac{1}{3} \cdot \dfrac{1}{2^3} - \dfrac{1}{3} \cdot \dfrac{1}{2^4} + \cdots$．

10.3　幂　级　数

前两节讨论了常数项级数的一些初步理论，后边几节我们将讨论应用更为广泛的函数项级数．本节中，首先引入函数项级数及其收敛域、和函数等概念；然后重点介绍幂级数的概念；最后介绍收敛域的特点及收敛域的求法，并讨论幂级数的性质以及求某些幂级数和函数的方法．

10.3.1　函数项级数的一般概念

定义 10.7　设给定一个定义在集合 I 上的函数列

$$u_1(x), u_2(x), u_3(x), \cdots, u_n(x), \cdots$$

则式子

$$\sum_{n=1}^{\infty} u_n(x) = u_1(x) + u_2(x) + u_3(x) + \cdots + u_n(x) + \cdots \tag{1}$$

称为定义在集合 I 上的**(函数项)无穷级数**,简称**(函数项)级数**. 记为 $\sum\limits_{n=1}^{\infty} u_n(x)$.

例如,级数

$$\sum_{n=1}^{\infty} x^{n-1} = 1 + x + x^2 + x^3 + \cdots + x^n + \cdots \tag{2}$$

及

$$a_0 + \sum_{n=1}^{\infty} a_n \cos nx = a_0 + a_1 \cos x + a_2 \cos 2x + \cdots + a_n \cos nx + \cdots \tag{3}$$

都是定义在区间 $(-\infty, +\infty)$ 上的函数项级数. 级数(2)是以变量 x 为公比的几何级数. 由例 10.1 可知,当 $|x| < 1$ 时,这个级数是收敛的,当 $|x| \geqslant 1$ 时,这个级数发散.

对于级数(1)的定义域 I 上的每一点 x_0,级数(1)称为一个常数项级数

$$u_1(x_0) + u_2(x_0) + u_3(x_0) + \cdots + u_n(x_0) + \cdots. \tag{4}$$

级数(4)可能收敛也可能发散. 如果(4)收敛,就称点 x_0 是**函数项级数(1)的收敛点**. 如果(4)发散,就称点 x_0 是函数项级数(1)的**发散点**. 级数(1)的全体收敛点所组成的集合称为它的**收敛域**;全体发散点所组成的集合称为它的**发散域**.

例如,级数(2)的收敛域是开区间 $(-1, 1)$,发散域是 $(-\infty, -1] \cup [1, +\infty)$.

设级数(1)的收敛域为 C,则对应于任一 $x \in C$,级数(1)称为一个收敛的常数项级数,都有确定的和数 s,这样,在收敛域 C 上,级数(1)的和是 x 的函数 $s(x)$,通常称 $s(x)$ 为函数项级数(1)的**和函数**,它的定义域就是级数的收敛域 C,并记作 $s(x) = \sum\limits_{n=1}^{\infty} u_n(x), x \in C$.

例如,级数(2)在收敛域 $(-1, 1)$ 内的和函数为 $\dfrac{1}{1-x}$.

把函数项级数(1)的前 n 项的部分和记作 $s_n(x)$,则在收敛域 C 上有 $\lim\limits_{x \to \infty} s_n(x) = s(x)$.

在收敛域 C 上,我们把 $r_n(x) = s(x) - s_n(x)$ 称为函数项级数的**余项**,显然

$$\lim_{x \to \infty} r_n(x) = 0.$$

下面我们只讨论各项都是函数的函数项级数,即所谓幂级数.

10.3.2 幂级数及其收敛域

定义 10.8 形如

$$a_0 + a_1(x - x_0) + a_2(x - x_0)^2 + \cdots + a_n(x - x_0)^n + \cdots \tag{5}$$

的级数,称为**幂级数**,简记作 $\sum\limits_{n=0}^{\infty} a_n(x - x_0)^n$,其中常数 $a_0, a_2, \cdots, a_n, \cdots$ 称为**幂级数的系数**.

当 $x_0 = 0$ 时,它具有最简单的形式

$$\sum_{n=0}^{\infty} a_n x^n = a_0 + a_1 x + a_2 x^2 + \cdots + a_n x^n + \cdots. \tag{6}$$

若令 $t = x - x_0$,幂级数(5)变成幂级数(6)的形式,所以不失一般性,下面我们主要讨论(6)这种形式的幂级数.

现在我们来讨论幂级数的收敛性问题:对于一个给定的幂级数,它的收敛域与发散域是怎样的? 即 x 取数轴上哪些点时幂级数收敛,取哪些点时幂级数发散?

我们已经讨论过了幂级数(2)的收敛性,这个幂级数的收敛域是开区间 $(-1, 1)$,发散域是

$(-\infty,-1]\bigcup[1,+\infty)$,在开区间$(-1,1)$内,其和函数为$\dfrac{1}{1-x}$,即

$$\frac{1}{1-x}=1+x+\cdots+x^n,\quad -1<x<1.$$

我们注意到,这个幂级数的收敛域是一个开区间,事实上,这个结论对于一般的幂级数也是成立的,我们有下面的定理.

定理 10.9　幂级数(6)的收敛性必为下述三种情形之一:

(i) 仅在 $x=0$ 处收敛;

(ii) 在$(-\infty,\infty)$内处处绝对收敛;

(iii) 存在确定的正数 R,当$|x|<R$ 时绝对收敛,当$|x|>R$ 时发散.

这个定理我们不予证明.

定理 10.9 所列情形(iii)中的正数 R 称为幂级数(6)的**收敛半径**,$(-R,R)$称为**收敛区间**.在情形(i),规定收敛半径 $R=0$,这时没有收敛区间,收敛域为一个点 $x=0$.在情形(ii),规定收敛半径为$+\infty$,收敛区间就是收敛域$(-\infty,\infty)$.

如果求得幂级数的收敛半径 $R>0$,即得收敛区间$(-R,R)$,剩下只需讨论它在 $x=-R$ 及 $x=R$ 两点处的收敛性,即可知幂级数(6)的收敛域为下列四种区间之一:$(-R,R)$,$[-R,R)$,$(-R,R]$或$[-R,R]$. 所以幂级数(6)的收敛域必为一个以 $x=0$ 为中心的区间.

如何求幂级数的收敛半径? 我们有下面的定理.

定理 10.10　设幂级数(6)的系数满足

$$\lim_{n\to\infty}\left|\frac{a_{n+1}}{a_n}\right|=\rho\quad(\rho\text{ 为常数或}+\infty),$$

那么,它的收敛半径 R 为

(i) 若 $\rho\neq0$,则 $R=\dfrac{1}{\rho}$;

(ii) 若 $\rho=0$,则 $R=+\infty$;

(iii) 若 $\rho=+\infty$,则 $R=0$.

证　幂级数(6)的后项与前项之比的绝对值为

$$\left|\frac{a_{n+1}x^{n+1}}{a_nx^n}\right|=\left|\frac{a_{n+1}}{a_n}\right||x|.$$

(i) 若$\lim\limits_{n\to\infty}\left|\dfrac{a_{n+1}}{a_n}\right|=\rho\neq0$,则由定理 10.8 可知,当 $\rho|x|<1$,即$|x|<\dfrac{1}{\rho}$时,级数(6)绝对收敛;当 $\rho|x|>1$,即$|x|>\dfrac{1}{\rho}$时,级数(6)发散,所以 $R=\dfrac{1}{\rho}$.

(ii) 若$\lim\limits_{n\to\infty}\left|\dfrac{a_{n+1}}{a_n}\right|=0$,则对任何 x,有$\lim\limits_{n\to\infty}\left|\dfrac{a_{n+1}}{a_n}\right||x|=0<1$,即知对任何 x,级数(6)均绝对收敛,所以 $R=+\infty$.

(iii) 若$\lim\limits_{n\to\infty}\left|\dfrac{a_{n+1}}{a_n}\right|=+\infty$,则对任何 $x\neq0$,有$\lim\limits_{n\to\infty}\left|\dfrac{a_{n+1}}{a_n}\right||x|=+\infty$,即知对任何 $x\neq0$,级数(6)均发散;而当 $x=0$ 时,级数(6)显然收敛. 即级数(6)仅在点 $x=0$ 处收敛,所以 $R=0$.

定理证毕.

例 10.14　求幂级数

$$x - \frac{x^2}{2} + \frac{x^3}{3} - \cdots + (-1)^{n-1}\frac{x^n}{n} + \cdots$$

的收敛半径和收敛域.

解 因为

$$\rho = \lim_{n \to \infty} \left| \frac{a_{n+1}}{a_n} \right| = \lim_{n \to \infty} \frac{\frac{1}{n+1}}{\frac{1}{n}} = 1,$$

所以收敛半径

$$R = \frac{1}{\rho} = 1.$$

于是收敛区间为 $(-1,1)$.

在端点 $x=1$ 处,级数成为收敛的交错级数

$$1 - \frac{1}{2} + \frac{1}{3} - \cdots + (-1)^{n-1}\frac{1}{n} + \cdots;$$

在端点 $x=-1$ 处,级数成为

$$-1 - \frac{1}{2} - \frac{1}{3} - \cdots - \frac{1}{n} - \cdots,$$

它是发散的.

因此所给幂级数的收敛域是 $(-1,1]$.

例 10.15 求幂级数

$$1 + x + \frac{1}{2!}x^2 + \cdots + \frac{1}{n!}x^n + \cdots$$

的收敛区域.

解 因为

$$\rho = \lim_{n \to \infty} \left| \frac{a_{n+1}}{a_n} \right| = \lim_{n \to \infty} \frac{\frac{1}{(n+1)!}}{\frac{1}{n!}} = \lim_{n \to \infty} \frac{1}{n+1} = 0,$$

所以收敛半径 $R = +\infty$,从而收敛区域是 $(-\infty, +\infty)$.

例 10.16 求幂级数 $\displaystyle\sum_{n=0}^{\infty} n!(x-1)^n$ 的收敛半径和收敛区域(规定记号 $0! = 1$).

解 令 $t = x - 1$,则所给幂级数成为

$$\sum_{n=0}^{\infty} n! t^n.$$

因为 $\displaystyle \rho = \lim_{n \to \infty} \left| \frac{a_{n+1}}{a_n} \right| = \lim_{n \to \infty} \frac{(n+1)!}{n!} = \lim_{n \to \infty}(n+1) = +\infty,$

所以收敛半径 $R = 0$,从而级数仅在 $t = 0$,即 $x = 1$ 处收敛.

例 10.17 求幂级数 $\displaystyle\sum_{n=0}^{\infty} \frac{(2n)!}{(n!)^2}(x-x_0)^{2n}$ 的收敛半径和收敛区域.

解 级数中没有奇次幂的项,定理 10.10 不能直接应用. 我们根据比值审敛法来求收敛半径.

$$\lim_{n\to\infty}\left|\frac{u_{n+1}}{u_n}\right|=\lim_{n\to\infty}\left|\frac{[2(n+1)]!}{[(n+1)!]^2}(x-x_0)^{2(n+1)}\Big/\frac{(2n)!}{(n!)^2}(x-x_0)^{2n}\right|=4\,|x-x_0|^2.$$

当 $4\,|x-x_0|^2<1$，即 $|x-x_0|<\dfrac{1}{2}$ 时级数收敛；当 $4\,|x-x_0|^2>1$，即 $|x-x_0|>\dfrac{1}{2}$ 时级数发散，所以收敛半径 $R=\dfrac{1}{2}$，收敛区间为 $\left(x_0-\dfrac{1}{2},x_0+\dfrac{1}{2}\right)$.

在端点 $x=x_0-\dfrac{1}{2}$ 及 $x=x_0+\dfrac{1}{2}$ 处，级数的通项

$$u_n=\frac{(2n)!}{(n!)^2\cdot 2^{2n}}=\frac{1\cdot 2\cdot 3\cdot\cdots\cdot(2n)}{[2\cdot 4\cdot 6\cdot\cdots\cdot(2n)]^2}=\frac{1\cdot 3\cdot 5\cdot\cdots\cdot(2n-1)}{2\cdot 4\cdot 6\cdot\cdots\cdot(2n)}$$

$$=\frac{3}{2}\cdot\frac{5}{4}\cdot\cdots\cdot\frac{2n-1}{2n-2}\cdot\frac{1}{2n}>\frac{1}{2n}.$$

因为级数 $\displaystyle\sum_{n=1}^{\infty}\frac{1}{2n}$ 发散，所以原级数在两端点处都发散. 因此级数的收敛域为 $\left(x_0-\dfrac{1}{2},x_0+\dfrac{1}{2}\right)$.

10.3.3　幂级数的运算

设幂级数 $\displaystyle\sum_{n=0}^{\infty}a_nx^n$ 和 $\displaystyle\sum_{n=0}^{\infty}b_nx^n$ 的收敛域分别为 C 及 C'，两个幂级数的和函数分别为 $s_1(x)$ 及 $s_2(x)$. 根据 10.1 节无穷级数的基本性质 2，在 $C\cap C'$ 内，这两个级数可以逐项相加或相减，即有

$$s_1(x)\pm s_2(x)=(a_0\pm b_0)+(a_1\pm b_1)x+(a_2\pm b_2)x^2+\cdots+(a_n\pm b_n)x^n+\cdots.$$

还可证明，在 $C\cap C'$ 内，我们可以仿照多项式的乘法规则，作出两个幂级数的乘积，即

$$s_1(x)\cdot s_2(x)=a_0b_0+(a_0b_1+a_1b_0)x+(a_0b_2+a_1b_1+a_2b_0)x^2$$
$$+\cdots+(a_0b_n+a_1b_{n-1}+\cdots+a_nb_0)+\cdots.$$

关于幂级数的分析运算，我们有下面这些重要结论（证明略）.

结论 1　幂级数 $\displaystyle\sum_{n=0}^{\infty}a_nx^n$ 的和函数 $s(x)$ 在收敛域内是连续的.

结论 2　幂级数 $\displaystyle\sum_{n=0}^{\infty}a_nx^n$ 的和函数 $s(x)$ 在收敛区间 $(-R,R)$ 内是可导的，并且有逐项求导公式

$$s'(x)=\Big(\sum_{n=0}^{\infty}a_nx^n\Big)'=\sum_{n=0}^{\infty}(a_nx^n)'=\sum_{n=1}^{\infty}na_nx^{n-1},$$

逐项求导后所得的幂级数和原级数有相同的收敛半径 R.

反复应用这个结论可得：幂级数 $\displaystyle\sum_{n=0}^{\infty}a_nx^n$ 的和函数 $s(x)$ 在收敛区间 $(-R,R)$ 内具有任意阶导数.

结论 3　幂级数 $\displaystyle\sum_{n=0}^{\infty}a_nx^n$ 的和函数 $s(x)$ 在收敛区间 $(-R,R)$ 内是可积的，并且有逐项积分公式

$$\int_0^x s(x)\mathrm{d}x = \int_0^x \Big[\sum_{n=0}^{\infty} a_n x^n\Big]\mathrm{d}x = \sum_{n=0}^{\infty} \int_0^x a_n x^n \mathrm{d}x = \sum_{n=0}^{\infty} \frac{a_n}{n+1} x^{n+1}.$$

逐项积分后所得的幂级数和原级数有相同的收敛半径 R.

此外,如果逐项求导或逐项积分后的幂级数在 $x=R$(或 $x=-R$)处收敛,则在 $x=R$(或 $x=-R$)处,性质 2 和性质 3 的结论仍成立.

幂级数的这几个性质常用来求解某些幂级数的和函数.

例 10.18　求幂级数 $\displaystyle\sum_{n=0}^{\infty} (n+1)^2 x^n$ 的收敛域及和函数.

解　因为 $\displaystyle\lim_{n\to\infty}\Big|\frac{u_{n+1}}{u_n}\Big| = \lim_{n\to\infty} \frac{(n+2)^2}{(n+1)^2} = 1$,所以幂级数的收敛半径为 1. 当 $x=\pm 1$ 时,幂级数均发散,故幂级数的收敛区间为 $(-1,1)$.

设幂级数的和函数为 $s(x)$,即

$$s(x) = \sum_{n=0}^{\infty} (n+1)^2 x^n, \quad x\in(-1,1).$$

等式两边从 0 到 x 进行积分,有

$$\int_0^x s(x)\mathrm{d}x = \int_0^x \Big[\sum_{n=0}^{\infty} (n+1)^2 x^n\Big]\mathrm{d}x = \sum_{n=0}^{\infty}\int_0^x (n+1)^2 x^n \mathrm{d}x$$

$$= \sum_{n=0}^{\infty} (n+1) x^{n+1} = x\sum_{n=0}^{\infty} (x^{n+1})' = x\Big(\sum_{n=0}^{\infty} x^{n+1}\Big)'$$

$$= x\Big(\frac{x}{1-x}\Big)' = \frac{x}{(1-x)^2},$$

对上式两边求导,得

$$s(x) = \frac{1+x}{(1-x)^3}, x\in(-1,1).$$

例 10.19　求幂级数 $\displaystyle\sum_{n=1}^{\infty} \frac{(-1)^{n-1}}{2n-1} x^{2n-1}$ 的收敛域及和函数.

解　因为 $\displaystyle\lim_{n\to\infty}\Big|\frac{u_{n+1}}{u_n}\Big| = \lim_{n\to\infty}\frac{2n-1}{2n+1}x^2 = x^2$,故当 $x^2<1$ 即 $|x|<1$ 时级数收敛,$x^2>1$ 即 $|x|>1$ 时级数发散,知收敛区间为 $(-1,1)$.

当 $x=\pm 1$ 时,级数成为 $\displaystyle\pm\sum_{n=1}^{\infty}(-1)^{n-1}\frac{1}{2n-1}$,这是收敛的交错级数. 因此,级数的收敛域为 $[-1,1]$.

设和函数为 $s(x)$,即

$$s(x) = \sum_{n=1}^{\infty} \frac{(-1)^{n-1}}{2n-1} x^{2n-1}, \quad x\in[-1,1],$$

则在开区间 $(-1,1)$ 内可导,并有

$$s'(x) = \sum_{n=1}^{\infty}\Big[\frac{(-1)^{n-1}}{2n-1}x^{2n-1}\Big]' = \sum_{n=1}^{\infty}(-1)^{n-1}x^{2(n-1)} = \frac{1}{1+x^2},$$

因此

$$s(x) = s(0) + \int_0^x s'(x)\mathrm{d}x = 0 + \int_0^x \frac{1}{1+x^2}\mathrm{d}x = \arctan x.$$

习　题　10.3

习题 10.3 答案

1. 求下列幂级数的收敛域：

(1) $\sum_{n=1}^{\infty} \dfrac{x^n}{n^2}$;　　　　　　　　　(2) $\sum_{n=1}^{\infty} nx^n$;

(3) $\dfrac{x}{3} + \dfrac{x^2}{3^2} + \dfrac{x^3}{3^3} + \cdots + \dfrac{x^n}{3^n} + \cdots$;

(4) $x + \dfrac{1}{\sqrt{2}} x^2 + \dfrac{1}{\sqrt{3}} x^3 + \cdots + \dfrac{1}{\sqrt{n}} x^n + \cdots$;

(5) $\dfrac{2}{2} x + \dfrac{2^2}{5} x^2 + \dfrac{2^3}{10} x^3 + \cdots + \dfrac{2^n}{n^2+1} x^n + \cdots$;

(6) $\sum_{n=0}^{\infty} (-1)^n \dfrac{x^{2n+1}}{2n+1}$;　　　　　(7) $\sum_{n=1}^{\infty} (-1)^n \dfrac{(x-5)^n}{\sqrt{n}}$.

2. 利用逐项求导或逐项积分，求下列级数的和函数：

(1) $\sum_{n=1}^{\infty} \dfrac{x^{2n-1}}{2n-1} (|x| < 1)$;　　　　(2) $\sum_{n=1}^{\infty} nx^{n-1}$.

10.4　函数展开成幂级数

定义 10.9　设幂级数 $\sum_{n=0}^{\infty} a_n(x-x_0)$ 的收敛半径为 R，和函数为 $s(x)$，则有

$$s(x) = \sum_{n=0}^{\infty} a_n(x-x_0), \quad |x-x_0| < R.$$

如果在 $|x-x_0| < R \leqslant R_1$ 内，函数 $f(x) = s(x)$，那么就有

$$f(x) = \sum_{n=0}^{\infty} a_n(x-x_0), \quad |x-x_0| < R_1. \tag{1}$$

这表明函数 $f(x)$ 可以用一个幂级数来表示. 这时我们称函数 $f(x)$ 在点 x_0 的邻域内可以展开**成幂级数**，式(1)称为**函数 $f(x)$ 在点 x_0 处的幂级数展开式**.

　　一个函数 $f(x)$ 具备什么条件才能展开成幂级数？又怎样去求 $f(x)$ 的幂级数展开式？对此，我们从式(1)着手进行讨论.

10.4.1　展开定理

　　假设 $f(x)$ 在点 x_0 的邻域内可以展开成幂级数，即假设式(1)成立，那么根据和函数的性质，可知 $f(x)$ 在 $|x-x_0| < R_1$ 内应具有任意阶导数，且

$$f'(x) = a_1 + 2a_2(x-x_0) + \cdots + na_n(x-x_0)^{n-1} + \cdots,$$
$$f''(x) = 2a_2(x-x_0) + 3! \, a_3(x-x_0) + \cdots + n(n-1)a_n(x-x_0)^{n-2} + \cdots,$$
$$\vdots$$
$$f^{(k)} = k! \, a_k + (k+1)! \, a_{k+1}(x-x_0) + \cdots + (n-1)\cdots(n-k+1)a_n(x-x_0)^{n-k} + \cdots,$$
$$\vdots$$

把 $x=x_0$ 代入式(1)和上边各式,得

$$f(x_0)=a_0, f'(x_0)=a_1, f''(x_0)=2a_2, \cdots, f^{(k)}(x_0)=k!\ a_k, \cdots,$$

从而

$$a_n=\frac{1}{n!}f^{(n)}(x_0) \quad (n=0,1,2,\cdots). \tag{2}$$

这里 $f^{(0)}(x)$ 表示 $f(x)$. 由此可知,如果 $f(x)$ 能展开成幂级数,则 $f(x)$ 在 x_0 的某个邻域内必定具有任意阶导数,且展开式中的系数由式(2)唯一确定,从而知展开式是唯一的.

定义 10.10 当 $f(x)$ 在 x_0 的某个邻域内具有任意阶导数时,按式(2)求得系数 a_n,则幂级数

$$\sum_{n=0}^{\infty}\frac{1}{n!}f^{(n)}(x_0)(x-x_0)^n \tag{3}$$

称为**函数 $f(x)$ 在点 x_0 处的泰勒级数**.

由展开式的唯一性可知,如果 $f(x)$ 能展开成幂级数,那么所展开成的级数必定是泰勒级数(3).

因此,$f(x)$ 能不能展开成幂级数,就看级数(3)的和函数 $s(x)$ 与 $f(x)$ 在 x_0 的某个邻域内是否恒等. 这里我们指出,在 x_0 的任何邻域内 $s(x)\neq f(x)$ 的例子是存在的,即存在这样的函数,它虽在某点的邻域内具有任意阶导数,却不能在该点处展开成幂级数. 但如果 $f(x)$ 是初等函数,那么级数(3)便是 $f(x)$ 展开所得的幂级数. 这一结论可叙述为下面的定理.

定理 10.11(初等函数展开定理) 设函数 $f(x)$ 在 $U(x_0,\rho)$ 内有任意阶导数,则有

$$f(x)=\sum_{n=0}^{\infty}\frac{1}{n!}f^{(n)}(x_0)(x-x_0)^n, \quad |x-x_0|<\rho, \tag{4}$$

其中,式(4)右端泰勒级数的收敛半径为 R,取 $R_1=\min\{\rho,R\}$,如果 $f(x)$ 在端点 $x=x_0\pm R_1$ 处有定义且右端级数也收敛,则式(4)在端点处也成立.

这个定理不予证明,幂级数展开式(4)又称为**泰勒展开式**.

定义 10.11 当 $x_0=0$ 时,式(4)成为

$$f(x)=\sum_{n=0}^{\infty}\frac{1}{n!}f^{(n)}(0)x^n, \quad x\in(-R_1,R_1). \tag{5}$$

式(5)称为 $f(x)$ 的麦克劳林展开式.

10.4.2 函数展开为幂级数的方法

1. 直接展开法

例 10.20 将函数 $f(x)=e^x$ 展开成 x 的幂级数.

解 $f(x)=e^x$ 在 $(-\infty,+\infty)$ 内有任意阶导数,即

$$f^{(n)}(x)=e^x \quad (n=1,2,\cdots),$$

因此

$$f^{(n)}(0)=1 \quad (n=0,1,2,\cdots),$$

于是得麦克劳林级数 $\sum_{n=0}^{\infty}\frac{1}{n!}x^n$.

容易求得级数的收敛半径 $R=+\infty$,因此

$$e^x=\sum_{n=0}^{\infty}\frac{1}{n!}x^n, \quad x\in(-\infty,+\infty). \tag{6}$$

例 10.21 将函数 $f(x)=\sin x$ 展开成 x 的幂级数.

解 初等函数 $f(x)=\sin x$ 在 $(-\infty, +\infty)$ 内具有任意阶导数

$$f^{(n)}(x)=\sin\left(x+\frac{n\pi}{2}\right),$$

当 n 取 $0,1,2,3,\cdots$ 时, $f^{(n)}(0)$ 顺次循环地取 $0,1,0,-1,\cdots$, 于是得级数

$$x-\frac{1}{3!}x^3+\frac{1}{5!}x^5-\cdots+(-1)^k\frac{1}{(2k+1)!}x^{2k+1}+\cdots=\sum_{k=0}^{\infty}\frac{(-1)^k}{(2k+1)!}x^{2k+1}.$$

此级数的收敛半径 $R=+\infty$, 因此

$$\sin x=\sum_{k=0}^{\infty}\frac{(-1)^k}{(2k+1)!}x^{2k+1}, \quad x\in(-\infty, +\infty). \tag{7}$$

例 10.22 将级数 $f(x)=(1+x)^m$ 展开成 x 的幂级数.

解 当 m 为自然数时, $f(x)=(1+x)^m$ 是 m 次多项式, 其幂级数展开式只含 $m+1$ 项, 当 m 不是自然数时, $f(x)=(1+x)^m$ 在 $(-1,1)$ 内有任意阶导数, 且

$$f'(x)=m(1+x)^{m-1},$$
$$f''(x)=m(m-1)(1+x)^{m-2},$$
$$\vdots$$
$$f^{(n)}(x)=m(m-1)(m-2)\cdots(m-n+1)(1+x)^{m-n},$$
$$\vdots$$

所以

$$f(0)=1, f'(0)=m, f''(0)=m(m-1), \cdots,$$
$$f^{(n)}(0)=m(m-1)\cdots(m-n+1).$$

于是得级数

$$1+mx+\frac{m(m-1)}{2!}x^2+\cdots+\frac{m(m-1)\cdots(m-n+1)}{n!}x^n+\cdots.$$

该级数相邻两项系数之比的绝对值

$$\left|\frac{a_{n+1}}{a_n}\right|=\left|\frac{m-n}{n+1}\right|\to 1 \quad (n\to\infty),$$

因此, 该级数在开区间 $(-1,1)$ 内收敛, 根据初等函数展开定理, 可知区间 $(-1,1)$ 内有展开式

$$(1+x)^m=1+mx+\frac{m(m-1)}{2!}x^2+\cdots+\frac{m(m-1)\cdots(m-n+1)}{n!}x^n+\cdots \quad (-1<x<1). \tag{8}$$

在区间的端点 ± 1 处, 展开式是否成立要看 m 的数值而定.

公式(8)称为**二项展开式**, 特殊的, 当 m 为正整数时, 级数成为 x 的 m 次多项式, 这就是数学中的二项式定理.

对应于 $m=\frac{1}{2}$, $m=-\frac{1}{2}$ 的二项展开式分别为

$$\sqrt{1+x}=1+\frac{1}{2}x-\frac{1}{2\cdot 4}x^2+\frac{1\cdot 3}{2\cdot 4\cdot 6}x^3-\frac{1\cdot 3\cdot 5}{2\cdot 4\cdot 6\cdot 8}x^4+\cdots,$$

$$\frac{1}{\sqrt{1+x}}=1-\frac{1}{2}x+\frac{1}{2\cdot 4}x^2-\frac{1\cdot 3}{2\cdot 4\cdot 6}x^3+\frac{1\cdot 3\cdot 5}{2\cdot 4\cdot 6\cdot 8}x^4-\cdots \quad (-1<x\leqslant 1).$$

在以上将函数展开成幂级数的例子中, 所用的都是直接展开的方法, 也就是直接按公式

$a_n = \dfrac{1}{n!} f^{(n)}(x_0)$ 计算幂级数的系数,并依据初等函数展开定理得到泰勒展开式,这种直接展开的方法计算量较大.

2. 间接展开法

下面我们将介绍间接展开的方法,就是利用一些已知的函数展开式,通过四则运算、求导、积分以及变量代换等,将所给函数展开成幂级数.

常见简单函数的幂级数展开式有

$$e^x = \sum_{n=0}^{\infty} \frac{1}{n!} x^n, \quad x \in (-\infty, +\infty);$$

$$\sin x = \sum_{k=0}^{\infty} \frac{(-1)^k}{(2k+1)!} x^{2k+1}, \quad x \in (-\infty, +\infty);$$

$$\frac{1}{1-x} = \sum_{n=0}^{\infty} x^n, \quad x \in (-1, +1).$$

利用这三个展开式,可以求得许多函数的展开式,例如,把 e^x 展开式中的 x 换成 $x \ln a$,可得

$$e^x = e^{x \ln a} = \sum_{n=0}^{\infty} \frac{(\ln a)^n}{n!} x^n, \quad x \in (-\infty, +\infty).$$

对 $\sin x$ 展开式的两边求导,即得

$$\cos x = \sum_{k=0}^{\infty} (-1)^k \frac{x^{2k}}{(2k)!}, \quad x \in (-\infty, +\infty).$$

对 $\dfrac{1}{1-x}$ 展开式中的 x 用 $-x$ 代换,有

$$\frac{1}{1+x} = \sum_{n=0}^{\infty} (-x)^n = \sum_{n=0}^{\infty} (-1)^n x^n, \quad x \in (-1, +1).$$

由幂级数的性质,将 $\dfrac{1}{1+x}$ 展开式两边从 0 到 x 积分,又有

$$\ln(1+x) = \int_0^x \frac{1}{1+x} dx = \int_0^x \sum_{n=0}^{\infty} (-1)^n x^n = \sum_{n=0}^{\infty} \int_0^x (-1)^n x^n dx$$

$$= \sum_{n=0}^{\infty} \frac{(-1)^n}{n+1} x^{n+1}, \quad x \in (-1, 1),$$

且右端级数收敛半径为 1,当 $x=1$ 时,右端交错级数收敛,收敛于 2;当 $x=-1$ 时,右端级数发散,于是得

$$\ln(1+x) = \sum_{n=0}^{\infty} (-1)^n \frac{x^{n+1}}{n+1}, \quad x \in (-1, 1].$$

下面再举几个用间接法把函数展开成幂级数的例子.

例 10.23 把 $f(x) = \dfrac{1}{x^2 - 5x + 6}$ 展开成 x 的幂级数.

解 易知

$$f(x) = \frac{1}{(x-2)(x-3)} = \frac{1}{x-3} - \frac{1}{x-2} = \frac{1}{2} \cdot \frac{1}{1 - \dfrac{x}{2}} - \frac{1}{3} \cdot \frac{1}{1 - \dfrac{x}{3}},$$

而

$$\frac{1}{1-\frac{x}{2}} = \sum_{n=0}^{\infty} \left(\frac{x}{2}\right)^n = \sum_{n=0}^{\infty} \frac{1}{2^n} x^n, \quad |x| < 2;$$

$$\frac{1}{1-\frac{x}{3}} = \sum_{n=0}^{\infty} \left(\frac{x}{3}\right)^n = \sum_{n=0}^{\infty} \frac{1}{3^n} x^n, \quad |x| < 3.$$

因此,在 $|x| < 2$ 内,有

$$f(x) = \frac{1}{2} \sum_{n=0}^{\infty} \frac{1}{2^n} x^n - \frac{1}{3} \sum_{n=0}^{\infty} \frac{1}{3^n} x^n = \sum_{n=0}^{\infty} \left(\frac{1}{2^{n+1}} - \frac{1}{3^{n+1}}\right) x^n.$$

例 10.24 把 $f(x) = (1-x)\ln(1+x)$ 展开成 x 的幂级数.

解 由 $\ln(1+x) = \sum_{n=0}^{\infty} (-1)^n \frac{x^{n+1}}{n+1}$, $x \in (-1,1]$,则

$$f(x) = (1-x) \sum_{n=0}^{\infty} (-1)^n \frac{x^{n+1}}{n+1} = \sum_{n=0}^{\infty} (-1)^n \frac{x^{n+1}}{n+1} - \sum_{n=0}^{\infty} (-1)^n \frac{x^{n+2}}{n+1}$$

$$= \sum_{n=0}^{\infty} (-1)^n \frac{x^{n+1}}{n+1} - \sum_{n=1}^{\infty} (-1)^{n-1} \frac{x^{n+1}}{n}$$

$$= x + \sum_{n=1}^{\infty} \left[\frac{(-1)^n}{n+1} - \frac{(-1)^{n-1}}{n}\right] x^{n+1}$$

$$= x + \sum_{n=1}^{\infty} \frac{(-1)^n (2n+1)}{n(n+1)} x^{n+1}, \quad x \in (-1,1].$$

例 10.25 将函数 $\sin x$ 展开成 $\left(x - \frac{\pi}{4}\right)$ 的幂级数.

解 因为

$$\sin x = \sin\left[\frac{\pi}{4} + \left(x - \frac{\pi}{4}\right)\right] = \sin\frac{\pi}{4}\cos\left(x - \frac{\pi}{4}\right) + \cos\frac{\pi}{4}\sin\left(x - \frac{\pi}{4}\right)$$

$$= \frac{1}{\sqrt{2}}\left[\cos\left(x - \frac{\pi}{4}\right) + \sin\left(x - \frac{\pi}{4}\right)\right].$$

而

$$\cos\left(x - \frac{\pi}{4}\right) = 1 - \frac{\left(x - \frac{\pi}{4}\right)^2}{2!} + \frac{\left(x - \frac{\pi}{4}\right)^4}{4!} - \cdots, \quad (-\infty < x < +\infty),$$

$$\sin\left(x - \frac{\pi}{4}\right) = \left(x - \frac{\pi}{4}\right) - \frac{\left(x - \frac{\pi}{4}\right)^3}{3!} + \frac{\left(x - \frac{\pi}{4}\right)^5}{5!} - \cdots, \quad (-\infty < x < +\infty),$$

故

$$\sin x = \frac{1}{\sqrt{2}}\left[1 + \left(x - \frac{\pi}{4}\right) - \frac{\left(x - \frac{\pi}{4}\right)^2}{2!} + \frac{\left(x - \frac{\pi}{4}\right)^3}{3!} + \cdots\right], \quad (-\infty < x < +\infty).$$

习 题 10.4

习题 10.4 答案

1. 将下列函数展开成 x 的幂级数:

(1) $f(x) = e^{-x}$;

(2) $f(x) = a^x$;

(3) $f(x) = \dfrac{1}{1+x^2}$；   (4) $f(x) = \dfrac{1}{3+x}$；

(5) $f(x) = \sin x^2$；   (6) $f(x) = \ln(1-x)$．

2．将函数 $f(x) = \dfrac{1}{x}$ 展开成 $(x-1)$ 的幂级数．

10.5   幂级数在近似计算中的应用

有了函数的幂级数展开式，就可以用它来进行近似计算，即在展开式成立的区间上，可以按照精确度要求，选取级数的前若干项的部分和，把函数值近似地计算出来．

例 10.26   计算 $\sqrt[5]{240}$ 的近似值，精确到小数点后四位．

解   因为

$$\sqrt[5]{240} = \sqrt[5]{243-3} = 3\left(1-\frac{1}{3^4}\right)^{\frac{1}{5}},$$

所以在二项展开式(第 10.4 节式(8))中取 $m = \dfrac{1}{5}$，$x = -\dfrac{1}{3^4}$，即得

$$\sqrt[5]{240} = 3\left(1 - \frac{1}{5}\cdot\frac{1}{3^4} - \frac{1\cdot 4}{5^2\cdot 2!}\cdot\frac{1}{3^8} - \frac{1\cdot 4\cdot 9}{5^3\cdot 3!}\cdot\frac{1}{3^{12}} - \cdots\right).$$

这个级数收敛很快，取前两项的和作为 $\sqrt[5]{240}$ 的近似值，其误差(也叫截断误差)为

$$|r_2| = 3\left(\frac{1\cdot 4}{5^2\cdot 2!}\cdot\frac{1}{3^8} + \frac{1\cdot 4\cdot 9}{5^3\cdot 3!}\cdot\frac{1}{3^{12}} + \frac{1\cdot 4\cdot 9\cdot 14}{5^4\cdot 4!}\cdot\frac{1}{3^{16}} + \cdots\right)$$

$$< 3\,\frac{1\cdot 4}{5^2\cdot 2!}\cdot\frac{1}{3^8}\left[1 + \frac{1}{81} + \left(\frac{1}{81}\right)^2 + \cdots\right]$$

$$= \frac{6}{25}\cdot\frac{1}{3^8}\cdot\frac{1}{1-\dfrac{1}{81}} = \frac{1}{25\cdot 27\cdot 40} < \frac{1}{20000}.$$

于是取近似式为

$$\sqrt[5]{240} = 3\left(1 - \frac{1}{5}\cdot\frac{1}{3^4}\right).$$

为了使"四舍五入"引起的误差(叫舍入误差)与截断误差之和不超过 10^{-4}．计算时应取 5 位小数，再四舍五入，这样最后得 $\sqrt[5]{240} \approx 3(1-0.00247) \approx 2.99259 \approx 2.9926$．

例 10.27   计算 $\ln 2$ 的近似值，要求误差不超过 10^{-4}．

解   已知 $\ln(1+x) = \displaystyle\sum_{n=0}^{\infty} (-1)^n \frac{x^{n+1}}{n+1}$，令 $x=1$，可得

$$\ln 2 = 1 - \frac{1}{2} + \frac{1}{3} - \cdots + (-1)^{n-1}\frac{1}{n} + \cdots,$$

如果取该级数的前 n 项的和作为 $\ln 2$ 的近似值，其误差为

$$|r_n| \leqslant \frac{1}{n+1}.$$

为了保证误差不超过 10^{-4}，就需要取级数的前 10000 项进行计算．这样做计算量太大了，我们设法用收敛较快的级数来代替它．

把展开式

$$\ln(1+x)=x-\frac{x^2}{2}+\frac{x^3}{3}-\frac{x^4}{4}+\cdots \quad (-1<x\leqslant 1)$$

中的 x 换成 $-x$, 得

$$\ln(1-x)=-x-\frac{x^2}{2}-\frac{x^3}{3}-\frac{x^4}{4}-\cdots \quad (-1<x\leqslant 1).$$

两式相减, 得到不含有偶次幂的展开式:

$$\ln\frac{1+x}{1-x}=\ln(1+x)-\ln(1-x)=2\left(x+\frac{1}{3}x^3+\frac{1}{5}x^5+\cdots\right) \quad (-1<x<1).$$

令 $\frac{1+x}{1-x}=2$, 解出 $x=\frac{1}{3}$. 以 $x=\frac{1}{3}$ 代入上式, 得

$$\ln 2=2\left(\frac{1}{3}+\frac{1}{3}\cdot\frac{1}{3^3}+\frac{1}{5}\cdot\frac{1}{3^5}+\frac{1}{7}\cdot\frac{1}{3^7}+\cdots\right).$$

如果取前四项作为 $\ln 2$ 的近似值, 则误差为

$$|r_4|=2\left(\frac{1}{9}\cdot\frac{1}{3^9}+\frac{1}{11}\cdot\frac{1}{3^{11}}+\frac{1}{13}\cdot\frac{1}{3^{13}}+\cdots\right)$$

$$<\frac{2}{3^{11}}\left[1+\frac{1}{9}+\left(\frac{1}{9}\right)^2+\cdots\right]$$

$$=\frac{2}{3^{11}}\cdot\frac{1}{1-\frac{1}{9}}=\frac{1}{4\cdot 3^9}<\frac{1}{70000}.$$

于是取

$$\ln 2\approx 2\left(\frac{1}{3}+\frac{1}{3}\cdot\frac{1}{3^3}+\frac{1}{5}\cdot\frac{1}{3^5}+\frac{1}{7}\cdot\frac{1}{3^7}\right).$$

同样的, 考虑到舍入误差, 计算时应取五位小数:

$$\frac{1}{3}\approx 0.33333, \quad \frac{1}{3}\cdot\frac{1}{3^3}\approx 0.01235,$$

$$\frac{1}{5}\cdot\frac{1}{3^5}\approx 0.00082, \quad \frac{1}{7}\cdot\frac{1}{3^7}\approx 0.00007.$$

因此得 $\ln 2\approx 0.69314\approx 0.6931$.

例 10.28 利用 $\sin x\approx x-\frac{x^3}{3!}$ 计算 $\sin 9°$ 的近似值, 并估计误差.

解 首先把角度化成弧度,

$$9°=\frac{\pi}{180}\cdot 9=\frac{\pi}{20},$$

从而 $\sin\frac{\pi}{20}\approx\frac{\pi}{20}-\frac{1}{3!}\left(\frac{\pi}{20}\right)^3$.

其次估计这个近似值的精确度. 在 $\sin x$ 的幂级数展开式(第 10.4 节式(7))中令 $x=\frac{\pi}{20}$, 得

$$\sin\frac{\pi}{20}=\frac{\pi}{20}-\frac{1}{3!}\left(\frac{\pi}{20}\right)^3+\frac{1}{5!}\left(\frac{\pi}{20}\right)^5-\frac{1}{7!}\left(\frac{\pi}{20}\right)^7+\cdots,$$

等式右端是一个收敛的交错级数, 且各项的绝对值单调减少. 所以取它的前两项之和作为 $\sin\frac{\pi}{20}$ 的近似值时, 其误差

$$|r_2|\leqslant\frac{1}{5!}\left(\frac{\pi}{20}\right)^5<\frac{1}{120}\cdot(0.2)^5<\frac{1}{300000}.$$

因此取 $\dfrac{\pi}{20} \approx 0.157080$，$\left(\dfrac{\pi}{20}\right)^3 \approx 0.003876$，于是得 $\sin 9° \approx 0.156434 \approx 0.15643$，这时的误差不超过 10^{-5}.

利用幂级数不仅可计算一些函数的近似值，而且可计算一些定积分的近似值. 具体地说，如果被积函数在积分区间上能展开成幂级数，则把这个幂级数逐项积分，利用积分后所得的级数就可算出定积分的近似值.

例 10.29　计算定积分

$$\frac{2}{\sqrt{\pi}} \int_0^{\frac{1}{2}} \mathrm{e}^{-x^2} \mathrm{d}x$$

的近似值，精确到 0.0001（取 $\dfrac{1}{\sqrt{\pi}} \approx 0.56419$）.

解　将 e^x 的幂级数展开式（第 10.4 节式 (6)）中的 x 换成 $-x^2$，就得到被积函数的幂级数展开式

$$\mathrm{e}^{-x^2} = 1 + \frac{(-x^2)}{1!} + \frac{(-x^2)^2}{2!} + \frac{(-x^2)^3}{3!} + \cdots \quad (-\infty < x < +\infty).$$

于是

$$\frac{2}{\sqrt{\pi}} \int_0^{\frac{1}{2}} \mathrm{e}^{-x^2} \mathrm{d}x = \frac{2}{\sqrt{\pi}} \int_0^{\frac{1}{2}} \left(1 - x^2 + \frac{x^4}{2!} - \frac{x^6}{3!} + \cdots\right) \mathrm{d}x$$

$$= \frac{2}{\sqrt{\pi}} \left[x - \frac{x^3}{3} + \frac{x^5}{5 \cdot 2!} - \frac{x^7}{7 \cdot 3!} + \cdots\right] \Bigg|_0^{\frac{1}{2}}$$

$$= \frac{1}{\sqrt{\pi}} \left(1 - \frac{1}{2^2 \cdot 3} + \frac{1}{2^4 \cdot 5 \cdot 2!} - \frac{1}{2^6 \cdot 7 \cdot 3!} + \cdots\right).$$

取前四项的和作为近似值，其误差为

$$|r_4| \leqslant \frac{1}{\sqrt{\pi}} \cdot \frac{1}{2^8 \cdot 9 \cdot 4!} < \frac{1}{90000},$$

所以

$$\frac{2}{\sqrt{\pi}} \int_0^{\frac{1}{2}} \mathrm{e}^{-x^2} \mathrm{d}x \approx \frac{1}{\sqrt{\pi}} \left(1 - \frac{1}{2^2 \cdot 3} + \frac{1}{2^4 \cdot 5 \cdot 2!} - \frac{1}{2^6 \cdot 7 \cdot 3!}\right)$$

$$\approx 0.56419(1 - 0.08333 + 0.00625 - 0.00037)$$

$$\approx 0.52049 \approx 0.5205.$$

习　题　10.5

习题 10.5 答案

1. 利用函数的幂级数展开式求下列各数的近似值：

(1) $\ln 3$（精确到 10^{-4}）；　　　　　　　　　　(2) $\sqrt{\mathrm{e}}$（精确到 0.001）.

2. 利用被积函数的幂级数的展开式求下列定积分的近似值：

(1) $\displaystyle\int_0^{0.5} \frac{1}{1+x^4} \mathrm{d}x$（精确到 10^{-4}）；　　　　(2) $\displaystyle\int_0^1 \frac{\sin x}{x} \mathrm{d}x$（精确到 10^{-4}）.

实验十 级数的 Python 实现

实 验 目 的

1. 学会用 Python 求级数的和以及和函数.
2. 学会用 Python 软件包将函数展开成幂级数.
3. 了解级数的应用.

实 验 内 容

一、收敛级数求和

Python 命令	含 义
summation(ukx,(k,1,n))	求 $\sum\limits_{k=1}^{n} u_k(x)$ 在收敛域内的和函数
summation(unx,(n,1,oo))	求 $\sum\limits_{n=1}^{\infty} u_n(x)$ 在收敛域内的和函数

【示例 10.1】 求下列级数的和.

(1) $\sum\limits_{k=1}^{n} k^2$;　　　(2) $\sum\limits_{k=1}^{\infty} \dfrac{1}{k^2}$.

解 在单元格中按如下操作:

```
In    from sympy import*
      k,n=symbols('k n')
      print(summation(k**2,(k,1,n)))
      print(factor(summation(k**2,(k,1,n))))      # 把计算结果因式分解
      print(summation(1/k**2,(k,1,oo)))           # 这里两个小"o"表示正无穷
```

运行结果:

```
n**3/3+n**2/2+n/6
n*(n+1)*(2*n+1)/6
pi**2/6
```

即

$$\sum_{k=1}^{n} k^2 = \frac{n(n+1)(2n+1)}{6};$$

$$\sum_{k=1}^{\infty} \frac{1}{k^2} = \frac{\pi^2}{6}.$$

上面两个级数都是收敛的,如果级数发散,则求得的和为 inf,因此,summation 函数可同时解决收敛性问题和求和问题. 同时,summation 也可以用来求函数项级数的和函数.

【示例 10.2】　求幂级数 $\sum\limits_{n=1}^{\infty} \dfrac{x^n}{n}$ 的和函数.

解　在单元格中按如下操作:

In	``` from sympy import* x,n=symbols('x n') y=summation(x**n/n,(n,1,oo)) print(y) ```

运行结果:

```
Piecewise((-log(1-x), (x>=-1)&(x< 1)), (Sum(x**n/n, (n, 1, oo)), True))
```

即

$$\sum_{n=1}^{\infty} \frac{x^n}{n} = -\ln(1-x) \quad (-1 \leqslant x < 1).$$

二、函数的幂级数展开

Python 命令	含　　义
f(x).series(x,x0,n)	将函数 $f(x)$ 在 x_0 处展开为 n 阶带皮亚诺余项的泰勒级数

【示例 10.3】　将函数 $f(x) = e^x$ 展开成 4 阶的麦克劳林级数.

解　在单元格中按如下操作:

In	``` from sympy import* x=symbols('x') y=exp(x).series(x,0,5) print(y) ```

运行结果:

```
1+x+x**2/2+x**3/6+x**4/24+O(x**5)
```

即

$$f(x) = e^x = 1 + x + \frac{x^2}{2} + \frac{x^3}{6} + \frac{x^4}{24} + o(x^5).$$

三、利用级数计算 π

π 是最常用的数学常数,人们对 π 的研究已经持续了 2500 多年. 今天这种探索还在继续. 下面通过几个利用级数计算 π 的实验,使学生感受数学思想和数学方法的发展过程,提高对级数收敛性和收敛速度的认识.

1. 基于莱布尼兹级数

利用莱布尼兹级数 $\dfrac{\pi}{4} = \sum\limits_{k=0}^{\infty} \dfrac{(-1)^k}{2k+1}$,可以计算 $\pi = 4 \sum\limits_{k=0}^{\infty} \dfrac{(-1)^k}{2k+1}$.

现分别通过计算级数的前 100、1000、2000、3000 项来求出 π 的近似值及误差,请观察计算效果.

解　在单元格中按如下操作：

```
In   from sympy import*
     k=symbols('k')
     y1=summation(4*(-1)**k/(2*k+1),(k,0,100))
     y2=summation(4*(-1)**k/(2*k+1),(k,0,1000))
     y3=summation(4*(-1)**k/(2*k+1),(k,0,2000))
     y4=summation(4*(-1)**k/(2*k+1),(k,0,3000))
     new_1=round(y1,20)
     new_2=round(y2,20)
     new_3=round(y3,20)
     new_4=round(y4,20)
     print(new_1,new_2,new_3,new_4)
```

运行结果：

3.15149340107099057525

3.14259165433954305090

3.14209240368352760760

3.14192587583979015127

使用前 3000 项大约能精确计算到千分位.

1844 年,数学家达什在没有计算机的情况下利用此公式算出 π 的前 200 位小数,使用误差估计式

$$r_n = \frac{\pi}{4} - \sum_{k=0}^{\infty} \frac{(-1)^k}{2k+1} \leqslant \frac{1}{2n-1},$$

计算一下要精确计算 π 的 200 位小数需要取级数的多少项. 由此可以看出达什的工作多么艰巨.

2. 基于 arctan$x$ 的级数

对麦克劳林级数 $\arctan x = \sum_{k=0}^{\infty} \frac{(-1)^k}{2k+1} x^{2k+1}$,取 $x=1$ 时可得 $\frac{\pi}{4} = \sum_{k=0}^{\infty} \frac{(-1)^k}{2k+1}$,即为莱布尼兹级数,直接使用时收敛很慢,必须考虑加速算法.

观察级数可知,$|x|$ 的值越接近 0,级数收敛越快,由此可以考虑令

$$x = \tan\alpha = \frac{1}{5}, \quad \alpha = \arctan\frac{1}{5},$$

那么

$$\tan 2\alpha = \frac{2\tan\alpha}{1 - \tan^2\alpha} = \frac{2x}{1-x^2} = \frac{5}{12}, \quad \tan 4\alpha = \frac{120}{119} \approx 1.$$

因此

$$4\alpha \approx \frac{\pi}{4}, \quad \beta = 4\alpha - \frac{\pi}{4}.$$

$$\tan\beta = \frac{\tan 4\alpha - 1}{1 + \tan 4\alpha} = \frac{1}{239},$$

所以

$$\pi = 16\alpha - 4\beta = 16\arctan\frac{1}{5} - 4\arctan\frac{1}{239}$$

$$= 16\sum_{k=0}^{\infty}\frac{(-1)^k}{2k+1}\frac{1}{5^{2k+1}} - 4\sum_{k=0}^{\infty}\frac{(-1)^k}{2k+1}\frac{1}{239^{2k+1}}$$

现分别通过观察级数的前 5、6、7、8、9、10 项来求出 π 的近似值及误差,请观察计算效果.

解 在单元格中按如下操作:

```
In
from sympy import*
k=symbols('k')
y1=summation((16*(-1)**k)/(5**(2*k+1)*(2*k+1))-(4*(-1)**k)/((2*k+1)*
239**(2*k+1)),(k,0,5))
y2=summation((16*(-1)**k)/(5**(2*k+1)*(2*k+1))-(4*(-1)**k)/((2*k+1)*
239**(2*k+1)),(k,0,7))

y3=summation((16*(-1)**k)/(5**(2*k+1)*(2*k+1))-(4*(-1)**k)/((2*k+1)*
239**(2*k+1)),(k,0,8))
y4=summation((16*(-1)**k)/(5**(2*k+1)*(2*k+1))-(4*(-1)**k)/((2*k+1)*
239**(2*k+1)),(k,0,10))
new_1=round(y1,20)
new_2=round(y2,20)
new_3=round(y3,20)
new_4=round(y4,20)
print(new_1,new_2,new_3,new_4)
```

运行结果:

3.14159265261530860815

3.14159265358860222866

3.14159265358983584749

3.14159265358979329475

仅取前 5 项的部分和就可以使 π 精确到 8 位小数,取前 10 项就可精确到 16 位小数,由此可见,加速效果非常明显.

实 验 作 业

1. 写出下列级数的前五项:

(1) $\displaystyle\sum_{n=2}^{\infty}\frac{1+n}{1+n^2}$;

(2) $a_0 + a_1 x + a_2 x^2 + \cdots + a_n x^n + \cdots$.

2. 判定下列级数的收敛性:

(1) $\displaystyle\sum_{n=1}^{\infty}\frac{3^n}{n2^n}$;

(2) $\displaystyle\sum_{n=1}^{\infty}\frac{n^2}{3^n}$.

3. 求幂级数 $\displaystyle\sum_{n=1}^{\infty}\frac{(-1)^{n-1}}{2n-1}x^{2n-1}$ 的和函数.

4. 利用 $\sqrt[3]{1+x}$ 在 $x_0=0$ 处的幂级数展开式,求 $\sqrt[3]{130}$ 的近似值. 精确到 0.001.

5. 选择适当的 x,利用 $\arcsin x$ 的麦克劳林展开式计算 π 的近似值.

复习题十

复习题十答案

一、填空题

1. 对级数 $\sum\limits_{n=1}^{\infty} u_n$,$\lim\limits_{n\to\infty} u_n = 0$ 是它收敛的_____条件,不是它收敛的_____条件.

2. 部分和数列 $\{s_n\}$ 有界是正项级数 $\sum\limits_{n=1}^{\infty} u_n$ 收敛的_____条件.

3. 若级数 $\sum\limits_{n=1}^{\infty} u_n$ 绝对收敛,则级数 $\sum\limits_{n=1}^{\infty} u_n$ 必定_____;若级数 $\sum\limits_{n=1}^{\infty} u_n$ 条件收敛,则级数 $\sum\limits_{n=1}^{\infty} |u_n|$ 必定_____.

二、判定下列级数的收敛性:

1. $-\dfrac{8}{9} + \dfrac{8^2}{9^2} + \cdots + (-1)^n \dfrac{8^n}{9^n} + \cdots$;

2. $\left(\dfrac{1}{2} + \dfrac{1}{3}\right) + \left(\dfrac{1}{2^2} + \dfrac{1}{3^2}\right) + \cdots + \left(\dfrac{1}{2^n} + \dfrac{1}{3^n}\right) + \cdots$;

3. $1 + \dfrac{2^2}{2!} + \dfrac{3^3}{3!} + \cdots + \dfrac{n^n}{n!} + \cdots$;

4. $\sum\limits_{n=1}^{\infty} n\left(\dfrac{3}{4}\right)^n$;

5. $\sum\limits_{n=1}^{\infty} 2^n \sin\dfrac{\pi}{3^n}$;

6. $\sum\limits_{n=0}^{\infty} \sqrt{\dfrac{n+1}{2n+1}}$.

三、用比值审敛法判定下列级数的收敛性:

1. $\sum\limits_{n=1}^{\infty} \dfrac{3^n}{n 2^n}$;

2. $\sum\limits_{n=1}^{\infty} \dfrac{n^2}{3^n}$;

3. $\sum\limits_{n=1}^{\infty} n\tan\dfrac{\pi}{3^n}$;

4. $\sum\limits_{n=1}^{\infty} \dfrac{n^4}{n!}$.

四、用极限审敛法判定下列级数的收敛性:

1. $\sum\limits_{n=1}^{\infty} \dfrac{1}{2n-1}$;

2. $\sum\limits_{n=1}^{\infty} \dfrac{n+1}{n^2+1}$;

3. $\displaystyle\sum_{n=0}^{\infty} \frac{1}{(n+1)(n+4)}$;

4. $\displaystyle\sum_{n=1}^{\infty} \sin\left(\frac{\pi}{n}\right)^2$.

五、下列级数是否收敛? 如果收敛,判定是绝对收敛还是条件收敛:

1. $\displaystyle\sum_{n=1}^{\infty} (-1)^{n-1} \frac{1}{\sqrt{n}}$;

2. $n = \displaystyle\sum_{n=1}^{\infty} (-1)^n \cdot \frac{n+1}{3^n}$;

3. $\displaystyle\sum_{n=0}^{\infty} (-1)^n \frac{1}{(n+1)(2n+1)}$;

4. $\displaystyle\sum_{n=2}^{\infty} (-1)^n \frac{1}{\ln n}$.

六、求下列幂级数的收敛域:

1. $\displaystyle\sum_{n=1}^{\infty} n x^n$;

2. $\displaystyle\sum_{n=0}^{\infty} \frac{(-1)^n}{(n+1)^2} x^n$;

3. $\displaystyle\sum_{n=0}^{\infty} \frac{1}{n!}\left(\frac{x}{2}\right)^n$;

4. $\displaystyle\sum_{n=1}^{\infty} \frac{1}{n 3^n} x^n$.

七、由 $\displaystyle\sum_{n=0}^{\infty} t^n = \frac{1}{1-t}(-1 < t < 1)$,利用逐项求导或逐项积分,求下列级数在收敛域内的和函数:

1. $\displaystyle\sum_{n=0}^{\infty} (n+1) x^n (-1 < x < 1)$;

2. $\displaystyle\sum_{n=0}^{\infty} \frac{1}{4n+1} x^{4n+1} (-1 < x < 1)$.

八、将下列函数展开成 x **的幂级数,并求其收敛区间:**

1. $\ln(a+x)(a>0)$;

2. $\dfrac{1}{2}(e^x - e^{-x})$.

九、将下列函数展开成 $x-1$ **的幂级数,并求其收敛区间:**

1. $\lg x$;

2. $\dfrac{1}{x^2+3x+2}$.

十、利用函数的幂级数展开式求下列各数的近似值:

1. $\sqrt[9]{522}$(精确到 10^{-5});

2. $\cos 2°$(精确到 10^{-4}).

【拓展阅读】

无穷级数的诞生与发展

众所周知,定积分的概念是由无穷级数给出,其与收敛级数相对应.所以无穷级数也是微积分体系内的主要部分.在实际问题中大量的都是复杂的函数,比如求一些复杂函数积分的问题中,找到适当的级数展开能够大大化简问题.

无穷级数的历史可以上溯到遥远的古希腊时代.公元前 5 世纪哲学家芝诺提出了一系列关于运动的不可分性的哲学悖论,如著名的阿喀琉斯追龟问题、二分法问题.芝诺悖论所带来的困惑说明,古希腊的哲学家们无法将无穷多个线段之和与有限长度的线段联系起来.亚里士多德认识到公比小于 1 的几何级数有和.阿基米德在求抛物线弓形面积时利用双归谬法证明了几何级数

$$1+\frac{1}{4}+\frac{1}{4^2}+\frac{1}{4^3}+\cdots=\frac{4}{3}.$$

中国古代的《庄子·天下》中的"一尺之棰,日取其半,万世不竭"也蕴含无限项相加的思想,用数学形式表达出来也是无穷级数.中世纪法国学者奥雷姆,对几何级数和调和级数进行了研究讨论,为 17 世纪关于无穷级数和无限过程的重要工作开辟了道路.17 世纪到 18 世纪数学家大量使用了无穷级数,主要有以下几方面.首先,无穷级数被用来表示函数和超越函数.牛顿在 1666 年得到了 $\arcsin x$ 的级数,并进一步得到了 $\arctan x$ 的级数.在 1669 年的《分析学》中,给出了 $\sin x,\cos x$ 等函数的级数表达式.莱布尼兹也在 1673 年左右独立地得到了 $\sin x,\cos x,\arctan x$ 的级数形式.其次,无穷级数被用来表示一些特殊量,如 π、e.牛顿、莱布尼兹、格雷戈里、欧拉等数学家对级数的兴趣很大一部分来自对特殊量的表示.例如,莱布尼兹在 1674 年得到

$$\frac{\pi}{4}=1-\frac{1}{3}+\frac{1}{5}-\frac{1}{7}+\cdots.$$

欧拉得到

$$\frac{\pi^2}{6}=\frac{1}{1^2}+\frac{1}{2^2}+\frac{1}{3^2}+\frac{1}{4^2}+\cdots,\quad \frac{\pi^4}{90}=\frac{1}{1^4}+\frac{1}{2^4}+\frac{1}{3^4}+\frac{1}{4^4}+\cdots.$$

此外,为适应航海、天文学和地理学的发展,三角函数和对数函数都需要展开为精度较大的展开式.值得注意的是,这一时期的数学家们注意到了无穷级数在表示函数、理论证明、数值计算中有巨大的作用.但他们只是注意了级数的应用,而忽略了级数使用的前提,即级数的敛散性.

19 世纪初期,法国数学家傅里叶给出一个无穷级数收敛的正确定义.德国数学家高斯首次对收敛性进行了极为严密的研究,给出了高斯判别法,高斯的研究使无穷级数理论进入现代时期.法国数学家柯西被看作是无穷级数敛散性理论的创立者.1821 年《分析教程》中首次给

出清晰的极限概念,而且给出了判别无穷级数收敛发散的一些常用方法,如根式判别法、对数判别法. 后来由魏尔斯特拉斯提出的一致收敛完善了整个级数理论.

根据上面的历史考查,无穷级数的历史大致可以分成萌芽、形成、确立三个阶段. 数学家在无穷级数的发展的初期无法将有限项相加和无限项相加的概念区分开,在早期使用无穷级数时基本没有注意到收敛区间的判断,而从早期使用无穷级数到无穷级数极限概念的建立更是经历了几个世纪的漫长时间(上述部分内容来自魏妙 2018 年发表在《数学学习与研究》期刊上的文章).

附录一　常用积分表

（一）含有 $ax+b$ 的积分 $(a\neq0)$

1. $\displaystyle\int\frac{\mathrm{d}x}{ax+b}=\frac{1}{a}\ln|ax+b|+C$

2. $\displaystyle\int(ax+b)^{\mu}\mathrm{d}x=\frac{1}{a(\mu+1)}(ax+b)^{\mu+1}+C\ (\mu\neq-1)$

3. $\displaystyle\int\frac{x}{ax+b}\mathrm{d}x=\frac{1}{a^2}(ax+b-b\ln|ax+b|)+C$

4. $\displaystyle\int\frac{x^2}{ax+b}\mathrm{d}x=\frac{1}{a^3}\left[\frac{1}{2}(ax+b)^2-2b(ax+b)+b^2\ln|ax+b|\right]+C$

5. $\displaystyle\int\frac{\mathrm{d}x}{x(ax+b)}=-\frac{1}{b}\ln\left|\frac{ax+b}{x}\right|+C$

6. $\displaystyle\int\frac{\mathrm{d}x}{x^2(ax+b)}=-\frac{1}{bx}+\frac{a}{b^2}\ln\left|\frac{ax+b}{x}\right|+C$

7. $\displaystyle\int\frac{x}{(ax+b)^2}\mathrm{d}x=\frac{1}{a^2}\left(\ln|ax+b|+\frac{b}{ax+b}\right)+C$

8. $\displaystyle\int\frac{x^2}{(ax+b)^2}\mathrm{d}x=\frac{1}{a^3}\left(ax+b-2b\ln|ax+b|-\frac{b^2}{ax+b}\right)+C$

9. $\displaystyle\int\frac{\mathrm{d}x}{x(ax+b)^2}=\frac{1}{b(ax+b)}-\frac{1}{b^2}\ln\left|\frac{ax+b}{x}\right|+C$

（二）含有 $\sqrt{ax+b}$ 的积分

10. $\displaystyle\int\sqrt{ax+b}\,\mathrm{d}x=\frac{2}{3a}\sqrt{(ax+b)^3}+C$

11. $\displaystyle\int x\sqrt{ax+b}\,\mathrm{d}x=\frac{2}{15a^2}(3ax-2b)\sqrt{(ax+b)^3}+C$

12. $\displaystyle\int x^2\sqrt{ax+b}\,\mathrm{d}x=\frac{2}{105a^3}(15a^2x^2-12abx+8b^2)\sqrt{(ax+b)^3}+C$

13. $\displaystyle\int\frac{x}{\sqrt{ax+b}}\mathrm{d}x=\frac{2}{3a^2}(ax-2b)\sqrt{ax+b}+C$

14. $\displaystyle\int\frac{x^2}{\sqrt{ax+b}}\mathrm{d}x=\frac{2}{15a^3}(3a^2x^2-4abx+8b^2)\sqrt{ax+b}+C$

15. $\displaystyle\int\frac{\mathrm{d}x}{x\sqrt{ax+b}}=\begin{cases}\dfrac{1}{\sqrt{b}}\ln\left|\dfrac{\sqrt{ax+b}-\sqrt{b}}{\sqrt{ax+b}+\sqrt{b}}\right|+C&(b>0)\\[3mm]\dfrac{2}{\sqrt{-b}}\arctan\sqrt{\dfrac{ax+b}{-b}}+C&(b<0)\end{cases}$

16. $\displaystyle\int\frac{\mathrm{d}x}{x^2\sqrt{ax+b}}=-\frac{\sqrt{ax+b}}{bx}-\frac{a}{2b}\int\frac{\mathrm{d}x}{x\sqrt{ax+b}}$

17. $\displaystyle\int \frac{\sqrt{ax+b}}{x}\mathrm{d}x = 2\sqrt{ax+b}+b\int \frac{\mathrm{d}x}{x\sqrt{ax+b}}$

18. $\displaystyle\int \frac{\sqrt{ax+b}}{x^2}\mathrm{d}x = -\frac{\sqrt{ax+b}}{x}+\frac{a}{2}\int \frac{\mathrm{d}x}{x\sqrt{ax+b}}$

（三）含有 $x^2 \pm a^2$ 的积分

19. $\displaystyle\int \frac{\mathrm{d}x}{x^2+a^2} = \frac{1}{a}\arctan\frac{x}{a}+C$

20. $\displaystyle\int \frac{\mathrm{d}x}{(x^2+a^2)^n} = \frac{x}{2(n-1)a^2(x^2+a^2)^{n-1}}+\frac{2n-3}{2(n-1)a^2}\int \frac{\mathrm{d}x}{(x^2+a^2)^{n-1}}$

21. $\displaystyle\int \frac{\mathrm{d}x}{x^2-a^2} = \frac{1}{2a}\ln\left|\frac{x-a}{x+a}\right|+C$

（四）含有 $ax^2+b(a>0)$ 的积分

22. $\displaystyle\int \frac{\mathrm{d}x}{ax^2+b} = \begin{cases} \dfrac{1}{\sqrt{ab}}\arctan\sqrt{\dfrac{a}{b}}x+C & (b>0) \\[3mm] \dfrac{1}{2\sqrt{-ab}}\ln\left|\dfrac{\sqrt{a}x-\sqrt{-b}}{\sqrt{a}x+\sqrt{-b}}\right|+C & (b<0) \end{cases}$

23. $\displaystyle\int \frac{x}{ax^2+b}\mathrm{d}x = \frac{1}{2a}\ln|ax^2+b|+C$

24. $\displaystyle\int \frac{x^2}{ax^2+b}\mathrm{d}x = \frac{x}{a}-\frac{b}{a}\int \frac{\mathrm{d}x}{ax^2+b}$

25. $\displaystyle\int \frac{\mathrm{d}x}{x(ax^2+b)} = \frac{1}{2b}\ln\frac{x^2}{|ax^2+b|}+C$

26. $\displaystyle\int \frac{\mathrm{d}x}{x^2(ax^2+b)} = -\frac{1}{bx}-\frac{a}{b}\int \frac{\mathrm{d}x}{ax^2+b}$

27. $\displaystyle\int \frac{\mathrm{d}x}{x^3(ax^2+b)} = \frac{a}{2b^2}\ln\frac{|ax^2+b|}{x^2}-\frac{1}{2bx^2}+C$

28. $\displaystyle\int \frac{\mathrm{d}x}{(ax^2+b)^2} = \frac{x}{2b(ax^2+b)}+\frac{1}{2b}\int \frac{\mathrm{d}x}{ax^2+b}$

（五）含有 $ax^2+bx+c(a>0)$ 的积分

29. $\displaystyle\int \frac{\mathrm{d}x}{ax^2+bx+c} = \begin{cases} \dfrac{2}{\sqrt{4ac-b^2}}\arctan\dfrac{2ax+b}{\sqrt{4ac-b^2}}+C & (b^2<4ac) \\[3mm] \dfrac{1}{\sqrt{b^2-4ac}}\ln\left|\dfrac{2ax+b-\sqrt{b^2-4ac}}{2ax+b+\sqrt{b^2-4ac}}\right|+C & (b^2>4ac) \end{cases}$

30. $\displaystyle\int \frac{x}{ax^2+bx+c}\mathrm{d}x = \frac{1}{2a}\ln|ax^2+bx+c|-\frac{b}{2a}\int \frac{\mathrm{d}x}{ax^2+bx+c}$

（六）含有 $\sqrt{x^2+a^2}(a>0)$ 的积分

31. $\displaystyle\int \frac{\mathrm{d}x}{\sqrt{x^2+a^2}} = \operatorname{arsh}\frac{x}{a}+C_1 = \ln(x+\sqrt{x^2+a^2})+C$

32. $\displaystyle\int \frac{\mathrm{d}x}{\sqrt{(x^2+a^2)^3}} = \frac{x}{a^2\sqrt{x^2+a^2}}+C$

33. $\displaystyle\int \frac{x}{\sqrt{x^2+a^2}}\mathrm{d}x = \sqrt{x^2+a^2}+C$

34. $\displaystyle\int \frac{x}{\sqrt{(x^2+a^2)^3}}\mathrm{d}x = -\frac{1}{\sqrt{x^2+a^2}}+C$

35. $\displaystyle\int \frac{x^2}{\sqrt{x^2+a^2}}\mathrm{d}x = \frac{x}{2}\sqrt{x^2+a^2}-\frac{a^2}{2}\ln(x+\sqrt{x^2+a^2})+C$

36. $\displaystyle\int \frac{x^2}{\sqrt{(x^2+a^2)^3}}\mathrm{d}x = -\frac{x}{\sqrt{x^2+a^2}}+\ln(x+\sqrt{x^2+a^2})+C$

37. $\displaystyle\int \frac{\mathrm{d}x}{x\sqrt{x^2+a^2}} = \frac{1}{a}\ln\frac{\sqrt{x^2+a^2}-a}{|x|}+C$

38. $\displaystyle\int \frac{\mathrm{d}x}{x^2\sqrt{x^2+a^2}} = -\frac{\sqrt{x^2+a^2}}{a^2 x}+C$

39. $\displaystyle\int \sqrt{x^2+a^2}\,\mathrm{d}x = \frac{x}{2}\sqrt{x^2+a^2}+\frac{a^2}{2}\ln(x+\sqrt{x^2+a^2})+C$

40. $\displaystyle\int \sqrt{(x^2+a^2)^3}\,\mathrm{d}x = \frac{x}{8}(2x^2+5a^2)\sqrt{x^2+a^2}+\frac{3}{8}a^4\ln(x+\sqrt{x^2+a^2})+C$

41. $\displaystyle\int x\sqrt{x^2+a^2}\,\mathrm{d}x = \frac{1}{3}\sqrt{(x^2+a^2)^3}+C$

42. $\displaystyle\int x^2\sqrt{x^2+a^2}\,\mathrm{d}x = \frac{x}{8}(2x^2+a^2)\sqrt{x^2+a^2}-\frac{a^4}{8}\ln(x+\sqrt{x^2+a^2})+C$

43. $\displaystyle\int \frac{\sqrt{x^2+a^2}}{x}\mathrm{d}x = \sqrt{x^2+a^2}+a\ln\frac{\sqrt{x^2+a^2}-a}{|x|}+C$

44. $\displaystyle\int \frac{\sqrt{x^2+a^2}}{x^2}\mathrm{d}x = -\frac{\sqrt{x^2+a^2}}{x}+\ln(x+\sqrt{x^2+a^2})+C$

（七）含有 $\sqrt{x^2-a^2}\,(a>0)$ 的积分

45. $\displaystyle\int \frac{\mathrm{d}x}{\sqrt{x^2-a^2}} = \frac{x}{|x|}\mathrm{arch}\frac{|x|}{a}+C_1 = \ln\left|x+\sqrt{x^2-a^2}\right|+C$

46. $\displaystyle\int \frac{\mathrm{d}x}{\sqrt{(x^2-a^2)^3}} = -\frac{x}{a^2\sqrt{x^2-a^2}}+C$

47. $\displaystyle\int \frac{x}{\sqrt{x^2-a^2}}\mathrm{d}x = \sqrt{x^2-a^2}+C$

48. $\displaystyle\int \frac{x}{\sqrt{(x^2-a^2)^3}}\mathrm{d}x = -\frac{1}{\sqrt{x^2-a^2}}+C$

49. $\displaystyle\int \frac{x^2}{\sqrt{x^2-a^2}}\mathrm{d}x = \frac{x}{2}\sqrt{x^2-a^2}+\frac{a^2}{2}\ln\left|x+\sqrt{x^2-a^2}\right|+C$

50. $\displaystyle\int \frac{x^2}{\sqrt{(x^2-a^2)^3}}\mathrm{d}x = -\frac{x}{\sqrt{x^2-a^2}}+\ln\left|x+\sqrt{x^2-a^2}\right|+C$

51. $\displaystyle\int \frac{\mathrm{d}x}{x\sqrt{x^2-a^2}} = \frac{1}{a}\arccos\frac{a}{|x|}+C$

52. $\displaystyle\int \frac{\mathrm{d}x}{x^2\sqrt{x^2-a^2}} = \frac{\sqrt{x^2-a^2}}{a^2 x}+C$

53. $\displaystyle\int \sqrt{x^2-a^2}\,\mathrm{d}x = \frac{x}{2}\sqrt{x^2-a^2}-\frac{a^2}{2}\ln\left|x+\sqrt{x^2-a^2}\right|+C$

54. $\displaystyle\int \sqrt{(x^2-a^2)^3}\,\mathrm{d}x = \frac{x}{8}(2x^2-5a^2)\sqrt{x^2-a^2}+\frac{3}{8}a^4\ln\left|x+\sqrt{x^2-a^2}\right|+C$

55. $\displaystyle\int x\sqrt{x^2-a^2}\,\mathrm{d}x = \frac{1}{3}\sqrt{(x^2-a^2)^3}+C$

56. $\displaystyle\int x^2\sqrt{x^2-a^2}\,\mathrm{d}x = \frac{x}{8}(2x^2-a^2)\sqrt{x^2-a^2}-\frac{a^4}{8}\ln\left|x+\sqrt{x^2-a^2}\right|+C$

57. $\displaystyle\int \frac{\sqrt{x^2-a^2}}{x}\,\mathrm{d}x = \sqrt{x^2-a^2}-a\arccos\frac{a}{|x|}+C$

58. $\displaystyle\int \frac{\sqrt{x^2-a^2}}{x^2}\,\mathrm{d}x = -\frac{\sqrt{x^2-a^2}}{x}+\ln\left|x+\sqrt{x^2-a^2}\right|+C$

(八) 含有 $\sqrt{a^2-x^2}\,(a>0)$ 的积分

59. $\displaystyle\int \frac{\mathrm{d}x}{\sqrt{a^2-x^2}} = \arcsin\frac{x}{a}+C$

60. $\displaystyle\int \frac{\mathrm{d}x}{\sqrt{(a^2-x^2)^3}} = \frac{x}{a^2\sqrt{a^2-x^2}}+C$

61. $\displaystyle\int \frac{x}{\sqrt{a^2-x^2}}\,\mathrm{d}x = -\sqrt{a^2-x^2}+C$

62. $\displaystyle\int \frac{x}{\sqrt{(a^2-x^2)^3}}\,\mathrm{d}x = \frac{1}{\sqrt{a^2-x^2}}+C$

63. $\displaystyle\int \frac{x^2}{\sqrt{a^2-x^2}}\,\mathrm{d}x = -\frac{x}{2}\sqrt{a^2-x^2}+\frac{a^2}{2}\arcsin\frac{x}{a}+C$

64. $\displaystyle\int \frac{x^2}{\sqrt{(a^2-x^2)^3}}\,\mathrm{d}x = \frac{x}{\sqrt{a^2-x^2}}-\arcsin\frac{x}{a}+C$

65. $\displaystyle\int \frac{\mathrm{d}x}{x\sqrt{a^2-x^2}} = \frac{1}{a}\ln\frac{a-\sqrt{a^2-x^2}}{|x|}+C$

66. $\displaystyle\int \frac{\mathrm{d}x}{x^2\sqrt{a^2-x^2}} = -\frac{\sqrt{a^2-x^2}}{a^2 x}+C$

67. $\displaystyle\int \sqrt{a^2-x^2}\,\mathrm{d}x = \frac{x}{2}\sqrt{a^2-x^2}+\frac{a^2}{2}\arcsin\frac{x}{a}+C$

68. $\displaystyle\int \sqrt{(a^2-x^2)^3}\,\mathrm{d}x = \frac{x}{8}(5a^2-2x^2)\sqrt{a^2-x^2}+\frac{3}{8}a^4\arcsin\frac{x}{a}+C$

69. $\displaystyle\int x\sqrt{a^2-x^2}\,\mathrm{d}x = -\frac{1}{3}\sqrt{(a^2-x^2)^3}+C$

70. $\displaystyle\int x^2\sqrt{a^2-x^2}\,\mathrm{d}x = \frac{x}{8}(2x^2-a^2)\sqrt{a^2-x^2}+\frac{a^4}{8}\arcsin\frac{x}{a}+C$

71. $\displaystyle\int \frac{\sqrt{a^2-x^2}}{x}\,\mathrm{d}x = \sqrt{a^2-x^2}+a\ln\frac{a-\sqrt{a^2-x^2}}{|x|}+C$

72. $\displaystyle\int \frac{\sqrt{a^2-x^2}}{x^2}\,\mathrm{d}x = -\frac{\sqrt{a^2-x^2}}{x}-\arcsin\frac{x}{a}+C$

（九）含有 $\sqrt{\pm ax^2+bx+c}\,(a>0)$ 的积分

73. $\displaystyle\int \frac{\mathrm{d}x}{\sqrt{ax^2+bx+c}} = \frac{1}{\sqrt{a}}\ln\left|2ax+b+2\sqrt{a}\ \sqrt{ax^2+bx+c}\right|+C$

74. $\displaystyle\int \sqrt{ax^2+bx+c}\,\mathrm{d}x = \frac{2ax+b}{4a}\sqrt{ax^2+bx+c}$

$$+\frac{4ac-b^2}{8\sqrt{a^3}}\ln\left|2ax+b+2\sqrt{a}\ \sqrt{ax^2+bx+c}\right|+C$$

75. $\displaystyle\int \frac{x}{\sqrt{ax^2+bx+c}}\,\mathrm{d}x = \frac{1}{a}\sqrt{ax^2+bx+c}$

$$-\frac{b}{2\sqrt{a^3}}\ln\left|2ax+b+2\sqrt{a}\ \sqrt{ax^2+bx+c}\right|+C$$

76. $\displaystyle\int \frac{\mathrm{d}x}{\sqrt{c+bx-ax^2}} = -\frac{1}{\sqrt{a}}\arcsin\frac{2ax-b}{\sqrt{b^2+4ac}}+C$

77. $\displaystyle\int \sqrt{c+bx-ax^2}\,\mathrm{d}x = \frac{2ax-b}{4a}\sqrt{c+bx-ax^2}+\frac{b^2+4ac}{8\sqrt{a^3}}\arcsin\frac{2ax-b}{\sqrt{b^2+4ac}}+C$

78. $\displaystyle\int \frac{x}{\sqrt{c+bx-ax^2}}\,\mathrm{d}x = -\frac{1}{a}\sqrt{c+bx-ax^2}+\frac{b}{2\sqrt{a^3}}\arcsin\frac{2ax-b}{\sqrt{b^2+4ac}}+C$

（十）含有 $\sqrt{\pm\dfrac{x-a}{x-b}}$ 或 $\sqrt{(x-a)(b-x)}$ 的积分

79. $\displaystyle\int \sqrt{\frac{x-a}{x-b}}\,\mathrm{d}x = (x-b)\sqrt{\frac{x-a}{x-b}}+(b-a)\ln(\sqrt{|x-a|}+\sqrt{|x-b|})+C$

80. $\displaystyle\int \sqrt{\frac{x-a}{b-x}}\,\mathrm{d}x = (x-b)\sqrt{\frac{x-a}{b-x}}+(b-a)\arcsin\sqrt{\frac{x-a}{b-x}}+C$

81. $\displaystyle\int \frac{\mathrm{d}x}{\sqrt{(x-a)(b-x)}} = 2\arcsin\sqrt{\frac{x-a}{b-x}}+C \quad (a<b)$

82. $\displaystyle\int \sqrt{(x-a)(b-x)}\,\mathrm{d}x = \frac{2x-a-b}{4}\sqrt{(x-a)(b-x)}$

$$+\frac{(b-a)^2}{4}\arcsin\sqrt{\frac{x-a}{b-x}}+C \quad (a<b)$$

（十一）含有三角函数的积分

83. $\displaystyle\int \sin x\,\mathrm{d}x = -\cos x+C$

84. $\displaystyle\int \cos x\,\mathrm{d}x = \sin x+C$

85. $\displaystyle\int \tan x\,\mathrm{d}x = -\ln|\cos x|+C$

86. $\displaystyle\int \cot x\,\mathrm{d}x = \ln|\sin x|+C$

87. $\displaystyle\int \sec x\,\mathrm{d}x = \ln\left|\tan\left(\frac{\pi}{4}+\frac{x}{2}\right)\right|+C = \ln|\sec x+\tan x|+C$

88. $\displaystyle\int \csc x\,\mathrm{d}x = \ln\left|\tan\frac{x}{2}\right|+C = \ln|\csc x-\cot x|+C$

89. $\displaystyle\int \sec^2 x\mathrm{d}x = \tan x + C$

90. $\displaystyle\int \csc^2 x\mathrm{d}x = -\cot x + C$

91. $\displaystyle\int \sec x\tan x\mathrm{d}x = \sec x + C$

92. $\displaystyle\int \csc x\cot x\mathrm{d}x = -\csc x + C$

93. $\displaystyle\int \sin^2 x\mathrm{d}x = \frac{x}{2} - \frac{1}{4}\sin 2x + C$

94. $\displaystyle\int \cos^2 x\mathrm{d}x = \frac{x}{2} + \frac{1}{4}\sin 2x + C$

95. $\displaystyle\int \sin^n x\mathrm{d}x = -\frac{1}{n}\sin^{n-1} x\cos x + \frac{n-1}{n}\int \sin^{n-2} x\mathrm{d}x$

96. $\displaystyle\int \cos^n x\mathrm{d}x = \frac{1}{n}\cos^{n-1} x\sin x + \frac{n-1}{n}\int \cos^{n-2} x\mathrm{d}x$

97. $\displaystyle\int \frac{\mathrm{d}x}{\sin^n x} = -\frac{1}{n-1}\cdot\frac{\cos x}{\sin^{n-1} x} + \frac{n-2}{n-1}\int \frac{\mathrm{d}x}{\sin^{n-2} x}$

98. $\displaystyle\int \frac{\mathrm{d}x}{\cos^n x} = \frac{1}{n-1}\cdot\frac{\sin x}{\cos^{n-1} x} + \frac{n-2}{n-1}\int \frac{\mathrm{d}x}{\cos^{n-2} x}$

99. $\displaystyle\int \cos^m x\,\sin^n x\,\mathrm{d}x = \frac{1}{m+n}\cos^{m-1} x\,\sin^{n+1} x + \frac{m-1}{m+n}\int \cos^{m-2} x\,\sin^n x\,\mathrm{d}x$

$$= -\frac{1}{m+n}\cos^{m+1} x\,\sin^{n-1} x + \frac{n-1}{m+n}\int \cos^m x\,\sin^{n-2} x\,\mathrm{d}x$$

100. $\displaystyle\int \sin ax\cos bx\,\mathrm{d}x = -\frac{1}{2(a+b)}\cos(a+b)x - \frac{1}{2(a-b)}\cos(a-b)x + C$

101. $\displaystyle\int \sin ax\sin bx\,\mathrm{d}x = -\frac{1}{2(a+b)}\sin(a+b)x + \frac{1}{2(a-b)}\sin(a-b)x + C$

102. $\displaystyle\int \cos ax\cos bx\,\mathrm{d}x = \frac{1}{2(a+b)}\sin(a+b)x + \frac{1}{2(a-b)}\sin(a-b)x + C$

103. $\displaystyle\int \frac{\mathrm{d}x}{a + b\sin x} = \frac{2}{\sqrt{a^2 - b^2}}\arctan \frac{a\tan \dfrac{x}{2} + b}{\sqrt{a^2 - b^2}} + C \quad (a^2 > b^2)$

104. $\displaystyle\int \frac{\mathrm{d}x}{a + b\sin x} = \frac{1}{\sqrt{b^2 - a^2}}\ln\left|\frac{a\tan \dfrac{x}{2} + b - \sqrt{b^2 - a^2}}{a\tan \dfrac{x}{2} + b + \sqrt{b^2 - a^2}}\right| + C \quad (a^2 < b^2)$

105. $\displaystyle\int \frac{\mathrm{d}x}{a + b\cos x} = \frac{2}{a+b}\sqrt{\frac{a+b}{a-b}}\arctan\left(\sqrt{\frac{a-b}{a+b}}\tan \frac{x}{2}\right) + C \quad (a^2 > b^2)$

106. $\displaystyle\int \frac{\mathrm{d}x}{a + b\cos x} = \frac{1}{a+b}\sqrt{\frac{a+b}{b-a}}\ln\left|\frac{\tan \dfrac{x}{2} + \sqrt{\dfrac{a+b}{b-a}}}{\tan \dfrac{x}{2} - \sqrt{\dfrac{a+b}{b-a}}}\right| + C \quad (a^2 < b^2)$

107. $\displaystyle\int \frac{\mathrm{d}x}{a^2 \cos^2 x + b^2 \sin^2 x} = \frac{1}{ab}\arctan\left(\frac{b}{a}\tan x\right) + C$

108. $\displaystyle\int \frac{\mathrm{d}x}{a^2\cos^2 x - b^2\sin^2 x} = \frac{1}{2ab}\ln\left|\frac{b\tan x + a}{b\tan x - a}\right| + C$

109. $\displaystyle\int x\sin ax\,\mathrm{d}x = \frac{1}{a^2}\sin ax - \frac{1}{a}x\cos ax + C$

110. $\displaystyle\int x^2\sin ax\,\mathrm{d}x = -\frac{1}{a}x^2\cos ax + \frac{2}{a^2}x\sin ax + \frac{2}{a^3}\cos ax + C$

111. $\displaystyle\int x\cos ax\,\mathrm{d}x = \frac{1}{a^2}\cos ax + \frac{1}{a}x\sin ax + C$

112. $\displaystyle\int x^2\cos ax\,\mathrm{d}x = \frac{1}{a}x^2\sin ax + \frac{2}{a^2}x\cos ax - \frac{2}{a^3}\sin ax + C$

（十二）含有反三角函数的积分（其中 $a>0$）

113. $\displaystyle\int \arcsin\frac{x}{a}\,\mathrm{d}x = x\arcsin\frac{x}{a} + \sqrt{a^2 - x^2} + C$

114. $\displaystyle\int x\arcsin\frac{x}{a}\,\mathrm{d}x = \left(\frac{x^2}{2} - \frac{a^2}{4}\right)\arcsin\frac{x}{a} + \frac{x}{4}\sqrt{a^2 - x^2} + C$

115. $\displaystyle\int x^2\arcsin\frac{x}{a}\,\mathrm{d}x = \frac{x^3}{3}\arcsin\frac{x}{a} + \frac{1}{9}(x^2 + 2a^2)\sqrt{a^2 - x^2} + C$

116. $\displaystyle\int \arccos\frac{x}{a}\,\mathrm{d}x = x\arccos\frac{x}{a} - \sqrt{a^2 - x^2} + C$

117. $\displaystyle\int x\arccos\frac{x}{a}\,\mathrm{d}x = \left(\frac{x^2}{2} - \frac{a^2}{4}\right)\arccos\frac{x}{a} - \frac{x}{4}\sqrt{a^2 - x^2} + C$

118. $\displaystyle\int x^2\arccos\frac{x}{a}\,\mathrm{d}x = \frac{x^3}{3}\arccos\frac{x}{a} - \frac{1}{9}(x^2 + 2a^2)\sqrt{a^2 - x^2} + C$

119. $\displaystyle\int \arctan\frac{x}{a}\,\mathrm{d}x = x\arctan\frac{x}{a} - \frac{a}{2}\ln(a^2 + x^2) + C$

120. $\displaystyle\int x\arctan\frac{x}{a}\,\mathrm{d}x = \frac{1}{2}(a^2 + x^2)\arctan\frac{x}{a} - \frac{a}{2}x + C$

121. $\displaystyle\int x^2\arctan\frac{x}{a}\,\mathrm{d}x = \frac{x^3}{3}\arctan\frac{x}{a} - \frac{a}{6}x^2 + \frac{a^3}{6}\ln(a^2 + x^2) + C$

（十三）含有指数函数的积分

122. $\displaystyle\int a^x\,\mathrm{d}x = \frac{1}{\ln a}a^x + C$

123. $\displaystyle\int \mathrm{e}^{ax}\,\mathrm{d}x = \frac{1}{a}\mathrm{e}^{ax} + C$

124. $\displaystyle\int x\mathrm{e}^{ax}\,\mathrm{d}x = \frac{1}{a^2}(ax - 1)\mathrm{e}^{ax} + C$

125. $\displaystyle\int x^n\mathrm{e}^{ax}\,\mathrm{d}x = \frac{1}{a}x^n\mathrm{e}^{ax} - \frac{n}{a}\int x^{n-1}\mathrm{e}^{ax}\,\mathrm{d}x$

126. $\displaystyle\int xa^x\,\mathrm{d}x = \frac{x}{\ln a}a^x - \frac{1}{(\ln a)^2}a^x + C$

127. $\displaystyle\int x^n a^x\,\mathrm{d}x = \frac{1}{\ln a}x^n a^x - \frac{n}{\ln a}\int x^{n-1}a^x\,\mathrm{d}x$

128. $\displaystyle\int \mathrm{e}^{ax}\sin bx\,\mathrm{d}x = \frac{1}{a^2 + b^2}\mathrm{e}^{ax}(a\sin bx - b\cos bx) + C$

129. $\int e^{ax} \cos bx \, dx = \dfrac{1}{a^2 + b^2} e^{ax} (b \sin bx + a \cos bx) + C$

130. $\int e^{ax} \sin^n bx \, dx = \dfrac{1}{a^2 + b^2 n^2} e^{ax} \sin^{n-1} bx (a \sin bx - nb \cos bx)$

$\qquad\qquad + \dfrac{n(n-1)b^2}{a^2 + b^2 n^2} \int e^{ax} \sin^{n-2} bx \, dx$

131. $\int e^{ax} \cos^n bx \, dx = \dfrac{1}{a^2 + b^2 n^2} e^{ax} \cos^{n-1} bx (a \cos bx + nb \sin bx)$

$\qquad\qquad + \dfrac{n(n-1)b^2}{a^2 + b^2 n^2} \int e^{ax} \cos^{n-2} bx \, dx$

（十四）含有对数函数的积分

132. $\int \ln x \, dx = x \ln x - x + C$

133. $\int \dfrac{dx}{x \ln x} = \ln |\ln x| + C$

134. $\int x^n \ln x \, dx = \dfrac{1}{n+1} x^{n+1} \left(\ln x - \dfrac{1}{n+1} \right) + C$

135. $\int (\ln x)^n \, dx = x (\ln x)^n - n \int (\ln x)^{n-1} \, dx$

136. $\int x^m (\ln x)^n \, dx = \dfrac{1}{m+1} x^{m+1} (\ln x)^n - \dfrac{n}{m+1} \int x^m (\ln x)^{n-1} \, dx$

（十五）含有双曲函数的积分

137. $\int \text{sh} x \, dx = \text{ch} x + C$

138. $\int \text{ch} x \, dx = \text{sh} x + C$

139. $\int \text{th} x \, dx = \ln \text{ch} x + C$

140. $\int \text{sh}^2 x \, dx = -\dfrac{x}{2} + \dfrac{1}{4} \text{sh} 2x + C$

141. $\int \text{ch}^2 x \, dx = \dfrac{x}{2} + \dfrac{1}{4} \text{sh} 2x + C$

（十六）定积分

142. $\int_{-\pi}^{\pi} \cos nx \, dx = \int_{-\pi}^{\pi} \sin nx \, dx = 0$

143. $\int_{-\pi}^{\pi} \cos mx \sin nx \, dx = 0$

144. $\int_{-\pi}^{\pi} \cos mx \cos nx \, dx = \begin{cases} 0, & m \neq n \\ \pi, & m = n \end{cases}$

145. $\int_{-\pi}^{\pi} \sin mx \sin nx \, dx = \begin{cases} 0, & m \neq n \\ \pi, & m = n \end{cases}$

146. $\int_{0}^{\pi} \sin mx \sin nx \, dx = \int_{0}^{\pi} \cos mx \cos nx \, dx = \begin{cases} 0, & m \neq n \\ \dfrac{\pi}{2}, & m = n \end{cases}$

147. $I_n = \int_0^{\frac{\pi}{2}} \sin^n x \, \mathrm{d}x = \int_0^{\frac{\pi}{2}} \cos^n x \, \mathrm{d}x$

$I_n = \dfrac{n-1}{n} I_{n-2}$

$I_n = \dfrac{n-1}{n} \cdot \dfrac{n-3}{n-2} \cdot \cdots \cdot \dfrac{4}{5} \cdot \dfrac{2}{3}$ （n 为大于 1 的正奇数）,$I_1 = 1$

$I_n = \dfrac{n-1}{n} \cdot \dfrac{n-3}{n-2} \cdot \cdots \cdot \dfrac{3}{4} \cdot \dfrac{1}{2} \cdot \dfrac{\pi}{2}$（$n$ 为正偶数）,$I_0 = \dfrac{\pi}{2}$

附录二　三角函数公式

1. 基本关系式

$$\sin^2\alpha + \cos^2\alpha = 1; \quad 1 + \tan^2\alpha = \sec^2\alpha; \quad 1 + \cot^2\alpha = \csc^2\alpha; \quad \sin\alpha\csc\alpha = 1;$$

$$\cos\alpha\sec\alpha = 1; \quad \tan\alpha\cot\alpha = 1; \quad \tan\alpha = \frac{\sin\alpha}{\cos\alpha}; \quad \cot\alpha = \frac{\cos\alpha}{\sin\alpha}.$$

2. 和差角公式

$$\sin(x \pm y) = \sin x \cos y \pm \cos x \sin y;$$

$$\cos(x \pm y) = \cos x \cos y \mp \sin x \sin y;$$

$$\tan(x \pm y) = \frac{\tan x \pm \tan y}{1 \mp \tan x \tan y}.$$

3. 倍角公式

$$\sin 2x = 2\sin x \cos x;$$

$$\cos 2x = \cos^2 x - \sin^2 x = 1 - 2\sin^2 x = 2\cos^2 x - 1;$$

$$\tan 2x = \frac{2\tan x}{1 - \tan^2 x};$$

$$\sin^2 x = \frac{1}{2}(1 - \cos 2x); \quad \cos^2 x = \frac{1}{2}(1 + \cos 2x);$$

$$\sin 3x = 3\sin x - 4\sin^3 x; \quad \cos 3x = 4\cos^3 x - 3\cos x.$$

4. 半角公式

$$\sin\frac{x}{2} = \pm\sqrt{\frac{1 - \cos x}{2}}; \quad \cos\frac{x}{2} = \pm\sqrt{\frac{1 + \cos x}{2}};$$

$$\tan\frac{x}{2} = \pm\sqrt{\frac{1 - \cos x}{1 + \cos x}} = \frac{1 - \cos x}{\sin x} = \frac{\sin x}{1 + \cos x}.$$

5. 积化和差公式

$$\sin x \cos y = \frac{1}{2}[\sin(x + y) + \sin(x - y)];$$

$$\cos x \sin y = \frac{1}{2}[\sin(x + y) - \sin(x - y)];$$

$$\cos x \cos y = \frac{1}{2}[\cos(x + y) + \cos(x - y)];$$

$$\sin x \sin y = -\frac{1}{2}[\cos(x + y) - \cos(x - y)].$$

6. 和差化积公式

$$\sin x + \sin y = 2\sin\frac{x + y}{2}\cos\frac{x - y}{2};$$

$$\sin x - \sin y = 2\cos\frac{x + y}{2}\sin\frac{x - y}{2};$$

$$\cos x + \cos y = 2\cos \frac{x+y}{2} \cos \frac{x-y}{2};$$

$$\cos x - \cos y = -2\sin x \frac{x+y}{2} \sin \frac{x-y}{2}.$$

7. 反三角函数公式

$$\arcsin x = \frac{\pi}{2} - \arccos x; \quad \arctan x = \frac{\pi}{2} - \operatorname{arccot} x.$$

附录三　希腊字母读音表

序号	大写	小写	英文注音	国际音标注音	中文注音
1	A	α	alpha	aːlf	阿尔法
2	B	β	beta	bet	贝塔
3	Γ	γ	gamma	gaːm	伽马
4	Δ	δ	delta	delt	德尔塔
5	E	ε	epsilon	ep`silon	伊普西龙
6	Z	ζ	zeta	zat	截塔
7	H	η	eta	eit	艾塔
8	Θ	θ	thet	θit	西塔
9	I	ι	iot	aiot	约塔
10	K	κ	kappa	kap	卡帕
11	Λ	λ	lambda	lambd	兰布达
12	M	μ	mu	mju	缪
13	N	ν	nu	nju	纽
14	Ξ	ξ	xi	ksi	克西
15	O	o	omicron	omik`ron	奥密克戎
16	Π	Π	pi	pai	派
17	P	ρ	rho	rou	肉
18	Σ	σ	sigma	`sigma	西格马
19	T	τ	tau	tau	套
20	Υ	υ	upsilon	jup`silon	宇普西龙
21	Φ	φ	phi	fai	佛爱
22	X	χ	chi	phai	西
23	Ψ	ψ	psi	psai	普西
24	Ω	ω	omega	o`miga	欧米伽

参 考 文 献

[1] 同济大学数学系. 高等数学[M]. 7 版. 北京：高等教育出版社，2014.

[2] 史悦，李晓莉. 高等数学(经管类)[M]. 2 版. 北京：北京邮电大学出版社，2020.

[3] 周保平. 高等数学[M]. 北京：北京邮电大学出版社，2011.

[4] 李秀珍. 高等数学简明教程[M]. 北京：北京邮电大学出版社，2017.

[5] 官金兰. 高等数学[M]. 北京：电子工业出版社，2020.

[6] 司守奎，孙玺菁. Python 数学实验与建模[M]. 北京：科学出版社，2020.